# 可靠性统计

主 编 鄢伟安

西北工业大学出版社

西 安

【内容简介】 本书是根据作者多年的教学和科研经验编写而成的,内容包含大量的模型推导及相关结论。本书以可靠性数据为主线,对不同的可靠性数据分析方法开展研究。全书共 8 章,内容包括可靠性基本概念、可靠性中的常用估计方法、截尾试验下寿命数据的可靠性评估、加速寿命试验下寿命数据的可靠性分析、可靠性模型的假设检验与选择、退化数据的可靠性分析、基于贝叶斯方法的可靠性分析以及可靠性中的统计计算方法。

本书是专门为高等学校可靠性、质量管理和工业工程等相关专业本科生及研究生教育的培养编写的教材,也可供在相关领域从事可靠性设计、制造、试验和管理的工程技术人员参考。

## 图书在版编目(CIP)数据

可靠性统计 / 鄢伟安主编. — 西安 :西北工业大学出版社,2022.4
ISBN 978 - 7 - 5612 - 8039 - 3

Ⅰ. ①可…　Ⅱ. ①鄢…　Ⅲ. ①可靠性-统计分析
Ⅳ. ①O212.1

中国版本图书馆 CIP 数据核字(2021)第 224637 号

KEKAOXING TONGJI

可 靠 性 统 计

| | | | |
|---|---|---|---|
| 责任编辑:王　静 | | 策划编辑:张　晖 | |
| 责任校对:孙　倩 | | 装帧设计:李　飞 | |

出版发行:西北工业大学出版社
通信地址:西安市友谊西路 127 号　　邮编:710072
电　　话:(029)88491757,88493844
网　　址:www.nwpup.com
印　刷　者:陕西宝石兰印务有限责任公司
开　　本:787 mm×1 092 mm　　　1/16
印　　张:16.875
字　　数:443 千字
版　　次:2022 年 4 月第 1 版　　2022 年 4 月第 1 次印刷
定　　价:75.00 元

# 前　言

　　可靠性数据的统计分析是开展可靠性设计、可靠性评估等研究的基础.本书系统地阐述可靠性统计分析的基本原理、方法及数学模型,可作为高等学校可靠性、质量管理、工业工程等相关专业高年级本科生或者研究生的配套教材,也可供从事可靠性设计、制造、试验和管理的工程技术人员参考和使用.

　　本书在内容编排上循序渐进,注重基础,以可靠性数据为主线,对不同的可靠性数据分析方法开展研究.首先介绍可靠性的基本概念及常用的可靠性统计分析方法.然后针对寿命数据,讨论截尾寿命试验、加速寿命试验情形下的可靠性统计分析方法,同时给出不同的寿命数据模型检验及常用选择方法;进一步,对退化数据的可靠性统计分析方法进行阐述.最后,介绍可靠性统计分析中重要的贝叶斯方法及统计计算方法.

　　全书共8章.第1章介绍可靠性基本概念、定义、特征量以及常用的概率分布.第2章介绍常用的点估计方法、区间估计方法以及 Bootstrap 估计方法.第3章介绍截尾寿命试验下寿命数据的可靠性评估.第4章介绍加速寿命试验下寿命数据的可靠性分析.第5章介绍可靠性统计分析中的常用模型检验及选择的方法,如通用的拟合优度检验、专用的指数分布检验方法等.第6章介绍性能退化数据的模型及相应的统计分析方法.第7章介绍可靠性统计分析中常用的贝叶斯方法.第8章介绍在可靠性分析中所涉及的常用统计计算方法,如 MCMC 方法、Gibbs 抽样和 EM 算法等.

　　为更好地引导读者理解相关内容,本书有针对性地编写了例题与习题,并且在书末给出附录和附表,介绍一些重要数学公式以及函数数值表.

　　本书由鄢伟安主编.研究生张士杰、李欣忆、蔡维丽、徐晓凡和李飘对本书的计算、修改和打印做了很多工作,在此表示感谢!

　　由于水平有限,书中内容疏漏以及不妥之处在所难免,请广大读者批评指正.

编　者

2021 年 7 月

# 常用符号

| | |
|---|---|
| $\Omega$ | 样本空间 |
| $\Theta$ | 参数空间 |
| $\mathbf{R}^n$ | $n$ 维欧几里得空间 |
| $N(\mu,\sigma^2)$ | 均值为 $\mu$、方差为 $\sigma^2$ 的正态分布 |
| $\Phi(\cdot),\phi(\cdot)$ | 标准正态分布函数及密度函数 |
| $\text{Bino}(n,\theta)$ | 参数为 $n,\theta$ 的二项分布 |
| $\text{Ge}(\theta)$ | 概率为 $\theta$ 的几何分布 |
| $\text{Nb}(r,\theta)$ | 参数为 $r,\theta$ 的负二项分布 |
| $\text{M}(n,\theta)$ | 参数为 $n,\theta=(\theta_1,\cdots,\theta_r)$ 的多项分布 |
| $P(\lambda)$ | 参数为 $\lambda$ 的泊松分布 |
| $\text{U}(a,b)$ | 区间 $[a,b]$ 上的均匀分布 |
| $\text{B}(a,b)$ | 参数为 $a,b$ 的贝塔函数 |
| $\text{Be}(a,b)$ | 参数为 $a,b$ 的贝塔分布 |
| $\text{C}(\mu,\lambda)$ | 位置参数为 $\mu$、刻度参数为 $\lambda$ 的柯西分布 |
| $\Gamma(\alpha)$ | 参数为 $\alpha$ 的伽马函数 |
| $\text{Ga}(\alpha,\beta)$ | 形状参数为 $\alpha$、刻度参数为 $\beta$ 的伽马分布 |
| $\text{IGa}(\alpha,\beta)$ | 参数为 $\alpha,\beta$ 的逆伽马分布 |
| $\text{Exp}(\lambda)$ | 参数为 $\lambda$ 的指数分布 |
| $\text{W}(m,\eta)$ | 形状参数为 $m$、尺度参数为 $\eta$ 的威布尔分布 |
| $\text{Pa}(x_0,\alpha)$ | 参数为 $x_0,\alpha$ 的帕雷托分布 |
| $\text{N}_p(\boldsymbol{\mu},\Sigma)$ | 均值向量为 $\boldsymbol{\mu}$,协方差阵为 $\boldsymbol{\Sigma}$ 的 $p$ 元正态分布 |
| $\text{LN}(\mu,\sigma^2)$ | 参数为 $\mu,\sigma^2$ 的对数正态分布 |
| $\text{D}(\alpha_1,\alpha_2,\cdots,\alpha_k)$ | 参数为 $\alpha_1,\alpha_2,\cdots,\alpha_k$ 的狄利克雷分布 |

| | |
|---|---|
| $T_p(\nu,\mu,\boldsymbol{\Sigma})$ | 自由度为 $\nu$ ,位置参数为 $\mu$ ,刻度参数阵为 $\boldsymbol{\Sigma}$ 的 $p$ 元 $t$ 分布 |
| $u_\alpha$ | 标准正态分布的上侧 $\alpha$ 分位数 |
| $\chi^2(n),\chi_\alpha^2(n)$ | 自由度为 $n$ 的卡方分布及其上侧 $\alpha$ 分位数 |
| $t(n),t_\alpha(n)$ | 自由度为 $n$ 的 $t$ 分布及其上侧 $\alpha$ 分位数 |
| $F(m,n),F_\alpha(m,n)$ | 自由度分别为 $m,n$ 的 $F$ 分布及其上侧 $\alpha$ 分位数 |
| $E(\boldsymbol{Y}),D(\boldsymbol{Y})$（或 $\mathrm{Var}(\boldsymbol{Y})$） | 随机变量 $\boldsymbol{Y}$ 的均值和方差 |
| $I_A(x),I_A$ | 示性函数,表示当 $x \in A$（或 $A$ 发生)时函数值为1,否则为0 |
| i. i. d. | 独立同分布 |

# 目　　录

# 目 录

# 第1章 可靠性基本概念

## 1.1 可靠性的定义及分类

### 1.1.1 可靠性的定义

可靠性是产品质量的重要属性之一,是产品技术性能的时间表征.研究产品的可靠性,可以提高产品的质量,增强产品竞争力,从而提高经济效益.对可靠性的研究已经从军工企业发展到民用电子信息、交通、服务、能源等众多行业,受到了越来越多的关注.根据国家标准 GB/T 3187—1994 和国军标 GJB 451A—2005,可靠性定义如下.

**定义 1.1.1** 产品在规定的条件下和规定的时间内,完成规定功能的能力,称为产品的可靠性.

根据上述可靠性的定义,可靠性涉及以下五个因素:

(1) 产品.它是可靠性问题的研究对象.在这里,产品是一个泛指的概念,根据研究的问题来定,可以是元件、组件或者整个系统等.研究可靠性问题时首先要明确对象,不仅要确定具体的产品,而且还应明确它的内容和性质.如果研究对象是一个系统,则不仅包括硬件,而且包括软件和人的判断与操作等因素在内,需要以人-机系统的观点去观察和分析问题.

(2) 规定的条件.它是指产品的使用条件,如运输条件,储存条件,环境条件(如温度、压力、湿度、载荷等),维护条件等.在不同的使用条件下,同一产品的可靠性会有一定的差异.如一辆汽车在水泥路和沙石路上行驶相同里程,显然后者汽车发生故障的概率会多于前者,这说明使用条件越恶劣,可靠性越低.因此,在研究产品可靠性时,需要对产品的工作条件、维护方式及环境条件等进行详细描述.

(3) 规定的时间.它是指产品规定的任务时间.产品的可靠性与其使用时间息息相关,一般而言,工作时间越长,可靠性越低,即产品的可靠性是时间的递减函数,不同的递减速度构成不同的可靠性.一台使用 1 年的电脑与一台使用 6 年的电脑,其可靠性是完全不同的.这里的"时间"是一个广义的概念,可以是日常意义下的小时数,也可以是行驶里程、工作次数或循环次数等,应根据具体产品的特性而定.规定时间是可靠性区别于产品其他质量属性的重要特征.

(4) 规定的功能.它是指产品规定的必须具备的功能及其技术指标.可靠性是基于相应的功能而言的,对于同一产品,如果规定的功能不同,其可靠性也会存在差异.因此,研究可靠性,要明确产品规定功能的内容.另外,"完成规定功能"是指在规定的条件下能维持所规定的正常工作而不失效,即产品在规定的功能参数下正常运行.这里"失效"不一定仅仅指产品不能工作,对于有些产品,虽然还能工作,但由于其功能参数已漂移到规定界限之外了,即不能按规定正常工作,也视为失效.

(5)能力.能力用于刻画产品完成规定功能的水平高低.由于单个产品发生失效具有随机性,应在观察大量同类产品之后,才能有效分析产品可靠性高低,所以在可靠性定义中的"能力"具有统计学的意义.一般而言,通常用概率的方法来定量描述能力,这是可靠性技术发展的出发点.

因此,在讨论和评估可靠性问题时,必须明确产品、使用条件、使用期限、规定功能等条件因素,否则,就失去了可比性.

### 1.1.2  可靠性的分类

1.1.1 节给出了可靠性的通用定义,反映的是可靠性的一种综合概念内涵.但是,在实际应用中,有时候根据研究需要,要对可靠性概念进行延伸,才能更为恰当地对可靠性进行阐述.

1. 固有可靠性和使用可靠性

按产品可靠性的形成过程不同,可靠性分为固有可靠性（Inherent Reliability）和使用可靠性（Use Reliability）.

(1)固有可靠性是通过设计和制造赋予产品的,并在理想的使用和保障条件下所具有的可靠性,是产品的一种固有属性,也是产品开发者可以控制的.

(2)使用可靠性则是产品在实际使用条件下所表现出的可靠性.它反映产品设计、制造、使用、维修、环境等因素的综合影响.固有可靠性水平通常比使用可靠性水平要高.

2. 基本可靠性和任务可靠性

按照具体用途的不同,可靠性分为基本可靠性和任务可靠性.

(1)基本可靠性是指产品在规定条件下,无故障的持续时间或概率.它包括了全寿命周期的全部故障,能反映产品维修人力和后勤保障等要求.它与规定的条件有关,即与产品所处的环境条件、应力条件和寿命周期等因素有关.

(2)任务可靠性是指产品在规定的任务剖面完成固定功能的能力.它反映了产品在执行任务时成功的概率,它只统计危及任务成功的致命故障.

## 1.2  常用可靠性特征量

可靠性特征量是衡量和描述可靠性特征的评判尺度与参数,是对产品可靠性做出定量描述和分析的基础.常用的可靠性特征量有可靠度、失效概率密度函数、失效概率分布函数、失效率、平均寿命、可靠寿命、中位寿命和特征寿命等.其中,可靠度、失效概率密度函数、失效概率分布函数和失效率统称为概率特征量,是从概率的角度对可靠性进行度量的;平均寿命、可靠寿命、中位寿命、特征寿命统称为寿命特征量,是从时间的角度对可靠性进行度量的.下面对其分别进行阐述.

### 1.2.1  可靠度

1. 可靠度的定义

**定义 1.2.1**  可靠度（Reliability）是指产品在规定的条件下和规定的时间内,完成规定功能的概率.通常以可靠度英文字母的大写首字母 $R$ 表示.

由于可靠度随时间变化而变化,是时间的函数,所以又称为可靠度函数,通常也表示为 $R(t)$.它表示在规定的使用条件下和规定的时间内,无故障地正常工作的产品占全部产品的百分率.因此,可靠度 $R(t)$ 的取值范围是

$$0 \leqslant R(t) \leqslant 1 \tag{1.2.1}$$

记 $T$ 为产品寿命的随机变量,则可靠度

$$R(t) = P(T > t), \quad 0 \leqslant t \leqslant \infty \tag{1.2.2}$$

与可靠度相对应的是不可靠度,表示产品在规定的条件下和规定的时间内不能完成规定功能的概率,因此又称为累积失效概率,记为 $F(t)$.累积失效概率 $F(t)$ 也是时间 $t$ 的函数,故又称为累积失效概率函数、失效分布函数或不可靠度函数.

显然,它与可靠度呈互补关系,即

$$R(t) + F(t) = 1 \tag{1.2.3}$$

$$F(t) = 1 - R(t) = P(T \leqslant t) \tag{1.2.4}$$

由定义可知,可靠度与不可靠度都是基于规定的时间而言的,若规定的时间不同,则同一产品的可靠度值也就不同.

2.可靠度的性质

产品刚开始工作时,都是无故障的,故有 $R(0) = 1, F(0) = 0$.随着工作时间的增加,产品的失效数不断增多,可靠度逐渐降低.当产品的工作时间 $t$ 趋向于无穷大时,所有产品都要失效.因此,$\lim\limits_{t \to \infty} n_f(t) = N$,故

$$\lim_{t \to \infty} R(t) = 0, \quad \lim_{t \to \infty} F(t) = 1$$

即在 $[0, +\infty)$ 时间区间内可靠度函数 $R(t)$ 为递减函数,而不可靠度函数 $F(t)$ 为递增函数,如图 1.2.1 所示,$F(t)$ 与 $R(t)$ 的形状正好相反.

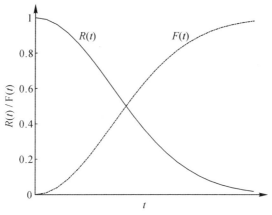

图 1.2.1　$R(t)$ 及 $F(t)$ 函数的曲线图

3.可靠度的计算

设有 $N$ 个同一型号的产品,从开始工作,一直到任意时刻 $t$,有 $n_f(t)$ 个产品失效,尚且有 $n_s(t) = N - n_f(t)$ 个产品完好,则根据可靠度的定义,在时刻 $t$,产品的可靠度

$$R(t) \approx \frac{N - n_f(t)}{N} \tag{1.2.5}$$

产品的不可靠度为

$$F(t) \approx \frac{n_f(t)}{N} \tag{1.2.6}$$

**例 1.2.1** 不可维修的红外灯管有 110 只,工作 500h 时有 10 只失效,工作到 1 000h 时总共有 53 只失效,求该产品分别在 500h、1 000h 时的可靠度及不可靠度.

**解** 因为 $n = 110, n_f(500) = 10, n_f(1\ 000) = 53$ ,则由式(1.2.5)及式(1.2.6),可得

$$\hat{F}(500) = \frac{n_f(500)}{n} = \frac{10}{110} = 0.090\ 9\ ,\hat{R}(500) = 1 - \hat{F}(500) = 1 - 0.090\ 9 = 0.909\ 1$$

$$\hat{F}(1\ 000) = \frac{n_f(1\ 000)}{n} = \frac{53}{110} = 0.481\ 8\ ,\hat{R}(1\ 000) = 1 - \hat{F}(1\ 000) = 1 - 0.481\ 8 = 0.518\ 2$$

### 1.2.2 失效概率密度函数

对不可靠度函数 $F(t)$ 求导,则得失效概率密度函数 $f(t)$ ,即

$$f(t) = \frac{\mathrm{d}F(t)}{\mathrm{d}t} = -\frac{\mathrm{d}R(t)}{\mathrm{d}t} = \lim_{\Delta t \to 0} \frac{F(t + \Delta t) - F(\Delta t)}{\Delta t} \tag{1.2.7}$$

失效概率密度函数是累积失效概率函数对时间的变化率,它表示产品寿命落在包含 $t$ 的单位时间内的概率,即产品在单位时间内发生失效的概率.

对失效概率密度函数求积分可得

$$F(t) = \int_0^t f(u)\mathrm{d}u \tag{1.2.8}$$

将式(1.2.8)代入式(1.2.3),得

$$R(t) = 1 - F(t) = 1 - \int_0^t f(u)\mathrm{d}u = \int_t^{+\infty} f(u)\mathrm{d}u \tag{1.2.9}$$

失效概率密度函数 $f(t)$ 、可靠度函数 $R(t)$ 及不可靠度函数 $F(t)$ 之间的关系,如图 1.2.2 所示.

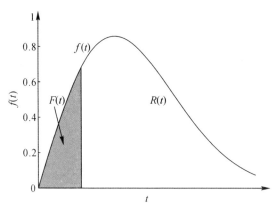

图 1.2.2 $F(t)$ , $R(t)$ 及 $f(t)$ 的关系

假设有 $N$ 个产品从 $t = 0$ 开始工作,到时刻 $t$ 时,产品的累积失效个数为 $n_f(t)$ ,到时刻 $t + \Delta t$ 时产品的累积失效个数为 $n_f(t + \Delta t)$ ,在 $t \sim t + \Delta t$ 时间间隔内失效的产品数为 $\Delta n_f(t)$ ,则根据失效概率密度函数的定义,产品在时刻 $t$ 的失效概率密度的估计值为

$$\hat{f}(t) \approx \frac{F(t + \Delta t) - F(t)}{\Delta t} = \frac{\left\{ \dfrac{n_f(t + \Delta t)}{N} - \dfrac{n_f(t)}{N} \right\}}{\Delta t} = \frac{1}{N} \frac{\Delta n_f(t)}{\Delta t} \tag{1.2.10}$$

## 1.2.3　失效率

1. 失效率的定义

**定义 1.2.2**　工作到某时刻尚未失效的产品,在该时刻后单位时间内发生失效(或故障)的概率,称为失效率(Failure Rate),又称为故障率,一般记为 $\lambda$ 或 $\lambda(t)$.

根据失效率的定义,其是在时刻 $t$ 尚未失效的产品在 $t \sim t + \Delta t$ 的单位时间内发生失效的条件概率,即

$$\lambda(t) = \lim_{\Delta t \to 0} \frac{1}{\Delta t} P(t < T \leqslant t + \Delta t \mid T > t) \tag{1.2.11}$$

式(1.2.11)表征产品在时刻 $t$ 发生失效的速率,故也称为瞬时失效率或失效强度.

对式(1.2.11)进一步化简,可得

$$\begin{aligned}
\lambda(t) &= \lim_{\Delta t \to 0} \frac{1}{\Delta t} P(t < T \leqslant t + \Delta t \mid T > t) \\
&= \lim_{\Delta t \to 0} \frac{1}{\Delta t} \frac{P(t < T \leqslant t + \Delta t)}{P(T > t)} = \frac{1}{R(t)} \lim_{\Delta t \to 0} \frac{F(t + \Delta t) - F(t)}{\Delta t} \\
&= \frac{f(t)}{R(t)}
\end{aligned} \tag{1.2.12}$$

进一步对式(1.2.12)进行化简,可得

$$\lambda(t) = \frac{f(t)}{R(t)} = -\frac{\mathrm{d}R(t)/\mathrm{d}t}{R(t)} = \frac{-\mathrm{d}\ln R(t)}{\mathrm{d}t} \tag{1.2.13}$$

若可靠度函数 $R(t)$ 或不可靠度函数 $F(t) = 1 - R(t)$ 已求出,则可按式(1.2.13)求出失效率函数 $\lambda(t)$. 反之,如果 $\lambda(t)$ 已知,由式(1.2.13)亦可求得 $R(t)$,即

$$R(t) = \exp\left[-\int_0^t \lambda(u)\,\mathrm{d}u\right] \tag{1.2.14}$$

即可靠度函数 $R(t)$ 是把 $\lambda(t)$ 由 $0 \sim t$ 进行积分后作为指数的指数型函数.

失效率的单位多用时间的倒数表示,如每小时(%/h)或每千小时的百分数[% / (1 000h)]表示.对于可靠度高、失效率低的产品,则采用 Fit (Failure Unit) 表示,$1\ \mathrm{Fit} = 10^{-9}\mathrm{h}^{-1} = 10^{-6}/1\ 000\mathrm{h}$ 为单位.有时不用时间的倒数而用与其相当的"动作次数""转数""距离"等的倒数更适宜些.

2. 失效率的计算

设有 $N$ 个产品,从 $t = 0$ 开始工作,到时刻 $t$ 时,产品的累积失效个数为 $n_f(t)$,未失效的产品个数为 $n_s(t) = N - n_f(t)$,而到时刻 $t + \Delta t$ 时产品的累积失效个数为 $n_f(t + \Delta t)$,即在 $[t, t+\Delta t]$ 时间区间内有 $\Delta n_f(t) = n_f(t + \Delta t) - n_f(t)$ 个产品失效,则根据失效率的定义,产品在时刻 $t$ 的失效率为

$$\hat{\lambda}(t) \approx \frac{n_f(t + \Delta t) - n_f(t)}{n_s(t)} \frac{1}{\Delta t} = \frac{n_f(t + \Delta t) - n_f(t)}{[N - n_f(t)]\Delta t} \tag{1.2.15}$$

**例 1.2.2**　对 100 个某种产品进行寿命试验,在 $t = 100\mathrm{h}$ 以前没有失效,而在 $100 \sim 105\ \mathrm{h}$ 之间有 1 个失效,到 1 000h 前共有 51 个失效,$1\ 000 \sim 1\ 005\ \mathrm{h}$ 失效 1 个,分别求出 $t = 100$ 和 $t = 1\ 000\mathrm{h}$ 时,产品的失效率和失效概率密度.

**解**　(1)求产品在 100 h 时的失效率和失效概率密度.

根据题意,产品总个数为 $n = 100$,到 100 h 产品未失效的个数为 $n_s(100) = 100$,在 $100 \sim$

105 h 之间失效个数为 $\Delta n_f(100) = 1$,时间区间为 $\Delta t = 105 - 100 = 5$ h.

由式(1.2.15)得

$$\hat{\lambda}(100) = \frac{\Delta n_f(100)}{n_s(100)\Delta t} = \frac{1}{100 \times 5} = 0.2\% / \text{h}$$

由式(1.2.10)得

$$\hat{f}(100) = \frac{1}{n} \frac{\Delta n_f(100)}{\Delta t} = \frac{1}{100} \times \frac{1}{5} = 0.2\% / \text{h}$$

（2）求产品在 1 000 h 时的失效率和失效概率密度.

根据题意,产品总个数为 $n = 100$,在 $t = 1\,000$ h 前有 51 个产品失效,则在 $t = 1\,000$ h,尚未失效的产品数为

$$n_s(1\,000) = 100 - 51 = 49(\text{个})$$

在 $t = 1\,000 \sim 1\,005$ h,失效产品数为

$$\Delta n_f(1\,000) = 1(\text{个})$$

时间增量 $\Delta t = 1005 - 1000 = 5$ h.

由式(1.2.15)得失效率为

$$\hat{\lambda}(1\,000) = \frac{\Delta n_f(1\,000)}{n_s(1\,000) \cdot \Delta t} = \frac{1}{49 \times 5} = 0.4\% / \text{h}$$

由式(1.2.10)得密度函数为

$$\hat{f}(1\,000) = \frac{1}{n} \frac{\Delta n_f(1\,000)}{\Delta t} = \frac{1}{100} \times \frac{1}{5} = 0.2\% / \text{h}$$

由上例计算结果可见,从失效概率函数 $f(t)$ 的观点看,在 $t = 100$ h 和 $t = 1\,000$ h 处,单位时间内失效频率是相同的(即 $\hat{f}(100) = \hat{f}(1\,000) = 0.2\%/\text{h}$);而从失效率 $\lambda(t)$ 的观点看,1 000 h 处的失效率比 100 h 处的失效率加大一倍(0.4%),后者更灵敏地反映出产品失效的变化速度.

3.浴盆曲线

失效率函数一般有三种类型,分别为随时间的增加而下降型、随时间的增长而增长型和与时间无关型.对应于这三种失效率函数,失效率曲线也表现为三种形态,分别为递减型失效率(Decreasing Failure Rate,DFR)曲线、递增型失效率(Increasing Failure Rate,IFR)曲线和恒定型失效率(Constant Failure Rate,CFR)曲线.通过长期对产品故障进行研究,结果表明大部分机械设备的故障率曲线并非简单遵循以上某一种类型,而是由这三种曲线共同复合构成的,如图 1.2.3 所示.由于整个失效率曲线类似一个浴盆的形状,所以得名浴盆曲线(Bath-Tub Curve).

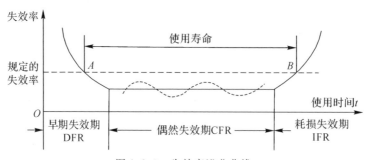

图 1.2.3  失效率浴盆曲线

(1) 早期失效期 (DFR 型). 早期失效期出现在产品投入使用的初期, 其特点是, 初期失效率较高, 但随着使用时间的增加, 失效率将较快地下降, 呈递减趋势. 这个时期的失效或故障是由于设计上的疏忽、材料有缺陷、工艺质量问题或检验差错而混进了不合格产品、不适应外部环境等缺点及设备中有寿命短的部件等因素引起的. 这一时期的长短随设备或系统的规模和上述情况的不同而异. 为了缩短这一时期的时间, 产品应在投入运行前进行试运行, 以便及早发现、修正和排除缺陷; 或通过试验进行筛选, 剔除不合格品.

(2) 偶然失效期 (CFR 型). 在早期失效期的后期, 产品的早期缺陷暴露无遗, 失效率就会大致趋于稳定状态并降至最低, 且在相当一段时间内大致维持不变, 呈恒定型. 这一时期故障的发生是偶然的或随机的, 故称为偶然失效期. 偶然失效期是设备或系统等产品的最佳状态时期, 在规定的失效率下其持续时间称为使用寿命或有效寿命 (图 1.2.3 中 $A, B$ 两点之间). 人们总是希望延长这一时期, 即希望在容许的费用内延长使用寿命.

在该时期, 如果 $\lambda(t) = \lambda = \mathrm{const}$, 则可靠度函数可化简为

$$R(t) = \mathrm{e}^{-\lambda t} \tag{1.2.16}$$

即产品的寿命分布为指数分布.

(3) 损耗失效期 (IFR 型). 损耗失效期出现在设备、系统等产品投入使用的后期, 其特点是失效率随工作时间的增加而上升, 呈递增型. 这是因为构成设备、系统的某些零件已过度磨损、疲劳、老化、寿命衰竭所致. 若能预计到损耗失效期到来的时间, 并在这一时间之前将要损坏的零件更换下来, 就可以把本来将会上升的失效率降下来, 延长可维修设备或系统的使用寿命, 当然, 是否值得采用这种措施需要权衡, 因为有时报废这些产品反而更为划算.

这里须特别指出: 可靠性研究虽涉及上述三种失效期, 但着重研究的是随机失效, 因为它发生在设备的正常使用期间. 另外, 浴盆曲线的观点反映的是较为复杂的设备或系统在投入使用后失效率的变化情况. 对于复杂的设备或系统, 由于零件繁多且它们的设计、使用材料、制造工艺、工作 (应力) 条件、使用方法等不同, 失效因素各异, 才形成了包含上述三种失效类型的浴盆曲线.

### 1.2.4　平均寿命

**1. 平均寿命的定义**

平均寿命即为寿命变量 $T$ 的期望, 常记为 $\theta$. 设产品寿命的概率密度函数为 $f(t)$, 根据概率论与数理统计关于均值 (数学期望) 的定义, 即 $E(T) = \int_{-\infty}^{+\infty} tf(t)\mathrm{d}t$, 考虑到时间的积分范围应为 $0 \leqslant t < +\infty$, 则产品寿命

$$\theta = \int_0^{+\infty} tf(t)\mathrm{d}t \tag{1.2.17}$$

对式 (1.2.17) 化简得

$$\theta = \int_0^{+\infty} tf(t)\mathrm{d}t = \int_0^{+\infty} t\mathrm{d}F(t) = \int_0^{+\infty}\int_0^t 1\mathrm{d}u\mathrm{d}F(t)$$
$$= \int_0^{+\infty}\int_u^{+\infty} 1\mathrm{d}F(t)\mathrm{d}u = \int_0^{+\infty}[1-F(u)]\mathrm{d}u = \int_0^{+\infty} R(u)\mathrm{d}u \tag{1.2.18}$$

由此可见, 在一般情况下, 对可靠度函数 $R(t)$ 在从 0 到 $+\infty$ 的时间区间上进行积分计

算,就可求出产品总体的平均寿命.

2. MTTF 与 MTBF

对于不可修复的产品和可修复的产品,平均寿命的含义有所区别.

对于不可修复的产品,其寿命是指它失效前的工作时间. 它的平均寿命是指该产品从开始使用到失效前工作时间(或工作次数)的平均值,或称为失效前平均工作时间(Mean Time to Failure,MTTF). MTTF 的计算公式为

$$\text{MTTF} = \frac{1}{N} \sum_{i=1}^{N} t_i \tag{1.2.19}$$

式中,$N$ 是测试的产品总数;$t_i$ 是第 $i$ 个产品失效前的工作时间.

对于可修复的产品,其寿命是指相邻两次故障间的工作时间. 因此,它的平均寿命为平均无故障工作时间或平均故障间隔,记为 MTBF(Mean Time Between Failure). MTBF 可通过的计算公式如下:

$$\text{MTBF} = \frac{1}{\sum_{i=1}^{N} n_i} \sum_{i=1}^{N} \sum_{j=1}^{n_i} t_{ij} \tag{1.2.20}$$

式中,$N$ 是测试的产品总数;$n_i$ 是第 $i$ 个测试产品的故障次数;$t_{ij}$ 是第 $i$ 个产品的第 $j-1$ 次故障到第 $j$ 次故障的工作时间,h.

MTTF 与 MTBF 的理论意义和数学表达式的实际内容都是一样的,故通常统称为平均寿命,则产品的平均寿命

$$\theta = \frac{\text{所有产品总的工作时间}}{\text{总的故障数}} \tag{1.2.21}$$

若进行寿命试验的产品数 $N$ 较大,寿命数据较多,用上列各式计算较烦琐,则可将全部寿命数据按照一定时间间隔分组,并取每组寿命数据的中值 $t_i$ 作为该组各寿命数据的近似值,那么,总的工作时间就可近似地用各组寿命数据的中值 $t_i$ 与相应频数(该组的数据数)$\Delta n_i$ 的乘积之和 $\sum_{i=1}^{N} t_i \Delta n_i$ 来表示,这样平均寿命 $\theta$ 又可表达为

$$\theta = \frac{1}{N} \sum_{i=1}^{N} t_i \Delta n_i \tag{1.2.22}$$

式中,$N$ 是总的寿命数据;$n$ 是分组数;$t_i$ 是第 $i$ 组寿命数据的中值,单位为 h;$\Delta n_i$ 是第 $i$ 组寿命数据的个数(失效频数).

3. 指数分布的平均寿命

指数分布失效率为常数 $\lambda$,将指数分布密度函数代入式(1.2.17),可得平均寿命为

$$\theta = \int_0^{+\infty} R(t)\mathrm{d}t = \int_0^{+\infty} \mathrm{e}^{-\lambda t}\mathrm{d}t = \frac{-1}{\lambda}\int_0^{+\infty} \mathrm{e}^{-\lambda t}\mathrm{d}(-\lambda t) = -\frac{1}{\lambda}\left[\mathrm{e}^{-\lambda t}\right]\Big|_0^{+\infty} = \frac{1}{\lambda} \tag{1.2.23}$$

即当可靠度函数 $R(t)$ 为指数分布时,平均寿命 $\theta$ 等于失效率 $\lambda$ 的倒数. 当 $t = \theta = \frac{1}{\lambda}$ 时,可得可靠度 $R(t = \theta) = \mathrm{e}^{-1} = 0.3679$,即能够工作到平均寿命的产品仅有 36.79% 左右,约有 63.21% 的产品将在达到平均寿命前失效,这是它的特征.

### 1.2.5　可靠寿命、中位寿命和特征寿命

当给定可靠度 $R(t)$ 时,可计算不同时刻的可靠度. 反之,有时候需要知道给定可靠度时,对应的产品寿命是多少.

**定义 1.2.3**　可靠寿命是指给定可靠度为 $R$ 时对应的寿命,一般以 $t_R$ 表示,即

$$R(t_R) = R \tag{1.2.24}$$

**定义 1.2.4**　中位寿命是指当 $R(t) = 0.5$ 时所对应的可靠寿命,记为 $t_{0.5}$. 当产品工作到中位寿命 $t_{0.5}$ 时,产品的可靠度和累积失效概率都为 0.5.

**定义 1.2.5**　特征寿命是指当 $R(t) = \mathrm{e}^{-1} \approx 0.368$ 时所对应的可靠寿命,记为 $t_{\mathrm{e}^{-1}}$. 对于寿命服从指数分布的产品而言,特征寿命就是平均寿命.

图 1.2.4 给出了可靠寿命 $t_R$ 与可靠度 $R(t)$ 之间的关系.

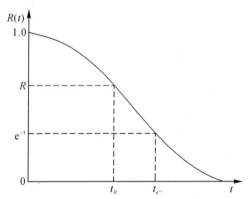

图 1.2.4　可靠寿命 $t_R$ 与可靠度 $R(t)$ 之间的关系

**例 1.2.3**　若已知某产品的失效率为常数,$\lambda = 0.25 \times 10^{-4}\ \mathrm{h}^{-1}$ ,函数 $R(t) = \mathrm{e}^{-\lambda t}$ ,试求可靠度 $R = 99\%$ 的可靠寿命 $t_{0.99}$ 、中位寿命 $t_{0.5}$ 和特征寿命 $t_{\mathrm{e}^{-1}}$.

**解**　因 $R(t) = \mathrm{e}^{-\lambda t}$ ,故有 $R(t_R) = \mathrm{e}^{-\lambda t_R}$ ,两边取对数,即

$$\ln R(t_R) = -\lambda t_R$$

得可靠寿命为

$$t_R = -\frac{\ln R(t_R)}{\lambda} = -\frac{\ln 0.99}{0.25 \times 10^{-4}} = 402\ (\mathrm{h})$$

中位寿命为

$$t_{0.5} = -\frac{\ln R(t_{0.5})}{\lambda} = -\frac{\ln 0.5}{0.25 \times 10^{-4}} = 27\ 725.6\ (\mathrm{h})$$

特征寿命为

$$t_{\mathrm{e}^{-1}} = -\frac{\ln(\mathrm{e}^{-1})}{\lambda} = -\frac{-1}{0.25 \times 10^{-4}} = 40\ 000\ (\mathrm{h})$$

### 1.2.6　可靠性特征量之间的关系

以上介绍了各种可靠性特征量,它们之间的关系如图 1.2.5 所示,只要知道其中一个特征量,便可求得其余特征量.

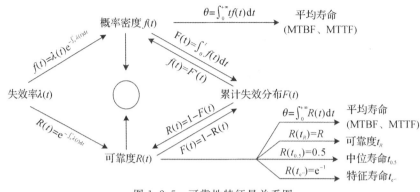

图 1.2.5　可靠性特征量关系图

# 1.3　常用离散型失效分布

失效分布函数是产品的重要特征量之一,主要分为离散型失效分布函数和连续型失效分布函数.离散型失效分布函数主要刻画产品失效次数的分布规律,连续型失效分布函数主要刻画产品寿命的分布规律.如果已知产品的失效分布类型及失效分布参数值,则可推导出其可靠度函数、失效率函数及其他一些寿命特征量、概率特征量.如果仅仅是知道产品失效的分布类型,并不知道其分布的参数值,可通过对分布的参数进行估计,进而可得相应的可靠度函数、失效率函数等概率特征量及寿命特征量.因此,失效分布函数非常重要.

不同产品的失效分布函数可能不同,下面,本书给出一些典型的离散型失效分布函数及连续型失效分布函数.

## 1.3.1　二项分布

**定义 1.3.1**　若随机变量 $X$ 的分布律为
$$P(X=k) = C_n^k \theta^k (1-\theta)^{n-k}, \quad k=0,1,\cdots,n, \quad 0 \leqslant \theta \leqslant 1 \qquad (1.3.1)$$
则称 $X$ 服从二项分布(Binomial Distribution),记为 $X \sim \text{Bino}(n,\theta)$. 其均值和方差分别为 $E(X) = n\theta$,$\text{Var}(X) = n\theta(1-\theta)$.

二项分布常常用于描述 $n$ 次独立重复的试验.例如,对于成败型产品,进行 $n$ 次独立重复试验,其中一次试验中产品失败的概率为 $\theta$,用随机变量 $X$ 表示 $n$ 次试验中总的失败次数,其中失败 $k$ 次的概率可用式(1.3.1)的二项分布表示.

## 1.3.2　几何分布及负二项分布

二项分布在相同条件下做 $n$ 次独立重复的试验,其中有 $k$ 次失败,这里总的试验次数 $n$ 是预先给定的,失败次数 $k$ 是个随机数.有时需要预先给定失败的次数 $k$,依次做试验,直到试验出现 $k$ 次失败时停止试验.这里失败次数是预先给定的,但是试验总次数是一个随机变量,其概率分布就是几何分布或者负二项分布,其中几何分布是负二项分布的特殊情况.

(1)几何分布.在上述问题中,令 $k=1$,即依次做试验,直到出现第一次失败,试验结束.记试验总次数为 $X$,每次试验失败的概率为 $\theta$,则随机变量 $X$ 的分布律为
$$P(X=k) = \theta(1-\theta)^{k-1}, \quad k=1,2,\cdots \qquad (1.3.2)$$

这时,称随机变量 $X$ 服从几何分布(Geometric Distribution),记为 $X \sim \mathrm{Ge}(\theta)$. 其均值和方差分别为 $E(X) = 1/\theta$ , $\mathrm{Var}(X) = (1-\theta)/\theta^2$ .

几何分布有时称为离散型的等候时间分布,意为一直等到出现第一次失败为止的这样的等候试验次数的分布,它也是用来描述某个试验"首次成功"这种概率模型的.

(2)负二项分布. 如果预先设定失败次数不限定一次,而是 $r$ 次,即试验依次进行,直到出现 $r$ 次失败时,试验结束. 此时试验总次数是一个随机变量 $X$ ,服从负二项分布(Negative Binomial Distribution). 记每次试验失败的概率为 $\theta$ ,试验的总次数为 $k$ ,则第 $k$ 次试验时恰好是第 $r$ 次失败,而在前 $k-1$ 次试验中发生 $r-1$ 次失败. 则试验总次数 $X$ 的分布律

$$P(X = k) = \mathrm{C}_{k-1}^{r-1}\theta^r (1-\theta)^{k-r}, \quad k = 1, 2, \cdots \tag{1.3.3}$$

记为 $X \sim \mathrm{Nb}(r, \theta)$. 负二项分布又称为帕斯卡分布,其均值和方差分别为 $E(X) = r/\theta$ , $\mathrm{Var}(X) = r(1-\theta)/\theta^2$ .

### 1.3.3　超几何分布

一批产品有 $N$ 件,含有次品 $M$ 件,若从这批产品中随机抽取 $n$ 件,则其中所含的次品数 $X$ 服从超几何分布(Hypergeometric Distribution),其分布律为

$$P(X = k) = \frac{\mathrm{C}_M^k \cdot \mathrm{C}_{N-M}^{n-k}}{\mathrm{C}_N^n}, \quad k = 0, 1, 2, \cdots, n \tag{1.3.4}$$

记为 $X \sim \mathrm{H}(M, N, n)$ ,其均值和方差分别为 $E(X) = n\dfrac{M}{N}$ , $\mathrm{Var}(X) = \dfrac{N-n}{N-1}n\dfrac{M}{N}\dfrac{N-M}{N}$ .

当 $r/N$ 和 $n/N$ 都很小时,超几何分布十分接近于二项分布. 例如当 $n/N \leqslant 0.1$ 时,超几何分布与二项分布就很近似.

### 1.3.4　泊松分布

取非负整数值的随机变量 $X$ 有如下分布律:

$$P\{X = k\} = \frac{\lambda^k}{k!}\mathrm{e}^{-\lambda}, \quad k = 0, 1, 2, \cdots, \quad \lambda > 0 \tag{1.3.5}$$

则称 $X$ 服从参数为 $\lambda$ 的泊松分布(Poisson Distribution),记为 $X \sim P(\lambda)$. 其均值和方差分别为 $E(X) = \lambda$, $\mathrm{Var}(X) = \lambda$ .

泊松分布通常用来描述产品在某固定时间区间内事件发生的次数或者说受到外界"冲击"的次数. 这类随机现象一般具有以下三个特点:

(1)产品在某段时间内受到 $k$ 次"冲击"的概率与时间起点无关,仅与该段时间长短有关.

(2)在两段相互不重叠的时间内,产品受到"冲击"的次数 $k_1$ 和 $k_2$ 是相互独立的.

(3)在很短的时间内产品受到两次或更多"冲击"的概率很小.

泊松分布具有以下两个常见性质:

**性质 1**　若 $X_1, X_2, \cdots, X_n$ 是相互独立的服从参数为 $\lambda_i$ 的泊松分布,即 $X_i \sim P(\lambda_i)$,则 $\sum\limits_{i=1}^{n} X_i \sim P(\lambda_1 + \lambda_2 + \cdots + \lambda_n)$ ,这个性质通常称为可加性.

**性质 2**　泊松分布的正态近似,当 $k$ 很大时,有如下近似结果:

$$P\{X \leqslant k\} = \sum_{x=0}^{k} \frac{\mathrm{e}^{-\lambda}}{x!}\lambda^x \approx \Phi\left(\frac{k + 0.5 - \lambda}{\sqrt{\lambda}}\right) \tag{1.3.6}$$

式中, $\Phi(x)$ 是标准正态分布函数.

泊松分布与二项分布存在一定的关联性. 泊松分布是二项分布时 $n$ 很大（通常取 $n \geqslant 100$）而 $\theta$ 很小（通常取 $\theta \leqslant 0.1$）时的一种极限形式. 泊松分布是某段连续的时间内事情发生的次数，关注的是事情的发生次数. 把连续的时间分割成无数小份，那么每个小份之间都是相互独立的. 在每个很小的时间区间内，事情可能发生也可能不发生，因此这就是一个 $\theta$ 很小的二项分布. 连续的时间分成无数小份，也就意味着 $n$ 很大，即泊松分布是二项分布的一种极限形式. 下面通过泊松定理进行阐述.

**定理 1.3.1(泊松定理)** 设随机变量 $X$ 服从二项分布 $\mathrm{Bino}(n, \theta_n)$，如果 $\lim\limits_{n \to \infty} n\theta_n = \lambda$，则有

$$\lim_{n \to +\infty} \mathrm{C}_n^k \theta_n^k (1 - \theta_n)^{n-k} = \frac{\lambda^k}{k!} \mathrm{e}^{-\lambda}$$

**证明：** $\lim\limits_{n \to +\infty} \mathrm{C}_n^k \theta_n^k (1 - \theta_n)^{n-k} = \lim\limits_{n \to +\infty} \dfrac{n!}{k!(n-k)!} \theta_n^k \sum\limits_{i=0}^{n-k} \dfrac{(n-k)!}{i!(n-k-i)!} (-\theta_n)^i$

$$= \lim_{n \to +\infty} \sum_{i=0}^{n-k} \frac{n(n-1)\cdots(n-i-k+1)}{k!} (-1)^i \theta_n^{i+k}$$

$$= \lim_{n \to +\infty} \sum_{i=0}^{+\infty} \frac{n^{i+k} (-1)^i \theta_n^{i+k}}{i!k!} = \lim_{n \to +\infty} \frac{(n\theta_n)^k}{x} \sum_{i=0}^{+\infty} \frac{(-n\theta_n)^i}{i!}$$

$$= \lim_{n \to +\infty} \frac{(n\theta_n)^k \mathrm{e}^{-n\theta_n}}{k!}$$

当 $\lim\limits_{n \to +\infty} n\theta_n = \lambda$ 时，$\lim\limits_{n \to +\infty} \mathrm{C}_n^k \theta_n^k (1 - \theta_n)^{n-k} = \dfrac{\lambda^k \mathrm{e}^{-\lambda}}{k!}$.

在定理的条件中，要求 $\lim\limits_{n \to +\infty} n\theta_n = \lambda$，意味着当 $n$ 很大时，事件发生的概率 $\theta_n$ 必定很小. 因此，在二项分布中，当 $n$ 很大，$\theta$ 很小，$\lambda = n\theta$ 大小适中时，二项分布可用参数为 $\lambda = n\theta$ 的泊松分布来近似. 即

$$\mathrm{C}_n^k \theta^k (1 - \theta)^{n-k} \approx \frac{\lambda^k}{k!} \mathrm{e}^{-\lambda} \tag{1.3.7}$$

表 1.3.1 对各个离散型失效分布进行了归纳整理.

**表 1.3.1 常用离散型失效分布**

| 分布名称 | 概率分布 | 数学期望 | 方差 |
|---|---|---|---|
| 二项分布 $\mathrm{Bino}(n,\theta)$ | $P(X=k) = \mathrm{C}_n^k \theta^k (1-\theta)^{n-k}$ $k = 0, 1, \cdots, n$ | $n\theta$ | $n\theta(1-\theta)$ |
| 几何分布 $X \sim \mathrm{Ge}(\theta)$ | $P(X=k) = \theta(1-\theta)^{k-1}$ $k = 1, 2, \cdots, n$ | $\dfrac{1}{\theta}$ | $\dfrac{1-\theta}{\theta^2}$ |
| 负二项分布 $X \sim \mathrm{Nb}(r,\theta)$ | $P(X=k) = \mathrm{C}_{k-1}^{r-1} \theta^r (1-\theta)^{k-r}$ $k = 1, 2, \cdots, n$ | $\dfrac{r}{\theta}$ | $\dfrac{r(1-\theta)}{\theta^2}$ |
| 超几何分布 $X \sim \mathrm{H}(M,N,n)$ | $P(X=k) = \dfrac{\mathrm{C}_M^k \mathrm{C}_{N-M}^{n-k}}{\mathrm{C}_N^n}$ $k = 0, 1, \cdots, r, r = \min\{n, M\}$ | $\dfrac{nM}{N}$ | $\dfrac{nM(N-n)(N-M)}{(N-1)N^2}$ |
| 泊松分布 $X \sim \mathrm{P}(\lambda)$ | $P\{X=k\} = \dfrac{\lambda^k}{k!} \mathrm{e}^{-\lambda}$, $k = 0, 1, \cdots$ | $\lambda$ | $\lambda$ |

# 1.4　常用连续型失效分布

## 1.4.1　指数分布

若非负随机变量 $T$ 的密度函数为

$$f(t) = \lambda e^{-\lambda t}, \quad \lambda > 0, t \geqslant 0 \tag{1.4.1}$$

则称 $T$ 服从参数为 $\lambda$ 的指数分布（Exponential Distribution），记为 $T \sim \mathrm{Exp}(\lambda)$. 其概率密度函数曲线如图 1.4.1 所示.

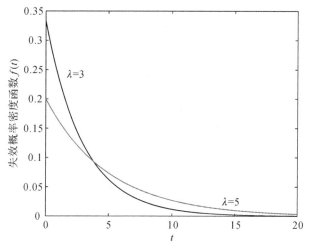

图 1.4.1　指数分布概率密度函数曲线

易得 $T$ 的失效分布函数、可靠度函数分别为

$$\begin{cases} F(t) = \displaystyle\int_0^t f(u)\mathrm{d}u = \int_0^t \lambda e^{-\lambda u}\mathrm{d}u = 1 - e^{-\lambda t}, & t \geqslant 0 \\[2mm] R(t) = 1 - \displaystyle\int_0^t f(u)\mathrm{d}u = 1 - \int_0^t \lambda e^{-\lambda u}\mathrm{d}u = e^{-\lambda t}, & t \geqslant 0 \end{cases}$$

均值与方差分别为

$$\begin{cases} E(T) = \displaystyle\int_0^{+\infty} t f(t)\mathrm{d}t = \int_0^{+\infty} t \lambda e^{-\lambda t}\mathrm{d}t = \frac{1}{\lambda} \\[2mm] \mathrm{Var}(T) = \dfrac{1}{\lambda^2} \end{cases}$$

失效率为

$$\lambda(t) = \frac{f(t)}{R(t)} = \frac{\lambda e^{-\lambda t}}{e^{-\lambda t}} = \lambda$$

可以看出，指数分布的失效率为常数，这表明失效时间服从指数分布的产品无论已经正常工作多长时间，下一时刻它失效的可能性都是相同的. 也就是说，产品无论工作多长时间，从概率的角度都和新品一样，体现指数分布的"无记忆性"，一种"偶然故障"的状态. 因此，它常用于描述浴盆曲线中"偶然故障"阶段.

下面进一步给出指数分布的其他可靠性特征量：

平均寿命 $\theta$ :

$$\theta = \int_0^{+\infty} R(t)\,\mathrm{d}t = \int_0^{+\infty} \mathrm{e}^{-\lambda t}\,\mathrm{d}t = \frac{1}{\lambda}$$

可靠寿命 $t_R$ :

$$R(t_R) = \mathrm{e}^{-\lambda t_R} = R \Rightarrow t_R = -\frac{1}{\lambda}\ln R$$

中位寿命 $t_{0.5}$ :

$$t_{0.5} = -\frac{1}{\lambda}\ln 0.5$$

特征寿命 $t_{\mathrm{e}^{-1}}$ :

$$R(t_{\mathrm{e}^{-1}}) = \mathrm{e}^{-\lambda t_{1/\mathrm{e}}} = \mathrm{e}^{-1} \Rightarrow t_{\mathrm{e}^{-1}} = \frac{1}{\lambda}$$

指数分布是可靠性统计中最重要的一种分布,几乎是专门用于描述电子设备可靠性的一种分布.当系统是由大量元件组成的复杂系统时,其中任何一个元件失效就会造成系统故障,且元件间失效相互独立,失效后立即进行更换,经过较长时间的使用后,该系统可用指数分布来描述.另外,经过老练筛选,消除了早期故障,且进行定期更换的产品,其工作基本控制在偶然失效阶段,应为指数分布.

### 1.4.2　威布尔分布

若非负随机变量 $T$ 的密度函数

$$f(t) = \frac{m}{\eta}\left(\frac{t}{\eta}\right)^{m-1}\mathrm{e}^{-\left(\frac{t}{\eta}\right)^m}, \quad t \geqslant 0, \quad m, \eta > 0 \tag{1.4.2}$$

则称 $T$ 服从参数 $(m, \eta)$ 的威布尔分布(Weibull Distribution),记为 $T \sim W(m, \eta)$. 其中 $m$ 称为形状参数, $\eta$ 称为尺度参数.当 $m = 1$ 时, $W(1, \eta)$ 就是指数分布.

威布尔分布的分布函数

$$F(t) = 1 - \mathrm{e}^{-\left(\frac{t}{\eta}\right)^m}, \quad t \geqslant 0$$

失效率函数

$$\lambda(t) = \frac{f(t)}{R(t)} = \frac{m}{\eta}\left(\frac{t}{\eta}\right)^{m-1}$$

期望和方差

$$\begin{cases} E(T) = \eta\Gamma\left(\dfrac{1}{m}+1\right) \\ \mathrm{Var}(T) = \eta^2\left[\Gamma\left(\dfrac{2}{m}+1\right) - \Gamma^2\left(\dfrac{1}{m}+1\right)\right] \end{cases}$$

可靠寿命

$$t_R = \eta\,(-\ln R)^{1/m}$$

中位寿命

$$t_{0.5} = \eta\,(\ln 2)^{1/m}$$

特征寿命

$$t_{\mathrm{e}^{-1}} = \eta$$

威布尔分布是可靠性中广泛使用的连续性分布,它可用来描述疲劳失效、真空管失效和轴承失效等寿命分布.

威布尔分布失效概率密度函数形状如图 1.4.2 所示.威布尔分布的失效率为幂函数形式,其单调性仅由参数 $m$ 决定,因此称 $m$ 为形状参数;$\eta$ 为尺度参数,受产品工作时的环境应力或负载影响,负载越大,$\eta$ 越小.

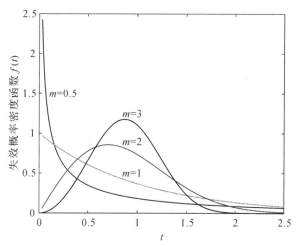

图 1.4.2　威布尔分布失效概率密度函数形状（$\eta = 1$）

根据形状参数 $m$ 的数值可以区分产品不同的失效类型.当 $m > 1$ 时,失效率随时间的变化而增大;当 $m = 1$ 时,失效率恒定不变;当 $m < 1$ 时,失效率随时间增大而减小.伽马分布也有相似的结论,但不同的是,威布尔分布失效率会逐渐增加至无穷,无上界;伽马分布失效率递增时存在上界.

当威布尔分布参数 $m = 3 \sim 4$ 时,其与正态分布的形状很近似,如图 1.4.3 所示.图中虚线是正态分布密度函数曲线,其参数均值 $\mu = 0.896\,3$,标准差 $\sigma = 0.303$;实线是威布尔分布密度曲线,参数 $m = 3.25, \eta = 1$.

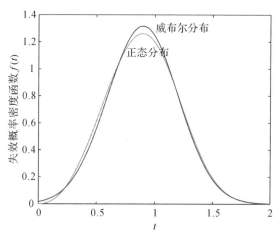

图 1.4.3　威布尔分布 $W(3.25, 1)$ 与正态分布 $N(0.896\,3, 0.303^2)$ 密度函数的比较

### 1.4.3 正态分布及相关分布

1. 正态分布

正态分布（Normal Distribution）的失效密度函数为

$$f(t) = \frac{1}{\sqrt{2\pi\sigma^2}} e^{-\frac{(t-\mu)^2}{2\sigma^2}}, \quad 0 < \sigma < \infty \qquad (1.4.3)$$

式中，参数 $\mu$ 为均值，参数 $\sigma^2$ 为方差，记为 $T \sim N(\mu, \sigma^2)$. 正态分布概率密度函数如图 1.4.4 所示.

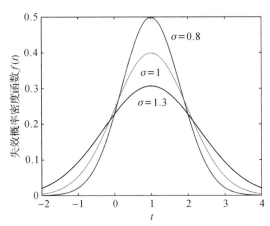

图 1.4.4　正态分布（$\mu = 1$）概率密度函数图

失效分布函数

$$F(t) = \int_0^t \frac{1}{\sqrt{2\pi\sigma^2}} e^{-\frac{(x-\mu)^2}{2\sigma^2}} \, dx$$

可靠度函数

$$R(t) = \int_{\frac{t-\mu}{\sigma}}^{+\infty} \frac{1}{\sqrt{2\pi}} e^{\frac{-x^2}{2}} \, dx = 1 - \Phi\left(\frac{t-\mu}{\sigma}\right)$$

失效率函数

$$\lambda(t) = \frac{f(t)}{R(t)} = \frac{\frac{1}{\sqrt{2\pi}\sigma} e^{-\frac{1}{2}\left(\frac{t-\mu}{\sigma}\right)^2}}{\int_{\frac{t-\mu}{\sigma}}^{+\infty} \frac{1}{\sqrt{2\pi}} e^{\frac{-x^2}{2}} \, dx} = \frac{\frac{1}{\sigma}\phi\left(\frac{t-\mu}{\sigma}\right)}{1 - \Phi\left(\frac{t-\mu}{\sigma}\right)}$$

式中，$\Phi(\cdot)$ 与 $\phi(\cdot)$ 分别指标准正态分布的分布函数和密度函数.

正态分布的平均寿命和方差分别为

$$E(T) = \mu, \ \mathrm{Var}(T) = \sigma^2$$

可靠寿命为

$$t_R = \mu + \sigma u_R$$

式中，$u_R$ 是标准正态分布的 $R$ 分位点.

中位寿命为

$$t_{0.5} = \mu$$

正态分布可以用于分析由于磨损（如机械装置）、老化、腐蚀而发生故障的产品，另可用于对制造的产品及其性能进行分析及质量控制.但是由于正态分布是对称的,随机变量取值范围包括负数部分,用它来描述失效分布时,会带来误差,因此当 $\mu \geqslant 3\sigma$ 条件不符合时,可以用截尾正态分布来处理.

2.截尾正态分布

截尾正态分布(Truncated Normal Distribution)的失效密度函数为

$$f(t) = \frac{1}{K\sigma\sqrt{2\pi}} \mathrm{e}^{-\frac{(t-\mu)^2}{2\sigma^2}} = \frac{1}{K\sigma}\phi\left(\frac{t-\mu}{\sigma}\right) \qquad (1.4.4)$$

式中,$K$ 为正则化常数,其表达式为

$$K = \frac{1}{\sigma\sqrt{2\pi}}\int_0^{+\infty} \mathrm{e}^{-\frac{(t-\mu)^2}{2\sigma^2}}\mathrm{d}t = 1 - \Phi\left(-\frac{\mu}{\sigma}\right)$$

记为 $T \sim \mathrm{TN}(\mu,\sigma^2)$.截尾正态分布的失效分布函数是

$$F(t) = \int_0^t \frac{1}{K\sigma\sqrt{2\pi}} \mathrm{e}^{-\frac{(x-\mu)^2}{2\sigma^2}}\mathrm{d}x = \frac{\Phi\left(\frac{t-\mu}{\sigma}\right) - \Phi\left(-\frac{\mu}{\sigma}\right)}{1-\Phi\left(\frac{-\mu}{\sigma}\right)}$$

可靠度函数为

$$R(t) = \int_t^{+\infty} \frac{1}{K\sigma\sqrt{2\pi}} \mathrm{e}^{-\frac{(x-\mu)^2}{2\sigma^2}}\mathrm{d}x = \frac{1-\Phi\left(\frac{t-\mu}{\sigma}\right)}{1-\Phi\left(\frac{-\mu}{\sigma}\right)}$$

失效率函数为

$$\lambda(t) = \frac{f(t)}{R(t)} = \frac{\frac{1}{\sigma}\phi\left(\frac{t-\mu}{\sigma}\right)}{1-\Phi\left(\frac{t-\mu}{\sigma}\right)}$$

其均值和方差分别为

$$E(T) = \mu + \frac{\sigma}{K}\phi\left(\frac{\mu}{\sigma}\right), \ \mathrm{Var}(T) = \frac{\sigma^2}{K}\left[\frac{1}{2} - \frac{1}{\sqrt{\pi}}\Gamma_{\frac{1}{2}\left(\frac{\mu}{\sigma}\right)^2}\left(\frac{3}{2}\right)\right] - \left[\frac{\sigma}{K}\phi\left(\frac{\mu}{\sigma}\right)\right]^2$$

式中,$\Gamma_x(n) = \int_0^x u^{n-1}\mathrm{e}^{-u}\mathrm{d}u$ 是不完全伽马函数.

3.对数正态分布

若随机变量 $Y$ 服从正态分布 $N(\mu,\sigma^2)$,则 $T = \mathrm{e}^Y$ 服从对数正态分布(Logarithmic Normal Distribution),记为 $T \sim \mathrm{LN}(\mu,\sigma^2)$,易得 $T$ 的概率密度函数为

$$f(t) = \frac{1}{\sqrt{2\pi}\sigma t}\exp\left[-\frac{1}{2\sigma^2}(\ln t - \mu)^2\right], \quad t > 0, \sigma > 0, -\infty < \mu < \infty \qquad (1.4.5)$$

失效分布函数为

$$F(t) = \int_0^t \frac{1}{\sqrt{2\pi}\sigma x}\mathrm{e}^{-\frac{1}{2}\left(\frac{\ln x - \mu}{\sigma}\right)^2}\mathrm{d}x = \Phi\left(\frac{\ln t - \mu}{\sigma}\right)$$

对数正态分布的两个参数,$\mu$ 为对数均值,$\sigma^2$ 为对数方差.对数正态分布的可靠度函数和失效率依次为

$$R(t) = 1 - F(t) = 1 - \Phi\left(\frac{\ln t - \mu}{\sigma}\right)$$

$$\lambda(t) = \frac{f(t)}{R(t)} = \frac{\frac{1}{\sqrt{2\pi}\sigma t}\mathrm{e}^{-\frac{1}{2}\left(\frac{\ln t-\mu}{\sigma}\right)^2}}{\int_t^{+\infty}\frac{1}{\sqrt{2\pi}\sigma x}\mathrm{e}^{-\frac{1}{2}\left(\frac{\ln x-\mu}{\sigma}\right)^2}\mathrm{d}x} = \frac{\frac{1}{\sigma t}\phi\left(\frac{\ln t-\mu}{\sigma}\right)}{1-\Phi\left(\frac{\ln t-\mu}{\sigma}\right)}$$

期望和方差分别为

$$E(T) = \exp\left(\mu+\frac{1}{2}\sigma^2\right), \quad \mathrm{Var}(T) = \exp(2\mu+\sigma^2)\left[\exp(\sigma^2)-1\right]$$

可靠寿命为

$$t_R = \exp(\mu+\sigma u_{1-R})$$

对数正态分布可用于分析某些机械零件的疲劳寿命、机械器件承受周期循环载荷,尤其对于维修时间的分布,一般都选用对数正态分布.

### 1.4.4 伽马分布

当非负随机变量 $T$ 有密度函数

$$f(t) = \frac{\beta^\alpha}{\Gamma(\alpha)}\mathrm{e}^{-\beta t}t^{\alpha-1}, \quad t \geqslant 0; \beta,\alpha > 0 \tag{1.4.6}$$

时,则称 $T$ 服从参数为 $(\alpha,\beta)$ 的伽马分布(Gamma Distribution),记为 $T \sim \mathrm{Ga}(\alpha,\beta)$,其中 $\alpha$ 称作形状参数,$\beta$ 为尺度参数,$\Gamma(\alpha) = \int_0^{+\infty} x^{\alpha-1}\mathrm{e}^{-x}\mathrm{d}x$ 是伽马函数,其概率密度函数如图 1.4.5 所示.

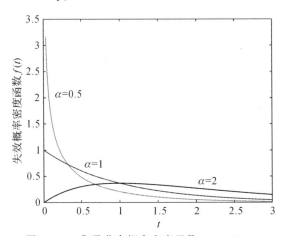

图 1.4.5  伽马分布概率密度函数($\beta = 1$)

易得伽马分布的期望和方差为

$$E(T) = \frac{\alpha}{\beta}, \quad \mathrm{Var}(T) = \frac{\alpha}{\beta^2}$$

易见,$\mathrm{Ga}(1,\beta)$ 分布就是参数 $\beta$ 的指数分布.由如下定理知,$\mathrm{Ga}(n,\lambda)$ 可以看成是 $n$ 个相互独立遵从指数分布的随机变量之和的分布.

**定理 1.4.1** 随机变量 $X_1,X_2,\cdots,X_n$ 独立同分布 $\mathrm{Ga}(1,\lambda)$,则 $X = X_1+X_2+\cdots+X_n$ 遵从 $\mathrm{Ga}(n,\lambda)$ 分布,其分布函数为

$$F(t) = 1-\mathrm{e}^{-\lambda t}\sum_{i=0}^{n-1}\frac{(\lambda t)^i}{i!}, \quad t \geqslant 0$$

**证明** 用归纳法来证明 $X_1+X_2+\cdots+X_n$ 的密度函数是

$$f_n(t) = \frac{\lambda \left(\lambda t\right)^{n-1}}{(n-1)!} \mathrm{e}^{-\lambda t}, \quad n = 1,2,\cdots$$

当 $n = 1$ 时，$X_1$ 的密度函数为 $f_1(t) = \lambda \mathrm{e}^{-\lambda t}$，以上结论自然成立. 假设 $n = k$ 时，$X_1 + X_2 + \cdots + X_k$ 的密度函数为

$$f_k(t) = \frac{\lambda \left(\lambda t\right)^{k-1}}{(k-1)!} \mathrm{e}^{-\lambda t}$$

则当 $n = k+1$ 时，$X_1 + X_2 + \cdots + X_k + X_{k+1} = (X_1 + X_2 + \cdots + X_k) + X_{k+1}$ 的密度函数为

$$\begin{aligned}
f_k(t) * f_1(t) &= \int_0^t f_1(t-u) f_k(u) \mathrm{d}u \\
&= \int_0^t \lambda \mathrm{e}^{-\lambda(t-u)} \frac{\lambda \left(\lambda u\right)^{k-1}}{(k-1)!} \mathrm{e}^{-\lambda u} \mathrm{d}u = f_{k+1}(t)
\end{aligned}$$

其中符号

$$f(t) * g(t) = \int_0^t g(t-u) f(u) \mathrm{d}u$$

表示密度函数 $f(t)$ 和 $g(t)$ 的卷积. 由密度函数 $f_n(t)$，立即可求出其分布函数. 证毕.

### 1.4.5　逆高斯分布

逆高斯分布（Inverse Gaussian Distribution）的密度函数为

$$f(t; \mu, \eta) = \sqrt{\frac{\eta}{2\pi t^3}} \exp\left(-\frac{\eta \left(t-\mu\right)^2}{2\mu^2 t}\right), \quad t > 0 \tag{1.4.7}$$

记为 $T \sim \mathrm{IG}(\mu, \eta)$，其中 $\mu, \eta$ 分别为分布的均值参数和形状参数，期望为 $\mu$，方差为 $\mu^3/\eta$，概率密度函数为单峰且倾斜的，如图 1.4.6 所示.

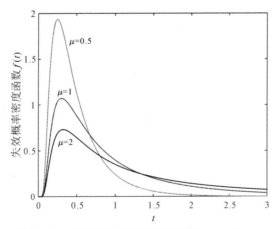

图 1.4.6　逆高斯分布概率密度函数（$\eta = 1$）

逆高斯分布的可靠度函数和失效率函数分别为

$$R(t) = \Phi\left[\sqrt{\frac{\eta}{t}\left(1 - \frac{t}{\mu}\right)}\right] - \mathrm{e}^{2\eta/\mu} \Phi\left[-\sqrt{\frac{\eta}{t}\left(1 + \frac{t}{\mu}\right)}\right]$$

$$\lambda(t) = \frac{\sqrt{\dfrac{\eta}{2\pi t^3}} \exp\left(-\dfrac{\eta \left(t-\mu\right)^2}{2\mu^2 t}\right)}{\Phi\left[\sqrt{\dfrac{\eta}{t}\left(1 - \dfrac{t}{\mu}\right)}\right] - \mathrm{e}^{2\eta/\mu} \Phi\left[-\sqrt{\dfrac{\eta}{t}\left(1 + \dfrac{t}{\mu}\right)}\right]}$$

### 1.4.6 Birnbaum‑Saunders 分布

Birnbaum‑Saunders 分布(简称 BS 分布)的密度函数和分布函数分别为

$$F(t;\alpha,\beta) = \Phi\left[\frac{1}{\alpha}\left(\sqrt{\frac{t}{\beta}} - \sqrt{\frac{\beta}{t}}\right)\right], \quad t > 0 \tag{1.4.8}$$

$$f(t;\alpha,\beta) = \frac{1}{2\sqrt{2\pi}\alpha\beta}\left[\left(\frac{\beta}{t}\right)^{1/2} + \left(\frac{\beta}{t}\right)^{3/2}\right]\exp\left[-\frac{1}{2\alpha^2}\left(\frac{t}{\beta} + \frac{\beta}{t} - 2\right)\right], \quad t > 0 \tag{1.4.9}$$

式中,$\alpha$ 为形状参数;$\beta$ 为尺度参数,简记为 BS$(\alpha,\beta)$,其失效概率密度函数如图 1.4.7 所示.

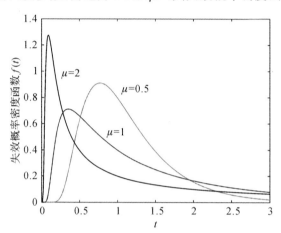

图 1.4.7  BS 分布失效概率密度函数 ($\beta = 1$)

BS 分布的期望和方差分别为

$$E(T) = \beta\left(1 + \frac{\alpha^2}{2}\right), \quad \mathrm{Var}(T) = \alpha^2\beta^2\left(1 + \frac{5\alpha^2}{4}\right)$$

可靠度函数为

$$R(t;\alpha,\beta) = 1 - \Phi\left\{\frac{1}{\alpha}\left[\left(\frac{t}{\beta}\right)^{1/2} - \left(\frac{t}{\beta}\right)^{-1/2}\right]\right\}, t > 0$$

考虑如下变量替换:

$$X = \frac{1}{2}\left[\sqrt{\frac{T}{\beta}} - \sqrt{\frac{\beta}{T}}\right]$$

易得 $X \sim N(0, \frac{\alpha^2}{4})$. 因此,可以利用正态分布与 BS 分布之间的关系来处理 BS 分布的相关问题. 另外,BS 分布还有一个性质:若 $T$ 服从 BS$(\alpha,\beta)$,那么 $T^{-1} \sim$ BS$(\alpha,\beta^{-1})$. 即 $T^{-1}$ 也服从 BS 分布,且形状参数不变.

### 1.4.7 Burr‑XII 分布

Burr‑XII 分布的密度函数为

$$f(t;c,k) = ckt^{c-1}(1 + t^c)^{-(k+1)}, \quad t > 0, c > 0, k > 0 \tag{1.4.10}$$

记为 $T \sim$ Burr$(c,k)$,式中 $c,k$ 为形状参数. 其概率密度函数曲线如图 1.4.8 所示.

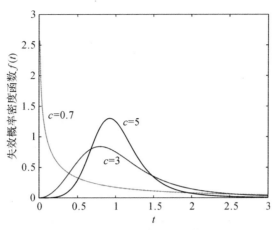

图 1.4.8　Burr – XII 分布概率密度函数图（$k = 1$）

易得 Burr – XII 分布的分布函数为

$$F(t;c,k) = 1 - (1 + t^c)^{-k}, \quad t > 0, c > 0, k > 0$$

可靠度函数和失效率函数分别为

$$R(t) = (1 + t^c)^{-k}, \quad c > 0, k > 0$$

$$\lambda(t) = \frac{f(t)}{R(t)} = \frac{ckt^{c-1}}{1 + t^c}, \quad c > 0, k > 0$$

其期望和方差分别为

$$E(T) = kB\left(k - \frac{1}{c}, 1 + \frac{1}{c}\right), \quad k > \frac{1}{c}$$

$$\mathrm{Var}(T) = kB\left(k - \frac{2}{c}, 1 + \frac{2}{c}\right) - k^2\left[B\left(k - \frac{1}{c}, 1 + \frac{1}{c}\right)\right]^2, \quad k > \frac{2}{c}$$

式中，$B\left(k - \dfrac{1}{c}, 1 + \dfrac{1}{c}\right)$ 是贝塔函数.

上面叙述了诸多连续型分布函数，下面对其进行归纳，见表 1.4.1.

表 1.4.1　常用连续分布及其数学期望与方差

| 分布名称 | 概率分布 | 数学期望 | 方差 |
|---|---|---|---|
| 指数分布 $\mathrm{Exp}(\lambda)$ | $f(t) = \lambda e^{-\lambda t}, \quad t \geqslant 0$ | $\dfrac{1}{\lambda}$ | $\dfrac{1}{\lambda^2}$ |
| 威布尔分布 $\mathrm{W}(m,\eta)$ | $f(t) = \dfrac{m}{\eta}\left(\dfrac{t}{\eta}\right)^{m-1} e^{-\left(\frac{t}{\eta}\right)^m}, \quad t \geqslant 0$ | $\eta\Gamma\left(\dfrac{1}{m} + 1\right)$ | $\eta^2\left[\Gamma\left(\dfrac{2}{m} + 1\right) - \Gamma^2\left(\dfrac{1}{m} + 1\right)\right]$ |
| 正态分布 $N(\mu,\sigma^2)$ | $f(t) = \dfrac{1}{\sqrt{2\pi\sigma^2}} e^{-\frac{(t-\mu)^2}{2\sigma^2}}$ | $\mu$ | $\sigma^2$ |
| 伽马分布 $\mathrm{Ga}(\alpha,\beta)$ | $f(t) = \dfrac{\beta^\alpha}{\Gamma(\alpha)} e^{-\beta t} t^{\alpha-1}, \quad t \geqslant 0$ | $\dfrac{\alpha}{\beta}$ | $\dfrac{\alpha}{\beta^2}$ |

续表

| 分布名称 | 概率分布 | 数学期望 | 方差 |
|---|---|---|---|
| 逆高斯分布 $IG(\mu,\eta)$ | $f(t;\mu,\eta)=\sqrt{\dfrac{\eta}{2\pi t^3}}\exp\left(-\dfrac{\eta(t-\mu)^2}{2\mu^2 t}\right),\quad t\geqslant 0$ | $\mu$ | $\mu^3/\eta$ |
| BS 分布 $BS(\alpha,\beta)$ | $F(t;\alpha,\beta)=\Phi\left[\dfrac{1}{\alpha}\left(\sqrt{\dfrac{t}{\beta}}-\sqrt{\dfrac{\beta}{t}}\right)\right],\quad t\geqslant 0$ | $\beta\left(1+\dfrac{\alpha^2}{2}\right)$ | $\alpha^2\beta^2\left(1+\dfrac{5\alpha^2}{4}\right)$ |
| Burr-XⅡ分布 $Burr(c,k)$ | $f(t;c,k)=ckt^{c-1}(1+t^c)^{-(k+1)},\quad t\geqslant 0$ | $kB\left(k-\dfrac{1}{c},1+\dfrac{1}{c}\right)$ | $kB\left(k-\dfrac{2}{c},1+\dfrac{2}{c}\right)-k^2\left[B\left(k-\dfrac{1}{C},1+\dfrac{1}{C}\right)\right]^2$ |

## 1.5  混 合 分 布

前面介绍的各种寿命分布均为典型的单一分布,但是在数据处理时,有时候会碰到一些情况不能用某一个分布进行拟合或分析,需要多个分布混合,下面给出混合分布的介绍.

设 $F_i(t)$ 是随机变量 $T_i$ 的分布函数,$i=1,2,\cdots,m$.由 $m$ 个分布组成的混合分布的分布函数为

$$F(t)=\sum_{i=1}^{m}p_iF_i(t),\quad 0\leqslant p_i\leqslant 1 \text{ 且 }\sum_{i=1}^{m}p_i=1 \tag{1.5.1}$$

式中,$p_i$ 为混合参数,是系统以第 $i$ 种模式失效的概率.

相应的概率密度函数为

$$f(t)=\sum_{i=1}^{m}p_if_i(t)$$

式中,$f_i(t)$ 为第 $i$ 个子总体的概率密度函数.

例如,二重威布尔分布的混合分布函数为

$$F(t)=p(1-\mathrm{e}^{-(\frac{t}{\eta_1})^{m_1}})+(1-p)(1-\mathrm{e}^{-(\frac{t}{\eta_2})^{m_2}}) \tag{1.5.2}$$

混合分布可用于描述质量不同的产品按一定比例混合以后形成的总体,质量不同是指在制造和生产批次方面的差异.在进行数据处理时,应先将不同质量的产品分开统计,再进行混合处理.对于现场获得的数据,就存在有不同质量批混合的情况,为此,应对产品的出厂状况进行分析后,再做处理.

## 习　题　1

1.1  什么是可靠性?

1.2  可靠性如何分类? 试述各类之间的区别与联系.

1.3  10 台某种电子产品首次发生故障的时间(单位:h)依次是:

　　22  47  121  134  267  289  306  389  496  567

试估计该产品的平均寿命及其工作到平均寿命时的可靠度.

1.4  某种设备的寿命服从指数分布,假设其平均寿命为 300 h,试求该设备在连续工作 300 h,120 h 和 30 h 时的可靠度分别是多少? 可靠度 $R = 0.9$ 时的可靠寿命是多少? 其中位寿命又是多少?

1.5  对 1 575 台电视机进行高温老化试验,每隔 4h 测试一次,直到 36h 后共失效 85 台. 具体数据统计见题表 1.

**题表 1**

| 测试时间 $t_i$/h | 4 | 8 | 12 | 16 | 20 | 24 | 28 | 32 | 36 |
|---|---|---|---|---|---|---|---|---|---|
| $\Delta t_i$ 内失效总数 | 39 | 18 | 8 | 9 | 2 | 4 | 2 | 2 | 1 |

试估计 $t_i$ 为 0,4,8,12,16,20,24,28,32(单位:h)时的失效率各为多少.并画出失效率曲线.

1.6  设产品的失效率函数为

$$\lambda(t) = \begin{cases} 0, & 0 \leqslant t < \mu \\ \lambda, & \mu \leqslant t \end{cases}$$

试求该产品的失效密度、平均寿命与方差值.

1.7  设某产品的寿命 $T$ 的失效密度函数为

$$f(t) = te^{-\frac{1}{2}t^2}, \quad t \geqslant 0$$

试求该产品的可靠度 $R(t)$ 与失效率 $\lambda(t)$.

1.8  一个系统由 $n$ 个部件串联而成,各个部件工作是独立的,假如各个部件的寿命都服从威布尔分布

$$F(t) = 1 - e^{-(t/\eta)^m}, \quad t \geqslant 0, \quad m, \eta > 0$$

试求该系统的失效分布函数、可靠度函数和失效率函数.

1.9  设产品的失效率函数为

$$\lambda(t) = ct, \quad t \geqslant 0$$

式中,$c$ 是常数,试求其失效密度函数 $f(t)$ 与可靠度函数 $R(t)$.

1.10  有 150 个产品,工作到 $t = 20$ h 时,失效 50 个,再工作 1 h,又失效 2 个,求 $t = 20$ h 的失效率估计值 $\hat{\lambda}(20)$ 和失效概率密度估计值 $\hat{f}(20)$.

1.11  取 5 只指示灯泡进行寿命试验,寿命分别为 3 000 h,8 000 h,17 500 h,44 000 h,53 500 h,求 MTTF;若灯泡服从指数分布,求 $\hat{\lambda}$、$\hat{R}(4 000)$ 及 $\hat{t}_{0.5}$.

1.12  某种产品的维修时间的分布为对数正态分布 $LN(6, 0.45^2)$,求其平均寿命、中位寿命和可靠度为 0.95 的可靠寿命.

1.13  某产品的失效率为

$$\lambda(t) = 0.6(1.5 + 2t + 3t^2)（单位:年)$$

(1) 若有 20 个该类型产品同时进行试验,则在连续使用 $10^3$ h 内平均观测到多少次失效?

(2) 该类型产品平均寿命为多少?

1.14  某种类型保险丝的寿命服从单参数指数分布,1 000 h 的可靠度为 0.98.若某保险丝已使用 567 h,那么剩余平均寿命为多少? 这反映了指数分布的什么特征?

1.15  某产品失效时间（单位:月)服从威布尔分布,尺度参数 $\eta = 1/8.33$,形状参数

$m = 0.334$，则使用 1 个月后的可靠度 $R(1) = \exp(-8.33^{0.334}) = 0.13$．由于该威布尔分布的失效率为递减型（DFR），因此可通过老练的方式提高产品可靠性．则该类产品需要老练多久才能使通过试验的产品使用 1 个月后的可靠度达到 0.8？在老练试验中有多大比例的产品发生失效？

1.16  如果 $T \sim Ga(k,\lambda)$，记 $L(t)$ 为已使用 $t$ 时间后的平均剩余寿命．那么随着时间 $t$ 增大，试推测平均剩余寿命将趋近于多少，即 $\lim\limits_{t \to +\infty} L(t)$ 验证所做的判断．

1.17  (1) $T_1, T_2, \cdots$ 为独立同指数分布随机变量 $T_1 \sim E(\lambda)$．设 $X$ 服从预定成功次数 $s = 1$ 的负二项分布，即 $P(X = k) = \theta(1-\theta)^{k-1}, k = 1, 2, \cdots, X$ 独立于 $T_i, \lambda > 0, 0 < \theta < 1$，试证明：$\sum\limits_{i=1}^{X} T_i \sim \text{Exp}(\theta\lambda)$．

(2) 假定某产品受到到达速率为 $\lambda$ 的泊松冲击过程，如果每次遭受冲击时，产品失效的概率为 $\theta(0 < \theta \leqslant 1)$，且每次冲击时是否发生失效相互独立．那么产品的失效分布是什么？所有使产品发生失效的冲击时刻服从什么过程？

# 第 2 章　可靠性中的常用估计方法

上一章介绍了一些常用的失效分布,为产品的可靠性分析提供了模型.但是,在工程实际中,模型中的参数往往是未知的,需要通过对可靠性数据进行估计获得模型参数的值.本章主要介绍一些常用的点估计方法、区间估计方法以及 Bootstrap 估计方法.

## 2.1　点估计方法

### 2.1.1　点估计的相关概念

参数是指总体分布 $F(x;\theta)$ 中所含的未知参数 $\theta$(可以是向量)及其函数 $g(\theta)$,也可以是总体均值、方差、分位数等.在可靠性研究中,经常遇到随机变量 $X$ 的分布函数 $F(x;\theta)$ 已知,但是其中的参数 $\theta$ 未知的情形,如果得到了 $X$ 的一个样本值 $(x_1,x_2,\cdots,x_n)$ 后,希望利用样本值来估计 $X$ 分布中的参数值;或者 $X$ 的分布函数形式未知,利用样本值估计 $X$ 的某些数字特征.这类问题称为参数的点估计问题.

**例 2.1.1**　已知某种灯泡的寿命 $X \sim N(\mu,\sigma^2)$,即 $X$ 的分布密度函数

$$f(x;\mu,\sigma^2) = \frac{1}{\sqrt{2\pi\sigma^2}}e^{-\frac{(x-\mu)^2}{2\sigma^2}}$$

的形式已知,但参数 $\mu,\sigma^2$ 未知,获得一个样本值 $(x_1,x_2,\cdots,x_n)$ 后,要求估计 $E(X) = \mu$ 和 $\mathrm{Var}(X) = \sigma^2$ 的值,即要求估计这种灯泡的平均寿命和寿命长短的差异程度.

参数的点估计问题,就是要设法构造一个合适的统计量 $\hat{\theta} = \hat{\theta}(X_1,X_2,\cdots,X_n)$,使其能在某种优良的意义下对 $\theta$ 做出估计.称统计量 $\hat{\theta} = \hat{\theta}(X_1,X_2,\cdots,X_n)$ 为参数 $\theta$ 的估计量,假设样本 $(X_1,X_2,\cdots,X_n)$ 的观测值为 $(x_1,x_2,\cdots,x_n)$,称估计量 $\hat{\theta}$ 的值 $\hat{\theta} = \hat{\theta}(x_1,x_2,\cdots,x_n)$ 为参数 $\theta$ 的估计值.点估计问题主要是寻找未知参数 $\theta$ 的估计量 $\hat{\theta}(X_1,X_2,\cdots,X_n)$.常用的点估计方法有矩估计、极大似然估计、贝叶斯估计等,这些估计方法各有优劣,它们在可靠性分析中有着广泛的应用.本节主要介绍两种常用的点估计方法:矩估计和极大似然估计方法.

### 2.1.2　矩估计

矩估计法是由英国统计学学家皮尔逊(K. Pearson)在 1894 年提出求参数点估计的方法.由样本矩性质知,样本矩依概率收敛于相应的总体矩,即

$$A_k = \frac{1}{n}\sum_{i=1}^{n} X_i^k \xrightarrow{P} E(X^k)$$

$$B_k = \frac{1}{n}\sum_{i=1}^{n} (X_i - \overline{X})^k \xrightarrow{P} E(X - E(X))^k$$

特别有

$$A_1 = \overline{X} = \frac{1}{n} \sum_{i=1}^{n} X_i \xrightarrow{P} E(X)$$

$$B_2 = S_n^2 = \frac{1}{n} \sum_{i=1}^{n} (X_i - \overline{X})^2 \xrightarrow{P} E(X - E(X))^2$$

也就是说,只要样本容量 $n$ 取的足够大,用样本矩作为总体矩的估计可以达到任意精确的程度. 根据这一原理,矩估计法的基本思想是利用样本矩估计相应总体矩,从而获得参数的估计量. 其计算步骤如下:

(1)计算总体 $X$ 直到 $m$ ( $m$ 是总体分布中未知参数的个数)阶矩:

$$E(X^k) = \int_{-\infty}^{+\infty} x^k f(x; \theta_1, \theta_2, \cdots, \theta_m) \mathrm{d}x \triangleq A_k(\theta_1, \theta_2, \cdots, \theta_m), \quad k = 1, 2, \cdots, m$$

(2)步骤 2:用样本矩估计相应的总体矩,用 $\hat{\theta}_i (i = 1, 2, \cdots, m)$ 作为 $\theta_i (i = 1, 2, \cdots, m)$ 的估计,即令

$$\frac{1}{n} \sum X_i^k = A_k(\hat{\theta}_1, \hat{\theta}_2, \cdots, \hat{\theta}_m), \quad k = 1, 2, \cdots, m$$

(3)解上述方程组,便得到参数 $\theta_1, \theta_2, \cdots, \theta_m$ 的估计量:

$$\hat{\theta}_i = \hat{\theta}_i(X_1, X_2, \cdots, X_n), \quad i = 1, 2, \cdots, m$$

由此得到的 $\hat{\theta}_i$ 为参数 $\theta_i$ 的矩估计量.

**例 2.1.2** 设总体 $X$ 的分布密度为

$$f(x) = \begin{cases} (\theta + 1)x^\theta, & 0 < x < 1 \\ 0, & \text{其他} \end{cases}$$

$(X_1, X_2, \cdots, X_n)$ 为总体 $X$ 的样本,试求参数 $\theta$ 的矩估计量.

**解** 由

$$E(X) = \int_{-\infty}^{+\infty} x f(x) \mathrm{d}x = \int_0^1 (\theta + 1)x^{\theta+1} \mathrm{d}x = \frac{\theta + 1}{\theta + 2}$$

令样本矩等于总体矩,得

$$\overline{X} = \frac{1}{n} \sum_{i=1}^{n} X_i = \frac{\hat{\theta} + 1}{\hat{\theta} + 2}$$

解方程,得

$$\hat{\theta} = \frac{2\overline{X} - 1}{1 - \overline{X}}$$

为 $\theta$ 的矩估计量.

**例 2.1.3** 设 $(X_1, X_2, \cdots, X_n)$ 为总体 $X$ 的样本,试求总体 $X$ 的均值 $\mu$ 和方差 $\sigma^2$ 的矩估计量.

**解** 计算总体的一阶原点矩和二阶原点矩,得

$$\begin{cases} E(X) = \mu \\ E(X^2) = \mathrm{Var}(X) + (E(X))^2 = \sigma^2 + \mu^2 \end{cases}$$

令

$$\begin{cases} \overline{X} = \hat{\mu} \\ \dfrac{1}{n}\sum_{i=1}^{n} X_i^2 - \overline{X}^2 = \hat{\sigma}^2 + \hat{\mu}^2 \end{cases}$$

解上面的方程组,得均值 $\mu$ 和方差 $\sigma^2$ 的矩估计量为

$$\begin{cases} \hat{\mu} = \overline{X} \\ \hat{\sigma}^2 = \dfrac{1}{n}\sum_{i=1}^{n} X_i^2 - \overline{X}^2 = S_n^2 \end{cases}$$

由此可见,无论总体服从什么样的分布,样本均值和样本方差分别是总体均值 $\mu$ 和总体方差 $\sigma^2$ 的矩估计量.特别对正态总体 $X \sim N(\mu,\sigma^2)$ 来说,$\mu$ 和 $\sigma^2$ 的矩估计量分别为 $\hat{\mu} = \overline{X}$,$\hat{\sigma}^2 = S_n^2$.

从矩估计的做法可以看出:

(1)矩估计直观而简便,特别是对总体的数学期望及方差等数字特征作估计时,并不一定要知道总体的分布函数.

(2)若总体的分布不存在矩,那么对分布参数或参数的函数而言,其矩估计是无法获得的,这是矩估计的局限性.例如,对柯西(Cauchy)分布,即

$$f(x;a,b) = \frac{b}{\pi[b^2 + (x-a)^2]}, \quad x \in \mathbf{R}$$

它的期望和方差都不存在,因而无法获得参数 $a,b$ 的矩估计.

(3)矩估计存在不唯一性.比如,若 $X_1,X_2,\cdots,X_n$ 是来自泊松分布 $P(\lambda)$ 的一个样本,由于 $E(X_1) = \lambda$,$\mathrm{Var}(X_1) = \lambda$,所以,样本均值 $\overline{X}$ 和样本方差 $S_n^2$ 都可以作为参数 $\lambda$ 的矩估计;又比如,对正态分布 $N(\mu,\sigma^2)$,由于其偶数阶中心矩为 $\alpha_{2r} = \dfrac{\sigma^{2r}}{2^r}\dfrac{(2r)!}{r!}$,所以任意一个 $2r$ 阶样本中心矩都可以给出一个 $\sigma^2$ 的矩估计.

在矩估计不唯一时,人们可以根据如下两个基本原则来选择矩估计:一是涉及的矩的阶数尽可能小,从而对总体的要求也尽可能少;常用的矩估计一般只涉及一阶矩及二阶矩;二是所用估计最好是(最小)充分统计量的函数,因为充分性原则在各种统计理论中理应是适合的.例如,对泊松分布 $P(\lambda)$,$\lambda$ 的矩估计应取 $\overline{X}$;而正态分布中 $\sigma^2$ 的矩估计应取二阶样本中心矩(样本方差).

### 2.1.3　极大似然估计

**定义 2.1.1**　设总体 $X$ 的分布律为 $P\{X = x\} = f(x;\theta)$(或分布密度函数为 $f(x;\theta)$),其中 $\theta = (\theta_1,\theta_2,\cdots,\theta_m)$ 是未知参数(或未知参数向量),$(X_1,X_2,\cdots,X_n)$ 为总体 $X$ 的一个样本,则称样本的联合分布律(或联合密度函数)为似然函数,记为 $L(\theta)$,即

$$L(\theta) = \prod_{i=1}^{n} f(x_i;\theta) \tag{2.1.1}$$

其中,$(x_1,x_2,\cdots,x_n)$ 为一个样本值.

极大似然估计法的思想是:在一次试验中概率最大的事件最有可能出现.反之,一个试验有若干个可能结果 $A,B,C,\cdots$,如果在一次试验中 $A$ 发生了,那么,对参数做出的估计应该最有利于 $A$ 出现,使得 $A$ 出现的概率最大.例如,设甲箱中有 99 个白球和 1 个黑球,乙箱中有 1 个白球和 99 个黑球,现随机取出一箱,然后从该箱中任取一球,结果是白球,现在问是从哪

个箱子取出的白球？由于从甲箱中取出白球概率为 0.99，从乙箱中取出白球的概率为0.01，自然更倾向于认为该球是从甲箱中取出的，因为从甲箱中取出白球的概率远大于从乙箱中取出白球的概率.

**定义 2.1.2** 如果似然函数

$$L(\theta) = \prod_{i=1}^{n} f(x_i; \theta) , \quad \theta = (\theta_1, \theta_2, \cdots, \theta_m)$$

在 $\hat{\theta} = (\hat{\theta}_1, \hat{\theta}_2, \cdots, \hat{\theta}_m)$ 处达到最大值，则称 $\hat{\theta}_1, \hat{\theta}_2, \cdots, \hat{\theta}_m$ 分别为 $\theta_1, \theta_2, \cdots, \theta_m$ 的极大似然估计值.

极大似然估计值 $\hat{\theta}_i$ 依赖于样本观测值 $(x_1, x_2, \cdots, x_n)$ ，即

$$\hat{\theta}_i = \hat{\theta}_i(x_1, x_2, \cdots, x_n), \quad i = 1, 2, \cdots, m$$

若将上式中样本观测值 $(x_1, x_2, \cdots, x_n)$ 替换成样本 $(X_1, X_2, \cdots, X_n)$ ，所得到的 $\hat{\theta}_i = \hat{\theta}_i(X_1, X_2, \cdots, X_n)$ 称为参数 $\theta_i$ 的极大似然估计量.

因此，求解参数 $\theta_i$ 的极大似然估计 $\hat{\theta}_i$ ，即为求解似然函数 $L(\theta)$ 最大值，由于对数变换是严格单调的，对数似然函数 $\ln L(\theta)$ 与似然函数 $L(\theta)$ 的最大值是等价的，所以为了计算方便，往往是求解对数似然函数 $\ln L(\theta)$ 的最大值. 下面给出求解极大似然估计量的一般步骤：

（1）求似然函数：

$$L(\theta) = \prod_{i=1}^{n} f(x_i; \theta)$$

（2）一般地，求出 $\ln L(\theta)$ 及似然方程：

$$\frac{\partial \ln L(\theta)}{\partial \theta_i}\bigg|_{\theta = \hat{\theta}} = 0, \quad i = 1, 2, \cdots, m \tag{2.1.2}$$

（3）求解似然方程得到极大似然估计值：

$$\hat{\theta}_i = \hat{\theta}_i(x_1, x_2, \cdots, x_n), \quad i = 1, 2, \cdots, m$$

进而得到极大似然估计量：

$$\hat{\theta}_i = \hat{\theta}_i(X_1, X_2, \cdots, X_n), \quad i = 1, 2, \cdots, m$$

备注：当无法通过求解似然方程获得极大似然估计时，可直接从似然函数 $L(\theta)$ 及其定义域 $\Theta$ 出发，根据定义 2.1.2，求解参数 $\theta$ 的极大似然估计 $\hat{\theta}$ ，使得似然函数达到最大，即

$$L(\hat{\theta}) = \max_{\theta \in \Theta}\{L(\theta)\}$$

**例 2.1.4** 设总体 $X \sim P(\lambda)$ ，参数 $\lambda$ 未知，$(X_1, X_2, \cdots, X_n)$ 为来自总体 $X$ 的一组样本，样本的一组观测值为 $(x_1, x_2, \cdots x_n)$ ，试求 $\lambda$ 的极大似然估计量.

**解** 由于总体 $X \sim P(\lambda)$ ，故有

$$P\{X = x\} = \frac{\lambda^x}{x!}\mathrm{e}^{-\lambda}$$

由式（2.1.1）得似然函数为

$$L(\lambda) = \prod_{i=1}^{n} \frac{\lambda^{x_i}}{x_i!}\mathrm{e}^{-\lambda} = \frac{\lambda^{\sum_1^n x_i}}{\prod_{i=1}^{n} x_i!}\mathrm{e}^{-n\lambda}$$

取对数，得

$$\ln L(\lambda) = \sum_{i=1}^{n} x_i \ln\lambda - n\lambda - \ln\left(\prod_{i=1}^{n} x_i!\right)$$

对数似然函数关于参数 $\lambda$ 求导数, 可得

$$\left.\frac{\mathrm{d}\ln L(\lambda)}{\mathrm{d}\lambda}\right|_{\lambda=\hat{\lambda}} = \frac{1}{\hat{\lambda}}\sum_{i=1}^{n}x_i - n = 0$$

解上面方程, 可得参数 $\lambda$ 的极大似然估计值为

$$\hat{\lambda} = \frac{1}{n}\sum_{i=1}^{n}x_i = \overline{x}$$

因此, 参数 $\lambda$ 的极大似然估计量为

$$\hat{\lambda} = \frac{1}{n}\sum_{i=1}^{n}X_i = \overline{X}$$

**例 2.1.5**　设总体 $X \sim N(\mu, \sigma^2)$, 参数 $\mu, \sigma^2$ 未知, $(X_1, X_2, \cdots, X_n)$ 为来自总体 $X$ 的一组样本, 样本的一组观测值为 $(x_1, x_2, \cdots, x_n)$, 试求 $\mu, \sigma^2$ 的极大似然估计量.

**解**　由于总体 $X \sim N(\mu, \sigma^2)$, 则 $X$ 的概率密度函数为

$$f(x;\theta) = \frac{1}{\sqrt{2\pi\sigma^2}}\mathrm{e}^{-\frac{(x-\mu)^2}{2\sigma^2}}$$

则似然函数为

$$L(\mu, \sigma^2) = \prod_{i=1}^{n}f(x_i;\mu, \sigma^2) = \prod_{i=1}^{n}\frac{1}{\sqrt{2\pi\sigma^2}}\mathrm{e}^{-\frac{(x_i-\mu)^2}{2\sigma^2}}$$

对上式取对数, 得对数似然函数为

$$\ln L(\mu, \sigma^2) = \prod_{i=1}^{n}f(x_i;\mu, \sigma^2) = -\frac{n}{2}\ln(2\pi) - \frac{n}{2}\ln\sigma^2 - \frac{1}{2\sigma^2}\sum_{i=1}^{n}(x_i-\mu)^2$$

对数似然函数关于参数 $\mu, \sigma^2$ 分别求偏导数, 并令其为 0, 可得似然方程为

$$\left.\frac{\partial\ln L(\mu, \sigma^2)}{\partial\mu}\right|_{\substack{\mu=\hat{\mu}\\ \sigma^2=\hat{\sigma}^2}} = \frac{1}{\hat{\sigma}^2}\sum_{i=1}^{n}(x_i-\hat{\mu}) = 0$$

$$\left.\frac{\partial\ln L(\mu, \sigma^2)}{\partial\sigma^2}\right|_{\substack{\mu=\hat{\mu}\\ \sigma^2=\hat{\sigma}^2}} = -\frac{n}{2\hat{\sigma}^2} + \frac{1}{2\hat{\sigma}^4}\sum_{i=1}^{n}(x_i-\hat{\mu})^2 = 0$$

解上面的似然方程, 得参数的极大似然估计值为

$$\hat{\mu} = \frac{1}{n}\sum_{i=1}^{n}x_i = \overline{x}, \quad \hat{\sigma}^2 = \frac{1}{n}\sum_{i=1}^{n}(x_i-\overline{x})^2 = s_n^2$$

参数的极大似然估计量为

$$\hat{\mu} = \frac{1}{n}\sum_{i=1}^{n}X_i = \overline{X}, \quad \hat{\sigma}^2 = \frac{1}{n}\sum_{i=1}^{n}(X_i-\overline{X})^2 = S_n^2$$

上面讨论了未知参数的极大似然估计, 有时候需要求解未知参数的函数的极大似然估计, 这时可利用下面的定理.

**定理 2.1.1**　设 $\hat{\theta}$ 是参数 $\theta$ 的极大似然估计, 如果 $g(\theta)$ 是 $\theta$ 的连续函数, 则 $g(\hat{\theta})$ 是 $g(\theta)$ 的极大似然估计.

定理 2.1.1 称为极大似然估计的不变性, 该优良性质有效扩大了极大似然估计的应用范围. 例如, 假设产品寿命 $X$ 服从威布尔分布 $W(m, \eta)$, $\hat{m}$ 和 $\hat{\eta}$ 分别是 $m$ 和 $\eta$ 的极大似然估计, 平均寿命 $E(X) = \eta\Gamma\left(\frac{1}{m}+1\right)$ 为参数 $m$ 和 $\eta$ 的连续函数. 因此, 根据极大似然估计的不变性, 平均寿命的极大似然估计为 $\hat{\eta}\Gamma\left(\frac{1}{\hat{m}}+1\right)$.

## 2.1.4 点估计的评价标准

由前面几节可知,参数的估计方法很多,对于总体分布中的同一个未知参数 $\theta$,若采用不同的估计方法,可能得到不同的估计量 $\hat{\theta}$.另外,即使采用同一估计方法,样本观测值不同,得到的参数估计值也可能不同.那么究竟采用哪一个估计量更好呢? 这就产生了如何评价或比较估计量的好坏问题.下面引入无偏性、有效性和相合性等常用的估计量的优良性评价准则.

1. 无偏性

对于待估参数 $\theta$,其估计值依赖于样本值,不同的样本值会得到不同的参数估计值.这样,要确定一个估计量的好坏,就不能仅仅依据某次抽样的结果来衡量,而必须由大量抽样的结果来衡量.对此,一个自然而基本的衡量标准是要求估计量无系统偏差.也就是说,尽管在一次抽样中得到的估计值不一定恰好等于待估参数的真值,但在大量重复抽样时,所得到的估计值平均起来应与待估参数的真值相同,换句话说,希望估计量的均值(数学期望)应等于未知参数的真值,这就是无偏性(Unbiasedness).

**定义 2.1.3** 设 $(X_1, X_2, \cdots, X_n)$ 为来自总体 $X$ 的一组样本,$\theta \in \Theta$ 为总体分布中的未知参数,$\hat{\theta} = \hat{\theta}(X_1, X_2, \cdots, X_n)$ 为参数 $\theta$ 的一个估计量,若对任意 $\theta \in \Theta$,有

$$E(\hat{\theta}) = \theta \qquad (2.1.3)$$

则称 $\hat{\theta}(X_1, X_2, \cdots, X_n)$ 为参数 $\theta$ 的无偏估计量,简称为无偏估计.

记 $b_n = E(\hat{\theta}(X_1, X_2, \cdots, X_n)) - \theta$,称其为估计量 $\hat{\theta}(X_1, X_2, \cdots, X_n)$ 的偏差.如果 $b_n \neq 0$,称 $\hat{\theta}(X_1, X_2, \cdots, X_n)$ 为参数 $\theta$ 的有偏估计量.若

$$\lim_{n \to \infty} b_n = 0 \text{ 或 } \lim_{n \to \infty} E(\hat{\theta}(X_1, X_2, \cdots, X_n)) = \theta$$

则称 $\hat{\theta}(X_1, X_2, \cdots, X_n)$ 为参数 $\theta$ 的渐近无偏估计量.

**例 2.1.6** 设总体 $X$ 的分布未知,$E(X) = \mu$,$\mathrm{Var}(X) = \sigma^2$ 存在,则样本均值 $\overline{X}$ 是 $\mu$ 的无偏估计,$S_n^2 = \dfrac{1}{n} \sum_{i=1}^{n} (X_i - \overline{X})^2$ 是 $\sigma^2$ 的渐近无偏估计,而 $S_n^{*2} = \dfrac{1}{n-1} \sum_{i=1}^{n} (X_i - \overline{X})^2$ 是 $\sigma^2$ 的无偏估计.

**证明:** $E(\overline{X}) = E\left(\dfrac{1}{n} \sum_{i=1}^{n} X_i\right) = \dfrac{1}{n} \sum_{i=1}^{n} E(X_i) = \dfrac{1}{n} \sum_{i=1}^{n} E(X) = E(X) = \mu$

$$E(S_n^2) = E\left[\dfrac{1}{n} \sum_{i=1}^{n} X_i^2 - \overline{X}^2\right] = \dfrac{1}{n} E\left(\sum_{i=1}^{n} X_i^2\right) - E(\overline{X}^2) = E(X^2) - E(\overline{X}^2)$$

$$= \mathrm{Var}(X) + (E(X))^2 - [\mathrm{Var}(\overline{X}) + (E(\overline{X}))^2]$$

$$= \mathrm{Var}(X) + (E(X))^2 - \left[\dfrac{1}{n} \mathrm{Var}(X) + (E(X))^2\right] = \dfrac{n-1}{n} \mathrm{Var}(X) = \dfrac{n-1}{n} \sigma^2$$

$$E(S_n^{*2}) = E\left(\dfrac{n}{n-1} S_n^2\right) = \dfrac{n}{n-1} E(S_n^2) = \mathrm{Var}(X) = \sigma^2$$

因此,样本均值 $\overline{X}$ 是 $\mu$ 的无偏估计,$S_n^{*2}$ 是 $\sigma^2$ 的无偏估计.

由于

$$\lim_{n \to \infty} E(S_n^2) = \lim_{n \to \infty} \dfrac{n-1}{n} \sigma^2 = \sigma^2$$

故 $S_n^2$ 是 $\sigma^2$ 的渐近无偏估计.

**例 2.1.7**　设总体 $X \sim U[0,\theta]$，$(X_1,X_2,\cdots,X_n)$ 为来自总体 $X$ 的一组样本，试讨论参数 $\theta$ 的矩估计量 $\hat{\theta} = 2\overline{X}$ 和极大似然估计量 $\hat{\theta}_L = \max\limits_{1 \leqslant i \leqslant n}\{X_i\} = X_{(n)}$ 的无偏性.

**解**　由于 $E(\hat{\theta}) = 2E(\overline{X}) = 2E(X) = 2 \times \dfrac{\theta}{2} = \theta$，所以 $\theta$ 的矩估计 $\hat{\theta}$ 是无偏估计.

$X_{(n)}$ 的分布函数为

$$\begin{aligned}
P(X_{(n)} \leqslant x) &= P(\max_{1 \leqslant i \leqslant n}\{X_i\} \leqslant x) = P(X_1 \leqslant x, X_2 \leqslant x, \cdots, X_n \leqslant x) \\
&= P(X_1 \leqslant x)P(X_2 \leqslant x)\cdots P(X_n \leqslant x) \\
&= [F(x)]^n
\end{aligned}$$

对上式关于 $x$ 求导数，得 $X_{(n)}$ 的概率密度函数为

$$f_{X_{(n)}}(x) = n[F(x)]^{n-1}f(x) = \begin{cases} \dfrac{n}{\theta^n}x^{n-1}, & 0 \leqslant x \leqslant \theta \\ 0, & \text{其他} \end{cases}$$

于是

$$E(\hat{\theta}_L) = E(X_{(n)}) = \int_{-\infty}^{+\infty} x f_{X_{(n)}}(x)\mathrm{d}x = \int_0^\theta \frac{n}{\theta^n}x^n \mathrm{d}x = \frac{n}{n+1}\theta \neq \theta$$

所以 $\hat{\theta}_L$ 是 $\theta$ 的有偏估计量，但是

$$\lim_{n \to \infty} E(\hat{\theta}_L) = \lim_{n \to \infty} \frac{n}{n+1}\theta = \theta$$

故 $\hat{\theta}_L$ 是 $\theta$ 的渐近无偏估计.

需要注意，无偏估计可能不存在，也可能不唯一. 如在例 2.1.7 中，虽然 $\hat{\theta}_L$ 是 $\theta$ 的有偏估计量，但只要修正为

$$\hat{\theta}_L^* = \frac{n+1}{n}\hat{\theta}_L = \frac{n+1}{n}X_{(n)}$$

那么 $\hat{\theta}_L^*$ 也是 $\theta$ 的无偏估计. 进一步，由上述 $\hat{\theta}$ 和 $\hat{\theta}_L^*$ 还可以构造出无穷多个无偏估计量，例如，设常数 $\alpha_1$ 和 $\alpha_2$ 满足 $\alpha_1 + \alpha_2 = 1$，则 $\alpha_1\hat{\theta} + \alpha_2\hat{\theta}_L^*$ 均为 $\theta$ 的无偏估计量.

无偏估计是多次统计取平均的结果，只有在大量重复使用时，无偏性才有意义. 无偏性表现了多次重复试验时估计量取值在参数真值附近上下波动，但对波动的大小不加关注. 因此，仅有无偏性的标准是不够的. 下面引入有效性，对统计量的波动性大小进行比较.

**2. 均方误差准则及有效性**

**定义 2.1.4**　设 $\theta$ 为一个未知参数，$\hat{\theta}$ 为 $\theta$ 的一个估计量，$\hat{\theta}$ 的均方误差定义为

$$\mathrm{MSE}(\hat{\theta},\theta) = E(\hat{\theta} - \theta)^2 \tag{2.1.4}$$

由定义可见，均方误差反映了估计量 $\hat{\theta}$ 与被估参数 $\theta$ 的平均（平方）误差，显然，对于一个估计量，它的均方误差越小就说明估计的效果越好；反之，均方误差越大，则说明估计的效果越差. 那么，是否能找到 $\theta$ 的一个估计量 $\hat{\theta}^*$，使得对所有 $\theta$ 的估计量 $\hat{\theta}$，有

$$\mathrm{MSE}(\hat{\theta}^*,\theta) \leqslant \mathrm{MSE}(\hat{\theta},\theta), \ \forall \theta \in \Theta \tag{2.1.5}$$

遗憾的是，这样的 $\hat{\theta}^*$ 是不存在的. 因为若这样的 $\hat{\theta}^*$ 存在，对任一 $\theta_0 \in \Theta$，取 $\hat{\theta}_0 = \theta_0$，则 $\mathrm{MSE}(\hat{\theta}_0,\theta_0) = 0$，从而由式 (2.1.5) 有 $\mathrm{MSE}(\hat{\theta}^*,\theta_0) = 0$，这表明 $\hat{\theta}^* = \theta_0$，由 $\theta_0$ 的任意性，故这样的 $\hat{\theta}^*$ 找不到. 因此，使均方误差一致达到最小的最优估计是不存在的，但这并不妨碍在某一估计类中去寻找这样的最优估计.

由简单的数学推导可以得到均方误差的一个很好的数学性质,即

$$\mathrm{MSE}(\hat{\theta},\theta) = \mathrm{Var}(\hat{\theta}) + [E(\hat{\theta}) - \theta]^2 \tag{2.1.6}$$

该性质表明估计量 $\hat{\theta}$ 的均方误差由估计量的方差和估计量的偏差的平方两部分构成,如果估计量 $\hat{\theta}$ 是无偏估计,则有

$$\mathrm{MSE}(\hat{\theta},\theta) = \mathrm{Var}(\hat{\theta})$$

因此,对于无偏估计,均方误差越小越好的准则等价于估计量方差越小越好的准则,对于两个无偏估计,可以通过比较它们方差的大小来判定优劣.

**定义 2.1.5** 设 $\hat{\theta}_1 = \hat{\theta}_1(X_1, X_2, \cdots, X_n)$ 和 $\hat{\theta}_2 = \hat{\theta}_2(X_1, X_2, \cdots, X_n)$ 均为未知参数 $\theta$ 的无偏估计,若

$$\mathrm{Var}(\hat{\theta}) < \mathrm{Var}(\hat{\theta}_2) \tag{2.1.7}$$

则称 $\hat{\theta}_1$ 比 $\hat{\theta}_2$ 有效.

式 $(2.1.7)$ 等价于 $E(\hat{\theta}_1 - \theta)^2 < E(\hat{\theta}_2 - \theta)^2$,因此 $\hat{\theta}_1$ 比 $\hat{\theta}_2$ 有效的意义是无偏估计量 $\hat{\theta}_1$ 的平均的平方误差小于无偏估计量 $\hat{\theta}_2$ 的平均的平方误差. 例如,设 $(X_1, X_2, \cdots, X_n)$ 为来自总体 $X$ 的一组样本,比较估计量 $X_1$ 和 $\overline{X}$,由于 $E(X_1) = E(X) = E(\overline{X})$,即估计量 $X_1$ 和 $\overline{X}$ 都是总体均值 $E(X)$ 的无偏估计,但是估计量 $X_1$ 的方差为 $\mathrm{Var}(X_1) = \mathrm{Var}(X)$,而 $\overline{X}$ 的方差为 $\frac{1}{n}\mathrm{Var}(X)$,即当 $n \geqslant 2$ 时,$\mathrm{Var}(X_1) > \mathrm{Var}(\overline{X})$. 故估计量 $\overline{X}$ 比 $X_1$ 有效.

**例 2.1.8** 在例 2.1.7 的条件下,试证当 $n \geqslant 2$ 时,$\theta$ 的修正极大似然估计 $\hat{\theta}_L^* = \frac{n+1}{n}X_{(n)}$ 比矩估计 $\hat{\theta} = 2\overline{X}$ 有效.

**证明** 由例 2.1.7 知,$\hat{\theta}$ 和 $\hat{\theta}_L^*$ 均为 $\theta$ 的无偏估计. 其方差分别为

$$\mathrm{Var}(\hat{\theta}) = \mathrm{Var}(2\overline{X}) = 4\mathrm{Var}(\overline{X}) = 4\,\frac{\mathrm{Var}(X)}{n} = \frac{4}{n}\cdot\frac{\theta^2}{12} = \frac{\theta^2}{3n}$$

$$\mathrm{Var}(\hat{\theta}_L^*) = \mathrm{Var}\left(\frac{n+1}{n}X_{(n)}\right) = \left(\frac{n+1}{n}\right)^2\mathrm{Var}(X_{(n)}) = \left(\frac{n+1}{n}\right)^2\left[E(X_{(n)}^2) - (E(X_{(n)}))^2\right]$$

由例 2.1.7 知

$$E(X_{(n)}) = \frac{n}{n+1}\theta$$

而

$$E(X_{(n)}^2) = \int_{-\infty}^{+\infty} x^2 f_{X_{(n)}}(x)\mathrm{d}x = \int_0^{+\infty} \frac{n}{\theta^n}x^{n+1}\mathrm{d}x = \frac{n}{n+2}\theta^2$$

于是得

$$\mathrm{Var}(\hat{\theta}_L^*) = \left(\frac{n+1}{n}\right)^2\left[\frac{n}{n+2}\theta^2 - \left(\frac{n}{n+1}\right)^2\theta^2\right] = \frac{1}{n(n+2)}\theta^2$$

所以,当 $n \geqslant 2$ 时,有

$$\mathrm{Var}(\hat{\theta}) = \frac{\theta^2}{3n} > \frac{\theta^2}{n(n+2)} = \mathrm{Var}(\hat{\theta}_L^*)$$

即 $\hat{\theta}_L^*$ 比 $\hat{\theta}$ 有效.

有效性是对无偏估计量的方差进行对比分析,然而,一个很自然的问题是:是否存在一个无偏估计,其在所有的无偏估计量中具有最小的方差? 下面给出一致最小方差无偏估计的概念.

**定义 2.1.6**　在 $\theta$ 的所有无偏估计量中,如果估计量 $\hat{\theta}^*$ 的方差最小,则称 $\hat{\theta}^*$ 是参数 $\theta$ 的一致最小方差无偏估计(Uniformly Minimum Variance Unbiased Estimate,UMVUE).

UMVUE 代表所有无偏估计中波动最小的估计量. 根据一次试验得到的估计结果是随机的,而且无法知道估计值与真值差距有多大. UMVUE 的优良性是:一方面,无偏性使得它多次试验平均意义下等于参数真值;另一方面,最小方差性使得同样在平均意义下,每次试验的结果彼此之间不会相差太大,估计结果是相对稳定的. UMVUE 是在实际中经常希望被选用的估计.

UMVUE 提供了一种优良的估计. 进一步,引入一个更深入的问题:无偏估计的方差是否可以任意小? 如果不可以任意小,那么它的下界是什么? 这个下界能否达到? 下面罗-克拉美下界和有效估计将回答这些问题.

设总体 $X$ 的分布密度为 $f(x;\theta)$, $\theta \in \Theta$, $(X_1,X_2,\cdots,X_n)$ 为来自总体 $X$ 的一组样本, $\hat{\theta}(X_1,X_2,\cdots,X_n)$ 是参数 $\theta$ 的一个无偏估计量,在一定条件下,可以证明

$$\mathrm{Var}(\hat{\theta}) \geqslant \frac{1}{nI(\theta)} \tag{2.1.8}$$

其中

$$I(\theta) = E\left[\frac{\partial \ln f(x;\theta)}{\partial \theta}\right]^2 \tag{2.1.9}$$

称为 Fisher 信息量,它的另一表达式为

$$I(\theta) = -E\left[\frac{\partial^2 \ln f(x;\theta)}{\partial^2 \theta}\right] \tag{2.1.10}$$

有时式(2.1.10)比式(2.1.9)更易于计算,但必须满足 $I(\theta) > 0$ . 式(2.1.8)称为罗-克拉美不等式,而式(2.1.8)的右端项称为罗-克拉美下界(Luo – Cramer Lower Bound).

显然,如果参数 $\theta$ 的一个估计量 $\hat{\theta}$ 满足:

$$E(\hat{\theta}) = \theta \text{ 且 } \mathrm{Var}(\hat{\theta}) = \frac{1}{nI(\theta)}$$

则一般地, $\hat{\theta}$ 为 $\theta$ 的一致最小方差无偏估计.

**例 2.1.9**　设总体 $X \sim P(\lambda)$, $(X_1,X_2,\cdots,X_n)$ 为总体 $X$ 的一个样本,试证 $\hat{\lambda} = \overline{X}$ 是 $\lambda$ 的一致最小方差无偏估计.

**证明**　由于　　$E(\overline{X}) = E(X) = \lambda$ , $\mathrm{Var}(\overline{X}) = \frac{1}{n}\mathrm{Var}(X) = \frac{\lambda}{n}$

$X$ 的分布律为

$$P\{X = x\} = \frac{\lambda^x}{x!}\mathrm{e}^{-\lambda} \triangleq f(x;\lambda)$$

得

$$\ln f(x;\lambda) = x\ln\lambda - \lambda - \ln x!$$

因此

$$I(\lambda) = E\left[\frac{\partial \ln f(x;\lambda)}{\partial \lambda}\right]^2 = E\left[\frac{X}{\lambda} - 1\right]^2 = \frac{1}{\lambda^2}E[X-\lambda]^2$$

$$= \frac{1}{\lambda^2}D(X) = \frac{1}{\lambda^2}\lambda = \frac{1}{\lambda}$$

故有

$$\mathrm{Var}(\overline{X}) = \frac{1}{nI(\lambda)} = \frac{\lambda}{n}$$

即 $\hat{\lambda} = \overline{X}$ 是参数 $\lambda$ 的一致最小方差无偏估计.

**例 2.1.10** 设产品寿命 $X$ 为指数分布,其密度函数为

$$f(x;\theta) = \begin{cases} \dfrac{1}{\theta}\mathrm{e}^{-\frac{x}{\theta}}, & x > 0 \\ 0, & x \leqslant 0 \end{cases}$$

其中 $\theta > 0$ 为未知参数,$(X_1, X_2, \cdots, X_n)$ 为 $X$ 的样本,试证 $\hat{\theta} = \overline{X}$ 是 $\theta$ 的一致最小方差无偏估计.

**解** 由于 $E(X) = \theta$,$\mathrm{Var}(X) = \theta^2$,故

$$E(\overline{X}) = E(X) = \theta, \mathrm{Var}(\overline{X}) = \frac{1}{n}\mathrm{Var}(X) = \frac{\theta^2}{n}$$

而

$$\ln f(x;\theta) = -\ln\theta - \frac{x}{\theta}$$

$$I(\theta) = E\left[\frac{\partial \ln f(x;\theta)}{\partial \theta}\right]^2 = E\left[-\frac{1}{\theta} + \frac{X}{\theta^2}\right]^2$$

$$= \frac{1}{\theta^4}E\left[X - \theta\right]^2 = \frac{1}{\theta^4}D(X) = \frac{1}{\theta^2}$$

因此

$$D(\overline{X}) = \frac{1}{nI(\theta)} = \frac{\theta^2}{n}$$

则 $\overline{X}$ 是 $\theta$ 的一致最小方差无偏估计.

**定义 2.1.7** 若参数 $\theta$(或参数的函数 $g(\theta)$)的一个无偏估计量 $\hat{\theta}$(或 $\hat{g}(\theta)$)的方差达到罗-克拉美下界,即

$$\mathrm{Var}(\hat{\theta}) = \frac{1}{nI(\theta)} \left( \text{或 } \mathrm{Var}(\hat{g}(\theta)) = \frac{\left[g'(\theta)\right]^2}{nI(\theta)} \right) \tag{2.1.11}$$

则称 $\hat{\theta}$(或 $\hat{g}(\theta)$)为参数 $\theta$(或 $g(\theta)$)的有效估计量,简称有效估计.

**定义 2.1.8** 设 $\hat{\theta}$ 为参数 $\theta$ 任一无偏估计,称

$$e(\hat{\theta}) = \frac{1}{nI(\theta)} \Big/ \mathrm{Var}(\hat{\theta}) \tag{2.1.12}$$

为 $\hat{\theta}$ 的效率.

由于无偏估计的下界是罗-克拉美下界,所以根据式(2.1.8),对于任意无偏估计 $\hat{\theta}$,其效率满足 $0 < e(\hat{\theta}) \leqslant 1$. 如果 $e(\hat{\theta}) = 1$,则无偏估计 $\hat{\theta}$ 为 $\theta$ 的有效估计,且 $\mathrm{Var}(\hat{\theta})$ 等于罗-克拉美下界.

**定义 2.1.9** 若参数 $\theta$ 的无偏估计量 $\hat{\theta}$ 的效率满足:

$$\lim_{n \to \infty} e(\hat{\theta}) = 1 \tag{2.1.13}$$

则称 $\hat{\theta}$ 为参数 $\theta$ 的渐近有效估计.

由例 2.1.9 可见,对于泊松分布 $P(\lambda)$,样本均值 $\overline{X}$ 的方差 $\mathrm{Var}(\overline{X}) = \frac{1}{nI(\lambda)}$,因此 $\overline{X}$ 参数 $\lambda$ 的有效估计,其效率 $e(\hat{\theta}) = 1$.

**例 2.1.11**　设总体 $X$ 服从二项分布 $\mathrm{Bino}(N,\theta)$，$(X_1,X_2,\cdots,X_n)$ 为总体 $X$ 的样本，试求 $\hat{\theta}=\dfrac{1}{N}\overline{X}$ 是参数 $\theta$ 的有效估计量.

**证明**　$X$ 的分布律为 $P\{X=x\}=\mathrm{C}_N^x\theta^x(1-\theta)^{N-x}$，即
$$f(x;\theta)=\mathrm{C}_N^x\theta^x(1-\theta)^{N-x},\quad x=0,1,\cdots,N$$
$$\ln f(x;\theta)=\ln\mathrm{C}_N^x+x\ln\theta+(N-x)\ln(1-\theta)$$
因此
$$I(\theta)=E\left[\frac{\partial\ln f(X;\theta)}{\partial\theta}\right]^2=E\left(\frac{X}{\theta}-\frac{N-X}{1-\theta}\right)^2$$
$$=\frac{1}{\theta^2(1-\theta)^2}E(X-N\theta)^2=\frac{\mathrm{Var}(X)}{\theta^2(1-\theta)^2}$$
$$=\frac{N\theta(1-\theta)}{\theta^2(1-\theta)^2}=\frac{N}{\theta(1-\theta)}$$
于是 $\theta$ 的无偏估计量的方差下界是
$$\frac{1}{nI(\theta)}=\frac{\theta(1-\theta)}{nN}$$
又
$$\mathrm{Var}\left(\frac{1}{N}\overline{X}\right)=\frac{1}{N^2}\mathrm{Var}(\overline{X})=\frac{1}{N^2}\frac{\mathrm{Var}(X)}{n}=\frac{N\theta(1-\theta)}{N^2n}=\frac{\theta(1-\theta)}{Nn}$$
所以
$$e(\hat{\theta})=\frac{1/nI(\theta)}{\mathrm{Var}\left(\dfrac{1}{N}\overline{X}\right)}=1$$

故 $\hat{\theta}=\dfrac{1}{N}\overline{X}$ 是 $\theta$ 的有效估计.

3. 相合性（一致性）

对于无偏性和有效性这两个评价标准，其样本容量 $n$ 是固定的，通过多次抽样，从这多次抽样的平均值和方差的角度去评价估计量的好坏. 事实上，估计结果的好坏与样本容量 $n$ 也有关. 一般而言，样本容量 $n$ 越大，得到总体的信息量越多，估计量所给出估计值应该越接近真值. 即随着样本容量 $n$ 的增大，估计量在某种意义下逐渐收敛于被估计的参数，这就是所谓的相合性（或一致性）概念.

**定义 2.1.10**　设 $\hat{\theta}_n=\hat{\theta}_n(X_1,X_2,\cdots,X_n)$ 是参数 $\theta$ 的估计量，如果当 $n$ 增大时，$\hat{\theta}_n$ 依概率收敛于 $\theta$，即对任意 $\varepsilon>0$，有
$$\lim_{n\to\infty}P\{|\hat{\theta}_n-\theta|<\varepsilon\}=1\ (\text{或}\ \lim_{n\to\infty}P\{|\hat{\theta}_n-\theta|\geqslant\varepsilon\}=0)$$
则称 $\hat{\theta}_n$ 是 $\theta$ 的相合估计（量）（或一致估计量）.

估计量的随机性使我们对总体信息的认识存在不确定性. 但相合性要求表明，如果不断增大样本信息，即对总体信息认识的不确定性会逐步减小到任意精度，这与大数定律是一致的. 自然地，如果任意增大样本量都不能使估计结果趋近于真值，即参数真值不可能得到，那么这样的估计量不能采用. 因此，一个合理的估计必须满足相合性. 相合性是一个估计应当满足的基本要求，不满足相合性的估计不予以考虑.

**定理 2.1.2** 设 $\hat{\theta}_n = \hat{\theta}_n(X_1, X_2, \cdots, X_n)$ 是 $\theta$ 的一个估计量，若

$$\lim_{n \to \infty} E(\hat{\theta}_n) = \theta \text{ 且 } \lim_{n \to \infty} D(\hat{\theta}_n) = 0$$

则 $\hat{\theta}_n$ 是 $\theta$ 的相合估计量（或一致估计量）.

**证明** 由切比雪夫不等式有

$$0 \leqslant P\{ |\hat{\theta}_n - \theta| \geqslant \varepsilon \} \leqslant \frac{1}{\varepsilon^2} E(\hat{\theta}_n - \theta)^2$$

而

$$\frac{1}{\varepsilon^2} E(\hat{\theta}_n - \theta)^2 = \frac{1}{\varepsilon^2} E[\hat{\theta}_n - E(\hat{\theta}_n) + E(\hat{\theta}_n) - \theta]^2$$

$$= \frac{1}{\varepsilon^2} E[(\hat{\theta}_n - E(\hat{\theta}_n))^2 + 2(\hat{\theta}_n - E(\hat{\theta}_n))(E(\hat{\theta}_n) - \theta) + (E(\hat{\theta}_n) - \theta)^2]$$

$$= \frac{1}{\varepsilon^2} [D(\hat{\theta}_n) + (E(\hat{\theta}_n) - \theta)^2]$$

令 $n \to \infty$，再由定理的假设，得

$$\lim_{n \to \infty} \frac{1}{\varepsilon^2} E(\hat{\theta}_n - \theta)^2 = \lim_{n \to \infty} \frac{1}{\varepsilon^2} [D(\hat{\theta}_n) + (E(\hat{\theta}_n) - \theta)^2] = 0$$

由夹逼准则，得

$$\lim_{n \to \infty} P\{ |\hat{\theta}_n - \theta| \geqslant \varepsilon \} = 0$$

则 $\hat{\theta}_n$ 是 $\theta$ 的相合估计.

**例 2.1.12** 设总体 $X$ 的期望 $E(X)$ 和方差 $\mathrm{Var}(X)$ 存在，试证样本均值 $\overline{X}$ 是总体均值 $E(X)$ 的相合估计.

**证明** 因为

$$E(\overline{X}) = E(X) \text{ 且 } \lim_{n \to \infty} \mathrm{Var}(\overline{X}) = \lim_{n \to \infty} \frac{\mathrm{Var}(X)}{n} = 0$$

根据定理 2.1.2，样本均值 $\overline{X}$ 是总体均值 $E(X)$ 的相合估计.

**例 2.1.13** 设总体 $X \sim N(0, \sigma^2)$，$(X_1, X_2, \cdots, X_n)$ 为总体 $X$ 的一个样本，试证 $\hat{\sigma}^2 = \frac{1}{n} \sum_{i=1}^{n} X_i^2$ 是 $\sigma^2$ 的相合估计.

**证明** 因为

$$\sum_{i=1}^{n} \left( \frac{X_i}{\sigma} \right)^2 \sim \chi^2(n)$$

$$E\left[ \sum_{i=1}^{n} \left( \frac{X_i}{\sigma} \right)^2 \right] = n, \quad \mathrm{Var}\left[ \sum_{i=1}^{n} \left( \frac{X_i}{\sigma} \right)^2 \right] = 2n$$

所以

$$E(\hat{\sigma}^2) = E\left[ \frac{\sigma^2}{n} \sum_{i=1}^{n} \left( \frac{X_i}{\sigma} \right)^2 \right] = \frac{\sigma^2}{n} n = \sigma^2$$

$$\mathrm{Var}(\hat{\sigma}^2) = \mathrm{Var}\left[ \frac{\sigma^2}{n} \sum_{i=1}^{n} \left( \frac{X_i}{\sigma} \right)^2 \right] = \frac{\sigma^4}{n^2} \cdot 2n = \frac{2\sigma^4}{n} \to 0 \text{（当 } n \to \infty \text{ 时）}$$

即 $\hat{\sigma}^2$ 是 $\sigma^2$ 的相合估计.

**定理 2.1.3** 如果 $\hat{\theta}_n$ 是 $\theta$ 的相合估计，$g(x)$ 在 $x = \theta$ 连续，则 $g(\hat{\theta}_n)$ 也是 $g(\theta)$ 的相合估计.

**证明**　因为 $g(x)$ 在 $x = \theta$ 处连续,所以,对任意 $\varepsilon > 0$,存在 $\delta > 0$,使得当 $|x - \theta| < \delta$ 时,有

$$|g(x) - g(\theta)| < \varepsilon$$

由此推得

$$P\{|g(\hat{\theta}_n) - g(\theta)| > \varepsilon\} \leqslant P\{|\hat{\theta}_n - \theta| > \delta\}$$

因为 $\hat{\theta}_n$ 是 $\theta$ 的相合估计,所以

$$0 \leqslant \lim_{n \to \infty} P\{|g(\hat{\theta}_n) - g(\theta)| > \varepsilon\} \leqslant \lim_{n \to \infty} P\{|\hat{\theta}_n - \theta| > \delta\} = 0$$

即 $g(\hat{\theta}_n)$ 是 $g(\theta)$ 的相合估计.

此外,相合估计具有线性性,即若 $\hat{\theta}_1$ 和 $\hat{\theta}_2$ 分别是 $\theta_1$ 和 $\theta_2$ 的相合估计,则 $a\hat{\theta}_1 + b\hat{\theta}_2$ 是 $a\theta_1 + b\theta_2$ 的相合估计,其中 $a,b$ 为常数.利用该线性性质及定理 2.1.3,还可进一步证明,样本的 $k$ 阶原点矩 $A_k = \dfrac{1}{n} \sum\limits_{i=1}^{n} X_i^k$ 是总体 $X$ 的 $k$ 阶原点矩 $E(X^k)$ 的相合估计,样本的 $k$ 阶中心距 $B_k = \dfrac{1}{n} \sum\limits_{i=1}^{n} (X_i - \overline{X})^k$ 是总体 $X$ 的 $k$ 阶中心距 $E(X - E(X))^k$ 的相合估计.

由于样本原点矩、样本中心矩分别是总体原点矩、总体中心矩的相合估计,所以可以用样本原点矩、样本中心距估计相应的总体原点矩、总体中心矩,这正是矩估计法的理论依据.

## 2.2　区间估计方法

从总体 $X$ 中取得样本值 $(x_1, x_2, \cdots, x_n)$ 后,由参数的点估计方法可以得到总体分布中的未知参数 $\theta$ 的估计值 $\hat{\theta} = \hat{\theta}(x_1, x_2, \cdots, x_n)$,点估计就是取 $\theta \approx \hat{\theta}$.点估计能给人们一个明确的数量概念,但似乎还不够,因为它只是参数的一个近似值,受抽样随机性影响,这个近似值与 $\theta$ 总有一个正的或负的偏差.而点估计本身既没有反映近似值的精确度,也不知道它的偏差范围.为了弥补点估计在这方面的不足,可采用另一种估计方法——区间估计.

### 2.2.1　区间估计的概念

**定义 2.2.1**　设总体 $X$ 的分布函数为 $F(x; \theta)$,$\theta$ 为未知参数,$(X_1, X_2, \cdots, X_n)$ 是来自总体 $X$ 的样本.对于给定的 $\alpha(0 < \alpha < 1)$,确定两个统计量 $\hat{\theta}_L = \hat{\theta}_L(X_1, X_2, \cdots, X_n)$ 和 $\hat{\theta}_U = \hat{\theta}_U(X_1, X_2, \cdots, X_n)$ 使得

$$P\{\hat{\theta}_L(X_1, X_2, \cdots, X_n) < \theta < \hat{\theta}_U(X_1, X_2, \cdots, X_n)\} = 1 - \alpha \tag{2.2.1}$$

则称随机区间 $[\hat{\theta}_L, \hat{\theta}_U]$ 为参数 $\theta$ 的置信度为 $1 - \alpha$ 的置信区间,$\hat{\theta}_L, \hat{\theta}_U$ 分别称为置信下限和置信上限,$1 - \alpha$ 称为置信度(或置信水平),$\alpha$ 称为显著性水平.

如果有

$$P\{\hat{\theta}_U \geqslant \theta\} = 1 - \alpha \tag{2.2.2}$$

或

$$P\{\hat{\theta}_L \leqslant \theta\} = 1 - \alpha \tag{2.2.3}$$

则称 $\hat{\theta}_U$(或 $\hat{\theta}_L$)为参数 $\theta$ 的置信水平为 $1 - \alpha$ 的单侧置信上限(或单侧置信下限),随机区间 $[\hat{\theta}_L, +\infty)$ 或 $(-\infty, \hat{\theta}_U]$ 称为参数 $\theta$ 的置信度为 $1 - \alpha$ 的单侧置信区间.单侧置信限可视为置信区间的一种特殊情况.

由上述定义知,置信区间的意义是:随机区间 $[\hat{\theta}_L, \hat{\theta}_U]$ 包含真值 $\theta$ 的概率为 $1 - \alpha$.也就是说,

在样本容量 $n$ 固定时,若反复做 $N$ 次抽样,得到 $N$ 个样本值 $(x_{1k}, x_{2k}, \cdots, x_{nk})(k = 1, 2, \cdots, N)$,这样随机得到的 $N$ 个置信区间 $[\hat{\theta}_{Lk}, \hat{\theta}_{Uk}](k = 1, 2, \cdots, N)$,其中有的包含真值 $\theta$,有的不包含 $\theta$.当置信度为 $1 - \alpha$ 时,这 $N$ 个区间中包含 $\theta$ 的区间大约占 $100(1 - \alpha)\%$.比如,$N = 1\,000$,$\alpha = 0.01$,则这 $1\,000$ 个区间中包含真值 $\theta$ 的大约占 990 个,而不包含 $\theta$ 的区间大约有 10 个.

显著性水平 $\alpha$ 通常选取的比较小,比如 0.01,0.1,0.05 等,这就意味着式(2.2.1)的概率比较大.因此,置信度 $1 - \alpha$ 表达了区间估计的可靠度,它是区间估计的可靠概率,$\alpha$ 表达了区间估计的不可靠概率.

区间估计的精确度一般可用置信区间的平均长度 $E(\hat{\theta}_U - \hat{\theta}_L)$ 来表示.由于给定样本容量 $n$ 后,可靠度和精确度相互制约着,即提高了可靠度,必然增加了置信区间的长度,从而降低了精确度;反之,增加了精确度必然降低了可靠性.因此,实际应用中常采用一种折中方案:在使得置信度达到一定要求的前提下,寻找精确度尽可能高的区间估计.

常用的置信限估计方法包括枢轴量法、基于渐近正态的区间估计方法和 Bootstrap 方法,下面结合常用寿命分布模型对这些方法进行具体介绍.

### 2.2.2 枢轴量法

**定义 2.2.2** 设 $\theta$ 为待估的未知参数,$W(X_1, X_2, \cdots, X_n; \theta)$ 是样本 $(X_1, X_2, \cdots, X_n)$ 与待估的未知参数 $\theta$ 的函数,如果其分布不依赖于任何未知参数,则称函数 $W(X_1, X_2, \cdots, X_n; \theta)$ 为枢轴量.

枢轴量和统计量存在一定的差异:

(1)枢轴量和统计量都是样本的函数,但是枢轴量中还包含未知的待估参数,且不含有其他未知参数;

(2)如果将枢轴量中的未知参数用某个已知的估计量替代,那么枢轴量就变成统计量了;

(3)统计量常用于点估计,枢轴量常用于区间估计.

**例 2.2.1** 设总体 $X \sim N(\mu, \sigma^2)$,$\mu, \sigma^2$ 都是未知参数,$(X_1, X_2, \cdots, X_n)$ 是来自总体 $X$ 的样本,要估计参数 $\mu$,请问下面三个量

$$\overline{X}, \quad \frac{\overline{X} - \mu}{\sigma / \sqrt{n}}, \quad \frac{\overline{X} - \mu}{S / \sqrt{n}}$$

哪些是统计量?哪些是枢轴量?

**解** 因为只有 $\overline{X}$ 是统计量,另外两个量都含有未知参数,所以不是统计量;

因为 $\hat{X}$ 中不含有待估参数 $\mu$,且 $\overline{X} \sim N(\mu, \sigma^2/n)$ 分布中含有未知参数,所以 $\overline{X}$ 不是枢轴量.

$\dfrac{\overline{X} - \mu}{\sigma / \sqrt{n}}$ 含有除了待估参数 $\mu$ 以外的其他未知参数 $\sigma$,所以 $\dfrac{\overline{X} - \mu}{\sigma / \sqrt{n}}$ 也不是枢轴量.

$\dfrac{\overline{X} - \mu}{S / \sqrt{n}}$ 是待估参数 $\mu$ 和样本的函数,且不含其他未知参数,其服从自由度为 $n - 1$ 的 $t$ 分布,该分布不含有任何未知参数,所以 $\dfrac{\overline{X} - \mu}{S / \sqrt{n}}$ 是枢轴量.

基于枢轴量求未知参数 $\theta$ 的置信区间步骤如下:

(1)构造一个样本 $(X_1, X_2, \cdots, X_n)$ 和未知参数 $\theta$ 的函数:

$$W = W(X_1, X_2, \cdots, X_n; \theta)$$

并求出 $W$ 的分布且分布中不含任何未知参数.

（2）给定置信度 $1-\alpha$，选取两个常数 $a, b$，使

$$P\{a < W(X_1, X_2, \cdots, X_n; \theta) < b\} = 1-\alpha$$

通常取 $a, b$ 分别为 $W$ 分布上的 $1 - \dfrac{\alpha}{2}$ 和 $\dfrac{\alpha}{2}$ 分位点.

（3）如果不等式 $a < W(X_1, X_2, \cdots, X_n; \theta) < b$ 可等价地变换成

$$\hat{\theta}_L(X_1, X_2, \cdots, X_n) < \theta < \hat{\theta}_U(X_1, X_2, \cdots, X_n)$$

那么，

$$P\{\hat{\theta}_L(X_1, X_2, \cdots, X_n) < \theta < \hat{\theta}_U(X_1, X_2, \cdots, X_n)\} = 1-\alpha$$

则 $[\hat{\theta}_L, \hat{\theta}_U]$ 为未知参数 $\theta$ 的置信度为 $1-\alpha$ 的置信区间.

在上述的参数求解过程中，常数 $a, b$ 如何选取呢？ 根据 Neyman 原则，应选取 $a, b$ 使得区间长度最短，但是这样的最优解的求解往往比较复杂. 因此，一般选取 $a, b$ 满足

$$P\{\theta < \hat{\theta}_L(X_1, X_2, \cdots, X_n)\} = P\{\theta > \hat{\theta}_U(X_1, X_2, \cdots, X_n)\} = \dfrac{\alpha}{2} \tag{2.2.4}$$

另外，枢轴量 $W(X_1, X_2, \cdots, X_n; \theta)$ 的构造，通常从 $\theta$ 的点估计 $\hat{\theta}$（如极大似然估计、矩估计等）出发，根据 $\hat{\theta}$ 的分布进行改造而得.

**例 2.2.2**　设服从正态分布的 $N(\mu, \sigma^2)$ 的某批产品中随机抽取 $n$ 件产品进行试验，得到一组完全样本观测值 $(x_1, x_2, \cdots, x_n)$.

（1）试求参数 $\mu, \sigma^2$ 的置信区间.

（2）假如测得样本观测值为

99.3　98.7　100.5　101.2　98.3　99.7　99.5　102.1　100.5

试求 $\mu$ 的置信度为 95％ 的置信区间.

**解**　（1）先求参数 $\mu$ 的置信区间.

参数 $\mu$ 的极大似然估计为 $\overline{X}$，$\overline{X} \sim N\left(\mu, \dfrac{\sigma^2}{n}\right) \Rightarrow \dfrac{\overline{X} - \mu}{\sigma / \sqrt{n}} \sim N(0, 1)$，由于 $\sigma$ 未知，不能取 $\dfrac{\overline{X} - \mu}{\sigma / \sqrt{n}}$ 作为枢轴量.

考虑到 $\dfrac{\overline{X} - \mu}{S / \sqrt{n}}$ 服从自由度为 $n-1$ 的 $t$ 分布，是样本的函数，且分布与未知参数无关，因此可选取枢轴量为 $W(X_1, X_2, \cdots, X_n; \mu) = \dfrac{\overline{X} - \mu}{S / \sqrt{n}}$.

常数 $a, b$ 分别取为 $t$ 分布的上 $1 - \dfrac{\alpha}{2}$ 和 $\dfrac{\alpha}{2}$ 分位点，即

$$P\left\{t_{\alpha/2}(n-1) < \dfrac{\sqrt{n}(\overline{X} - \mu)}{S} < t_{1-\alpha/2}(n-1)\right\} = 1-\alpha$$

对上式化简，可得

$$P\left\{\overline{X} + \dfrac{S}{\sqrt{n}} t_{\alpha/2}(n-1) < \mu < \overline{X} + \dfrac{S}{\sqrt{n}} t_{1-\alpha/2}(n-1)\right\} = 1-\alpha$$

因此，参数 $\mu$ 的置信水平为 $1-\alpha$ 的置信区间为 $[\hat{\mu}_L, \hat{\mu}_U]$，其中置信下限 $\hat{\mu}_L$ 和置信上限 $\hat{\mu}_U$

分别为

$$\hat{\mu}_L = \bar{x} + \frac{S}{\sqrt{n}} t_{\alpha/2}(n-1), \quad \hat{\mu}_U = \bar{x} + \frac{S}{\sqrt{n}} t_{1-\alpha/2}(n-1)$$

对于参数 $\sigma^2$ 的置信区间,可选取枢轴量为

$$W(X_1, X_2, \cdots, X_n; \sigma^2) = \frac{(n-1)S^2}{\sigma^2} \sim \chi^2(n-1)$$

常数 $a, b$ 分别取为 $\chi^2$ 分布上的 $1 - \frac{\alpha}{2}$ 和 $\frac{\alpha}{2}$ 分位点,即

$$P\left\{\chi^2_{\alpha/2}(n-1) < \frac{(n-1)S^2}{\sigma^2} < \chi^2_{1-\alpha/2}(n-1)\right\} = 1 - \alpha$$

对上式化简,可得

$$P\left\{\frac{S^2(n-1)}{\chi^2_{1-\alpha/2}(n-1)} < \sigma^2 < \frac{S^2(n-1)}{\chi^2_{\alpha/2}(n-1)}\right\} = 1 - \alpha$$

因此,参数 $\sigma^2$ 的置信水平为 $1-\alpha$ 的置信区间为 $[\hat{\sigma}_L^2, \hat{\sigma}_U^2]$,其中置信下限 $\hat{\sigma}_L^2$ 和置信上限 $\hat{\sigma}_U^2$ 分别为

$$\hat{\sigma}_L^2 = \frac{(n-1)S^2}{\chi^2_{1-\alpha/2}(n-1)}, \quad \hat{\sigma}_U^2 = \frac{(n-1)S^2}{\chi^2_{\alpha/2}(n-1)}$$

(2)置信度 $1-\alpha = 0.95$,查附表 3 得 $t_{\alpha/2}(n-1) = t_{0.025}(8) = 2.306$. 由样本值算得 $\overline{X} = 99.978$,$S_n^2 = 1.47$,故

置信下限:$\overline{X} - \frac{S}{\sqrt{n}} t_{\alpha/2}(n-1) = 99.978 - 2.306\sqrt{\frac{1.47}{9}} = 99.046$;

置信上限:$\overline{X} + \frac{S}{\sqrt{n}} t_{\alpha/2}(n-1) = 99.978 + 2.306\sqrt{\frac{1.47}{9}} = 100.91$.

故 $\mu$ 的置信度为 95% 的置信区间为 $[99.046, 100.91]$,这一置信区间有 95% 的把握包含真值.

**例 2.2.3**  设 $(X_1, X_2, \cdots, X_n)$ 是来自指数分布 $X \sim \mathrm{Exp}(1/\theta)$ 的样本,其密度函数为

$$f(x) = \frac{1}{\theta} \mathrm{e}^{-x/\theta}, \quad x \geqslant 0$$

其中,$\theta > 0$ 为总体均值,即 $E(X) = \theta$,现计算 $\theta$ 的 $1-\alpha$ 置信区间($0 < \alpha < 1$).

**解**  由于指数分布是伽马分布的特例,即 $X_i \sim \mathrm{Ga}(1, 1/\theta)$. 利用伽马分布的性质,得

$$T_n = X_1 + X_2 + \cdots + X_n \sim \mathrm{Ga}(n, 1/\theta)$$
$$2T_n/\theta \sim \mathrm{Ga}(n, 1/2) = \chi^2(2n)$$

可见,$2T_n/\theta$ 的分布不依赖于 $\theta$,可取其为枢轴量. 对给定的置信水平 $1-\alpha$,利用 $\chi^2$ 分布的 $\alpha/2$ 和 $1-\alpha/2$ 分位数可得

$$P\{\chi^2_{\alpha/2}(2n) < 2T_n/\theta < \chi^2_{1-\alpha/2}(2n)\} = 1 - \alpha$$

对上式化简,可得

$$P\left\{\frac{2T_n}{\chi^2_{1-\alpha/2}(2n)} < \theta < \frac{2T_n}{\chi^2_{\alpha/2}(2n)}\right\} = 1 - \alpha$$

从而,获得 $\theta$ 的 $1-\alpha$ 置信区间为

$$\left[\frac{2T_n}{\chi^2_{1-\alpha/2}(2n)}, \frac{2T_n}{\chi^2_{\alpha/2}(2n)}\right]$$

**例 2.2.4**　某产品的寿命 $X$ 服从指数分布 $\mathrm{Exp}(1/\theta)$，如今从中随机抽取 9 个样品进行寿命试验，获得如下 9 个寿命数据(单位：h)：

$$152 \quad 457 \quad 505 \quad 531 \quad 607 \quad 645 \quad 707 \quad 822 \quad 903$$

试求 $\theta$ 的置信度为 $90\%$ 的置信区间.

**解**　根据寿命试验的数据，可算得 $T_n = 5\,329$，若取 $\alpha = 0.1$，可从 $\chi^2$ 分布 $\alpha$ 分位数表查得

$$\chi^2_{0.05}(18) = 9.39, \quad \chi^2_{0.95}(18) = 28.87$$

于是平均寿命 $\theta$ 的置信度为 $90\%$ 的置信区间为

$$\left[ \frac{2T_n}{\chi^2_{1-\alpha/2}(2n)}, \frac{2T_n}{\chi^2_{\alpha/2}(2n)} \right] = \left[ \frac{2 \times 5\,329}{28.87}, \frac{2 \times 5\,329}{9.39} \right] = \left[ 369.17, 1\,135.04 \right]$$

### 2.2.3　近似置信区间

前面叙述的枢轴量法能够构造参数的精确置信区间，无论是小样本还是大样本情形，都可适用. 但是，枢轴量法也存在两方面的困难：一是很难构造合适的枢轴量，并没有一个通用的步骤来构造枢轴量；二是要获得枢轴量的抽样分布也很难. 考虑到这些情形，引入近似置信区间的构造方法，近似置信区间仅能在大样本场合使用，所得的置信区间不能精准地达到预先设定的置信水平 $1 - \alpha$，只能近似于给定的置信水平 $1 - \alpha$，这类方法常称为大样本方法，所得置信区间称为近似置信区间或大样本置信区间. 但是，一般情形下，借用未知参数的渐近分布能够较容易获得其大样本置信区间. 常见的近似置信区间方法有两种：①基于极大似然估计的近似置信区间；②基于中心极限定理的近似置信区间.

**1. 基于极大似然估计的近似置信区间**

基于极大似然估计构造近似置信区间需要用到其渐近正态性，下面先引入渐近正态性的定义.

**定义 2.2.3**　设 $\hat{\theta}_n = \hat{\theta}(X_1, X_2, \cdots, X_n)$ 是 $\theta$ 的一个相合估计序列，若存在一个趋于零的正数列 $\sigma_n^2(\theta)$，使得变量 $y_n = \dfrac{\hat{\theta}_n - \theta}{\sigma_n(\theta)}$ 的分布函数 $F_n(y)$ 收敛于标准正态分布函数 $\Phi(y)$，即

$$F_n(y) = P\left( \frac{\hat{\theta}_n - \theta}{\sigma_n(\theta)} \leqslant y \right) \to \Phi(y), \quad n \to \infty \tag{2.2.5}$$

或 $y_n$ 依分布收敛于标准正态分布，记为

$$\frac{\hat{\theta}_n - \theta}{\sigma_n(\theta)} \xrightarrow{L} N(0,1), \quad n \to \infty \tag{2.2.6}$$

则称 $\hat{\theta}_n$ 是 $\theta$ 的渐近正态估计，或称 $\hat{\theta}_n$ 具有渐近正态性，记为

$$\hat{\theta}_n \sim \mathrm{AN}(\theta, \sigma_n^2(\theta)) \tag{2.2.7}$$

其中，$\sigma_n^2(\theta)$ 称为 $\hat{\theta}_n$ 的渐近方差.

此定义中的数列 $\sigma_n^2(\theta)$ 表示什么？使极限式 $(2.2.5)$ 成立的关键在于使括号中的分母 $\sigma_n(\theta)$ 趋于零的速度与分子中的 $\hat{\theta}_n$ 收敛于 $\theta$ 的速度相当(同阶)，因为只有这样才有可能使分子与分母之比的概率分布稳定于正态分布. 式 $(2.2.5)$ 中的 $\sigma_n(\theta)$ 是人们很关心的量，它表示 $\hat{\theta}_n$ 依概率收敛于 $\theta$ 的速度，$\sigma_n(\theta)$ 越小，收敛速度越快；$\sigma_n(\theta)$ 越大，收敛速度越慢，故把 $\sigma_n^2(\theta)$ 称为渐近方差是恰当的.

另外,满足式(2.2.5)的 $\sigma_n(\theta)$ 并不唯一,若有另一个 $\tau_n(\theta)$ 可使

$$\frac{\tau_n(\theta)}{\sigma_n(\theta)} \to 1, \quad n \to \infty \tag{2.2.8}$$

则根据概率收敛性质可知,必有

$$\frac{\hat{\theta}_n - \theta}{\tau_n(\theta)} \xrightarrow{L} N(0,1), \quad n \to \infty \tag{2.2.9}$$

此时 $\tau_n^2(\theta)$ 亦称为 $\hat{\theta}_n$ 的渐近方差.

渐近正态性与相合性一样,是某些估计的大样本性质.不过它们之间存在一定的区别,相合性是对估计的一种较低要求,它只要求估计序列 $\hat{\theta}_n$ 将随样本量 $n$ 的增加以越来越大的概率接近被估参数 $\theta$,但没有告诉人们,对相对大的,误差将以什么速度(如 $1/n$、$1/\sqrt{n}$ 或者 $1/\ln n$ 等)收敛于标准正态分布,而渐近正态性的引入正好补充了这一点,它是在相合性基础上进一步讨论收敛速度问题.

**例 2.2.5** 设 $(X_1, X_2, \cdots, X_n)$ 是来自总体 $X$ 的一个样本,该总体的均值为 $\mu$,方差为 $\sigma^2$,样本均值 $\overline{X}$ 是 $\mu$ 的无偏估计、相合估计.按照中心极限定理,$\overline{X}$ 还是 $\mu$ 的渐近正态估计,因为有

$$\frac{\overline{X} - \theta}{\sigma/\sqrt{n}} \xrightarrow{L} N(0,1)$$

这表明 $\overline{X}$ 依概率收敛于 $\mu$ 的速度是 $1/\sqrt{n}$,渐近方差为 $\sigma^2/n$,上式常写为

$$\sqrt{n}(\overline{X} - \theta) \xrightarrow{L} N(0, \sigma^2)$$

或

$$\overline{X} \sim \mathrm{AN}\left(\mu, \frac{\sigma^2}{n}\right)$$

其实,很多渐近正态估计大部分都是以 $1/\sqrt{n}$ 的速度收敛于被估参数的.在一定条件下,极大似然估计具有渐近正态性,下面给出定理.

**定理 2.2.1** 设 $f(x;\theta)$ 是总体 $X$ 的密度函数,其参数空间为 $\Theta$,是直线上的非退化区间,假如:

(1)对一切 $\theta \in \Theta$,密度函数 $f(x;\theta)$ 关于参数 $\theta$ 的如下偏导数都存在:

$$\frac{\partial \ln f(x;\theta)}{\partial \theta}, \frac{\partial^2 \ln f(x;\theta)}{\partial \theta^2}, \frac{\partial^3 \ln f(x;\theta)}{\partial \theta^3}$$

(2)对一切 $\theta \in \Theta$,有

$$\left| \frac{\partial \ln f(x;\theta)}{\partial \theta} \right| < F_1(x), \left| \frac{\partial^2 \ln f(x;\theta)}{\partial \theta^2} \right| < F_2(x), \left| \frac{\partial^3 \ln f(x;\theta)}{\partial \theta^3} \right| < H(x)$$

成立,其中 $F_1(x)$ 与 $F_2(x)$ 在实轴上可积,而 $H(x)$ 满足:

$$\int_{-\infty}^{+\infty} H(x) f(x;\theta) \mathrm{d}x < M$$

这里 $M$ 与 $\theta$ 无关.

(3)对一切 $\theta \in \Theta$,有

$$0 < I(\theta) = E\left( \frac{\partial \ln f(x;\theta)}{\partial \theta} \right)^2 < +\infty$$

则在参数真值 $\theta$ 为参数空间 $\Theta$ 内点的情况下,其似然方程有一个解存在,此解 $\hat{\theta}_n = \hat{\theta}(X_1, X_2, \cdots, X_n)$ 依概率收敛于真值 $\theta$,且

$$\hat{\theta}_n \sim \text{AN}(\theta, [nI(\theta)]^{-1}) \qquad (2.2.10)$$

其中,$I(\theta)$ 是 Fisher 信息量,为分布 $f(x;\theta)$ 中含有 $\theta$ 的信息量.

这个定理给出了极大似然估计的渐近正态分布,其中渐近方差完全由 Fisher 信息量 $I(\theta)$ 决定. Fisher 信息量越大(即分布 $f(x;\theta)$ 中含有参数 $\theta$ 的信息越多),渐近方差就越小,从而极大似然估计的效果就越好.

基于极大似然估计的渐近正态性,可以给出参数 $\theta$ 的近似置信区间. 在极大似然估计场合,密度函数 $f(x;\theta)$ 中的参数 $\theta$ 常有一列估计量 $\hat{\theta}_n = \hat{\theta}(X_1, X_2, \cdots, X_n)$,并有渐近分布 $N(\theta, \sigma_n^2(\theta))$,其中渐近方差 $\sigma_n^2(\theta)$ 是参数 $\theta$ 和样本量 $n$ 的函数. 例如,$\hat{\theta}_n$ 的渐近方差可用总体分布的 Fisher 信息量 $I(\theta)$ 算得,即

$$\text{Var}(\hat{\theta}_n) = [nI(\theta)]^{-1} = \sigma_n^2(\theta)$$

其中

$$I(\theta) = E\left(\frac{\partial \ln f(x;\theta)}{\partial \theta}\right)^2 = -E\left(\frac{\partial^2 \ln f(x;\theta)}{\partial^2 \theta}\right)$$

由此可得

$$\frac{\hat{\theta}_n - \theta}{\sqrt{\text{Var}(\hat{\theta}_n)}} \xrightarrow{L} N(0,1), \quad n \to \infty$$

在一般场合,若用极大似然估计 $\hat{\theta}_n$ 代替 $\text{Var}(\hat{\theta}_n)$ 中的 $\theta$,上式仍然成立,因为极大似然估计 $\hat{\theta}_n$ 还是 $\theta$ 的相合估计. 此时对给定的置信水平 $1-\alpha$,利用标准正态分布的分位数,可得

$$P\left\{-u_{1-\alpha/2} < \frac{\hat{\theta}_n - \theta}{\sqrt{\text{Var}(\hat{\theta}_n)}} < u_{1-\alpha/2}\right\} = 1-\alpha \qquad (2.2.11)$$

从而可得 $\theta$ 的近似 $1-\alpha$ 的置信区间为

$$\left[\hat{\theta}_n - u_{1-\alpha/2}\sqrt{\text{Var}(\hat{\theta}_n)}, \quad \hat{\theta}_n - u_{1-\alpha/2}\sqrt{\text{Var}(\hat{\theta}_n)}\right] \qquad (2.2.12)$$

**例 2.2.6** 设 $(X_1, X_2, \cdots, X_n)$ 是来自指数分布 $f(x;\theta) = \frac{1}{\theta}e^{-x/\theta}$ $(x>0)$ 的一个样本. 该总体的 Fisher 信息量为 $I(\theta) = \theta^{-2}$,参数 $\theta$ 的 MLE $\hat{\theta}_n = \overline{X}$,它的渐近正态分布为

$$\overline{X} \sim N\left(\theta, \frac{1}{nI(\theta)}\right) = N\left(\theta, \frac{\theta^2}{n}\right)$$

若渐近方差中的 $\theta$ 用其 MLE $\hat{\theta}_n$ 替代,则可得 $\theta$ 的近似 $1-\alpha$ 的置信区间为

$$\left[\overline{X} - \frac{u_{1-\alpha/2}\overline{X}}{\sqrt{n}}, \quad \overline{X} + \frac{u_{1-\alpha/2}\overline{X}}{\sqrt{n}}\right]$$

这个结果与例 2.2.3 用 $\chi^2$ 分布获得的 $1-\alpha$ 置信区间不同,这里是大样本近似置信区间. 在大样本场合两者较为接近.

**例 2.2.7** 某产品的寿命 $X$ 服从指数分布,$\theta$ 为其平均寿命. 若从中抽取 60 个样品做寿命试验,试验到全部失效为止,所得 60 个寿命数据之和 $T_n = 45\,079\text{h}$. 故其平均寿命的估计值为 $\hat{\theta}_n = T_n/n = 751.32\text{h}$,现求其置信度为 90% 的置信区间.

**解** 按照大样本方法,$\theta$ 的置信度为 90% 的近似置信区间为

$$\left[\overline{X}-\frac{\overline{X}u_{0.95}}{\sqrt{60}},\overline{X}+\frac{\overline{X}u_{0.95}}{\sqrt{60}}\right]=\left[751.32\left(1-\frac{1.645}{\sqrt{60}}\right),751.32\left(1+\frac{1.645}{\sqrt{60}}\right)\right]=[591.74,910.9]$$

用枢轴量法,运用 $\chi^2$ 分布获得 $\theta$ 的置信度为 $90\%$ 的置信区间为

$$\left[\frac{2T_n}{\chi^2_{1-\alpha/2}(2n)},\frac{2T_n}{\chi^2_{\alpha/2}(2n)}\right]=\left[\frac{2\times45\ 079}{146.57},\frac{2\times45\ 079}{95.7}\right]=[615.12,942.09]$$

两者较为接近.若改为小样本,两者差距就大了.

**例 2.2.8** (续例 2.2.4)某产品的寿命 $X$ 服从指数分布 $\mathrm{Exp}(1/\theta)$,如今从中随机抽取 9 个样品进行寿命试验,获得如下 9 个寿命数据(单位:h):

$$152\quad457\quad505\quad531\quad607\quad645\quad707\quad822\quad903$$

试用渐近正态性求 $\theta$ 的置信度为 $90\%$ 的置信区间.

**解** 由于 $n=9$ ,$T_n=5\ 329$ h,$\hat{\theta}_n=T_n/9=592.11$ ,用本小节大样本方法,根据式 (2.2.12),可得参数 $\theta$ 的近似 0.9 置信区间为

$$\left[\overline{X}-\frac{\overline{X}u_{0.95}}{\sqrt{n}},\hat{X}+\frac{\overline{X}u_{0.95}}{\sqrt{n}}\right]=\left[592.11-\frac{592.11\times1.645}{\sqrt{9}},592.11+\frac{592.11\times1.645}{\sqrt{9}}\right]$$
$$=[267.44,916.78]$$

在例 2.2.4 中,用枢轴量法已算得 $\theta$ 的 0.9 置信区间为 $[369.17,1\ 135.04]$ ,可见两者相差很大. 因此,在小样本场合要尽量使用枢轴量法.而在大样本场合,虽两种方法都可使用,但大样本方法简便,且样本量越大近似程度越好,故可用之.

2.基于中心极限定理的近似置信区间

在独立同分布样本场合,只要总体均值 $\mu$ 与总体方差 $\sigma^2$ 存在,无论总体分布是什么,据中心极限定理,其样本均值 $\overline{X}$ 有渐近正态分布,即

$$\overline{X}\sim\mathrm{AN}(\mu,\sigma^2/n)$$

由此立即可得总体均值 $\mu$ 的近似 $1-\alpha$ 的置信区间:

$$\overline{X}\pm\mu_{1-\alpha/2}\sigma/\sqrt{n} \tag{2.2.13}$$

若其中 $\sigma$ 未知,用 $\sigma^2$ 的相合估计(比如样本方差 $S^2$ )替代即可. 当然,在具体问题中还有一些细节要处理,下面结合一个例子作进一步叙述.

**例 2.2.9** 设 $X_1,X_2,\cdots,X_n$ 是来自二点分布 $\mathrm{Bino}(1,p)$ 的一个样本,其总体均值与方差分别为 $E(x)=p$ ,$\mathrm{Var}(X)=p(1-p)$ . 当样本量 $n$ 足够大时,根据中心极限定理,样本均值 $\overline{X}$ 渐近服从正态分布,即

$$\frac{\overline{X}-p}{\sqrt{p(1-p)/n}}\sim N(0,1)$$

对给定的置信水平 $1-\alpha$ ,利用 $N(0,1)$ 的 $\alpha/2$ 上侧分位数可有

$$P\left(\left|\frac{\overline{X}-p}{\sqrt{p(1-p)/n}}\right|\leqslant u_{\alpha/2}\right)=1-\alpha$$

可以从

$$\left|\frac{\overline{X}-p}{\sqrt{p(1-p)/n}}\right|\leqslant u_{\alpha/2}$$

去解出 $p$ 的范围.由于上式等价于

$$(\overline{X}-p)^2\leqslant u^2_{\alpha/2}\frac{p(1-p)}{n}$$

亦等价于

$$(n+u_{\alpha/2}^2)p^2-(2n\overline{X}+u_{\alpha/2}^2)p+n\overline{X}^2\leqslant 0$$

记 $a=n+u_{\alpha/2}^2$ ，$b=-(2n\overline{X}+u_{\alpha/2}^2)$ ，$c=n\overline{X}^2$ ，则有 $a>0$ ，判别式

$$b^2-4ac=(2n\overline{X}+u_{\alpha/2}^2)^2-4(n+u_{\alpha/2}^2)n\overline{X}^2=4n\overline{X}(1-\overline{X})u_{\alpha/2}^2+u_{\alpha/2}^4>0$$

故二次三项式 $ap^2+bp+c$ 开口向上，有两个实根 $\hat{p}_L$ 和 $\hat{p}_U$ ，区间 $[\hat{p}_L,\hat{p}_U]$ 就是 $p$ 的 $1-\alpha$ 的置信区间.

设区间的两个端点分别为

$$\hat{p}_L=\frac{-b-\sqrt{b^2-4ac}}{2a}=\frac{2n\overline{X}+u_{\alpha/2}^2-u_{\alpha/2}\sqrt{4n\overline{X}(1-\overline{X})+u_{\alpha/2}^2}}{2(n+u_{\alpha/2}^2)} \tag{2.2.14}$$

$$\hat{p}_U=\frac{-b+\sqrt{b^2-4ac}}{2a}=\frac{2n\overline{X}+u_{\alpha/2}^2+u_{\alpha/2}\sqrt{4n\overline{X}(1-\overline{X})+u_{\alpha/2}^2}}{2(n+u_{\alpha/2}^2)} \tag{2.2.15}$$

在上面两式中，当 $p_L<0$ 时，应取 $p_L=0$ ；当 $p_U>1$ 时，应取 $p_U=1$ .上面两式还可以简化，因为在导出大样本分布中已忽略含有 $1/\sqrt{n}$ 的项，如今在式(2.2.14)和式(2.2.15)中含有 $1/\sqrt{n}$ 的项，仍可省略，如在式(2.2.14)中分子与分母同时除以 $n$ ，可得

$$\hat{p}_L=\frac{2\overline{X}+\left(\frac{u_{\alpha/2}}{\sqrt{n}}\right)^2-\mu\sqrt{\frac{4\overline{X}(1-\overline{X})}{n}+\left(\frac{u_{\alpha/2}}{\sqrt{n}}\right)^2\left(\frac{1}{\sqrt{n}}\right)^2}}{2\left[1+\left(\frac{u_{\alpha/2}}{\sqrt{n}}\right)^2\right]}=\overline{X}-u_{\alpha/2}\sqrt{\frac{\overline{X}(1-\overline{X})}{n}}$$

类似可对 $\hat{p}_U$ 进行简化，这样 $p$ 的近似 $1-\alpha$ 的大样本置信区间为

$$\overline{X}\pm u_{\alpha/2}\sqrt{\frac{\overline{X}(1-\overline{X})}{n}} \tag{2.2.16}$$

当样本量足够大时，这个置信区间常在实际中采用.

**例 2.2.10**　为分析某产品的不合格率，随机调查了 400 件产品，其中有 100 件不合格品，试求该产品的不合格品率 $p$ 的置信水平为 0.95 的置信区间.

**解**　由于 $n=400,\alpha=0.05,u_{\alpha/2}=1.96$ ，又由样本求得 $\overline{x}=\frac{100}{400}=0.25$ ，从而

$$a=400+1.96^2=403.841\ 6$$

$$b=-(2\times400\times0.25+1.96^2)=-203.841\ 6$$

$$c=400\times0.25^2=25$$

代入式(2.2.14)和式(2.2.15)，可算得

$$\hat{p}_L=\frac{203.841\ 6-34.164\ 9}{807.683\ 2}=0.210\ 1 , \hat{p}_U=\frac{203.841\ 6+34.164\ 9}{807.683\ 2}=0.294\ 7$$

从而 $p$ 的置信水平为 0.95 的置信区间是 $[0.210\ 1,0.294\ 7]$ .

再用式(2.2.16)来求本例 $p$ 的 0.95 置信区间.由 $n=400,k=100$ ，故 $\overline{x}=\frac{100}{400}=0.25$ ，又有 $u_{\alpha/2}=1.96$ ，由式(2.2.16)可得 $p$ 的 0.95 置信区间为

$$0.25\pm1.96\sqrt{0.25(1-0.25)/400}=0.25\pm0.042\ 4=[0.210\ 1,0.294\ 7]$$

这与前面求得的结果较为接近，但是后者的计算要简便得多.

## 2.3　Bootstrap 估计方法

Bootstrap 估计方法(简称 Bootsrtap 法)是指用原样本自身的数据抽样得出新的样本,是一种增广样本统计方法,根据其现在普遍将其译为"自助法".这种方法可以用于当人们对总体知之甚少的情况,为解决小规模子样试验评估问题提供了很好的思路,是一种用于数据处理的重要实用方法.这种方法的实现需要在计算机上做大量的计算,随着计算机的普及,它受到了越来越广泛的关注.

Bootstrap 的思想很简单,但后来大量的事实证明,这样一种简单的思想却给很多数据处理带来了深远的影响,并为一些传统难题提供了有效的解决办法.Bootstrap 法是以原始数据为基础的模拟抽样统计推断法,可用于研究一组数据的某统计量的分布特征,特别适用于那些难以用常规方法导出对参数、可靠度函数、失效率函数等的区间估计等问题.Bootstrap 法可分为参数 Bootstrap 法和非参数 Bootstrap 法.如果总体的分布函数 $F$ 已知,则为参数 Bootstrap 法;如果总体的分布函数 $F$ 未知,则为非参数 Bootstrap 法.下面分别介绍.

### 2.3.1　参数 Bootstrap 估法方法

1. 未知参数的 Bootstrap 估计

假设总体的分布函数为 $F(x;\theta)$,其形式已知,但其中包含未知参数 $\theta$($\theta$ 可以是向量).现在已知有一个来自分布函数 $F(x;\theta)$ 的样本 $(X_1,X_2,\cdots,X_n)$. 基于参数 Bootstrap 法对参数 $\theta$ 的估计步骤如下:

(1)基于分布函数 $F(x;\theta)$,利用样本 $(X_1,X_2,\cdots,X_n)$,求出参数 $\theta$ 的极大似然估计 $\hat{\theta}$;

(2)在分布函数 $F(x;\theta)$ 中以 $\hat{\theta}$ 代替 $\theta$ 得到 $F(x;\hat{\theta})$,接着在 $F(x;\hat{\theta})$ 中产生容量为 $n$ 的样本

$$(X_1^*,X_2^*,\cdots,X_n^*)\sim F(x;\hat{\theta})$$

这里样本 $(X_1^*,X_2^*,\cdots,X_n^*)$ 来自以 $F(x;\hat{\theta})$ 为分布函数的总体,称为 Bootstrap 样本,或者自助样本.利用自助样本可获得参数 $\theta$ 的 Bootstrap 估计 $\hat{\theta}^*$.

(3)重复步骤(2)$B$ 次(一般 $B\geqslant 1\,000$),这样得到的样本及参数估计如下:

Bootstrap 样本 1:$x_1^{*1},x_2^{*1},\cdots,x_n^{*1}$,基于极大似然估计,得 Bootstrap 估计 $\hat{\theta}_1^*$
Bootstrap 样本 2:$x_1^{*2},x_2^{*2},\cdots,x_n^{*2}$,基于极大似然估计,得 Bootstrap 估计 $\hat{\theta}_2^*$
······
Bootstrap 样本 $B$:$x_1^{*B},x_2^{*B},\cdots,x_n^{*B}$,基于极大似然估计,得 Bootstrap 估计 $\hat{\theta}_B^*$

(4)根据上面产生的 $B$ 个 Bootstrap 估计 $\hat{\theta}_1^*,\hat{\theta}_2^*,\cdots,\hat{\theta}_B^*$,可得参数的 Bootstrap 点估计及相应的方差分别为

$$\hat{\theta}_{\text{Boot}}^* = \frac{1}{B}\sum_{i=1}^{B}\hat{\theta}_i^*,\quad \hat{\sigma}_{\text{Boot}}^2 = \frac{1}{B-1}\sum_{i=1}^{B}(\hat{\theta}_i^*-\hat{\theta}_{\text{Boot}}^*)^2 \tag{2.3.1}$$

(5)基于 Bootstrap 样本,可进一步获得参数的区间估计,有两种常见的 Bootstrap 区间估计方法,分别是标准 Bootstrap 法及 Bootstrap 分位数法.下面基于这两种方法分别给出参数 $\theta$ 的置信区间估计.

1)标准 Bootstrap 法区间估计.假设 $\hat{\theta}^*$ 服从或近似服从正态分布,当置信性度为 $1-\alpha$ 时,

$\theta$ 的标准 Bootstrap 置信区间为

$$\left[\hat{\theta}^*_{\text{Boot}} - u_{\alpha/2}\sqrt{\hat{\sigma}^2_{\text{Boot}}}, \hat{\theta}^*_{\text{Boot}} + u_{\alpha/2}\sqrt{\hat{\sigma}^2_{\text{Boot}}}\right] \tag{2.3.2}$$

式中，$u_{\alpha/2}$ 为标准正态分布的 $\alpha/2$ 分位数.

2）Bootstrap 分位数法区间估计. 对 $B$ 个 Bootstrap 估计 $\hat{\theta}^*_1, \hat{\theta}^*_2, \cdots, \hat{\theta}^*_B$，从小到大排列，记为

$$\hat{\theta}^*_{(1)} \leqslant \hat{\theta}^*_{(2)} \leqslant \cdots \leqslant \hat{\theta}^*_{(B)}$$

那么 $\theta$ 置信度为 $1-\alpha$ 的置信区间为

$$\left[\hat{\theta}^*_{([B\alpha/2])}, \quad \hat{\theta}^*_{([B(1-\alpha/2)])}\right] \tag{2.3.3}$$

式中，$[\cdot]$ 表示取整运算.

除了上述介绍的两种常见的 Bootstrap 方法之外，还有修正的 Bootstrap 方法、Bootstrap $-t$ 方法和 Bootstrap 的嫁接方法等.

**2. 未知参数函数的 Bootstrap 估计**

有时候，需要对参数 $\theta$ 的函数 $g(\theta)$ 进行估计，如估计可靠度、失效率等. 已知有一个来自分布函数 $F(x;\theta)$ 的样本 $(X_1, X_2, \cdots, X_n)$. 下面给出函数 $g(\theta)$ 的 Bootstrap 估计.

（1）利用样本 $(X_1, X_2, \cdots, X_n)$ 求出 $\theta$ 的极大似然估计 $\hat{\theta}$，将 $\hat{\theta}$ 代入函数 $g(\theta)$ 中，得到函数 $g(\theta)$ 的极大似然估计 $g(\hat{\theta})$；

（2）在 $F(x;\theta)$ 中以 $\hat{\theta}$ 代替 $\theta$ 得到 $F(x;\hat{\theta})$，接着在 $F(x;\hat{\theta})$ 中产生容量为 $n$ 的样本

$$X_1^*, X_2^*, \cdots, X_n^* \sim F(x;\hat{\theta})$$

这里样本 $X_1^*, X_2^*, \cdots, X_n^*$ 来自以 $F(x;\hat{\theta})$ 为分布函数的总体，利用自助样本可获得函数 $g(\theta)$ 的 Bootstrap 估计 $g(\hat{\theta}^*)$.

（3）重复步骤（2）$B$ 次（一般 $B \geqslant 1\,000$），这样得到如下的样本及函数 $g(\theta)$ 的估计：

Bootstrap 样本 1：$x_1^{*1}, x_2^{*1}, \cdots, x_n^{*1}$，函数 $g(\theta)$ 的 Bootstrap 估计为 $g(\hat{\theta}_1^*)$

Bootstrap 样本 2：$x_1^{*2}, x_2^{*2}, \cdots, x_n^{*2}$，函数 $g(\theta)$ 的 Bootstrap 估计为 $g(\hat{\theta}_2^*)$

……

Bootstrap 样本 $B$：$x_1^{*B}, x_2^{*B}, \cdots, x_n^{*B}$，函数 $g(\theta)$ 的 Bootstrap 估计为 $g(\hat{\theta}_B^*)$

（4）根据上面产生的 $B$ 个 Bootstrap 估计，可得函数 $g(\theta)$ 的 Bootstrap 点估计及相应的方差分别为

$$\hat{g}^*_{\text{Boot}} = \frac{1}{B}\sum_{i=1}^{B}g(\hat{\theta}_i^*), \quad \hat{g}^*_{\text{Boot}} = \frac{1}{B-1}\sum_{i=1}^{B}(g(\hat{\theta}_i^*) - \hat{g}^*_{\text{Boot}})^2 \tag{2.3.4}$$

（5）基于标准 Bootstrap 法及 Bootstrap 分位数法，可得函数 $g(\theta)$ 的置信区间估计分别如下：

①标准 Bootstrap 法的区间估计. 假设 $g(\hat{\theta}^*)$ 服从或近似服从正态分布，当置信度为 $1-\alpha$ 时，$\theta$ 的标准 Bootstrap 置信区间为

$$\left[\hat{g}^*_{\text{Boot}} - u_{\alpha/2}\sqrt{\hat{g}^2_{\text{Boot}}}, \hat{g}^*_{\text{Boot}} + u_{\alpha/2}\sqrt{\hat{g}^2_{\text{Boot}}}\right] \tag{2.3.5}$$

式中，$u_{\alpha/2}$ 为标准正态分布的 $\alpha/2$ 分位数.

②Bootstrap 分位数法的区间估计. 对 $B$ 个 Bootstrap 估计 $g(\hat{\theta}_1^*), g(\hat{\theta}_2^*), \cdots, g(\hat{\theta}_B^*)$，从小到大排列，记为

$$\hat{g}^*_{(1)}(\theta) \leqslant \hat{g}^*_{(2)}(\theta) \leqslant \cdots \leqslant \hat{g}^*_{(B)}(\theta)$$

那么 $\theta$ 置信度为 $1-\alpha$ 的置信区间为

$$\left[g^*_{([B\alpha/2])}(\hat{\theta}), g^*_{([B(1-\alpha/2)])}(\hat{\theta})\right] \tag{2.3.6}$$

式中，$[\cdot]$ 表示取整运算.

**例 2.3.1** 已知某种电子元件的寿命（单位：h）服从威布尔分布，其分布函数为

$$F(x) = \begin{cases} 1 - e^{-(x/\eta)^m}, & x > 0, \\ 0, & \text{其他} \end{cases} \quad \beta > 0, \eta > 0$$

概率密度为

$$f(x) = \begin{cases} \dfrac{m}{\eta^m} x^{m-1} e^{-(x/\eta)^m}, & x > 0 \\ 0, & \text{其他} \end{cases}$$

已知参数 $m = 2$. 今有样本

142.84　97.04　32.46　69.14　85.67　114.43　41.76　163.07　108.22　63.28

（1）确定参数 $\eta$ 的极大似然估计；

（2）对于时刻 $t_0 = 50$，求可靠性 $R(50) = 1 - F(50) = e^{-(50/\eta)^2}$ 的置信水平分别为 $0.95$，$0.90$ 的 Bootstrap 单侧置信下限.

**解** （1）设有样本 $(X_1, X_2, \cdots, X_n)$，样本观察值 $(x_1, x_2, \cdots, x_n)$，似然函数为（已将 $m = 2$ 代入）

$$L = \prod_{i=1}^{n} \frac{2}{\eta^2} x_i e^{-(x_i/\eta)^2} = \frac{2^n}{\eta^{2n}} \left(\prod_{i=1}^{n} x_i\right) e^{-(\sum_{i=1}^{n} x_i^2)/\eta^2}$$

对数似然函数为

$$\ln L = C - 2n\ln\eta - \frac{1}{\eta^2} \sum_{i=1}^{n} x_i^2, \quad C \text{ 为常数}$$

令 $\dfrac{\mathrm{d}}{\mathrm{d}\eta}\ln L = 0$ 得

$$\frac{-2n}{\eta} + \frac{2}{\eta^3} \sum_{i=1}^{n} x_i^2 = 0$$

从而解得

$$\hat{\eta} = \sqrt{\frac{1}{n} \sum_{i=1}^{n} x_i^2}$$

将样本数据代入，得 $\eta$ 的极大似然估计为 $\hat{\eta} = 100.069\,6$.

（2）先说一下如何产生威布尔分布的随机数.

设 $U \sim U(0,1)$，令 $U = 1 - e^{-(X/\eta)^2}$，解得 $X = \eta\left[-\ln(1-U)\right]^{1/2}$. 因 $1 - U \sim U(0,1)$，故

$$X = \eta\left[-\ln U\right]^{1/2}$$

服从威布尔分布 $W(2, \eta)$. 以 $\hat{\eta} = 100.069\,6$ 代替 $\eta$，则 $X = 100.069\,6\left[-\ln U\right]^{1/2}$ 就能产生威布尔分布 $W(2, 100.069\,6)$ 的随机数.

以 $F(x; 2, \hat{\eta}) = F(x; 2, 100.069\,6)$ 为分布函数产生 $5\,000$ 个容量为 $10$ 的 Bootstrap 样本：

样本 1：$x_1^{*1}, x_2^{*1}, \cdots, x_{10}^{*1}$，得 $\eta$ 的 Bootstrap 估计 $\hat{\eta}_1^* = \sqrt{\dfrac{\sum\limits_{i=1}^{10} (x_i^{*1})^2}{10}}$.

$$\vdots$$

样本 5 000：$x_1^{*5\,000}, x_2^{*5\,000}, \cdots, x_{10}^{*5\,000}$，得 $\eta$ 的 Bootstrap 估计 $\hat{\eta}_{5\,000}^* = \sqrt{\dfrac{\sum\limits_{i=1}^{10} (x_i^{*5\,000})^2}{10}}$.

将以上 5 000 个 $\hat{\eta}_i^*$ 自小到大排序，取左起第 250 位，得 $\hat{\eta}_{(250)}^* = 73.257\,36$. 于是当 $t = 50$ 时，可靠性 $R(50)$ 的置信水平为 0.95 的 Bootstrap 单侧置信下限为

$$e^{-(50/\hat{\eta}_{(250)}^*)^2} = 0.627\,6$$

取左起第 500 位得 $\hat{\eta}_{(500)}^* = 79.036\,52$. 于是当 $t = 50$ 时，可靠性 $R(50)$ 的置信水平为 0.90 的 Bootstrap 单侧置信下限为

$$e^{-(50/\hat{\eta}_{(500)}^*)^2} = 0.670\,2$$

## 2.3.2　非参数 Bootstrap 方法

若总体的分布函数 $F(x;\theta)$ 的形式未知，但有一个容量为 $n$ 的来自分布 $F(x;\theta)$ 的样本

$$X_1, X_2, \cdots, X_n$$

自这一样本按有放回抽样的方法，可抽取多个容量为 $n$ 的 Bootstrap 样本，利用这些样本对总体 $F(x;\theta)$ 进行统计推断. 这种方法称为非参数 Bootstrap 方法.

这种方法可以用于当人们对总体知之甚少的情况，对总体参数进行统计推断. 这种方法的实现需要在计算机上作大量的计算，随着计算机使用的普及，它已成为一种流行的方法.

1. 估计量的相关量的非参数 Bootstrap 估计

假设 $\hat{\theta} = \hat{\theta}(X_1, X_2, \cdots, X_n)$ 为参数 $\theta$ 的估计量，有时候估计量 $\hat{\theta}$ 比较复杂，很难获得其统计分布，估计量的相关特征也很难直接获取，如估计量的方差、均方误差、偏差等的计算. 下面基于非参数 Bootstrap 方法给出方差、均方误差、偏差的 Bootstrap 估计步骤，其他量的估计步骤可类似推导.

基于非参数 Bootstrap 方法进行方差、均方误差和偏差的计算步骤如下：

(1)自原始数据样本 $X_1, X_2, \cdots, X_n$ 按有放回抽样的方法，抽得容量为 $n$ 的 Bootstrap 样本 $X_1^*, X_2^*, \cdots, X_n^*$；

(2)重复步骤(1) $B$ 次（一般 $B \geqslant 1\,000$），这样得到如下的样本及参数估计：

Bootstrap 样本 1：$x_1^{*1}, x_2^{*1}, \cdots, x_n^{*1}$，代入估计量 $\hat{\theta}(x_1^{*1}, x_2^{*1}, \cdots, x_n^{*1})$，得 Bootstrap 估计 $\hat{\theta}_1^*$

Bootstrap 样本 2：$x_1^{*2}, x_2^{*2}, \cdots, x_n^{*2}$，代入估计量 $\hat{\theta}(x_1^{*2}, x_2^{*2}, \cdots, x_n^{*2})$，得 Bootstrap 估计 $\hat{\theta}_2^*$

$$\cdots\cdots$$

Bootstrap 样本 $B$：$x_1^{*B}, x_2^{*B}, \cdots, x_n^{*B}$，代入估计量 $\hat{\theta}(x_1^{*B}, x_2^{*B}, \cdots, x_n^{*B})$，得 Bootstrap 估计 $\hat{\theta}_B^*$

(3)根据上面产生的 $B$ 个 Bootstrap 估计，可得 Bootstrap 估计的均值为

$$\overline{\theta}^* = \frac{1}{B} \sum_{i=1}^{B} \hat{\theta}_i^*$$

进而，可得估计量的方差、均方误差及偏差的 Bootstrap 估计分别为

方差的 Bootstrap 估计为

$$\hat{\sigma}^2_{\text{Boot}} = \frac{1}{B-1} \sum_{i=1}^{B} (\hat{\theta}^*_i - \bar{\theta}^*)^2 \qquad (2.3.7)$$

均方误差的 Bootstrap 估计为

$$\hat{\text{MSE}}_{\text{Boot}} = \frac{1}{B} \sum_{i=1}^{B} (\hat{\theta}^*_i - \hat{\theta})^2 \qquad (2.3.8)$$

偏差的 Bootstrap 估计为

$$\hat{\text{Bias}}_{\text{Boot}} = \frac{1}{B} \sum_{i=1}^{B} \hat{\theta}^*_i - \hat{\theta} \qquad (2.3.9)$$

**例 2.3.2** 某产品的寿命 $X$ 是具有分布函数 $F(x;\theta)$ 的连续型随机变量,但是分布函数 $F(x;\theta)$ 形式未知,且 $F(x;\theta)$ 的中位数 $\theta$ 是未知参数.现在获得以下寿命数据(单位:年):

18.2　9.5　12.0　21.1　10.2

以样本中位数作为总体中位数 $\theta$ 的估计.试求中位数估计的标准误差的 Bootstrap 估计.

**解** 将原始样本自小到大排序,中间一个数为 12.0,得样本中位数为 12.0. 相继地、独立地在上述 5 个数据中,按有放回抽样的方法取样,取 $B = 10$ 得到下述 10 个 Bootstrap 样本:

Bootstrap 样本 1：　9.50　18.2　12.0　10.2　18.2
Bootstrap 样本 2：　21.1　18.2　12.0　9.50　10.2
Bootstrap 样本 3：　21.1　10.2　10.2　12.0　10.2
Bootstrap 样本 4：　18.2　12.0　9.50　18.2　10.2
Bootstrap 样本 5：　21.1　12.0　18.2　12.0　10.2
Bootstrap 样本 6：　10.2　10.2　9.50　21.1　10.2
Bootstrap 样本 7：　9.50　21.1　12.0　10.2　12.0
Bootstrap 样本 8：　10.2　18.2　10.2　21.1　21.1
Bootstrap 样本 9：　10.2　10.2　18.2　18.2　18.2
Bootstrap 样本 10：　18.2　10.2　18.2　10.2　10.2

对以上每个 Bootstrap 样本,求得样本中位数分别为

$$\hat{\theta}^*_1 = 12.0, \quad \hat{\theta}^*_2 = 12.0, \quad \hat{\theta}^*_3 = 10.2, \quad \hat{\theta}^*_4 = 12.0, \quad \hat{\theta}^*_5 = 18.2$$

$$\hat{\theta}^*_6 = 10.2, \quad \hat{\theta}^*_7 = 12.0, \quad \hat{\theta}^*_8 = 18.2, \quad \hat{\theta}^*_9 = 18.2, \quad \hat{\theta}^*_{10} = 10.2$$

于是以原始样本确定的样本中位数 $\hat{\theta} = 12.0$ 作为总体中位数 $\theta$ 的估计,由式(2.3.7)知其标准误差的 Bootstrap 估计为

$$\hat{\sigma}^2_{\text{Boot}} = \frac{1}{B-1} \sum_{i=1}^{B} (\hat{\theta}^*_i - \bar{\theta}^*)^2 = \frac{1}{9} \sum_{i=1}^{10} (\hat{\theta}^*_i - \bar{\theta}^*)^2 = 11.957\ 1$$

本题中取 $B = 10$,这只是为了说明计算方法,是不能实际运用的,在实际中应取 $B \geqslant 1\ 000$.

**例 2.3.3** 某产品的寿命 $X$ 是具有分布函数 $F(x;\theta)$ 的连续型随机变量,$F(x;\theta)$ 的中位数 $\theta$ 是未知参数,现测得以下数据(单位:月):

136.3　136.6　135.8　135.4　134.7　135.0　134.1　143.3　147.8
148.8　134.8　135.2　134.9　146.5　141.2　135.4　134.8　135.8
135.0　133.7　134.4　134.9　134.8　134.5　134.3　135.2

以样本中位数 $M = M(X)$ 作为总体中位数 $\theta$ 的估计,试求均方误差 $\text{MSE} = E[(M-\theta)^2]$ 的 Bootstrap 估计.

**解**　将原始样本自小到大排序,左起第 13 个数为 135.0,左起第 14 个数为 135.2,于是样本中位数为 $\frac{1}{2}(135.0+135.2)=135.1$.以 135.1 作为总体中位数 $\theta$ 的估计,即 $\hat{\theta}=135.1$.

相继地、独立地抽取 10 000 个 Bootstrap 样本如下:

Bootstrap 样本 1:

　　　133.7　134.1　134.1　134.1　134.8　134.8　134.8　134.9　134.9

　　　134.9　135.0　135.2　135.2　135.4　135.4　135.8　135.8.　136.3

　　　136.3　136.6　136.6　141.2　143.3　143.3　147.8　148.8

计算得样本 1 的中位数为 135.3,以此类推,得

Bootstrap 样本 10 000:

　　　134.3　134.5　134.5　134.5　134.7　134.8　134.8　134.8　134.8

　　　134.8　134.9　134.9　134.9　134.9　135.0　135.4　135.4　135.4

　　　135.4　135.4　135.8　136.6　146.5　146.5　147.8　148.8

其 Bootstrap 样本中位数为 134.9.

对于用第 $i$ 个 Bootstrap 样本,计算

$$(M_i^* - \hat{\theta})^2 = (M_i^* - 135.1)^2 , \ i=1,2,\cdots,10\ 000$$

即对于 Bootstrap 样本 1,计算得 $(M_1^* - 135.1)^2 = (135.3-135.1)^2 = 0.04$ ,对于 Bootstrap 样本 10 000,得 $(M_{10\ 000}^* - 135.1)^2 = (134.9-135.1)^2 = 0.04$.

用这 10 000 个数的平均值

$$\frac{1}{10\ 000}\sum_{i=1}^{10\ 000}(M_i^* - 135.1)^2 = 0.07$$

近似 $E[(M-\theta)^2]$ ,即得 $\widehat{\mathrm{MSE}} = E[(M-\theta)^2]$ 的 Bootstrap 估计为 0.07.

**例 2.3.4**　(续例 2.3.3) 设 $X=(X_1,X_2,\cdots,X_n)$ 是来自总体 $F(x;\theta)$ 的样本,$\hat{\theta}=\hat{\theta}(X_1,X_2,\cdots,X_n)$ 是参数 $\theta$ 的估计量.$\theta$ 的估计 $\hat{\theta}$ 关于 $\theta$ 的偏差定义为 $b=E(\hat{\theta}-\theta)=E(\hat{\theta})-\theta$. 当 $\hat{\theta}$ 是 $\theta$ 的无偏估计时 $b=0$. 试在例 2.3.3 中,以样本中位数 $M=M(X)$ 作为总体 $F(x;\theta)$ 的中位数 $\theta$ 的估计,求偏差 $b=E(M-\theta)$ 的 Bootstrap 估计.

**解**　由例 2.3.3 知,原始样本的中位数为 135.1,以 135.1 作为总体中位数 $\theta$ 的估计,即 $\hat{\theta}=135.1$.

对于例 2.3.3 中第 $i$ 个 Bootstrap 样本计算:

$$R_i^* = R(x^{*i}) = (M_i^* - \hat{\theta}) = (M_i^* - 135.1) , \ i=1,2,\cdots,10\ 000$$

即对于 Bootstrap 样本 1:$M_i^* - 135.1 = 0.02$ ,以此类推.

对于 Bootstrap 样本 10 000:$M_{10\ 000}^* - 13.5.1 = -0.02$.

将上述 10 000 个数取平均值得到偏差 $b$ 的 Bootstrap 估计为

$$\hat{b}^* = \frac{1}{10\ 000}\sum_{i=1}^{10\ 000}(M_i^* - 135.1) = \frac{1}{10\ 000}\sum_{i=1}^{10\ 000}M_i^* - 135.1$$

$$= 135.14 - 135.1 = 0.04$$

**2.非参数 Bootstrap 置信区间**

下面介绍一种求未知参数 $\theta$ 的 Bootstrap 置信区间的方法.

设 $X_1,X_2,\cdots,X_n$ 是来自总体 $F(x;\theta)$ 容量为 $n$ 的样本,分布函数 $F(x;\theta)$ 形式未知,$x_1$,

$x_2,\cdots,x_n$ 是一个已知的样本值. $F(x;\theta)$ 中含有未知参数 $\theta$ , $\hat{\theta}=\hat{\theta}(X_1,X_2,\cdots,X_n)$ 是 $\theta$ 的估计量. 现在来求 $\theta$ 的置信水平为 $1-\alpha$ 的置信区间.

基于参数 Bootstrap 方法对参数 $\theta$ 的估计步骤如下:

(1)相继地、独立地从原始样本 $x_1,x_2,\cdots,x_n$ 中抽出 $B$ 个容量为 $n$ 的 Bootstrap 样本,如下所示:

$$\text{Bootstrap 样本 1:} x_1^{*1},x_2^{*1},\cdots,x_n^{*1}$$
$$\text{Bootstrap 样本 2:} x_1^{*2},x_2^{*2},\cdots,x_n^{*2}$$
$$\cdots\cdots$$
$$\text{Bootstrap 样本 B:} x_1^{*B},x_2^{*B},\cdots,x_n^{*B}$$

(2)将每个 Bootstrap 样本分别代入估计量 $\hat{\theta}$ 中,得 $B$ 个参数 $\theta$ 的估计:

$$\hat{\theta}_1^*=\hat{\theta}(x_1^{*1},x_2^{*1},\cdots,x_n^{*1})$$
$$\hat{\theta}_2^*=\hat{\theta}(x_1^{*2},x_2^{*2},\cdots,x_n^{*2})$$
$$\cdots\cdots$$
$$\hat{\theta}_B^*=\hat{\theta}(x_1^{*B},x_2^{*B},\cdots,x_n^{*B})$$

(3)基于 Bootstrap 估计 $\hat{\theta}_1^*,\hat{\theta}_2^*,\cdots,\hat{\theta}_B^*$ ,可进一步获得参数 $\theta$ 的区间估计. 下面基于标准 Bootstrap 法及 Bootstrap 分位数法分别给出参数 $\theta$ 的置信区间估计.

1)标准 Bootstrap 法区间估计. 假设 $\hat{\theta}^*$ 服从或近似服从正态分布,当置信性度为 $1-\alpha$ 时, $\theta$ 的标准 Bootstrap 置信区间为

$$\left[\hat{\theta}-u_{\alpha/2}\sqrt{\hat{\sigma}_{\text{Boot}}^2},\hat{\theta}+u_{\alpha/2}\sqrt{\hat{\sigma}_{\text{Boot}}^2}\right] \quad (2.3.10)$$

式中, $u_{\alpha/2}$ 为标准正态分布的 $\alpha/2$ 分位数.

2)Bootstrap 分位数法区间估计. 对 $B$ 个 Bootstrap 估计 $\hat{\theta}_1^*,\hat{\theta}_2^*,\cdots,\hat{\theta}_B^*$ ,从小到大排列,记为

$$\hat{\theta}_{(1)}^*\leqslant\hat{\theta}_{(2)}^*\leqslant\cdots\leqslant\hat{\theta}_{(B)}^*$$

那么 $\theta$ 置信度为 $1-\alpha$ 的置信区间为

$$\left[\hat{\theta}_{(\lceil B\alpha/2\rceil)}^*,\hat{\theta}_{(\lceil B(1-\alpha/2)\rceil)}^*\right] \quad (2.3.11)$$

式中, $[\cdot]$ 表示取整运算.

**例 2.3.5** (续例 2.3.3)以样本中位数作为总体中位数 $\theta$ 的估计,求 $\theta$ 的置信水平为 0.95 的 Bootstrap 分位数置信区间.

**解** $n=26$ , $B=10\,000$ ,原始样本以及 10 000 个模拟 Bootstrap 样本见例 2.3.3. 对于每一个 Bootstrap 样本算出中位数 $M_1^*,M_2^*,\cdots,M_{10\,000}^*$ ,将它们自小到大排序得到

$$M_{(1)}^*\leqslant M_{(2)}^*\leqslant\cdots\leqslant M_{(250)}^*\leqslant M_{(251)}^*\leqslant\cdots\leqslant M_{(9\,750)}^*\leqslant M_{(9\,751)}^*\leqslant\cdots\leqslant M_{(10\,000)}^*$$

由 $1-\alpha=0.95$ , $\alpha=0.05$ ,从而

$$\left[10\,000\times\frac{0.05}{2}\right]=250\ ,\quad \left[10\,000\times\left(1-\frac{0.05}{2}\right)\right]=9\,750$$

$\theta$ 的 Bootstrap 分位数置信区间为

$$(M_{(250)}^*,M_{(9\,750)}^*)=(134.8,135.8)$$

**例 2.3.6** 某产品的寿命 $X$ 的分布函数为 $F(x;\theta)$ ,其分布形式未知,现获得30个该型产品的寿命数据如下(单位:月):

$$9 \quad 8 \quad 10 \quad 12 \quad 11 \quad 12 \quad 7 \quad 9 \quad 11 \quad 8 \quad 9 \quad 7 \quad 7 \quad 8 \quad 9$$
$$9 \quad 9 \quad 10 \quad 9 \quad 9 \quad 9 \quad 12 \quad 10 \quad 10 \quad 9 \quad 13 \quad 11 \quad 13 \quad 9$$

以样本均值 $\overline{X}$ 作为总体均值 $\mu$ 的估计,以样本标准差 $s$ 作为总体标准差 $\sigma$ 的估计,按分位数法求 $\mu$ 以及 $\sigma$ 的置信水平为 0.90 的 Bootstrap 置信区间.

**解**　相继地、独立地自原始样本数据用放回抽样的方法,得到 10 000 个容量均为 30 的 Bootstrap 样本:

Bootstrap 样本 1:

$$8 \quad 8 \quad 10 \quad 12 \quad 7 \quad 11 \quad 11 \quad 8 \quad 10 \quad 12 \quad 7 \quad 9 \quad 10 \quad 8 \quad 9$$
$$11 \quad 10 \, 13 \quad 9 \quad 9 \quad 9 \quad 10 \quad 8 \quad 13 \quad 8 \quad 9 \quad 9 \quad 7 \quad 10 \quad 8$$

以此类推,得

Bootstrap 样本 10 000:

$$9 \quad 10 \quad 7 \quad 10 \quad 9 \quad 7 \quad 9 \quad 7 \quad 10 \quad 7 \quad 9 \quad 9 \quad 13 \quad 11 \quad 12$$
$$10 \, 12 \quad 12 \quad 10 \quad 9 \quad 8 \quad 11 \quad 9 \quad 9 \quad 9 \quad 11 \quad 12 \quad 11 \quad 12 \quad 9$$

对上述每个 Bootstrap 样本算出样本均值 $\overline{x}_i^*$ $(i=1,2,\cdots,10\,000)$,将 10 000 个 $\overline{x}_i^*$ 按自小到大排序,左起第 500 位为 $\overline{x}_{(500)}^* = 9.03$,左起第 9 500 位为 $\overline{x}_{(9\,500)}^* = 10.038$. 于是得 $\mu$ 的一个置信水平为 0.90 的 Bootstrap 置信区间为

$$\left[ \overline{x}_{(500)}^*, \overline{x}_{(9\,500)}^* \right] = [9.03, 10.038]$$

对上述 10 000 个 Bootstrap 样本的每一个算出标准差 $s_i^*$ $(i=1,2,\cdots,10\,000)$,将 10 000 个 $s_i^*$ 按自小到大排序. 左起第 500 位为 $s_{(500)}^* = 1.35$,左起第 9 500 位为 $s_{(9\,500)}^* = 1.98$,于是,得到 $\sigma$ 的一个置信水平为 0.90 的 Bootstrap 置信区间为

$$\left[ s_{(500)}^*, s_{(9\,500)}^* \right] = [1.35, 1.98]$$

用非参数 Bootstrap 法来求参数的近似置信区间的优点是,不需要对总体分布的类型作任何的假设,而且可以适用于小样本,且能用于各种统计量(不限于样本均值).

# 习　题　2

2.1　设 $X_1, X_2, \cdots, X_n$ 是取自正态总体 $N(\mu, \sigma^2)$ 的一个样本,试选择适当的 $c$,使 $S^2 = c\sum_{i=1}^{n-1} (X_{i+1} - X_i)^2$ 为 $\sigma^2$ 的无偏估计.

2.2　设总体 $X$ 的期望为 $\mu$,方差为 $\sigma^2$,又设 $X_{11}, X_{12}, \cdots, X_{1n}$ 与 $X_{21}, X_{22}, \cdots, X_{2m}$ 是取自该总体的两个独立样本,试证:

$$S^2 = \frac{1}{n+m-2} \Big[ \sum_{i=1}^{n} (X_{1i} - \overline{X}_1)^2 + \sum_{i=1}^{m} (X_{2i} - \overline{X}_2)^2 \Big]$$

是 $\sigma^2$ 的无偏估计,其中 $\overline{X}_1 = \frac{1}{n}\sum_{i=1}^{n} X_{1i}, \overline{X}_2 = \frac{1}{m}\sum_{i=1}^{m} X_{2i}$.

2.3　设 $X_1, X_2, \cdots, X_n$ 是取自下列指数分布的一个样本:

$$f(x) = \frac{1}{\theta} e^{-x/\theta}, \quad x > 0$$

求 $\theta$ 的极大似然估计,并考察其无偏性.

2.4　设 $X_1,X_2,\cdots,X_n$ 是取自下列双参数指数分布的一个样本：

$$f(x)=\frac{1}{\theta}\mathrm{e}^{-\frac{x-\mu}{\theta}},\quad x\geqslant\mu$$

试求 $\mu$ 与 $\theta$ 的极大似然估计.

2.5　设总体 $X$ 服从伽马分布 $\mathrm{Ga}(\alpha,\lambda)$，其密度函数为

$$f(x)=\frac{\lambda^{\alpha}}{\Gamma(\alpha)}x^{\alpha-1}\mathrm{e}^{-\lambda x},\quad x>0$$

从中获得样本 $X_1,X_2,\cdots,X_n$，在 $\alpha$ 已知时求 $\lambda$ 的极大似然估计及其渐近正态分布.

2.6　设某种轮胎寿命服从正态分布 $N(\mu,\sigma^2)$，如今抽 12 只轮胎试用，测得 12 个数据（单位：$10^4\,\mathrm{km}$），$\overline{x}=4.709\,2,s^2=0.061\,5$，求该种轮胎平均寿命 $\mu$ 的 0.95 置信区间.

2.7　简述模拟计算置信度为 $1-\alpha$ 的置信区间覆盖参数真值频率（覆盖频率）的算法流程. 验证正态分布 $N(10,2^2)$ 在 30 个样本下，模拟 10 000 次时，计算均值参数 $\mu$ 的 $1-\alpha=0.9$ 置信区间覆盖概率（假定参数 $\sigma$ 未知），并与置信度 0.9 进行比较.

2.8　假定从正态分布 $N(\mu,\sigma^2)$ 中抽样得到 $n$ 个样本 $X_1,X_2,\cdots,X_n$. 假定 $\mu$ 已知，$T_1=\sum_{i=1}^{n}\frac{(X_i-\mu)^2}{\sigma^2}$ 和 $T_2=(n-1)S^2/\sigma^2$ 分别为参数 $\sigma^2$ 的枢轴量，分别按照两种枢轴量计算参数 $\sigma^2$ 的置信度为 $1-\alpha$ 的置信区间. 若 $n=10$，比较两种置信区间平均长度的大小，以及说明为什么会有这样的结果.

2.9　某元件寿命服从失效率为 $\lambda$ 的指数分布，随机抽取 20 只元件进行定数截尾试验，至 10 只失效时停止，结果为（单位：h）

　　　20　50　640　640　750　890　970　1 110　1 660　2 410

求解平均寿命 $\theta$ 的置信度为 0.95 的置信下限.

2.10　设某产品的寿命服从威布尔分布，现从中随机抽取 20 台进行寿命试验，观测到的 20 个失效时间见题表 1（单位：h）.

**题表 1**

| 7.85 | 22.46 | 28.81 | 30.65 | 33.10 | 35.97 | 37.58 | 39.88 | 42.62 | 43.04 |
|---|---|---|---|---|---|---|---|---|---|
| 46.36 | 46.70 | 52.65 | 55.06 | 56.90 | 60.80 | 61.04 | 61.73 | 67.67 | 68.30 |

试用渐近正态近似的方法计算参数 $m$ 和 $\eta$ 置信度为 0.9 的区间估计.

2.11　已知某机器寿命服从对数正态分布. 现取 6 台机器进行寿命试验，测得寿命试验时间分别为（单位：h）

　　　　　563　102.3　69 180　1 738　3 800　16 220

求寿命对数均值、对数方差的点估计和区间估计（$1-\alpha=0.8$）.

2.12　对一批电器元件，抽取 24 只做寿命试验，测得 24 只元件的寿命数据为（单位：h）
575　778　880　969　984　1 003　1 008　1 021　1 031　1 034　1 053　1 054
1 226　1 393　1 439　1 480　1 513　1 611　1 612　1 624　1 627　1 631　1 768
若假设求这批元件寿命服从正态分布，利用 Bootstrap 方法求寿命中位数的 0.95 置信度下的区间估计.

# 第3章 截尾寿命试验下寿命数据的可靠性评估

## 3.1 可靠性数据的分类

可靠性数据是指在产品寿命周期各阶段的可靠性工作及活动中所产生的能够反映产品可靠性水平及状况的各种数据,可以是数字、图表、符号、文字和曲线等形式.广义的可靠性数据包含可靠性、维修性、保障性、测试性、安全性和环境适应性方面的数据.产品的可靠性数据是进一步开展产品可靠性工作的基础,是提高产品质量、进行产品可靠性设计与分析,以及开展产品可靠性试验研究的必要基础.

可靠性数据可以来源于产品寿命周期各阶段的一切可靠性活动,如研制阶段的可靠性试验、可靠性评审报告;生产阶段的可靠性验收试验、制造、装配、检验记录,元器件、原材料的筛选与检修记录,返修记录;使用中的故障数据、维护、修理记录及退役、报废记录等.

可靠性数据主要包括成败型数据、计数型数据、寿命数据和退化数据.下面分别进行阐述.

### 3.1.1 成败型数据

有些产品只要求试验结果取两种对立状态,即成功与失败、合格与不合格、好与坏等,且各次试验结果彼此独立,这样的产品称为成败型产品,而这种产品试验过程中所采集到的数据则称为成败型数据.

成败型数据是最简单的可靠性数据,对于该类数据,一般用二项分布模型来描述.对于成败型产品,其可靠度一般定义为其"成功"的概率.

设产品"成功"的概率为 $R$,失败的概率则为"$1-R$",某次试验结果 $X_i$ 为一随机变量,仅取 0 和 1 两个值,即

$$X_i = \begin{cases} 0, & \text{试验失败} \\ 1, & \text{试验成功} \end{cases} \tag{3.1.1}$$

试验进行了 $n$ 次,试验结果记为 $(X_1, X_2, \cdots, X_n)$,其中 $s$ 次成功.由二项分布可知,$n$ 次试验出现 $s$ 次成功的概率 $L(R)$ 为

$$L(R) = C_n^s R^s (1-R)^{n-s} \tag{3.1.2}$$

根据极大似然估计方法,对式(3.1.2)取对数,求偏导数并令其为 0,可得

$$\frac{\mathrm{dln}L(R)}{\mathrm{d}R} = \frac{s}{R} - \frac{n-s}{1-R} = 0$$

解得

$$\hat{R} = \frac{s}{n} \qquad (3.1.3)$$

**例 3.1.1** 某批继电器共有几万只,从中随机抽取 100 只进行启闭动作试验,其中 2 只失效,试估算该批继电器可靠性点估计值 $R$.

**解** 按极大似然估计法,由式(3.1.3)得

$$\hat{R} = \frac{s}{n} = \frac{100-2}{100} = 0.98$$

**例 3.1.2** 某公司在 1980—2002 年期间进行了 11 起宇航飞行器的发射,其中 3 起成功,8 起失败,详细数据如表 3.1.1 所示,每次试验只记录发射成功还是失败两种结果.试估计该公司发射成功的概率.

**表 3.1.1　某公司宇航飞行器的发射结果**

| 飞行器名称 | 发射结果 | 飞行器名称 | 发射结果 |
| --- | --- | --- | --- |
| Pegasus | 成功 | IndiaSLV | 失败 |
| Percheron | 失败 | IndiaSLV | 失败 |
| AMROC | 失败 | Shavit | 成功 |
| Conestoga | 失败 | Taepodong | 失败 |
| Ariane 1 | 成功 | BrazilVLS | 失败 |
| IndiaSLV−3 | 失败 | | |

**解** 按极大似然估计法,由式(3.1.3)得

$$\hat{R} = \frac{s}{n} = \frac{3}{11} \approx 0.273$$

### 3.1.2　计数型数据

对于有些产品,记录的是其在一定的时间段内发生故障的次数,这就是计数型数据.计数型数据由两部分构成,一部分是时间段,另一部分是故障发生的次数.对于故障的处理可以立即修复并将其放回继续试验,也可直接更换新部件.对于该类数据,产品的可靠度是在给定的时间段内不发生故障的概率.

很多情况下,一方面,由于试验条件的限制,无法获得准确的故障时间,而只能对某一个区间内的故障数目进行计数;另一方面,很多试验也不要求观测确切的故障时间.这两种情况都将导致计数型数据的出现.

描述计数型数据的统计模型是泊松分布,该模型适用的条件是:不相交的区间内事件发生的概率独立,并且在很小的时间间隔内事件发生两次以上的概率很小.泊松分布的分布律为

$$f(X=x;\lambda) = \frac{(\lambda t)^x}{x!}e^{-\lambda t}, \quad x=0,1,2,\cdots,\lambda>0 \qquad (3.1.4)$$

式中,$X=0,1,2,\cdots$ 表示故障发生的次数;$\lambda>0$ 表示单位时间内的平均故障数;$t$ 表示给定的时间间隔.其均值和方差分别为 $E(X)=\lambda t$,$Var(X)=\lambda t$.

对于泊松分布模型,需要估计的模型参数是 $\lambda$.假设进行了 $n$ 次试验,对应的时间间隔分

别为 $t_1, t_2, \cdots, t_n$，相应的时间间隔内发生的故障数分别为 $x_1, x_2, \cdots, x_n$，在各次试验独立同分布的假设下，似然函数可以表示为

$$L(\lambda) = \prod_{i=1}^{n} \frac{(\lambda t_i)^{x_i}}{x_i!} \mathrm{e}^{-\lambda t_i} = \lambda^{\sum_{i=1}^{n} x_i} \mathrm{e}^{-\lambda \sum_{i=1}^{n} t_i} \prod_{i=1}^{n} \frac{(t_i)^{x_i}}{x_i!} \tag{3.1.5}$$

对似然函数取对数，再关于参数 $\lambda$ 求导数，令其为 0，得

$$\frac{\mathrm{d}\ln L(\lambda)}{\mathrm{d}\lambda} = \frac{1}{\lambda} \sum_{i=1}^{n} x_i - \sum_{i=1}^{n} t_i = 0$$

解得

$$\hat{\lambda} = \frac{\sum_{i=1}^{n} x_i}{\sum_{i=1}^{n} t_i} \tag{3.1.6}$$

**例 3.1.3**　某超级计算机包含 47 个完全相同的共享存储处理器，表 3.1.2 列出了它们使用后第一个月的故障数，故障数 $X$ 服从泊松分布，即 $X \sim P(\lambda)$. 用 $x_1, x_2, \cdots, x_n$ 表示月故障数，时间间隔为 $t = 1$ 月. 试估计月平均故障数.

**表 3.1.2　超级计算机 47 个相同部件的月故障数**

| 1 | 5 | 1 | 4 | 2 | 3 | 1 | 3 | 6 | 4 | 4 | 4 |
|---|---|---|---|---|---|---|---|---|---|---|---|
| 2 | 3 | 2 | 2 | 4 | 5 | 5 | 2 | 5 | 3 | 2 | 2 |
| 3 | 1 | 1 | 2 | 5 | 1 | 4 | 1 | 1 | 1 | 2 | 1 |
| 3 | 2 | 5 | 3 | 5 | 2 | 5 | 1 | 1 | 5 | 2 | |

**解**　根据极大似然估计式(3.1.6)，得

$$\hat{\lambda} = \frac{\sum_{i=1}^{n} x_i}{\sum_{i=1}^{n} t_i} = 132/47 = 2.81$$

故月平均故障数为 $E(X) = \lambda = 2.81$.

### 3.1.3　寿命数据

记录产品失效时间的数据称为失效时间数据，又称为寿命数据. 这里的"寿命"是广义的，寿命可以是指失效前的时间，也可以是行驶的距离、开关的次数、循环等，具体含义要根据工程实际来定. 对于寿命数据，通常采用随机分布模型来描述这类数据，如指数分布、威布尔分布和对数正态分布等.

根据获取的寿命数据的完整性程度，寿命数据又分为完整寿命数据和截尾数据，其中截尾数据又分为右截尾(中止)数据、区间截尾数据和左截尾数据.

1. 完整数据

完整数据指在试验或实际使用中所有产品的失效时间都已被观测或者获知，所得到的数据. 例如，从总体中随机抽取 $n$ 个样品进行寿命试验，得到所有样品失效时间为 $(x_1, x_2, \cdots, x_n)$，则 $(x_1, x_2, \cdots, x_n)$ 为完整数据. 完整数据表明样本提供了完整的信息，所有进行试验的产品都获得了其失效时间数据.

例如,测试了 4 个零件,它们全部失效并且失效时间都被记录了下来(见图 3.1.1),这样就有了样品中每个失效时间的完整信息.

图 3.1.1　完整数据(×表示失效)

2.右截尾(删失)数据

在分析寿命数据时,多数情况下不是所有的样品都失效了(即部分产品未失效)或者部分样品准确的失效时间未知.这类数据通常称为截尾数据,又称为删失数据.截尾的类型有三种:右截尾、区间截尾和左截尾.

最常见的截尾数据是右截尾数据,其指的是受试样品的具体失效时间并不知晓,只知道其失效时间不低于一个时间点.例如,对 5 个产品进行试验,但是到试验结束时只有 3 个产品失效了,剩下 2 个产品没有失效,那么这两个零件的试验数据即右截尾数据.对于右截尾的产品,其失效时间在试验结束点的右侧,如图 3.1.2 所示.

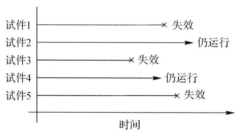

图 3.1.2　右截尾数据(×表示失效)

3.区间截尾(删失)数据

区间截尾数据指的是产品的失效发生在一个区间内某一个未知的时刻.这类数据通常是由于没有对试件进行持续观测而导致的.例如,如果对 5 个产品进行试验,每 100h 检查一次,只知道产品是否在检查间隔之间失效.具体来说,如果在 100h 时检查一个产品,发现其正常运行;然后在 200h 时检查这个试件,发现其不再运行,我们只知道这个产品的失效发生在 100h 到 200h 之间,但是,具体在哪个时间点失效,并不知晓.换言之,我们仅仅知道其在一个时间区间内失效,如图 3.1.3 所示.

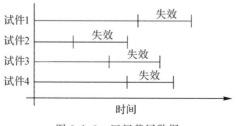

图 3.1.3　区间截尾数据

右截尾数据其实是区间截尾数据的特例.如果在时刻 $t$ 对试验进行右截尾,那么产品的失效时间就在区间 $(t,+\infty)$ 内.

4. 左截尾(删失)数据

对某个产品而言,如果只知道其失效时间位于某一个观测时刻之前,并不知道其具体的失效时间,则该产品的失效时间数据就是左截尾数据.左截尾中的"左"指的是产品的失效时间在观测时间点的左侧.例如,进行第一个 100h 检查时,发现产品已经失效.换言之,产品的失效时间发生在 0~100h 之间,这就是左截尾数据,如图 3.1.4 所示.

左截尾数据是区间截尾数据的特例,假如在时刻 $t$ 对产品进行第一次检测,发现其已经失效了,那么产品的失效时间发生在 $(0,t)$ 这个时间区间,也是区间截尾数据.

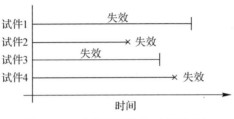

图 3.1.4　左截尾数据(×表示失效)

### 3.1.4　退化数据

退化是能够引起产品性能发生变化的一种物理或化学过程,这一变化随着时间逐渐发展,最终导致产品失效.如果产品在工作或储存过程中,某种性能随时间的延长而逐渐缓慢地下降,直至达到无法正常工作的状态(通常规定一个评判的临界值,即退化失效标准或失效阈值),则称此种现象为退化型失效,如元器件电性能的衰退、机械元件磨损、绝缘材料的老化等.产品性能参数随测试时间退化的数据,称为退化数据(Degradation Data)

在某些情况下,产品的退化数据比寿命数据更加重要.例如,对于高可靠、长寿命产品而言,通过寿命试验很难获得其失效时间;再如,对于一些价格昂贵的产品,获取足够的寿命数据的经济成本过高甚至难以承受,因此也无法获得其足够的寿命数据,这些情况使得以寿命数据为基础的可靠性分析方法难以取得满意的结果.而退化数据记录了产品从性能完好到故障的退化过程,蕴含着大量与产品寿命相关的信息,无论产品失效与否,只需定期对其进行检测,获取性能退化数据,即可对产品的可靠性进行有效分析.目前,基于退化数据的可靠性研究已经成为解决小子样、高可靠性与长寿命产品可靠性设计、分析、试验与估计等问题的关键技术之一.关于退化数据的可靠性分析将在第 6 章进行介绍.

下面给出一个退化数据的例子,如表 3.1.3 所示.确定药物的储存寿命是新药开发过程中的一个重要环节.由于药物性能随着储存时间增长,将发生退化,其储存寿命可以被定义为药效退化至规定值的 90% 时对应的时间.记药物的药效为 $\{X(t),t\geqslant 0\}$, $t$ 为药物的储存时间, $X(t)$ 是一个随储存时间增长而减小的函数.药物在时刻 $t$ 的可靠度,就是药效在时刻 $t$ 尚未退化至规定值 90% 时的概率.

表 3.1.3 药物药性的退化数据(规定药效的百分比)

| 批次 | 时间/月 | | | | 批次 | 时间/月 | | | |
|---|---|---|---|---|---|---|---|---|---|
| | 0 | 12 | 24 | 36 | | 0 | 12 | 24 | 36 |
| 1 | 99.9 | 98.9 | 95.9 | 92.9 | 13 | 99.8 | 98.8 | 93.8 | 89.8 |
| 2 | 101.1 | 97.1 | 94.1 | 91.1 | 14 | 100.1 | 99.1 | 93.1 | 90.1 |
| 3 | 100.3 | 98.3 | 95.3 | 92.3 | 15 | 100.7 | 98.7 | 93.7 | 91.7 |
| 4 | 100.8 | 96.8 | 94.8 | 90.8 | 16 | 100.3 | 98.3 | 96.3 | 93.3 |
| 5 | 100.0 | 98.0 | 96.0 | 92.0 | 17 | 100.2 | 98.2 | 97.2 | 94.2 |
| 6 | 100.1 | 98.1 | 98.1 | 95.1 | 18 | 99.8 | 97.8 | 95.8 | 90.8 |
| 7 | 99.6 | 98.6 | 96.6 | 92.6 | 19 | 100.8 | 98.8 | 95.8 | 94.8 |
| 8 | 100.4 | 99.4 | 96.4 | 95.4 | 20 | 100.0 | 98.0 | 96.0 | 92.0 |
| 9 | 100.9 | 98.9 | 96.9 | 96.9 | 21 | 99.6 | 99.6 | 92.6 | 88.6 |
| 10 | 100.5 | 99.5 | 94.5 | 93.5 | 22 | 100.2 | 98.2 | 97.2 | 94.2 |
| 11 | 101.1 | 98.1 | 93.1 | 91.1 | 23 | 99.8 | 97.8 | 95.8 | 90.8 |
| 12 | 100.9 | 97.9 | 95.9 | 93.9 | 24 | 100.0 | 99.0 | 95.0 | 92.0 |

## 3.2 截尾寿命试验的分类及似然函数

### 3.2.1 截尾寿命试验简介

为了了解产品的性能和可靠性指标,需要对产品进行寿命试验.在一批产品中选取一定数量的样品,在实际使用过程中进行跟踪,或在实验室模拟实际使用过程中的主要条件,在人工控制的条件下进行试验,记录下样品的失效时间和原因.对寿命数据利用统计方法进行分析,就可以得到产品的可靠性指标,从而了解产品的质量.

可靠性寿命试验按样品的失效情况可以分为两类:完全寿命试验和截尾寿命试验.完全寿命试验是指试验到所有产品都失效才停止的试验,基于完全寿命试验所得到的数据称为完整数据.完全寿命试验能够获得较完整的样本数据,统计分析结果较为可靠,但这种试验往往需要较长时间,有时在很长的一段时间内样品也不会失效.比如对灯泡进行寿命试验,要让参加试验的所有灯泡都失效基本上是不可能做到的,因为一个灯泡的寿命都是上万个小时,要让它们全部失效往往需要很长时间,而且试验破坏性很强,付出的代价也较昂贵.一般等到试验的样品全部失效,新型号具有更高寿命的灯泡也可能早已设计出来了,这种试验已经没有参考价值,也适应不了产品更新换代的要求,因此一般情况下不被试验人员采纳.

截尾寿命试验是指按照试验规则无需所有受试样品都失效就停止的试验,基于截尾寿命试验获得的数据称为截尾寿命数据. 该试验只能获得部分产品的寿命数据,但若能充分利用寿命数据给我们提供的信息,统计分析的结果也是非常好的. 因此在一般情况下,有条件进行完全寿命试验,最好先采用完全寿命试验,若条件不允许,则进行截尾寿命试验. 常用的截尾寿命试验包括定时截尾寿命试验和定数截尾寿命试验.

(1)定时截尾寿命试验,又称为 I 型截尾寿命试验,是指试验进行到事先规定的时间 $\tau$ 后就停止试验. 该试验是在一定的时间范围内进行的,这样,样品的寿命只有在小于或等于事先给定的值时才能被观测到. 该截尾试验保障试验时间不会超过 $\tau$ 时刻,但是观察到的产品失效个数是一个随机变量.

例如,对 50 个样品进行定时截尾寿命试验,规定截尾时间为 1 000 h,试验如果进行到 1 000 h,还有产品未失效,试验停止,不继续进行下去,未失效的产品被右截尾,在 1 000 h 内样品可能失效 20 个,也可能失效 5 个,甚至可能没有样品失效(称之为无失效数据). 为了不使失效个数过多或过少,恰当地规定试验停止时间是实施定时截尾寿命试验的一个重要方面.

(2)定数截尾寿命试验,又称为Ⅱ型截尾寿命试验,是指当 $n$ 个受试产品进行到有 $r(1 \leqslant r \leqslant n)$ 个产品失效时试验停止. 该截尾试验能够保障试验中观察到的失效产品个数,进而保障产品评估的精度,但是试验结束时间是随机的,试验的时间无法得到保障.

该试验不用等到所有 $n$ 个产品都失效才停止,因为在某些情形,直到 $n$ 个产品都失效要花很长的时间,所以这样的截尾试验是省时省钱的. 当 $r = n$ 时,试验规定的失效个数即为完全样本容量,此即为完全寿命试验. 因此,为了不使试验时间过长,恰当地规定失效个数 $r$ 是实施定数截尾寿命试验的一个重要方面.

### 3.2.2　次序统计量

次序统计量在可靠性统计中占有重要地位,为此首先给出次序统计量的定义,然后讨论其性质,并给出截尾试验下样本的似然函数.

设 $(X_1, X_2, \cdots, X_n)$ 来自总体 $X$ 的一个样本,记 $(x_1, x_2, \cdots, x_n)$ 为样本的一个观察值,将观察值按由小到大的递增序列重新排列,记为

$$x_{(1)} \leqslant x_{(2)} \leqslant \cdots \leqslant x_{(n)}$$

即当 $(X_1, X_2, \cdots, X_n)$ 取值为 $(x_1, x_2, \cdots, x_n)$ 时,对应 $X_{(k)}$ 取值为 $x_{(k)}$ ($k = 1, 2, \cdots, n$),由此得到的 $(X_{(1)} X_{(2)}, \cdots, X_{(n)})$ 称为样本 $(X_1, X_2, \cdots, X_n)$ 的次序统计量,显然有

$$X_{(1)} \leqslant X_{(2)} \leqslant \cdots \leqslant X_{(n)}$$

其中 $X_{(1)} = \min_{1 \leqslant i \leqslant n} X_i$ 称为最小次序统计量,它的值 $x_{(1)}$ 是样本值中最小的一个; $X_{(n)} = \max_{1 \leqslant i \leqslant n} X_i$ 称为最大次序统计量,它的值 $x_{(n)}$ 是样本值中最大的一个. 由于次序统计量的每个分量 $X_{(k)}$ 都是样本 $(X_1, X_2, \cdots, X_n)$ 的函数,所以 $X_{(1)}, X_{(2)}, \cdots, X_{(n)}$ 也都是随机变量.

注意:样本 $(X_1, X_2, \cdots, X_n)$ 是相互独立的,但是次序统计量 $(X_{(1)}, X_{(2)}, \cdots, X_{(n)})$ 一般不是相互独立的,因为次序统计量的任一观测值 $x_{(1)}, x_{(2)}, \cdots, x_{(n)}$ 均按由小到大的次序排列. 下面以定义的形式给出次序统计量的概念.

**定义 3.2.1**　样本 $(X_1, X_2, \cdots, X_n)$ 按由小到大的顺序重排为

$$X_{(1)} \leqslant X_{(2)} \leqslant \cdots \leqslant X_{(n)}$$

则称 $X_{(1)}, X_{(2)}, \cdots, X_{(n)}$ 为样本 $(X_1, X_2, \cdots, X_n)$ 的次序统计量(Order Statistics), $X_{(k)}$ 称为样

本的第 $k$ 个次序统计量，$X_{(1)}$ 称为最小次序统计量，$X_{(n)}$ 称为最大次序统计量.

**定理 3.2.1** 设总体 $X$ 的分布密度为 $f(x)$（或分布函数为 $F(x)$），$(X_1,X_2,\cdots,X_n)$ 为来自总体 $X$ 的样本,则第 $k$ 个次序统计量 $X_{(k)}$ 的分布密度为

$$f_{X_{(k)}}(x)=\frac{n!}{(k-1)!(n-k)!}\left[F(x)\right]^{k-1}\left[1-F(x)\right]^{n-k}f(x),\quad k=1,2,\cdots,n$$

$$(3.2.1)$$

**证明** 记样本 $(X_1,X_2,\cdots,X_n)$ 中不超过 $x$ 的个数为 $V_n(x)$,此即为经验频数,易得

$$V_n(x)=\begin{cases}0,&x<x_{(1)}\\k,&x_{(k)}<x\leqslant x_{(k+1)},\quad k=1,2,\cdots,n-1\\n,&x_{(n)}\leqslant x\end{cases}$$

则有

$$\sum_{i=k}^{n}\{V_n(x)=i\}=\sum_{i=k}^{n-1}\{X_{(i)}<x\leqslant X_{(i+1)}\}+\{X_{(n)}\leqslant x\}=\{X_{(k)}\leqslant x\}$$

于是,$X_{(k)}$ 的分布函数为

$$F_{X_{(k)}}(x)=P\left\{\sum_{i=k}^{n}\{V_n(x)=i\}\right\}=\sum_{i=k}^{n}P\{V_n(x)=i\}$$

$$=\sum_{i=k}^{n}C_n^i\left[F(x)\right]^i\left[1-F(x)\right]^{n-i}$$

$$=\frac{n!}{(k-1)!(n-k)!}\int_0^{F(x)}t^{k-1}(1-t)^{n-k}\mathrm{d}t$$

上式对 $x$ 求导,得

$$f_{X_{(k)}}(x)=F'_{X_{(k)}}(x)=\frac{n!}{(k-1)!(n-k)!}\left[F(x)\right]^{k-1}\left[1-F(x)\right]^{n-k}f(x),\quad k=1,2,\cdots,n$$

特别值得注意的是,定理 3.2.1 中,当 $k=1$ 和 $k=n$ 时,便得到了最小次序统计量 $X_{(1)}$ 和最大次序统计量 $X_{(n)}$ 的分布密度,分别为

$$f_{X_{(1)}}(x)=n\left[1-F(x)\right]^{n-1}f(x)\tag{3.2.2}$$

$$f_{X_{(n)}}(x)=n\left[F(x)\right]^{n-1}f(x)\tag{3.2.3}$$

$X_{(1)}$ 和 $X_{(n)}$ 的分布统称为极值分布. $f_{X_{(1)}}(x)$ 与 $f_{X_{(n)}}(x)$ 的表达式可借助于定理 3.2.1 得到,也可直接从 $X_{(1)}$ 和 $X_{(n)}$ 的分布函数出发,利用 $X_{(1)}$ 和 $X_{(n)}$ 的定义推出式(3.2.2)和式(3.2.3).

**例 3.2.1** 设样本 $X$ 服从区间$(0,1)$上的均匀分布,$(X_1,X_2,\cdots,X_n)$ 是来自总体 $X$ 的一个样本,易知,$X$ 的分布密度为

$$f(x)=\begin{cases}1,0<x<1\\0,其他\end{cases}$$

$X$ 的分布函数为

$$F(x)=\begin{cases}0,x\leqslant 0\\x,0<x\leqslant 1\\1,x>1\end{cases}$$

由定理 3.2.1 得,最小次序统计量 $X_{(1)}$ 的分布密度为

$$f_{X_{(1)}}(x) = \begin{cases} n(1-x)^{n-1}, & 0 < x < 1 \\ 0, & \text{其他} \end{cases}$$

最大次序统计量 $X_{(n)}$ 的分布密度为

$$f_{X_{(n)}}(x) = \begin{cases} nx^{n-1}, & 0 < x < 1 \\ 0, & \text{其他} \end{cases}$$

第 $k$ 个次序统计量 $X_{(k)}$ 的分布密度为

$$f_{X_{(k)}}(x) = \begin{cases} \dfrac{n!}{(k-1)!(n-k)!} x^{k-1}(1-x)^{n-k}, & 0 < x < 1 \\ 0, \text{其他} \end{cases}$$

**定理 3.2.2**　设总体 $X$ 的分布密度为 $f(x)$（或分布函数为 $F(x)$），$(X_1, X_2, \cdots, X_n)$ 是来自总体 $X$ 的样本，则次序统计量 $X_{(1)}, X_{(2)}, \cdots, X_{(n)}$ 的联合分布密度为

$$f(x_{(1)}, x_{(2)}, \cdots, x_{(n)}) = \begin{cases} n! \prod_{i=1}^{n} f(x_{(i)}), & x_{(1)} \leqslant x_{(2)} \leqslant \cdots \leqslant x_{(n)} \\ 0, \text{其他} \end{cases}$$

证明见参考文献[1].

**例 3.2.2**　设总体 $X$ 服从区间 $(0, \theta)$ 上的均匀分布，$(X_1, X_2, \cdots, X_n)$ 是来自总体 $X$ 的样本，总体 $X$ 的分布密度为

$$f(x) = \begin{cases} \dfrac{1}{\theta}, & 0 < x < \theta \\ 0, \text{其他} \end{cases}$$

则次序统计量 $(X_{(1)}, X_{(2)}, \cdots, X_{(n)})$ 的联合分布密度为

$$f(x_{(1)}, x_{(2)}, \cdots, x_{(n)}) = \begin{cases} \dfrac{n!}{\theta^n}, & 0 < x_{(1)} \leqslant x_{(2)} \leqslant \cdots \leqslant x_{(n)} < \theta \\ 0, \text{其他} \end{cases}$$

### 3.2.3　截尾寿命试验下的似然函数

基于次序统计量可得不同截尾试验下的样本似然函数. 下面的定理 3.2.3 和定理 3.2.4 分别给出定数截尾和定时截尾试验下的似然函数.

**定理 3.2.3**　（定数截尾试验下的似然函数）设总体 $X$ 的密度函数为 $f(x;\theta)$，分布函数为 $F(x;\theta)$，$\theta$ 为未知参数（或者参数向量），基于定数截尾寿命试验，所获得的定数截尾样本为 $(X_{(1)}, X_{(2)}, \cdots, X_{(r)})(r \leqslant n)$，样本观测值为 $x_{(1)} \leqslant x_{(2)} \leqslant \cdots \leqslant x_{(r)}$，则样本的联合似然函数为

$$L(\theta \mid x_{(1)}, x_{(2)}, \cdots, x_{(r)}) = \dfrac{n!}{(n-r)!} \Big[ \prod_{i=1}^{r} f(x_{(i)}) \Big] [1 - F(x_{(r)})]^{n-r} \qquad (3.2.4)$$

**定理 3.2.4**　（定时截尾试验下的似然函数）设总体 $X$ 的密度函数为 $f(x;\theta)$，分布函数为 $F(x;\theta)$，$\theta$ 为未知参数（或者参数向量），基于定时截尾寿命试验，规定的试验终止时间为 $\tau$，假定在试验终止时间 $\tau$ 之前，观察到 $r$ 个产品失效，分别为 $X_{(1)} \leqslant X_{(2)} \leqslant \cdots \leqslant X_{(r)}$（$r \leqslant n$），样本观测值为 $x_{(1)} \leqslant x_{(2)} \leqslant \cdots \leqslant x_{(r)}$，则样本的联合似然函数为

$$L(\theta \mid x_{(1)}, x_{(2)}, \cdots, x_{(r)}) = \dfrac{n!}{(n-r)!} \Big[ \prod_{i=1}^{r} f(x_{(i)}) \Big] [1 - F(\tau)]^{n-r} \qquad (3.2.5)$$

# 3.3 指数分布的可靠性评估

在可靠性研究中,指数分布是最常用也是最简单的寿命分布,许多产品的寿命服从指数分布,如电子元器件、大型复杂系统的寿命都用指数分布刻画.本节针对常见的截尾寿命试验,给出指数分布寿命型产品的可靠性指标的估计.

## 3.3.1 定数截尾试验下指数分布的可靠性评估

设产品的寿命 $X$ 服从指数分布,其密度函数为

$$f(x) = \lambda \mathrm{e}^{-\lambda x}, \quad x \geqslant 0 \tag{3.3.1}$$

根据式(3.3.1)可得,平均寿命为 $E(X) = \theta = 1/\lambda$.现抽取 $n$ 个产品进行定数截尾寿命试验,直到出现 $r$ 个产品失效停止试验.记观察到的 $r$ 个产品的失效时间分别为 $x_{(1)} \leqslant x_{(2)} \leqslant \cdots \leqslant x_{(r)}$,为了书写方便,将其简记为 $x_1 \leqslant x_2 \leqslant \cdots \leqslant x_r$.下面基于观察的样本,对指数分布进行统计推断.

1.极大似然估计

根据式(3.2.4),定数截尾试验样本 $(x_1, x_2, \cdots, x_r)$ 的似然函数为

$$L(\lambda) = \frac{n!}{(n-r)!} \Big[ \prod_{i=1}^{r} f(x_i) \Big] \big[ 1 - F(x_r) \big]^{n-r}$$

$$= \frac{n!}{(n-r)!} \mathrm{e}^{-\lambda(n-r)x_r} \prod_{i=1}^{r} \lambda \mathrm{e}^{-\lambda x_i}$$

对上式取对数,得对数似然函数为

$$l(\lambda) = \ln n! - \ln(n-r)! - (n-r)x_r\lambda + r\ln\lambda - \lambda \sum_{i=1}^{r} x_i$$

对上式关于参数 $\lambda$ 求导数,可得

$$\frac{\partial l(\lambda)}{\partial \lambda} = \frac{r}{\lambda} - \sum_{i=1}^{r} x_i - (n-r)x_r$$

令上式为 0,化简可得参数的极大似然估计为

$$\hat{\lambda}_M = \frac{r}{S(x_r)} \tag{3.3.2}$$

式中,$S(x_r) = \sum_{i=1}^{r} x_i + (n-r)x_r$,表示所有试验产品的总试验时间.

根据极大似然估计的不变性,可得

(1)平均寿命 $\theta = 1/\lambda$ 的极大似然估计为

$$\hat{\theta}_M = \frac{S(x_r)}{r} \tag{3.3.3}$$

(2)可靠度 $R(t)$ 的极大似然估计为

$$\hat{R}(t) = \mathrm{e}^{-\hat{\lambda}_M t} = \exp\Big[ -\frac{rt}{S(x_r)} \Big] \tag{3.3.4}$$

(3)可靠寿命 $t_R = -(\ln R)/\lambda$ 的极大似然估计为

$$\hat{t}_R = \frac{-\ln R}{\hat{\lambda}_M} = \frac{-(\ln R)S(x_r)}{r}$$

失效率 $\lambda$ 的极大似然估计具有许多优良性质. 为了证明上述估计的统计性质, 首先引入下面定理.

**定理 3.3.1**　设 $x_1 \leqslant x_2 \leqslant \cdots \leqslant x_r$ 为来自指数分布 $X \sim \mathrm{Exp}(\lambda)$ 的容量为 $n$ 的定数截尾样本, 令

$$
\begin{aligned}
s_1 &= nx_1 \\
s_2 &= (n-1)(x_2 - x_1) \\
&\cdots\cdots \\
s_r &= (n-r+1)(x_r - x_{r-1})
\end{aligned}
\tag{3.3.5}
$$

则 $s_1, s_2, \cdots, s_r$ 相互独立, $s_i \sim \mathrm{Exp}(\lambda)(i = 1, 2, \cdots, r)$, 且所有产品的总试验时间 $S(x_r) = \sum_{i=1}^{r} x_i + (n-r)x_r$ 服从伽马分布 $\mathrm{Ga}(r, \lambda)$.

**证明**　样本 $x_1, x_2, \cdots, x_r$ 的联合密度函数为

$$
f(x_1, x_2, \cdots, x_r) = \frac{n!}{(n-r)!} \frac{1}{\theta^r} \exp\left\{ -\frac{1}{\theta} \Big\{ \sum_{i=1}^{r} x_i + (n-r)x_r \Big] \right\}
$$

由于 $s_1, s_2, \cdots, s_r$ 的雅可比行列式为

$$
\frac{\partial(s_1, s_2, \cdots, s_r)}{\partial(x_1, x_2, \cdots, x_r)} = \frac{n!}{(n-r)!}
$$

故 $s_1, s_2, \cdots, s_r$ 的联合密度函数为

$$
g(s_1, s_2, \cdots, s_r) = f(x_1, x_2, \cdots, x_r) \left| \frac{\partial(x_1, x_2, \cdots, x_r)}{\partial(s_1, s_2, \cdots, s_r)} \right| = \frac{1}{\theta^r} \exp\left\{ -\frac{1}{\theta} \Big[ \sum_{i=1}^{r} x_i + (n-r)x_r \Big] \right\}
$$

则 $s_1, s_2, \cdots, s_r$ 相互独立, 且 $s_i \sim \mathrm{Exp}(\lambda), i = 1, 2, \cdots, r$. 从而 $S(x_r) = \sum_{i=1}^{r} x_i + (n-r)x_r$ 服从伽马分布 $\mathrm{Ga}(r, \lambda)$.

**例 3.3.1**　设 $x_1 \leqslant x_2 \leqslant \cdots \leqslant x_r$ 为来自指数分布 $X \sim \mathrm{Exp}(\lambda)$ 的容量为 $n$ 的定数截尾样本, 试证明极大似然估计 $\hat{\theta}_M$ 是参数 $\theta$ 的无偏估计.

**证明**　由于

$$
S(x_r) = \sum_{i=1}^{r} x_i + (n-r)x_r = \sum_{i=1}^{r} (n-i+1)(x_i - x_{i-1}) = \sum_{i=1}^{r} s_i
\tag{3.3.6}
$$

由定理 3.3.1 可知,

$$
E(\hat{\theta}_M) = \frac{1}{r} E(S(x_r)) = \frac{1}{r} E\Big( \sum_{i=1}^{r} s_i \Big) = \frac{1}{r} \sum_{i=1}^{r} E(s_i) = \frac{1}{\lambda} = \theta
$$

同样还可以求得 $\hat{\theta}_M$ 的方差为 $\mathrm{Var}(\hat{\theta}_M) = \frac{1}{r}\theta^2$, 更进一步还可以证明 $\hat{\theta}_M$ 是参数 $\theta$ 的一致最小方差无偏估计.

**例 3.3.2**　设 $x_1 \leqslant x_2 \leqslant \cdots \leqslant x_r$ 为来自指数分布 $X \sim Exp(\lambda)$ 的容量为 $n$ 的定数截尾样本, 试计算极大似然估计 $\hat{\lambda}_M$ 的期望、方差及均方误差.

**解**　由定理 3.3.1 可知,

$$
S(x_r) \sim \Gamma(r, \lambda)
$$

故

$$E(\hat{\lambda}_M) = E\left(\frac{r}{S(x_r)}\right) = r\int_0^\infty \frac{1}{t}\frac{\lambda^r}{\Gamma(r)}t^{r-1}e^{-\lambda t}dt = \frac{r}{r-1}\lambda \ , \ r > 1$$

进一步,可求得

$$E(\hat{\lambda}_M^2) = E\left(\frac{r}{S(x_r)}\right)^2 = r^2\int_0^{+\infty}\frac{1}{t^2}\frac{\lambda^r}{\Gamma(r)}t^{r-1}e^{-\lambda t}dt = \frac{r^2}{(r-1)(r-2)}\lambda^2 \ , \ r > 2$$

因此 $\hat{\lambda}_M$ 方差为

$$\mathrm{Var}(\hat{\lambda}_M) = E\left(\hat{\lambda}_M - E(\hat{\lambda}_M)\right)^2 = E(\hat{\lambda}_M^2) - (E(\hat{\lambda}_M))^2$$

$$= \frac{r+2}{(r-1)(r-2)}\lambda^2 - \frac{r^2}{(r-1)^2}\lambda^2 = \frac{3r-2}{(r-1)^2(r-2)}\lambda^2 \ , \ r > 2$$

$\hat{\lambda}_M$ 均方误差为

$$\mathrm{MSE}(\hat{\lambda}_M) = E\left(\hat{\lambda}_M - \lambda\right)^2 = \frac{r+2}{(r-1)(r-2)}\lambda^2 \ , \ r > 2$$

因为 $E(\hat{\lambda}_M) = \frac{r}{r-1}\lambda \neq \lambda$,所以极大似然估计 $\hat{\lambda}_M$ 不是参数 $\lambda$ 的无偏估计. 对 $\hat{\lambda}_M$ 进行适当修正,可得失效率 $\lambda$ 的无偏估计为

$$\hat{\lambda}^* = \frac{r-1}{r}\hat{\lambda}_M = \frac{r-1}{S(x_r)} \tag{3.3.7}$$

$\hat{\lambda}^*$ 是失效率 $\lambda$ 的无偏估计,且其均方误差为

$$\mathrm{MSE}(\hat{\lambda}^*) = \frac{1}{r-2}\lambda^2 < \frac{r+2}{(r-1)(r-2)}\lambda^2 = \mathrm{MSE}(\hat{\lambda}_M)$$

由此可见,估计量 $\hat{\lambda}^*$ 比极大似然估计 $\hat{\lambda}_M$ 更有效.

利用定理 3.3.1,可计算出 $\hat{R}(t)$ 的期望,易知 $\hat{R}(t)$ 不是可靠度 $R(t)$ 的无偏估计. 对于可靠度 $R(t)$,可以给出一个无偏估计:

$$R^*(t) = \left(1 - \frac{t}{S(x_r)}\right)^{r-1} \tag{3.3.8}$$

可以证明,上述无偏估计 $R^*(t)$ 是可靠度 $R(t)$ 的一致最小方差无偏估计.

2. 区间估计

现抽 $n$ 个样品进行定数截尾试验,得 $r$ 个次序统计量为 $x_1 \leqslant x_2 \leqslant \cdots \leqslant x_r$,为寻求 $\lambda$ 的置信区间,找到与参数 $\lambda$ 有关的枢轴量:

$$H = 2\lambda S(x_r) \sim \mathrm{Ga}\left(\frac{2r}{2},\frac{1}{2}\right) = \chi^2(2r) \tag{3.3.9}$$

即枢轴量 $2\lambda S(x_r)$ 服从自由度为 $2r$ 的 $\chi^2$ 分布,根据 $\chi^2$ 分布可写出

$$P(\chi^2_{1-\alpha/2}(2r) \leqslant 2\lambda S(x_r) \leqslant \chi^2_{\alpha/2}(2r)) = 1 - \alpha$$

式中,$\chi^2_p(2r)$ 表示自由度为 $2r$ 的 $\chi^2$ 分布的上 $p$ 分位数,这里 $p = \frac{\alpha}{2}, 1 - \frac{\alpha}{2}$.

进一步化简上式,可得

$$P\left(\frac{\chi^2_{1-\alpha/2}(2r)}{2S(x_r)} \leqslant \lambda \leqslant \frac{\chi^2_{\alpha/2}(2r)}{2S(x_r)}\right) = 1 - \alpha$$

由此得 $\lambda$ 的置信度为 $1-\alpha$ 的双侧置信区间为

$$[\hat{\lambda}_L, \hat{\lambda}_U] = \left[\frac{\chi^2_{1-\alpha/2}(2r)}{2S(x_r)}, \frac{\chi^2_{\alpha/2}(2r)}{2S(x_r)}\right] \tag{3.3.10}$$

其他可靠性指标的置信区间也可由此产生,譬如,若记 $\lambda$ 的 $1-\alpha$ 置信区间为

$$A(S(x_r)) \leqslant \lambda \leqslant B(S(x_r))$$

则由单调性,可得

(1)平均寿命 $\theta = 1/\lambda$ 的 $1-\alpha$ 置信区间为

$$[\hat{\theta}_L, \hat{\theta}_U] = \left[\frac{1}{B(S(x_r))}, \frac{1}{A(S(x_r))}\right] = \left[\frac{2S(x_r)}{\chi^2_{\alpha/2}(2r)}, \frac{2S(x_r)}{\chi^2_{1-\alpha/2}(2r)}\right]$$

(2)可靠度 $R(t) = \mathrm{e}^{-\lambda t}$ 的 $1-\alpha$ 置信区间为

$$[\hat{R}(t)_L, \hat{R}(t)_U] = [\exp(-B(S(x_r))t), \exp(-A(S(x_r))t)]$$

$$= \left[\exp\left(-\frac{\chi^2_{\alpha/2}(2r)}{2S(x_r)}t\right), \exp\left(-\frac{\chi^2_{1-\alpha/2}(2r)}{2S(x_r)}t\right)\right]$$

(3)可靠寿命 $t_R = -(\ln R)/\lambda$ 的 $1-\alpha$ 置信区间为

$$[\hat{t}_{RL}, \hat{t}_{RU}] = \left[\frac{-\ln R}{B(S(x_r))}, \frac{-\ln R}{A(S(x_r))}\right] = \left[-\frac{2S(x_r) \cdot \ln R}{\chi^2_{\alpha/2}(2r)}, -\frac{2S(x_r) \cdot \ln R}{\chi^2_{1-\alpha/2}(2r)}\right]$$

由于失效率 $\lambda$ 越小越好,所以人们常关注其单侧置信上限 $\hat{\lambda}_{UD}$,这只要把上述置信区间的两个尾部概率集中于上侧即得

$$\hat{\lambda}_{UD} = \frac{\chi^2_{\alpha/2}(2r)}{2S(x_r)} \tag{3.3.11}$$

利用单调性可得其他可靠性指标的单侧置信限,譬如

(1)平均寿命 $\theta = 1/\lambda$ 的 $1-\alpha$ 单侧置信下限为

$$\hat{\theta}_{LD} = \frac{1}{\hat{\lambda}_{UD}} = \frac{2S(x_r)}{\chi^2_{\alpha}(2r)}$$

(2)可靠度 $R(t) = \mathrm{e}^{-\lambda t}$ 的 $1-\alpha$ 单侧置信下限为

$$\hat{R}_{LD}(t) = \mathrm{e}^{-\hat{\lambda}_{UD}t} = \exp\left[-\frac{\chi^2_{\alpha}(2r)}{2S(x_r)}t\right]$$

(3)可靠寿命 $t_R = -(\ln R)/\lambda$ 的 $1-\alpha$ 单侧置信下限为

$$\hat{t}_{LDR} = -\frac{\ln R}{\hat{\lambda}_{UD}} = -\frac{2S(x_r)\ln R}{\chi^2_{\alpha}(2r)}$$

**例 3.3.3** 设某种变容二极管的寿命服从指数分布,抽取 7 个样品进行定数截尾寿命试验,试验进行到有 3 个产品失效时结束.试验结果为 1 200,4 500,6 500 (单位:h).

试求:(1)该变容二极管的平均寿命和失效率的极大似然估计;

(2)平均寿命的置信度为 90% 的单侧置信下限.

**解** (1)这里 $n = 7, r = 3$,试验停止时间 $x_3 = 6\,500$,总试验时间为

$$S(x_r) = \sum_{i=1}^{r} x_i + (n-r)x_r = 1\,200 + 4\,500 + 5 \times 6\,500 = 38\,200$$

因此,其平均寿命和失效率的无偏估计分别为

$$\hat{\theta}_M = \frac{S(x_r)}{r} = \frac{38\,200}{3} = 12\,733.33$$

$$\hat{\lambda}_M = \frac{r}{S(x_r)} = \frac{3}{38\,200} = 7.8534 \times 10^{-5}$$

(2)由于置信度为 $1-\alpha = 0.9$,查 $\chi^2$ 分布表,得 $\chi^2_{0.1}(6) = 10.645$,其平均寿命的置信度为 90% 的单侧置信下限为

$$\hat{\theta}_{LD} = \frac{2S(x_r)}{\chi_\alpha^2(2r)} = \frac{2 \times 38\ 200}{10.645} = 7\ 177.10$$

**例 3.3.4** 设电子设备的寿命服从指数分布,任取 15 台进行定数截尾寿命试验. 事先规定失效数 $r = 7$,试验结果为(单位:h):

$$500 \quad 1\ 350 \quad 2\ 130 \quad 2\ 500 \quad 3\ 120 \quad 3\ 500 \quad 3\ 800$$

试求:(1)平均寿命 $\theta$、失效率 $\lambda$ 和 500 h 的可靠度 $R(500)$ 的点估计;

(2)平均寿命 $\theta$ 的置信度 90% 的置信区间;

(3)可靠度为 0.90 的可靠寿命 $t_{0.9}$ 的置信度为 95% 的单侧置信下限.

**解** 这里 $n = 15, r = 7$,试验停止时间 $x_7 = 3\ 800$,故容易算得其总试验时间为

$$S(x_r) = \sum_{i=1}^{r} x_i + (n-r)x_r$$

$$= 500 + 1\ 350 + 2\ 130 + 2\ 500 + 3\ 120 + 3\ 500 + 3\ 800 + (15-7) \times 3\ 800$$

$$= 47\ 300$$

(1)$\theta$ 与 $\lambda$ 的点估计分别为

$$\hat{\theta}_M = \frac{S(x_r)}{r} = \frac{47\ 300}{7} = 6\ 757\ \text{h}$$

$$\hat{\lambda}_M = \frac{r}{S(x_r)} = \frac{7}{47\ 300} = 1.48 \times 10^{-4}\ \text{h}^{-1}$$

而可靠度 $R(500)$ 的点估计为

$$\hat{R}(500) = \exp(-\hat{\lambda}_M t) = \exp(-1.48 \times 10^{-4} \times 500) = 0.928$$

这表明此种电子设备在 500 h 后仍有 92.8% 的产品继续工作.

(2)$\theta$ 的置信度为 90% 的置信区间可如下求得,这里 $1 - \alpha = 0.9$,$\alpha = 0.1, \alpha/2 = 0.05$,故需查得两个 $\chi^2$ 分位数表及 $\chi^2$ 分布表,得

$$\chi_{\alpha/2}^2(2r) = \chi_{0.05}^2(14) = 23.685\ ,\ \chi_{1-\alpha/2}^2(2r) = \chi_{0.95}^2(14) = 6.571$$

由此可得 $\theta$ 的置信度为 90% 的置信区间为

$$\left[ \frac{2S(x_r)}{\chi_{\alpha/2}^2(2r)}, \frac{2S(x_r)}{\chi_{1-\alpha/2}^2(2r)} \right] = \left[ \frac{2 \times 47\ 300}{23.685}, \frac{2 \times 47\ 300}{6.571} \right] = [3\ 994, 14\ 397]$$

(3)可靠寿命 $t_{0.9}$ 的置信度为 95% 的置信下限为

$$\hat{t}_{LDR} = -\frac{2S(x_r)\ln R}{\chi_{0.05}^2(2r)} = \frac{2 \times 47\ 300}{23.685} \times 0.105\ 4 = 421\ \text{h}$$

这表明此种电子设备要保障有 95% 的产品在工作,那么至多工作到 421 h.

### 3.3.2 定时截尾试验下指数分布的可靠性评估

设产品的寿命服从指数分布 $X \sim \text{Exp}(\lambda)$. 随机抽取 $n$ 个产品进行定时截尾寿命试验,试验进行到规定的时刻 $\tau$ 结束. 假设试验观察到 $r$ 个产品失效,其寿命分别为

$$x_1 \leqslant x_2 \leqslant \cdots \leqslant x_r \leqslant \tau, \quad r < n$$

1. 极大似然估计

根据定理 3.2.4,定时截尾样本 $(x_1, x_2, \cdots, x_r)$ 的联合密度函数为

$$L(\lambda) = \frac{n!}{(n-r)!} \left[ \prod_{i=1}^{r} f(x_i) \right] [1 - F(\tau)]^{n-r}$$

$$= \frac{n!}{(n-r)!} \lambda^r \exp(-\lambda S(\tau))$$

式中, $S(\tau) = \sum\limits_{i=1}^{r} x_i + (n-r)\tau$ 表示所有产品的总试验时间.

对上式取对数,得对数似然函数为

$$l = \ln L(\lambda) = \ln\left(\frac{n!}{(n-r)!}\right) + r\ln\lambda - \lambda S(\tau)$$

当 $r \geqslant 1$ 时,对上式关于 $\lambda$ 求导数,并令其为 0,可得

$$\frac{\mathrm{d}\ln L(\lambda)}{\mathrm{d}\lambda} = \frac{r}{\lambda} - S(\tau) = 0$$

求解上式,可得参数 $\lambda$ 的极大似然估计 $\hat{\lambda}$ 为

$$\hat{\lambda} = \frac{r}{S(\tau)} \tag{3.3.12}$$

注:若 $r = 0$,即在 $[0, \tau]$ 时间内 $n$ 个产品都没有发生失效,这时要另外处理,获得参数 $\lambda$ 的估计.另外,由于失效数 $r$ 是随机变量,总试验时间 $\tau$ 的分布又难以求得,故上述估计量 $\hat{\lambda}$ 的无偏性尚无定论.

根据极大似然估计的不变性,可得

(1)平均寿命 $\theta = 1/\lambda$ 的极大似然估计为

$$\hat{\theta} = \frac{S(\tau)}{r} \tag{3.3.13}$$

(2)可靠度 $R(t)$ 的极大似然估计为

$$\hat{R}(t) = \mathrm{e}^{-\hat{\lambda}t} = \exp\left[-\frac{rt}{S(\tau)}\right] \tag{3.3.14}$$

(3)可靠寿命 $t_R = -(\ln R)/\lambda$ 的极大似然估计为

$$\hat{t}_R = \frac{-\ln R}{\hat{\lambda}_M} = \frac{-(\ln R)S(\tau)}{r}$$

**2. 区间估计**

基于定时截尾寿命试验,失效率 $\lambda$ 与平均寿命 $\theta$ 的精确 $1-\alpha$ 置信区间也尚未找到,这可能也与定时截尾有关.因此人们转向去寻求 $\lambda$ 和 $\theta$ 的近似置信区间,即所构造置信区间的置信水平不是精确地为 $1-\alpha$ 而是近似于 $1-\alpha$.下面介绍一种构造近似置信区间的方法.它们不仅可供实际使用,而且其构造思想颇具启发.

假设在截尾时间 $\tau$ 前有 $r$ 个产品失效,因此 $\tau$ 就介于第 $r$ 个失效时间 $x_r$ 和第 $r+1$ 个失效时间 $x_{r+1}$ 之间,即 $x_r \leqslant \tau \leqslant x_{r+1}$.若以这三个时刻为截尾时间可算得如下三个总试验时间:

$$S(x_r) = \sum_{i=1}^{r} x_i + (n-r)x_r$$

$$S(\tau) = \sum_{i=1}^{r} x_i + (n-r)\tau$$

$$S(x_{r+1}) = \sum_{i=1}^{r+1} x_i + (n-r-1)x_{r+1}$$

并且它们之间仍有如下不等式:

$$\left.\begin{array}{l} S(x_r) \leqslant S(\tau) \leqslant S(x_{r+1}) \\ 2\lambda S(x_r) \leqslant 2\lambda S(\tau) \leqslant 2\lambda S(x_{r+1}) \end{array}\right\} \tag{3.3.15}$$

其中,两个定数截尾总试验时间 $S(x_r)$ 和 $S(x_{r+1})$ 把定时截尾总试验时间夹在中间.由定理

3.3.1 和伽马分布性质知

$$2\lambda S(x_r) \sim \chi^2(2r) ,\ 2\lambda S(x_{r+1}) \sim \chi^2(2r+2)$$

因此可用 $\chi^2(2r)$ 分布的上 $1-\alpha/2$ 分位数 $\chi^2_{1-\alpha/2}(2r)$ 和 $\chi^2(2r+2)$ 分布的上 $\alpha/2$ 的分位数 $\chi^2_{\alpha/2}(2r+2)$ 为端点构造一个区间，这个区间包含 $2\lambda S(\tau)$ 的概率为

$$P(\chi^2_{1-\alpha/2}(2r) \leqslant 2\lambda S(\tau) \leqslant \chi^2_{\alpha/2}(2r+2))$$
$$= 1 - P(2\lambda S(\tau) < \chi^2_{1-\alpha/2}(2r)) - P(2\lambda S(\tau) > \chi^2_{\alpha/2}(2r+2))$$
$$\geqslant 1 - P(2\lambda S(x_r) < \chi^2_{1-\alpha/2}(2r)) - P(2\lambda S(x_{r+1}) > \chi^2_{\alpha/2}(2r+2))$$
$$= 1 - \alpha/2 - \alpha/2 = 1 - \alpha \tag{3.3.16}$$

其中，不等号成立是由于不等式(3.3.15)之故. 因为事件 $A =$ " $2\lambda S(\tau) < \chi^2_{1-\alpha/2}(2r)$ "发生必导致事件 $B =$ " $2\lambda S(x_r) < \chi^2_{1-\alpha/2}(2r)$ "发生，即 $A \subset B$，从而有

$$P(2\lambda S(\tau) < \chi^2_{1-\alpha/2}(2r)) \leqslant P(2\lambda S(x_r) < \chi^2_{1-\alpha/2}(2r)) = \alpha/2$$

类似地，有

$$P(2\lambda S(\tau) > \chi^2_{\alpha/2}(2r+2)) \leqslant P(2\lambda S(x_{r+1}) < \chi^2_{\alpha/2}(2r+2)) = \alpha/2$$

由式(3.3.16)立即可得：

(1)参数 $\lambda$ 的置信度为 $1-\alpha$ 的置信区间为

$$P\left(\frac{\chi^2_{1-\alpha/2}(2r)}{2S(\tau)} \leqslant \lambda \leqslant \frac{\chi^2_{\alpha/2}(2r+2)}{2S(\tau)}\right) \geqslant 1 - \alpha$$

(2)平均寿命 $\theta$ 的置信度为 $1-\alpha$ 的置信区间为

$$P\left(\frac{2S(\tau)}{\chi^2_{\alpha/2}(2r+2)} \leqslant \theta \leqslant \frac{2S(\tau)}{\chi^2_{1-\alpha/2}(2r)}\right) \geqslant 1 - \alpha$$

只是这两个置信区间的实际置信度可能会超过 $1-\alpha$，即给定的置信度 $1-\alpha$ 有时可能没有用足. 同理可得：

(1)参数 $\lambda$ 的置信度为 $1-\alpha$ 的单侧置信上限为

$$\hat{\lambda}_{UD} = \frac{\chi^2_{\alpha}(2r+2)}{2S(\tau)}$$

(2)平均寿命 $\theta$ 的置信度为 $1-\alpha$ 的单侧置信下限为

$$\hat{\theta}_{LD} = \frac{2S(\tau)}{\chi^2_{\alpha}(2r+2)}$$

类似可得其他可靠性指标的置信区间与置信限.

**例 3.3.5** 来自指数分布的 20 个产品进行为时 150 h 的定时截尾寿命试验，期间共有 10 个产品失效，失效时间(单位:h)为

$$23\quad 27\quad 38\quad 45\quad 58\quad 84\quad 90\quad 99\quad 109\quad 138$$

试给出平均寿命 $\theta$ 的极大似然估计及其 0.95 置信区间和 0.95 置信下限.

**解** 先算总试验时间：

$$S(\tau) = 23 + 27 + 38 + 45 + 58 + 84 + 90 + 99 + 109 + 138 + (20-10) \times 150$$
$$= 2\ 211\ h$$

故 $\theta$ 的极大似然估计为

$$\hat{\theta} = \frac{2\ 211}{10} = 221.1h$$

查 $\chi^2$ 分布分位数表，得 $\chi^2$ 分布的上 $\alpha/2$ 与上 $1-\alpha/2$ 的分位数分别为

$$\chi^2_{1-a/2}(2r) = \chi^2_{0.975}(20) = 10.283 \ , \ \chi^2_{a/2}(2r+2) = \chi^2_{0.025}(22) = 36.781$$

由此可得 $\theta$ 的置信度为 $95\%$ 的近似置信区间为

$$\left[\frac{2S(\tau)}{\chi^2_{a/2}(2r+2)}, \frac{2S(\tau)}{\chi^2_{1-a/2}(2r)}\right] = \left[\frac{2\times2\,211}{36.479}, \frac{2\times2\,211}{10.283}\right] = [121.22, 430.03]$$

再查 $\chi^2$ 分布的上 $\alpha$ 的分位数,得

$$\chi^2_{0.05}(2r+2) = \chi^2_{0.05}(22) = 33.924$$

由此可得 $\theta$ 的置信度为 $95\%$ 的近似置信下限为

$$\frac{2S(\tau)}{\chi^2_a(2r+2)} = \frac{2\times 2211}{33.924} = 130.35$$

**例 3.3.6**  设产品寿命服从指数分布,抽取 7 个样品进行定时截尾寿命试验,试验进行到规定时间 $\tau = 1\,000$ h 停止试验. 试验结果(单位:h)为

$$120 \quad 350 \quad 487 \quad 633 \quad 830$$

试求:(1) 失效率 $\lambda$ 和平均寿命 $\theta$ 的极大似然估计;

(2) 平均寿命 $\theta$ 置信度为 $90\%$ 的单侧置信下限.

**解**  由于 $n=7$ , $r=5$ ,则总试验时间为

$$S(\tau) = \sum_{i=1}^{r} x_i + (n-r)\tau = 120+350+487+633+830+(7-5)\times1\,000 = 4\,420\text{h}$$

(1)根据式(3.3.12)及式(3.3.13),可得平均寿命和失效率的极大似然估计分别为

$$\hat{\theta} = \frac{S(t_r)}{r} = 884 \text{ h}$$

$$\hat{\lambda} = \frac{r}{S(t_r)} = 1.131\times10^{-3} \text{ h}^{-1}$$

(2)给定置信度为 $0.9 = 1-\alpha$ ,查 $\chi^2$ 分布的上 $\alpha$ 的分位数表,得 $\chi^2_{0.1}(22) = 18.549$ ,因此,平均寿命的置信下限为

$$\hat{\theta}_L = \frac{2S(\tau)}{\chi^2_a(2r+2)} = \frac{2\times4\,420}{18.549} = 476.57$$

## 3.4  威布尔分布的可靠性评估

威布尔分布是在可靠性工程中广泛使用的连续型分布,大量的实践说明,凡是因某一局部失效而导致全局停止运行的元件、器件、设备等的寿命都可看作或近似看作服从威布尔分布.譬如,金属材料和机械零件或部件(如轴承)的疲劳寿命就服从威布尔分布.本节基于不同的截尾寿命试验,给出威布尔分布的参数及可靠性指标的估计.

### 3.4.1  定数截尾试验下威布尔分布的可靠性评估

设产品的寿命 $X$ 服从威布尔分布 $W(m,\eta)$ ,其密度函数和分布函数分别为

$$f(x) = \frac{m}{\eta}\left(\frac{x}{\eta}\right)^{m-1}\exp\left[-\left(\frac{x}{\eta}\right)^m\right], \quad F(x) = 1-\exp\left[-\left(\frac{x}{\eta}\right)^m\right] \tag{3.4.1}$$

现抽取 $n$ 个产品进行定数截尾试验,直到出现 $r$ 个产品失效时停止试验. 记观察到的 $r$ 个失效产品的时间分别为 $x_1 \leqslant x_2 \leqslant \cdots \leqslant x_r$ .下面基于定数截尾样本,对威布尔分布进行统计

推断.

1. 极大似然估计

根据公式(3.2.4),定数截尾试验样本 $x_1,x_2,\cdots,x_r$ 的似然函数为

$$L(m,\eta) = \frac{n!}{(n-r)!}\Big[\prod_{i=1}^{r} f(x_i)\Big][1-F(x_r)]^{n-r}$$

$$= \frac{n!}{(n-r)!}\Big(\prod_{i=1}^{r}\Big\{\frac{m}{\eta}\Big(\frac{x_i}{\eta}\Big)^{m-1}\exp\Big[-\Big(\frac{x_i}{\eta}\Big)^{m}\Big]\Big\}\Big)\exp\Big[-(n-r)\Big(\frac{x_r}{\eta}\Big)^{m}\Big]$$

对上式取对数,得对数似然函数为

$$l(m,\eta) = \ln n! - \ln(n-r)! - (n-r)\Big(\frac{x_r}{\eta}\Big)^{m} + r(\ln m - m\ln\eta) + (m-1)\sum_{i=1}^{r}\ln x_i - \sum_{i=1}^{r}\Big(\frac{x_i}{\eta}\Big)^{m}$$

对上式关于参数 $m,\eta$ 分别求偏导数,可得

$$\frac{\partial l}{\partial \eta} = m(n-r)\frac{x_r^m}{\eta^{m+1}} - \frac{rm}{\eta} - m\sum_{i=1}^{r}\frac{x_i^m}{\eta^{m+1}}$$

$$\frac{\partial l}{\partial m} = \frac{r}{m} - r\ln\eta - (n-r)\Big(\frac{x_r}{\eta}\Big)^{m}\ln\Big(\frac{x_r}{\eta}\Big) + \sum_{i=1}^{r}\ln x_i - \sum_{i=1}^{r}\Big(\frac{x_i}{\eta}\Big)^{m}\ln\Big(\frac{x_i}{\eta}\Big)$$

令上式为 $0$,化简可得似然方程为

$$\eta^m = \frac{1}{r}\Big[\sum_{i=1}^{r}x_i^m + (n-r)x_r^m\Big] \tag{3.4.2}$$

$$\frac{\sum_{i=1}^{r}x_i^m\ln x_i + (n-r)x_r^m\ln x_r}{\sum_{i=1}^{r}x_i^m + (n-r)x_r^m} = \frac{1}{m} + \frac{1}{r}\sum_{i=1}^{r}\ln x_i \tag{3.4.3}$$

其中方程式(3.4.3)为仅含 $m$ 的超越方程,只能用数值方法解之,如牛顿迭代法、二分法等. 其中数值方法计算的初始值可用图估计方法得到,也可直接用 $1$ 作为 $m$ 的初始值,结果通常可令人满意的. 从式(3.4.3)解出 $m$ 的极大似然估计 $\hat{m}$,把它代入式(3.4.2),即可得另一个参数 $\eta$ 的极大似然估计 $\hat{\eta}$.

有了参数 $m,\eta$ 的极大似然估计 $\hat{m}$,$\hat{\eta}$ 后,根据极大似然估计的不变性,就可以得到威布尔分布可靠性指标的极大似然估计.

可靠度 $R(t)$ 的极大似然估计为

$$\hat{R}(t) = \exp\Big[-\Big(\frac{t}{\hat{\eta}}\Big)^{\hat{m}}\Big] \tag{3.4.4}$$

平均寿命及寿命方差的估计分别为

$$\hat{E}(X) = \hat{\eta}\Gamma\Big(1+\frac{1}{\hat{m}}\Big), \mathrm{Var}(X) = \hat{\eta}^2\Big[\Gamma\Big(1+\frac{2}{\hat{m}}\Big) - \Gamma^2\Big(1+\frac{1}{\hat{m}}\Big)\Big]$$

**例 3.4.1** 对一种用复合材料制成的薄板进行疲劳试验,其寿命服从威布尔分布 $W(m,\eta)$,试验应力选为 $414$ MPa,现选取 $29$ 个样品在此应力下进行定数截尾试验,截尾数为 $r=20$,其试验数据为

$7.18,10.19,10.30,12.74,15.76,17.23,17.85,21.27,22.08,22.40,22.55,$

$24.57,28.44,28.76,31.11,33.69,34.97,35.47,37.33,37.56$

试求参数 $m,\eta$ 的极大似然估计,及在时刻 $t=10$ 的可靠度的估计.

**解**　根据式(3.4.2)、式(3.4.3),运用 Newton 迭代方法,可得到参数 $m$,$\eta$ 的极大似然估计为 $\hat{m}=2.26$,$\hat{\eta}=35.42$.

根据式(3.4.4),其在 $t=10$ h 的可靠度估计为

$$\hat{R}(10)=\exp\left[-\left(\frac{t}{\hat{\eta}}\right)^{\hat{m}}\right]=0.944$$

**2. 区间估计**

要构建威布尔分布的区间估计,首选的是运用枢轴量方法获得参数的精确置信区间. 但是,威布尔分布参数 $m$ 和 $\eta$ 的极大似然估计 $\hat{m}$ 与 $\hat{\eta}$ 的精确分布很难获得. 考虑到在大样本场合,在极大似然估计渐近理论指引下,可知 $(\hat{m},\hat{\eta})$ 渐近服从二维正态分布. 下面基于渐近正态性理论获得参数的渐近置信区间.

(1)基于渐近正态性的威布尔分布参数的置信区间.

根据参数 $m$ 和 $\eta$ 的极大似然估计 $\hat{m}$ 与 $\hat{\eta}$,可计算其渐近期望为

$$\lim_{n\to+\infty}E(\hat{m})=m,\quad\lim_{n\to+\infty}E(\hat{\eta})=\eta$$

进一步,参数的估计量 $(\hat{m},\hat{\eta})$ 的方差-协方差阵为费希尔(Fisher)信息阵 $\boldsymbol{I}$ 的逆矩阵,其中 Fisher 信息阵为

$$\boldsymbol{I}=\begin{bmatrix} E\left(-\dfrac{\partial^2\ln L}{\partial m^2}\right) & E\left(-\dfrac{\partial^2\ln L}{\partial m\partial\eta}\right) \\[3mm] E\left(-\dfrac{\partial^2\ln L}{\partial m\partial\eta}\right) & E\left(-\dfrac{\partial^2\ln L}{\partial\eta^2}\right) \end{bmatrix} \tag{3.4.5}$$

$(\hat{m},\hat{\eta})$ 的方差-协方差为

$$\begin{bmatrix} \mathrm{Var}(\hat{m}) & \mathrm{Cov}(\hat{m},\hat{\eta}) \\ \mathrm{Cov}(\hat{m},\hat{\eta}) & \mathrm{Var}(\hat{\eta}) \end{bmatrix}=\boldsymbol{I}^{-1}=\begin{bmatrix} E\left(-\dfrac{\partial^2\ln L}{\partial m^2}\right) & E\left(-\dfrac{\partial^2\ln L}{\partial m\partial\eta}\right) \\[3mm] E\left(-\dfrac{\partial^2\ln L}{\partial m\partial\eta}\right) & E\left(-\dfrac{\partial^2\ln L}{\partial\eta^2}\right) \end{bmatrix}^{-1} \tag{3.4.6}$$

但是,由于 Fisher 信息阵中的每个元素需要求期望,而这些期望的精确表达式也是很难获得的. 一个较简单有效的方法是用所谓"观察信息阵"(Observed Fisher Information Matrix) $\boldsymbol{I}_0$ 去近似费希尔信息阵 $\boldsymbol{I}$,这里观察信息阵指如下矩阵:

$$\boldsymbol{I}_0=\begin{pmatrix} E\left(-\dfrac{\partial^2\ln L}{\partial m^2}\right) & E\left(-\dfrac{\partial^2\ln L}{\partial m\partial\eta}\right) \\[3mm] E\left(-\dfrac{\partial^2\ln L}{\partial m\partial\eta}\right) & E\left(-\dfrac{\partial^2\ln L}{\partial\eta^2}\right) \end{pmatrix}_{m=\hat{m},\eta=\hat{\eta}} \tag{3.4.7}$$

其中,$\hat{m}$ 与 $\hat{\eta}$ 为 $m$ 与 $\eta$ 的极大似然估计.

在威布尔分布场合观察信息阵中的元素分别为

$$I_{mm}=\left.\frac{\partial^2\ln L}{\partial m^2}\right|_{\hat{m},\hat{\eta}}=\frac{n}{\hat{m}^2}+\sum_{i=1}^{n}(x_i)^{\hat{m}}(\ln x_i-\ln\hat{\eta})^2$$

$$I_{m\eta}=I_{\eta m}=\left.\frac{\partial^2\ln L}{\partial m\partial\eta}\right|_{\hat{m},\hat{\eta}}=\frac{n}{\hat{m}}-\sum_{i=1}^{n}\left\{\frac{(x_i)^{\hat{m}}}{\hat{\eta}^{\hat{m}+1}}\left[\hat{m}(\ln x_i-\ln\hat{\eta})+1\right]\right\}$$

$$I_{\eta\eta}=\left.\frac{\partial^2\ln L}{\partial\eta^2}\right|_{\hat{m},\hat{\eta}}=-\frac{\hat{m}n}{\hat{\eta}^2}+\hat{m}(\hat{m}+1)\sum_{i=1}^{n}\frac{(x_i)^{\hat{m}}}{\hat{\eta}^{\hat{m}+2}}$$

由此得到 $\hat{m}$ 和 $\hat{\eta}$ 的渐近方差为

$$\text{Var}(\hat{m}) = \frac{I_{\eta\eta}}{(I_{mn}I_{\eta\eta} - I_{m\eta}^2)} , \text{Var}(\hat{\eta}) = \frac{I_{mn}}{(I_{mn}I_{\eta\eta} - I_{m\eta}^2)}$$

给定显著水平 $\alpha$,则参数 $m$ 和 $\eta$ 的置信度为 $1-\alpha$ 的置信区间分别为

$$\left[ \hat{m} - \mu_{\alpha/2}\sqrt{\text{Var}(\hat{m})}, \hat{m} + \mu_{\alpha/2}\sqrt{\text{Var}(\hat{m})} \right] \tag{3.4.8}$$

$$\left[ \hat{\eta} - \mu_{\alpha/2}\sqrt{\text{Var}(\hat{\eta})}, \hat{\eta} + \mu_{\alpha/2}\sqrt{\text{Var}(\hat{\eta})} \right] \tag{3.4.9}$$

式中,$u_p$ 为标准正态分布的上 $p$ 分位数.

(2)其他的一些近似的置信区间方法.

下面介绍一种当参数点估计用极大似然估计时,两参数威布尔分布的参数近似区间估计方法. 它适用于完全样本、定数截尾试验样本及定时截尾试验样本. 设有 $n$ 个产品进行试验,实验截止时间为 $\tau$ 或 $x_r$,共有 $r$ 个产品失效,失效时间为 $x_1 \leqslant x_2 \leqslant \cdots \leqslant x_r \leqslant \tau$. 假定已由极大似然估计给出参数的点估计 $\hat{m}$ 和 $\hat{\eta}$.

1)参数 $m$ 的置信区间. 当置信度为 $1-\alpha$ 时,参数 $m$ 的置信区间为

$$\left[ \hat{m}\left[ K_1/(rc) \right]^{1/[1+(r/n)^2]}, \hat{m}\left[ K_2/(rc) \right]^{1/[1+(r/n)^2]} \right] \tag{3.4.10}$$

式中,$c = 2.146\,28 - \dfrac{1.361\,119 \times r}{n}$;$K_1 = \chi_{1-\alpha/2}^2(c(r-1))$;$K_2 = \chi_{\alpha/2}^2(c(r-1))$;$\chi_p^2(\bullet)$ 为 $\chi^2$ 分布的上 $p$ 分位数.

当 $\chi^2$ 分布的自由度 $\nu$ 较大时,可用正态分布近似,按下列公式近似计算 $\chi^2$ 分布的上 $p$ 分位数 $\chi_p^2(\nu)$:

$$\chi_p^2(\nu) \approx \nu\left[ 1 - 2/(9\nu) + u_p\sqrt{2/(9\nu)} \right]^3 \tag{3.4.11}$$

式中,$u_p$ 为标准正态分布的上 $p$ 分位数.

2)参数 $\eta$ 的置信区间. 其计算分完全样本 $(r = n)$ 和截尾样本 $(r < n)$ 两种情形进行.

对于完全样本,即 $r = n$ 时,在置信度为 $1-\alpha$ 时,参数 $\eta$ 的置信区间为

$$\left[ \hat{\eta}\exp\left( \frac{-1.053d_3}{\hat{m}\sqrt{n-1}} \right), \hat{\eta}\exp\left( \frac{1.053d_3}{\hat{m}\sqrt{n-1}} \right) \right] \tag{3.4.12}$$

式中,$d_3 = t_{\alpha/2}(n-1)$.

对于截尾样本,即 $r < n$ 时,在置信度为 $1-\alpha$ 时,参数 $\eta$ 的置信区间为

$$\left[ \hat{\eta}\exp\left( -\frac{d_1}{\hat{m}} \right), \hat{\eta}\exp\left( -\frac{d_2}{\hat{m}} \right) \right] \tag{3.4.13}$$

式中,$d_1 = \dfrac{-A_6 u_{\alpha/2}^2 + u_{\alpha/2}\sqrt{u_{\alpha/2}^2(A_6^2 - A_4A_5) + rA_4}}{r - A_5 u_{\alpha/2}^2}$,$d_2 = \dfrac{-A_6 u_{\alpha/2}^2 - u_{\alpha/2}\sqrt{u_{\alpha/2}^2(A_6^2 - A_4A_5) + rA_4}}{r - A_5(u_{\alpha/2})^2}$.

其中,$u_{\alpha/2}$ 为标准正态分布的上 $\alpha/2$ 分位数,且 $A_4 = 0.49q - 0.134 + \dfrac{0.622n}{r}$,$A_5 = 0.244\,5 \times \left(1.78 - \dfrac{r}{n}\right) \times \left(2.25 + \dfrac{r}{n}\right)$,$A_6 = 0.029 - 1.083 \times \ln\left(\dfrac{1.325r}{n}\right)$.

**例 3.4.2** 有 40 个样品进行定数截尾试验,在失效数为 20 时停止试验,记录故障时间(单位:h),产品寿命服从威布尔分布,根据极大似然估计方法,算威布尔分布参数为 $\hat{m} = 2.091, \hat{\eta} = 84$,试在 90% 的置信度下,计算参数 $m$ 和 $\eta$ 的近似置信区间.

**解** 根据已知条件 $n = 40, r = 20, r/n = 0.5, 1 - \alpha = 0.9$,参数的极大似然估计为 $\hat{m} = 2.091, \hat{\eta} = 84$.

(1)首先计算参数 $m$ 的估计.

先计算公式(3.4.10)中的系数：
$$c = 2.146\,28 - 1.361\,119 \times q = 2.146\,28 - 1.361\,119 \times 0.5 = 1.465\,7$$
$$K_1 = \chi^2_{1-\alpha/2}(c(r-1)) = \chi^2_{0.95}(27.85)$$
$$K_2 = \chi^2_{\alpha/2}(c(r-1)) = \chi^2_{0.05}(27.85)$$

将系数的估计代入区间估计表达式(3.4.11)，得参数 $m$ 的 95% 的区间估计为
$$[1.3401,\ 2.7421]$$

(2)接着计算参数 $\eta$ 的估计.

先计算系数 $A_4$、$A_5$、$A_6$，得 $A_4 = 1.335$，$A_5 = 0.860\,6$，$A_6 = 0.474\,9$.

进而可得 $-A_6 u^2_{0.05} = -0.474\,9 \times u^2_{0.05} = -1.285$，$d_1 = 0.388\,6$，$d_2 = -0.534$.

将这些系数代入到式(3.4.13)，可得 $\eta$ 的 90% 的区间估计为 $[69.72,108.36]$.

### 3.4.2 定时截尾试验下威布尔分布的可靠性评估

设产品的寿命服从威布尔分布 $W(m,\eta)$. 随机抽取 $n$ 个产品进行定时截尾寿命试验，试验进行到规定的时刻 $\tau$ 结束. 假设试验观察到 $r$ 个产品失效，其寿命分别为
$$x_1 \leqslant x_2 \leqslant \cdots \leqslant x_r \leqslant \tau$$

根据式(3.2.4)，定时截尾试验样本 $x_1, x_2, \cdots, x_r$ 的似然函数为
$$L(m,\eta) = \frac{n!}{(n-r)!}\Big[\prod_{i=1}^{r} f(x_i)\Big][1-F(\tau)]^{n-r}$$
$$= \frac{n!}{(n-r)!}\Big(\prod_{i=1}^{r}\Big\{\frac{m}{\eta}\Big(\frac{x_i}{\eta}\Big)^{m-1}\exp\Big[-\Big(\frac{x_i}{\eta}\Big)^m\Big]\Big\}\Big)\exp\Big[-(n-r)\Big(\frac{\tau}{\eta}\Big)^m\Big]$$

对上式取对数，得对数似然函数为
$$l(m,\eta) = \ln n! - \ln(n-r)! - (n-r)\Big(\frac{x_r}{\eta}\Big)^m + r(\ln m - m\ln\eta) + (m-1)\sum_{i=1}^{r}\ln x_i - \sum_{i=1}^{r}\Big(\frac{\tau}{\eta}\Big)^m$$

对上式关于参数 $m$，$\eta$ 分别求偏导数，可得
$$\frac{\partial l}{\partial \eta} = m(n-r)\frac{\tau^m}{\eta^{m+1}} - \frac{rm}{\eta} - m\sum_{i=1}^{r}\frac{x_i^m}{\eta^{m+1}}$$
$$\frac{\partial l}{\partial m} = \frac{r}{m} - r\ln\eta - (n-r)\Big(\frac{\tau}{\eta}\Big)^m\ln\Big(\frac{\tau}{\eta}\Big) + \sum_{i=1}^{r}\ln x_i - \sum_{i=1}^{r}\Big(\frac{x_i}{\eta}\Big)^m\ln\Big(\frac{x_i}{\eta}\Big)$$

令上式为 0，化简可得似然方程为
$$\eta^m = \frac{1}{r}\Big[\sum_{i=1}^{r}x_i^m + (n-r)\tau^m\Big] \tag{3.4.14}$$
$$\frac{\sum_{i=1}^{r}x_i^m\ln x_i + (n-r)\tau^m\ln\tau}{\sum_{i=1}^{r}x_i^m + (n-r)\tau^m} = \frac{1}{m} + \frac{1}{r}\sum_{i=1}^{r}\ln x_i \tag{3.4.15}$$

上述方程组是一个超越方程组. 在解上述方程组时，可考虑用矩估计法、图估计法或其他方法取得迭代初值，再用 Newton 迭代方法等数值方法求出 $m$，$\eta$ 的估计.

有了参数 $m$，$\eta$ 的极大似然估计 $\hat{m}$，$\hat{\eta}$ 后，就可以得到威布尔分布可靠性指标的估计. 可靠度 $R(t)$ 的估计为

$$\hat{R}(t) = \exp\left[-\left(\frac{t}{\eta}\right)^{\hat{m}}\right]$$

平均寿命及寿命方差的估计分别为

$$\hat{E}(X) = \hat{\eta}\Gamma\left(1+\frac{1}{m}\right), \mathrm{Var}(X) = \hat{\eta}^2\left[\Gamma\left(1+\frac{2}{m}\right) - \Gamma^2\left(1+\frac{1}{m}\right)\right]$$

定时截尾寿命试验下参数的极大似然估计与定数截尾试验下的估计很相似,两者的结果大部分很相似,区别只是将 $x_r$ 用截尾时间 $\tau$ 代替即可.关于定时截尾下参数的区间估计也可以借鉴定数截尾试验下的结果,将 $x_r$ 用截尾时间 $\tau$ 替代,这里就不再赘述.

# 习 题 3

**3.1** 设某元件的寿命服从参数为 $\lambda$ 的指数分布,抽取 20 只进行定数截尾寿命试验,实验结果为(单位:h)

    20  50  640  640  750  890  970  1 110  1 660  2 410

试求参数 $\lambda$ 与平均寿命 $\theta$ 的极大似然估计.

**3.2** 对 100 只开关管在 300℃ 条件下进行高温储存试验,储存时间为 80 h,在此期间共有 74 只失效,失效时间如题表 1 所示.

**题表 1**

| 失效时间/h | 1 | 3 | 6 | 13 | 22 | 41 | 73 |
|---|---|---|---|---|---|---|---|
| 失效数/只 | 5 | 4 | 14 | 23 | 11 | 13 | 4 |

假如此种开关管的寿命服从参数为 $\lambda$ 的指数分布,试求这种开关管在 300℃ 下的失效率 $\lambda$ 与平均寿命 $\theta$ 的极大似然估计.

**3.3** 设某产品的寿命服从指数分布,抽取 20 个样品进行定时截尾寿命试验.如果在试验中无失效发生,那么在置信水平 0.90 下,为满足平均寿命的单侧置信下限为 2 000 h,试验时间应延续多少小时?

**3.4** 设某产品的寿命服从指数分布,抽取 20 个产品进行定时截尾寿命试验.在 500 h 内观察到两次失效,第一次在 $t_1 = 200$ h,第二次在 $t_2 = 450$ h,在置信水平 0.90 下,为满足平均寿命的单侧置信下限为 2 000 h,还需继续进行试验多少小时?

**3.5** 从某种绝缘材料中随机地抽取 $n = 19$ 只样品,在一定条件下进行寿命试验,其失效时间分别为(单位:min)

    0.19  0.78  0.96  1.31  2.78  3.16  4.15  4.67  4.85  6.50

    7.35  8.01  8.27  12.00  13.95  16.00  21.21  27.11  34.95

该材料的寿命服从威布尔分布,试估计威布尔分布参数 $m$ 与 $\eta$ 的极大似然估计.

**3.6** 从一批产品中随机抽取 63 个产品进行定时截尾寿命试验,在 250h 内有 3 个产品失效,求置信水平为 0.95 的可靠度的单侧置信下限.

**3.7** 设某产品的寿命是一个连续型随机变量.对给定的可靠度 $R = 0.95$,要使第一个失效时间为相应可靠寿命 $t_{0.95}$ 的单侧置信下界(置信水平为 0.90),需要抽取多少个产品参加寿命试验?

# 第4章 加速寿命试验下寿命数据的可靠性分析

加速寿命试验是在合理的工程及统计假设基础上,采用加大工作应力或环境应力的方法来使产品快速地暴露故障.进而采用加速试验信息来外推产品在正常应力水平下的各种可靠性指标、得到产品寿命特征参数在正常应力水平下估计的一种试验方法.简单地说,加速寿命试验是在保持失效机理不变的条件下,通过加大试验应力来缩短试验周期的一种寿命试验方法.由于采用加速应力水平来进行产品的寿命试验,因此它的特点体现在可以缩短试验时间、提高试验效率、降低试验成本等方面.目前,加速寿命试验已被广泛应用于工程实际问题之中.本章主要介绍加速寿命试验的基本概念,并基于恒定应力加速寿命试验和步进应力加速寿命试验,对常见寿命分布进行可靠性分析.

## 4.1 基本概念和基本模型

### 4.1.1 加速寿命试验的类型

随着科学技术的发展和用户对产品质量的要求越来越高,高可靠长寿命的产品越来越多,通常的截尾寿命试验已不能适应这种需要.譬如,不少电子元器件的寿命在正常工作温度(设为 40℃)下可达数百万小时以上,若取 1 000 个这样的电子元器件,那要进行数万小时试验,可能只有一两个失效,甚至还会出现没有一个失效的情况.由于试验提供的失效信息太少,这就会造成很难甚至无法估计这些元器件的可靠性指标.然而,如果把工作温度由 40℃提高到 60℃,甚至 80℃,只要失效机理不变,由于工作环境变得恶劣一些,这些电子元器件的失效个数会增多,这对估计高温下的可靠性指标是很有利的.这种在超过正常应力水平下的寿命试验称为加速寿命试验.

加速寿命试验的类型很多,按照应力的施加方式,常用的是如下三类:恒定应力加速寿命试验、步进应力加速寿命试验和序进应力加速寿命试验.

1. 恒定应力加速寿命试验

恒定应力加速寿命试验简称恒加试验.它是先选一组加速应力水平,譬如 $S_1, S_2, \cdots, S_k$,它们都高于正常应力水平 $S_0$,不失一般性,可设 $S_0 < S_1 < \cdots < S_k$.然后将数量为 $n$ 的样品分成 $k$ 组,每组数量为 $n_i, i = 1, 2, \cdots, k$,这 $n_i$ 个产品在同一个加速应力水平 $S_i$ 下进行寿命试验,直到各组均有一定数量的样品发生失效为止,如图 4.1.1 所示.从图 4.1.1 可以看出,恒加试验是由若干个寿命试验组成的.为了进一步缩短加速寿命试验时间,其中每个寿命试验常采用截尾寿命试验,特别是低应力水平下的寿命试验常采用截尾寿命试验.这样才能更好地发挥加速寿命试验、缩短试验时间的优点.

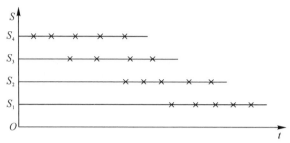

图 4.1.1　恒加试验示意图（×表示失效）

2.步进应力加速寿命试验

步进应力加速寿命试验简称步加试验.它也是先选定一组加速应力水平 $S_1, S_2, \cdots, S_k$.它们都高于正常应力水平 $S_0$.试验开始时是把所有进行加速寿命试验的样品都置于应力水平 $S_1$ 下进行寿命试验.经过一段时间,如 $\tau_1$ 个时间点之后,把应力提高到 $S_2$,将未失效的样品在 $S_2$ 下继续进行寿命试验.如此继续下去,直到有一定数量的样品发生失效为止,如图 4.1.2 所示.

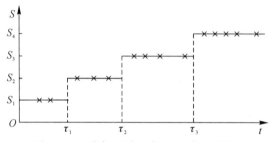

图 4.1.2　步加试验示意图（×表示失效）

从图 4.1.2 可见,在步加试验中,一个样品可能会遭遇若干个加速应力水平的考验,而在恒加试验场合,一个样品自始至终都在同一应力水平下试验.因此,相比之下,步加试验可使样品失效更快一些,这是步加试验的优点之一.步加试验还有一个优点,就是可以减少参试样品个数.正是由于这些优点,现在步加试验受到越来越多的关注.

3.序进应力加速寿命试验

序进应力加速寿命试验,简称序加试验.它与步加试验基本相同,不同之处仅在于它们施加的加速应力水平将随时间连续上升,最简单的是直线上升.图 4.1.3 显示了应力水平以两种不同的速率直线上升的序加试验的示意图.序加试验的特点是应力变化快,失效也来得快,故实施序加试验需要有专门控制应力水平变化的设备和跟踪产品失效的记录设备.

上述三种加速寿命试验各有优缺点.首先,从试验持续时间来看,恒加试验所需试验时间最长,步加试验与序加试验可使样品失效更快一些;其次,步加试验与序加试验可以减少受试样品数;最后,从试验实施和试验数据处理来看,恒加试验方法操作简单,数据处理方法较为成熟,所以实际中经常采用.这三种加速寿命试验在我国都有应用,都有一批成功的实例,但以恒加试验的实例为多.这是因为恒加试验方法操作简单,数据处理方法也较为成熟.尽管它所需试验时间不是最短的,但仍比一般寿命试验成倍地缩短试验时间,故经常在实际中采用.

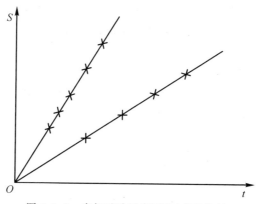

图 4.1.3 序加试验示意图(×表示失效)

### 4.1.2 加速模型

加速寿命试验的基本思想是利用高应力下的寿命特征去外推正常应力水平下的寿命特征. 实现这个基本思想的关键在于建立寿命特征与应力水平之间的关系. 这种关系称为加速模型, 又称为加速方程. 寿命特征(常用中位寿命、平均寿命、$p$ 分位寿命)与应力之间的关系常常是非线性的. 但是有时候可以通过适当的变换, 如对数变换、倒数变换等将这种非线性关系变成线性关系. 由于线性关系不仅容易拟合, 而且方便外推, 因而便于工程使用. 因此我们在建立特征寿命与应力之间的关系时应尽量使之线性化.

1. 单应力加速模型

(1)阿伦尼斯模型. 温度是加速寿命试验中最常见的应力之一, 随着温度升高, 产品(如电子元器件)内部基本粒子运动加快, 化学反应加速, 促使产品提前失效. 阿伦尼斯模型常用于描述温度加速应力与产品寿命特征之间的关系, 其模型如下:

$$\xi = Ae^{E/KT} \tag{4.1.1}$$

式中, $\xi$ 是产品在温度加速应力 $T$ 下的寿命特征量, 如中位寿命、平均寿命、特征寿命等; $A$ 是一个与失效模式、加速试验类型及其他因素相关的常数, 且 $A > 0$; $E$ 是激活能, 与材料有关, 单位是电子伏特, 以 eV 表示; $T$ 是绝对温度, 它等于摄氏温度加 273.15; $K$ 是波尔兹曼(Boltzmann)常数, 即 $K = 8.617 \times 10^{-5}$ eV/℃, 从而 $E/K$ 的单位是摄氏温度, 故又称 $E/K$ 为激活温度.

阿伦尼斯模型表明, 寿命特征将随着温度上升而按指数下降, 对此模型两边取对数, 可得

$$\ln\xi = a + b/T \tag{4.1.2}$$

其中, $a = \ln A$, $b = E/K$. 它们都是待定的参数, 所以阿伦尼斯模型表明, 寿命特征的对数是温度倒数的线性函数.

(2)逆幂律模型. 逆幂律模型常用于描述机械应力、电应力或者湿度作为加速应力时, 产品寿命特征与应力水平之间的关系, 其关系如下:

$$\xi = AV^{-c} \tag{4.1.3}$$

式中, $\xi$ 是产品在加速应力 $V$ 下的寿命特征量, 如中位寿命、平均寿命、特征寿命等; $A$ 是一个正常数. $c$ 是一个与激活能有关的正常数. $V$ 是所采用的加速应力水平, 常取电压.

式(4.1.3)表明产品的某寿命特征是应力 $V$ 的负数次幂函数. 用于描述金属材料疲劳寿

命与周期性载荷关系的 $SN$ 曲线就是一种常见的逆幂律模型形式.

对式(4.1.3)两边取对数,就可将逆幂律模型线性化,即

$$\ln\xi = a + b\ln V \tag{4.1.4}$$

式中,$a = \ln A, b = -c$. 它们都是待定的参数.

(3)指数型加速模型. 以电压、湿度等作为加速应力时,也常建议使用以下指数型模型,如电压作为应力,针对电容器的加速寿命试验中就采用指数型加速模型,该模型表示如下:

$$\xi = Ae^{-BV} \tag{4.1.5}$$

式中,$\xi$ 是产品在加速应力 $V$ 下的寿命特征量,如中位寿命、平均寿命、特征寿命等;$A, B$ 为待定常数;$V$ 为非热应力,例如,电应力.

对上式两边取对数,就可将指数型加速模型线性化,即

$$\ln\xi = a + bV \tag{4.1.6}$$

式中,$a = \ln A, b = -B$.

如果电应力作为加速应力,可选取逆幂律模型,也可以选取指数型加速模型. 在实际的加速寿命试验中,应合理选取最适合产品的加速模型.

注:对于阿伦尼斯模型、逆幂律模型及指数型加速模型而言,它们的线性化形式常可统一写成如下形式:

$$\ln\xi = a + b\varphi(S) \tag{4.1.7}$$

式中,$\xi$ 是产品在加速应力 $V$ 下的寿命特征量,如中位寿命、平均寿命、特征寿命等;$\varphi(S)$ 为应力水平 $S$ 的已知函数. 如果是阿伦尼斯模型,$\varphi(S) = 1/S$;如果是逆幂律模型,$\varphi(S) = \ln S$;如果是指数型模型,$\varphi(S) = S$. $a$ 与 $b$ 是待定参数,它们的估计将要从加速寿命试验的数据中获得.

这个统一的加速模型在常用的寿命分布中的应用如下.

1)当产品的寿命服从指数分布 $\mathrm{Exp}(1/\theta)$ 时,常用平均寿命 $\theta$ 作为寿命特征,于是其加速模型为

$$\ln\theta = a + b\varphi(S) \tag{4.1.8}$$

2)当产品的寿命服从威布尔分布 $\mathrm{W}(m, \eta)$ 时,常用特征寿命 $\eta$ 作为寿命特征,于是其加速模型为

$$\ln\eta = a + b\varphi(S) \tag{4.1.9}$$

3)当产品的寿命服从对数正态分布 $\mathrm{LN}(\mu, \sigma^2)$ 时,常用中位寿命 $t_{0.5}$ 作为寿命特征,于是其加速模型为

$$\ln t_{0.5} = a + b\varphi(S) \tag{4.1.10}$$

通过加速寿命试验数据分析,获得加速模型中两个未知参数 $a$ 与 $b$ 的估计,是加速寿命试验中最重要的工作之一. 若记 $a$ 与 $b$ 的估计为 $\hat{a}$ 与 $\hat{b}$,则由加速模型

$$\ln\hat{\xi} = \hat{a} + \hat{b}\varphi(S)$$

可对正常应力水平 $S_0$ 下的寿命特征 $\xi$ 作出估计. 在后面几节中将重点介绍这些待定参数的估计方法.

(4)单应力艾林(Eyring)模型. 在加速应力为温度时,常常还使用艾林(Eyring)模型作为加速方程,即

$$\xi = \frac{A}{T}e^{\frac{E}{KT}} \qquad (4.1.11)$$

式中，$\xi$ 是产品在加速应力 $V$ 下的寿命特征量，如中位寿命、平均寿命、特征寿命等；$A$ 为待定常数；$E$ 是激活能，与材料有关，单位是电子伏特，以 eV 表示；$K$ 是波尔兹曼（Boltzmann）常数，即 $K = 8.617 \times 10^{-5}$ eV/℃，从而 $E/K$ 的单位是摄氏温度，故又称 $E/K$ 为激活温度；$T$ 为绝对温度，它等于摄氏温度加 273.15.

　　艾林模型是根据量子力学理论导出的，它与阿伦尼斯模型值相差一个系数 $A/T$. 当绝对温度 $T$ 的变化范围较小时，$A/T$ 可近似看作常数，这时，艾林模型近似为阿伦尼斯模型. 在很多场合下，可以使用这两个模型去拟合数据，并根据拟合好坏来决定选用哪个模型.

　　2. 双应力加速模型

　　(1)广义艾林模型. 在加速寿命试验中常将温度与其他非循环应力如温度、电压、电流、压力等同时作为加速应力进行试验. 此时的寿命表达式[即广义艾林（Eyring）模型]为

$$\xi = \frac{A}{T}\exp\left(\frac{E}{KT} + BS + \frac{CS}{KT}\right) \qquad (4.1.12)$$

式中，$\xi$ 是产品在加速应力下的寿命特征量，如中位寿命、平均寿命、特征寿命等；

　　$E$ 是激活能，与材料有关，单位是电子伏特，以 eV 表示；$K$ 是波尔兹曼（Boltzmann）常数，即 $K = 8.617 \times 10^{-5}$ eV/℃，从而 $E/K$ 的单位是摄氏温度，故又称 $E/K$ 为激活温度；$T$ 为绝对温度，它等于摄氏温度加 273.15；$S$ 为非温度的其他非循环应力，如温度、电压、电流、压力等；$A, B, C$ 为与材料特性、产品设计等有关的待估常数. 含有 $C$ 的最后一项表示 $T$ 与 $S$ 的交互作用. 如果交互作用不存在，则 $C = 0$.

　　(2)Peck 模型. 当温度和湿度同时作为应力进行加速寿命试验的时候，常采用 Peck 模型. 如电子器件的封装就采用了该模型. 该模型可表示为

$$\xi = \frac{A}{(RH)^B}\exp\left(\frac{E}{KT}\right) \qquad (4.1.13)$$

式中，$\xi$ 是产品在加速应力下的寿命特征量，如中位寿命、平均寿命、特征寿命等；$E$ 是激活能，与材料有关，单位是电子伏特，以 eV 表示；$K$ 是波尔兹曼（Boltzmann）常数，即 $K = 8.617 \times 10^{-5}$ eV/℃，从而 $E/K$ 的单位是摄氏温度，故又称 $E/K$ 为激活温度；$T$ 为绝对温度，它等于摄氏温度加 273.15；$RH$ 为相对湿度，单位是 %；$A$ 和 $B$ 为与材料特性等有关的待估常数.

　　对该模型两边取对数，可得

$$\ln\xi = a + b\ln RH + \frac{c}{T} \qquad (4.1.14)$$

式中，$a = \ln A, b = -B, c = E/K$.

　　容易看出，Peck 模型其实是逆幂律模型与阿伦尼斯模型的乘积.

　　(3)寿命特征——温度与电压模型. 温度和电压有时候同时作为加速应力对产品进行加速寿命试验，如对电容器、电阻、二极管等电子产品进行加速寿命试验时，有时候需要将温度和电压作为加速应力进行试验. 此时，可采用如下加速模型

$$\xi = \frac{A}{V^B}\exp\left(\frac{E}{KT}\right)\exp\left[\frac{C\ln(V)}{KT}\right] \qquad (4.1.15)$$

式中，$\xi$ 是产品在加速应力下的寿命特征量，如中位寿命、平均寿命、特征寿命等；$T$ 为绝对温度，它等于摄氏温度加 273.15；$E$ 是激活能，与材料有关，单位是电子伏特，以 eV 表示；$K$ 是

波尔兹曼(Boltzmann)常数,即 $K = 8.617 \times 10^{-5}\text{ eV}/\text{℃}$ ,从而 $E/K$ 的单位是摄氏温度,故又称 $E/K$ 为激活温度;$V$ 为电压;$A,B,C$ 为与材料特性等有关的待估常数;含有 $C$ 的最后一项表示 $T$ 与 $V$ 的交互作用.如果交互作用不存在,则 $C = 0$ .

对该模型两边取对数,可得

$$\ln\xi = a + b\ln V + \frac{c}{T} + d\frac{\ln V}{T} \tag{4.1.16}$$

式中,$a = \ln A, b = -B, c = E/K, d = C/K$ .

(4)寿命特征——温度与电流模型.温度和电流有时候同时作为加速应力对产品进行加速寿命试验,此时的加速模型可表示为

$$\xi = \frac{A}{I^B}\exp\left(\frac{E}{KT}\right) \tag{4.1.17}$$

式中,$\xi$ 是产品在加速应力下的寿命特征量,如中位寿命、平均寿命、特征寿命等;$T$ 为绝对温度,它等于摄氏温度加 273.15;$E$ 是激活能,与材料有关,单位是电子伏特,以 eV 表示;$K$ 是波尔兹曼(Boltzmann)常数,即 $K = 8.617 \times 10^{-5}\text{ eV}/\text{℃}$ ,从而 $E/K$ 的单位是摄氏温度,故又称 $E/K$ 为激活温度;$I$ 为电流;$A,B$ 为与材料特性等有关的待估常数.

对该模型两边取对数,可得

$$\ln\xi = a + b\ln I + \frac{c}{T} \tag{4.1.18}$$

式中,$a = \ln A, b = -B, c = E/K$ .

3.多应力加速模型

在多应力 $S_1, S_2, \cdots, S_k$ 的作用下,常采用多项式加速模型,如下:

$$\xi = \exp(c_0 + c_1\varphi_1(S_1) + c_2\varphi_2(S_2) + \cdots + c_k\varphi_k(S_k)) \tag{4.1.19}$$

式中,$\xi$ 是产品在加速应力 $S_1, S_2, \cdots, S_k$ 下的寿命特征量,如中位寿命、平均寿命、分位寿命、特征寿命等;$c_0, c_1, c_2, \cdots, c_k$ 是一个待估的正常数;$\varphi_1(\bullet), \varphi_2(\bullet), \cdots, \varphi_k(\bullet)$ 是已知函数.

多项式加速模型也称为广义阿伦尼斯模型,广义艾林模型是多应力广义阿伦尼斯模型的特例.对上式两边取对数,可得

$$\ln\xi = c_0 + c_1\varphi_1(S_1) + c_2\varphi_2(S_2) + \cdots + c_k\varphi_k(S_k) \tag{4.1.20}$$

即寿命特征的对数 $\ln\xi$ 与应力函数 $\varphi_1(S_1), \varphi_2(S_2), \cdots, \varphi_k(S_k)$ 之间是多元线性关系,可通过拟合获得系数 $c_0, c_1, c_2, \cdots, c_k$ 的估计.

### 4.1.3　加速因子

1.加速因子的定义

加速因子又称为加速系数,是加速寿命试验的一个重要参数,实际中常要用到它.它是正常应力水平下某种寿命特征与加速应力水平下相应寿命特征的比值,其定义如下.

**定义 4.1.1**　设某产品在正常应力水平 $S_0$ 下的失效分布函数为 $F_0(t)$ ,$t_{p,0}$ 为其 $p$ 分位寿命,即 $F_0(t_{p,0}) = p$ .又设此产品在加速应力水平 $S_i$ 下的失效分布函数为 $F_i(t)$ ,$t_{p,i}$ 为其 $p$ 分位寿命,即 $F_i(t_{p,i}) = p$ ,则两个 $p$ 分位寿命之比

$$AF_{S_i \sim S_0} = \frac{t_{p,0}}{t_{p,i}} \tag{4.1.21}$$

称为加速应力水平 $S_i$ 对正常应力水平 $S_0$ 的 $p$ 分位寿命的加速系数,简称 $S_i$ 对 $S_0$ 的加速系

数. 在不引起误解的情况下,又简称为加速因子.

加速系数是反映加速寿命试验中某一加速应力水平效果的量. 这个量一般都大于 1,当加速系数接近 1 时,则加速应力就没有起到加速作用.

加速系数的用处很多,可以用在产品的可靠性筛选、产品的可靠性验收、两种产品可靠性质量对比、产品质量改进措施的鉴定和整机可靠性设计等方面.

**例 4.1.1** 某种器件在过去恒定电压加速寿命试验中算得中位寿命的加速系数为 $AF_{V_1 \sim V_0} = 1.66 \times 10^4$,其中 $V_0 = 10 \text{ kV}$,$V_1 = 26 \text{ kV}$,如今有一种器件与上述器件同类型,在高压 $V_1 = 26 \text{ kV}$ 下安排一组寿命试验,测得其中位寿命为 700 min,试求此种器件在 $V_0 = 10 \text{ kV}$ 负荷下中位寿命是多少?

**解** 由加速系数定义,得

$$AF_{V_1 \sim V_0} = \frac{t_{0.5,0}}{t_{0.5,1}} \Rightarrow t_{0.5,0} = AF_{V_1 \sim V_0} t_{0.5,1}$$

将 $t_{0.5,1} = 700 (\text{min})$,$AF_{V_1 \sim V_0} = 1.66 \times 10^4$ 代入,可得

$$t_{0.5,0} = AF_{V_1 \sim V_0} \cdot t_{0.5,1} = 1.66 \times 10^4 \times 700 (\text{min})$$

$$= 1.937 \times 10^5 (\text{min}) = 8\ 071 (\text{天}) = 22.1 (\text{年})$$

这说明此种器件在 $V_0 = 10 \text{kV}$ 负荷下的中位寿命大约为 22 年.

2. 常见寿命分布的加速因子

(1) 指数分布下的加速因子. 设在正常应力水平 $S_0$ 和加速应力水平 $S_1$ 下产品的寿命 $T_i$ 都服从指数分布,其失效分布函数为

$$F_i(t) = 1 - \exp(-\lambda_i t), \quad t > 0, i = 0, 1 \tag{4.1.22}$$

式中,$\lambda(S)$ 为产品在应力 $S$ 下的失效率.

在指数分布场合,常用平均寿命作为加速方程的参数,此时式为

$$\ln\theta(S) = a + b\varphi(S)$$

其他加速方程可类似写出.

在指数分布场合下,利用加速因子的定义可以推出应力 $S_1$ 对 $S_0$ 的加速因子,即

$$AF_{S_1 \sim S_0} = \frac{\theta_0}{\theta_1} = \frac{\lambda_0}{\lambda_1} \tag{4.1.23}$$

其中,$\theta_i$ 与 $\lambda_i$,$i = 0, 1$ 分别为指数分布的平均寿命与失效率.

因此,在指数分布场合,加速系数即为平均寿命之比,或者失效率之比的倒数.

(2) 威布尔分布下的加速因子. 设在正常应力水平 $S_0$ 和加速应力水平 $S_1$ 下产品的寿命 $T_i$ 都服从威布尔分布,其失效分布函数为

$$F_i(t) = 1 - \exp\left\{-\left(\frac{t}{\eta_i}\right)^{m_i}\right\}, \quad t > 0, \quad i = 0, 1 \tag{4.1.24}$$

式中,$m_i > 0$ 为形状参数,$\eta_i > 0$ 为特征寿命. 在威布尔分布场合,特征寿命 $\eta_i$ 就是 $p = 1 - e^{-1} = 0.632$ 的分位寿命,故在威布尔分布场合,常用两个特征寿命之比来确定加速系数,即

$$AF_{S_1 \sim S_0} = \frac{\eta_0}{\eta_1}$$

在加速寿命试验中,常假设其形状参数 $m_i$ 不随应力水平变化而变化,即 $m_0 = m_1 = m$. 这时上述加速系数又可用两个平均寿命之比来计算. 因为威布尔分布的平均寿命为

$$E(T_i) = \eta_i \Gamma\left(1 + \frac{1}{m}\right), \quad i = 0,1$$

故其平均寿命之比为

$$\frac{E(T_0)}{E(T_1)} = \frac{\eta_0}{\eta_1} = AF_{S_1 \sim S_0} \tag{4.1.25}$$

（3）对数正态分布下的加速系数. 设在正常应力水平 $S_0$ 和加速应力水平 $S_1$ 下产品的寿命 $T_i$ 都服从对数正态分布，其密度函数为

$$f_i(t) = \frac{1}{\sqrt{2\pi}\sigma_i t} \exp\left\{-\frac{1}{2}\left(\frac{\ln t - \mu_i}{\sigma_i}\right)^2\right\}, \quad t > 0, \quad i = 0,1 \tag{4.1.26}$$

式中，$\mu_i$ 为对数均值，$\sigma_i > 0$ 为对数标准差. 由于这两个参数都不是某个 $p$ 的分位寿命，故在实际中，常用两个中位寿命（$p = 0.5$）的加速系数作为对数正态分布下的加速系数，即

$$AF_{S_1 \sim S_0} = \frac{t_{0.5,0}}{t_{0.5,1}}.$$

在加速寿命试验中，常假设其对数标准差 $\sigma_i$ 不随应力水平变化而变化，即 $\sigma_0 = \sigma_1 = \sigma$. 这时上述加速系数又可用两个平均寿命之比来计算. 这是因为对数正态分布的 $p$ 分位寿命 $t_{p,i}$ 满足：

$$\Phi\left(\frac{\ln t_{p,i} - \mu_i}{\sigma_i}\right) = p, \quad i = 0,1$$

其中，$\Phi(\cdot)$ 为标准正态分布函数，其 $p$ 分位寿命记为 $u_p$，则有

$$\ln t_{p,i} = \mu_i + \sigma_i u_p, \quad i = 0,1$$

在 $\sigma_0 = \sigma_1 = \sigma$ 条件下，有

$$\frac{t_{p,0}}{t_{p,1}} = \frac{e^{\mu_0 + \sigma_0 u_p}}{e^{\mu_1 + \sigma_1 u_p}} = \frac{e^{\mu_0}}{e^{\mu_1}} = \frac{e^{\mu_0 + \sigma^2/2}}{e^{\mu_1 + \sigma^2/2}} = \frac{E(T_0)}{E(T_1)}$$

其中，最后一个等式成立是因为 $E(T_i) = e^{\mu_i + \sigma^2/2}$，$i = 0,1$. 上述等式表明，在对数正态分布场合，只要其标准差相同，两个 $p$ 分位寿命之比不会随 $p$ 的改变而改变，且此比等于它们相应的平均寿命之比. 当然，当 $p = 0.5$ 时，两个中位寿命之比也等于两个平均寿命之比.

**例 4.1.2** 某厂制造一种新型绝缘材料，专家们预测其在正常工作温度 150℃ 下的平均寿命要达一万小时以上. 为了获得平均寿命的估计值，预计寿命试验要进行两万小时左右，这相当于要进行两年多时间，在一般工厂里是承受不了的. 从该绝缘材料的物理性能知，适当地提高试验温度，可以加速绝缘材料的老化，从而使击穿时间提前到来，达到缩短试验时间的目的. 通过摸底试验得知，在高温 270℃ 下，该绝缘材料的失效原因仍然是由于老化引起的，因此选取温度作为加速应力是妥当的，而加速应力水平应在 150～270℃ 选取. 经研究，决定选 190℃，220℃，240℃ 和 260℃ 等四个温度水平作为加速应力水平，在这四个温度水平下分别安排一个寿命试验，绝缘材料的寿命常认为服从对数正态分布，并用阿伦尼斯模型获得其加速方程：

$$\ln\theta = -3.6975 + \frac{5\,675}{T}$$

其中，$\theta$ 表示平均寿命，$T$ 为绝对温度. 利用此加速方程不难获得正常工作温度 $T_0 = 150℃ = 423$ K，加速温度 $T_1 = 200℃ = 472$K 和 $T_2 = 250℃ = 523$K 的平均寿命估计：$\theta_0 = 16\,624$，$\theta_1 = 4\,129$，$\theta_2 = 1\,278$. 于是可得 $T_1$ 对 $T_0$，$T_2$ 对 $T_0$ 的加速系数的估计值：

$$AF_{T_1 \sim T_0} = \frac{16\ 624}{4\ 129} = 4.026$$

$$AF_{T_2 \sim T_0} = \frac{16\ 624}{1\ 278} = 13.008$$

这个结果表明,在 $T_0 = 150℃$ 下的寿命为 $T_1 = 200℃$ 下的平均寿命的 4 倍,又约为 $T_2 = 250℃$ 下的平均寿命的 13 倍.

3. 常用加速模型的加速因子

(1) 阿伦尼斯模型下的加速因子. 设在应力水平 $T_1$ 和加速应力水平 $T_2$ 下,产品的寿命特征与应力 $T_i, i = 1, 2$ 之间的关系用阿伦尼斯模型进行描述,即

$$\xi_i = A e^{E/KT_i} \tag{4.1.27}$$

则应力水平 $T_2$ 对 $T_1$ 的加速因子为

$$AF_{T_2 \sim T_1} = \frac{\xi_1}{\xi_2} = \exp\left( \frac{E}{K} \left( \frac{1}{T_1} - \frac{1}{T_2} \right) \right) \tag{4.1.28}$$

(2) 逆幂律模型下的加速因子. 设在应力水平 $V_1$ 和加速应力水平 $V_2$ 下,产品的寿命特征与应力 $V_i, i = 1, 2$ 之间的关系用逆幂律模型进行描述,即

$$\xi_i = A V_i^{-C} \tag{4.1.29}$$

则应力水平 $V_2$ 对 $V_1$ 的加速因子为

$$AF_{V_2 \sim V_1} = \frac{\xi_1}{\xi_2} = \left( \frac{V_1}{V_2} \right)^C \tag{4.1.30}$$

(3) 指数型加速模型下的加速因子. 设在应力水平 $V_1$ 和加速应力水平 $V_2$ 下,产品的寿命特征与应力 $V_i, i = 1, 2$ 之间的关系用指数型加速模型进行描述,即

$$\xi_i = A e^{-BV_i} \tag{4.1.31}$$

则应力水平 $V_2$ 对 $V_1$ 的加速因子为

$$AF_{V_2 \sim V_1} = \frac{\xi_1}{\xi_2} = \exp(B(V_2 - V_1)) \tag{4.1.32}$$

(4) 单应力艾林模型下的加速因子. 设在应力水平 $T_1$ 和加速应力水平 $T_2$ 下,产品的寿命特征与应力 $T_i, i = 1, 2$ 之间的关系用单应力艾林模型进行描述,即

$$\xi_i = \frac{A}{T_i} e^{\frac{E}{KT_i}} \tag{4.1.33}$$

则应力水平 $T_2$ 对 $T_1$ 的加速因子为

$$AF_{T_2 \sim T_1} = \frac{\xi_1}{\xi_2} = \frac{T_2}{T_1} \exp\left[ \frac{E}{K} \left( \frac{1}{T_1} - \frac{1}{T_2} \right) \right] \tag{4.1.34}$$

(5) 广义艾林模型下的加速因子. 设在应力水平 $(S_1, T_1)$ 和加速应力水平 $(S_2, T_2)$ 下,产品的寿命特征与应力 $(S_i, T_i), i = 1, 2$ 之间的关系用广义艾林模型进行描述,即

$$\xi_i = \frac{A}{T_i} \exp\left[ \frac{E}{KT_i} + BS_i + \frac{CS_i}{KT_i} \right] \tag{4.1.35}$$

则应力水平 $(S_2, T_2)$ 对 $(S_1, T_1)$ 的加速因子为

$$AF_{T_2 \sim T_1} = \frac{\xi_1}{\xi_2} = \frac{T_2}{T_1} \exp\left[ \frac{E}{K} \left( \frac{1}{T_1} - \frac{1}{T_2} \right) + B(S_1 - S_2) + \frac{C}{K} \left( \frac{S_1}{T_1} - \frac{S_2}{T_2} \right) \right] \tag{4.1.36}$$

## 4.2 恒加试验的组织与实施

对产品进行恒定应力加速寿命试验,需要做如下安排:

(1)确定正常应力水平 $S_0$ 和 $k$ 个加速应力水平 $S_1,S_2,\cdots,S_k$ ,一般而言,这些应力水平应满足如下关系 $S_0 < S_1 < \cdots < S_k$ .

对于应力水平数 $k$ ,安排多少组为宜呢? $k$ 取得越大,即水平数越多,则求加速方程中系数的估计越精确.但水平数多了,投入试验样品数就要增加,试验设备、试验费用也要增加,这是一对矛盾.在单应力恒加试验中一般要求应力水平数 $k$ 不得少于 $4$ ,在双应力恒加试验情况下,水平数应适当再增加.

对于加速应力水平 $S_1,S_2,\cdots,S_k$ 应该如何选取呢? 首先要求在所有的加速应力水平 $S_i$, $i=1,2,\cdots,k$ 下,产品的失效机理与在正常应力水平 $S_0$ 下产品的失效机理是相同的.因为进行加速寿命试验的目的就是为了在高应力水平下进行寿命试验,外推正常应力 $S_0$ 下产品的可靠性指标.失效机理不同,外推结果不能使人相信.另外,最低应力水平 $S_1$ 的选取应尽量靠近正常工作应力 $S_0$ ,这样可以提高外推的精度,但是 $S_1$ 又不能太接近 $S_0$ ,否则收不到缩短试验时间的目的.最高应力水平 $S_k$ 应尽量选得大一些,但是应注意不能改变失效机理,特别不能超过产品允许的极限应力值.确定了 $S_1$ 和 $S_k$ 后,中间的应力水平 $S_2,\cdots,S_{k-1}$ 应适当分散,使得相邻应力水平的间隔比较合理,一般有下列三种取法:

1) $k$ 个应力水平按等间隔取值.

2)在选绝对温度 $T$ 作加速应力时, $k$ 个加速应力水平 $T_1 < T_2 < \cdots < T_k$ 可按它们的倒数等间隔取值,即取

$$T_j = \left[\frac{1}{T_1} - (j-1)\Delta\right]^{-1}, \quad j = 2,3,\cdots,k-1$$

式中, $\Delta = \left(\frac{1}{T_1} - \frac{1}{T_k}\right)/(k-1)$ .

3)在选电压、压力 $V$ 作加速应力时, $k$ 个加速应力水平 $V_1 < V_2 < \cdots < V_k$ 可按它们的对数等间隔取值,即取

$$V_j = \exp\{\ln V_1 + (j-1)\Delta\}, \quad j = 2,3,\cdots,k-1$$

式中, $\Delta = (\ln V_k - \ln V_1)/(k-1)$ .

(2)从一批产品中随机选出 $n$ 个产品,并分为 $k$ 个样本,其样本量分别为 $n_1,n_2,\cdots,n_k$ , $n_1 + n_2 + \cdots + n_k = n$ ,在应力水平 $S_i$ 下,投入 $n_i(i=1,2,\cdots,k)$ 个样品进行试验.其中第 $i$ 组样品安排在应力水平 $S_i$ 下进行寿命试验.

每一应力水平 $S_i$ 下的样品数 $n_i$ 可以相等,也可以不等.由于高应力下产品容易失效,低应力下产品不易失效,所以在低应力下应多安排一些样品,高应力水平可以少安排一些样品,但一般每个应力水平下样品数均不宜少于 $5$ 个.

(3)为了进一步加快试验时间,在 $k$ 个加速应力水平下进行定时截尾寿命试验或者定数截尾寿命试验.

如果进行定数截尾寿命试验,设在 $S_i$ 下 $n_i$ 个样品中有 $r_i$ 个失效,其失效数据为

$$x_{i1} \leqslant x_{i2} \leqslant \cdots \leqslant x_{ir_i}, \quad i = 1,2,\cdots,k \tag{4.2.1}$$

此时,应力水平 $S_i$ 下的试验结束时间为 $x_{ir_i}$.

如果进行定时截尾寿命试验,设在 $S_i$ 下 $n_i$ 个样品中有 $r_i$ 个失效,其失效数据为

$$x_{i1} \leqslant x_{i2} \leqslant \cdots \leqslant x_{ir_i} \leqslant \tau_i, \quad i=1,2,\cdots,k \tag{4.2.2}$$

式中,$\tau_i$ 为产品在应力水平 $S_i$ 下的截尾时间.

一般而言,最好能做到所有试验样品都失效,这样统计分析的精度高,但是对不少产品,要做到全部失效将会导致试验时间太长,此时可采用定数截尾或定时截尾寿命试验,但要求每一应力水平下有 50% 以上样品失效.如果确实有困难,至少也要有 30% 以上失效.如一个应力水平下只有 5 个受试样品,则至少要有 3 个以上失效,否则统计分析的精度较差.

## 4.3　恒加试验下指数分布的可靠性分析

### 4.3.1　基本假定

基于 4.2 节恒加试验安排,在产品寿命服从指数分布场合下进行可靠性分析,还需设定如下两个假定:

A1. 在正常应力水平 $S_0$ 和加速应力水平 $S_1 < S_2 < \cdots < S_k$ 下产品的寿命分布都是指数分布,其分布函数为

$$F_i(x) = 1 - \mathrm{e}^{-x/\theta_i} = 1 - \mathrm{e}^{-\lambda_i x}, \quad t>0, \quad i=0,1,2,\cdots,k \tag{4.3.1}$$

式中,$\theta_i$,$\lambda_i$ 为产品在应力水平 $S_i$ 下的平均寿命及失效率.

A2. 产品的平均寿命 $\theta_i$ 与所用的加速应力水平 $S_i$ 之间满足如下加速模型:

$$\ln\theta_i = a + b\varphi(S_i), \quad i=0,1,2,\cdots,k \tag{4.3.2}$$

式中,$a$ 与 $b$ 是待估参数,$\varphi(S)$ 是应力 $S$ 的已知函数.

上述两个假定是合理的,也是容易满足的.如对 A1 可以用指数分布的假设检验方法进行验证.若用温度或电压作加速应力,那 A2 成立就得到保证,分别对应阿伦尼斯模型和逆幂律模型.

在上述恒加试验安排和两个假定下,对恒加试验数据指数分布场合的可靠性分析可按以下三步进行:首先运用点估计方法获得加速模型 (4.3.2) 参数 $a,b$ 的点估计,常见的如极大似然估计;然后根据假定 A2,获得正常应力水平 $S_0$ 下参数 $\lambda_0$,$\theta_0$ 的点估计;最后根据假定 A1,获得正常应力水平 $S_0$ 下的指数分布表达式,进而可得正常应力水平 $S_0$ 下各种可靠性指标的估计.

### 4.3.2　定数截尾样本下的可靠性分析

1. 极大似然估计

在应力水平 $S_i$ 下,基于定数截尾寿命试验,样本 $x_{i1}, x_{i2}, \cdots, x_{ir_i}$ 的似然函数为

$$\begin{aligned}
L_i(\theta_i) &= \frac{n_i!}{(n_i-r_i)!} \Big[\prod_{j=1}^{r_i} f(x_{ij})\Big] [1-F(x_{ir_i})]^{n_i-r_i} \\
&= \frac{n_i!}{(n_i-r_i)!} \exp\Big(-\frac{(n_i-r_i)x_{ir_i}}{\theta_i}\Big) \Big[\prod_{j=1}^{r_i} \frac{1}{\theta_i}\exp\Big(-\frac{(n_i-r_i)x_{ij}}{\theta_i}\Big)\Big] \\
&= \frac{n_i!}{(n_i-r_i)!} \frac{1}{\theta_i^{r_i}} \exp\Big(-\frac{S_i(x_{ir_i})}{\theta_i}\Big)
\end{aligned} \tag{4.3.3}$$

式中，$S_i(x_{ir_i}) = \sum_{j=1}^{r_i} x_{ij} + (n_i - r_i)x_{ir_i}$ 表示在应力水平 $S_i$ 下的总试验时间.

由于各应力水平之间的试验是相互独立的，则恒加试验的似然函数为

$$L = \prod_{i=1}^{k} L_i(\theta_i) = \prod_{i=1}^{k} \left\{ \frac{n_i!}{(n_i - r_i)!} \frac{1}{\theta_i^{r_i}} \exp\left(-\frac{S_i(x_{ir_i})}{\theta_i}\right) \right\} \tag{4.3.4}$$

对上式取对数，并去掉与参数无关的常数，可得

$$l = \ln L \overset{\infty}{=} -\sum_{i=1}^{k} r_i \ln\theta_i - \sum_{i=1}^{k} \frac{S_i(x_{ir_i})}{\theta_i} \tag{4.3.5}$$

进一步，将加速模型(4.3.2)代入对数似然函数(4.3.5)中，得到参数 $a, b$ 的对数似然函数为

$$l(a,b) = -a\sum_{i=1}^{k} r_i - b\sum_{i=1}^{k} \varphi_i r_i - \sum_{i=1}^{k} S_i(x_{ir_i})\exp(-a-b\varphi_i) \tag{4.3.6}$$

式中，$\varphi_i = \varphi(S_i)$.

利用极大似然方法，对对数似然函数(4.3.6)求偏导数，得到参数 $a$ 和 $b$ 的极大似然估计 $\hat{a}_M, \hat{b}_M$，它们是下面方程组的解：

$$\begin{cases} a = -\ln\left(\sum_{i=1}^{k} r_i\right) + \ln\left[\sum_{i=1}^{k} S_i(x_{ir_i})\exp(-b\varphi_i)\right] \\ \left(\sum_{i=1}^{k} r_i\right)\left[\sum_{i=1}^{k} S_i(x_{ir_i})\varphi_i\exp(-b\varphi_i)\right] = \left(\sum_{i=1}^{k} r_i\varphi_i\right)\left[\sum_{i=1}^{k} S_i(x_{ir_i})\exp(-b\varphi_i)\right] \end{cases}$$

对于上述方程组，可以利用 Newton-Raphson 迭代法求其数值解.

将参数的极大似然估计 $\hat{a}_M, \hat{b}_M$ 代入到指数分布可靠性特征量表达式中，即得可靠性特征量的极大似然估计. 即在正常应力 $S_0$ 下产品的平均寿命 $\theta_0$ 的极大似然估计为

$$\hat{\theta}_{0M} = \exp(\hat{a}_M + \hat{b}_M\varphi_0) \tag{4.3.7}$$

式中，$\varphi_0 = \varphi(S_0)$.

正常应力 $S_0$ 下产品的可靠度的极大似然估计为

$$\hat{R}(t)_{0M} = \exp(-t/\hat{\theta}_{0M}) = \exp(-te^{-\hat{a}_M - \hat{b}_M\varphi_0}) \tag{4.3.8}$$

2. 区间估计

对于参数 $a, b$ 而言，其精确置信区间难以获得，下面基于渐近正态性给出其渐近置信区间. 极大似然估计 $\hat{a}_M, \hat{b}_M$ 是参数 $a, b$ 的渐近有效估计，且收敛于正态分布，即

$$(\hat{a}_M, \hat{b}_M) \sim \text{AN}((a,b), I^{-1}) \tag{4.3.9}$$

式中，矩阵 $I$ 为 Fisher 信息矩阵，如下式所示：

$$I = \begin{bmatrix} I_{11} & I_{12} \\ I_{21} & I_{22} \end{bmatrix} = \begin{bmatrix} E\left(-\frac{\partial^2 l(a,b)}{\partial a^2}\right) & E\left(-\frac{\partial^2 l(a,b)}{\partial a\partial b}\right) \\ E\left(-\frac{\partial^2 l(a,b)}{\partial b\partial a}\right) & E\left(-\frac{\partial^2 l(a,b)}{\partial b^2}\right) \end{bmatrix} \tag{4.3.10}$$

式中，$E(\cdot)$ 表示求期望.

则参数 $a, b$ 的 MLE 的渐近方差和协方差为

$$\begin{bmatrix} \text{Var}(\hat{a}_M) & \text{Cov}(\hat{a}_M, \hat{b}_M) \\ \text{Cov}(\hat{a}_M, \hat{b}_M) & \text{Var}(\hat{b}_M) \end{bmatrix} = \frac{1}{I_{11}I_{22} - I_{12}^2}\begin{bmatrix} I_{22} & -I_{12} \\ -I_{21} & I_{11} \end{bmatrix} \tag{4.3.11}$$

下面对定数截尾情形,给出 Fisher 信息矩阵的具体表达式.

先对对数似然函数(4.3.6)求偏导数,可得

$$
\left.
\begin{aligned}
\frac{\partial^2 l(a,b)}{\partial a^2} &= -\sum_{i=1}^{k} S_i(x_{ir_i}) \exp(-a - b\varphi_i) \\
\frac{\partial^2 l(a,b)}{\partial b^2} &= -\sum_{i=1}^{k} S_i(x_{ir_i}) \varphi_i^2 \exp(-a - b\varphi_i) \\
\frac{\partial^2 l(a,b)}{\partial a \partial b} &= -\sum_{i=1}^{k} S_i(x_{ir_i}) \varphi_i \exp(-a - b\varphi_i)
\end{aligned}
\right\}
\tag{4.3.12}
$$

再对上式求期望,可得

$$
\left.
\begin{aligned}
I_{11} &= E\left(-\frac{\partial^2 l(a,b)}{\partial a^2}\right) = \sum_{i=1}^{k} E(S_i(x_{ir_i})) \exp(-a - b\varphi_i) = \sum_{i=1}^{k} r_i \\
I_{22} &= E\left(-\frac{\partial^2 l(a,b)}{\partial b^2}\right) = -\sum_{i=1}^{k} E(S_i(x_{ir_i})) \varphi_i^2 \exp(-a - b\varphi_i) = \sum_{i=1}^{k} r_i \varphi_i^2 \\
I_{21} &= I_{12} = E\left(-\frac{\partial^2 l(a,b)}{\partial a \partial b}\right) = -\sum_{i=1}^{k} E(S_i(x_{ir_i})) \varphi_i \exp(-a - b\varphi_i) = \sum_{i=1}^{k} r_i \varphi_i
\end{aligned}
\right\}
$$

$$
\tag{4.3.13}
$$

在式(4.3.13)求期望过程中,用到了第 3 章的结论,即在应力水平 $S_i$ 下,总试验时间 $S_i(x_{ir_i}) = \sum_{j=1}^{r_i} x_{ij} + (n_i - r_i) x_{ir_i}$ 服从伽马分布 $\mathrm{Ga}(r_i, 1/\theta_i)$. 因此

$$
E(S_i(x_{ir_i})) = r_i \theta_i = r_i \exp(a + b\varphi(S_i))
\tag{4.3.14}
$$

将式(4.3.13)代入式(4.3.10),即得 Fisher 信息矩阵为

$$
\boldsymbol{I} = \begin{bmatrix} I_{11} & I_{12} \\ I_{21} & I_{22} \end{bmatrix} = \begin{bmatrix} \displaystyle\sum_{i=1}^{k} r_i & \displaystyle\sum_{i=1}^{k} r_i \varphi_i \\ \displaystyle\sum_{i=1}^{k} r_i \varphi_i & \displaystyle\sum_{i=1}^{k} r_i \varphi_i^2 \end{bmatrix}
$$

从而可得定数截尾恒加试验的场合下,$\hat{a}_M, \hat{b}_M$ 的渐近协方差矩阵为

$$
\begin{bmatrix} \mathrm{Var}(\hat{a}_M) & \mathrm{Cov}(\hat{a}_M, \hat{b}_M) \\ \mathrm{Cov}(\hat{a}_M, \hat{b}_M) & \mathrm{Var}(\hat{b}_M) \end{bmatrix} = \frac{1}{I_{11} I_{22} - I_{12}^2} \begin{bmatrix} \displaystyle\sum_{i=1}^{k} r_i \varphi_i^2 & -\displaystyle\sum_{i=1}^{k} r_i \varphi_i \\ -\displaystyle\sum_{i=1}^{k} r_i \varphi_i & \displaystyle\sum_{i=1}^{k} r_i \end{bmatrix}
\tag{4.3.15}
$$

根据极大似然估计的渐近正态性,有

$$
\begin{cases} \hat{a}_M \sim \mathrm{AN}(a, \mathrm{Var}(\hat{a}_M)) \\ \hat{b}_M \sim \mathrm{AN}(b, \mathrm{Var}(\hat{b}_M)) \end{cases}
$$

对于给定的置信度 $1 - \alpha$ ,有

$$
\begin{cases} P\left\{-u_{\alpha/2} \leqslant \dfrac{\hat{a}_{0M} - a}{\sqrt{\mathrm{Var}(\hat{a}_{0M})}} \leqslant u_{\alpha/2}\right\} = 1 - \alpha \\[2mm] P\left\{-u_{\alpha/2} \leqslant \dfrac{\hat{b}_{0M} - b}{\sqrt{\mathrm{Var}(\hat{b}_{0M})}} \leqslant u_{\alpha/2}\right\} = 1 - \alpha \end{cases}
$$

式中，$u_{a/2}$ 是标准正态分布的 $\alpha/2$ 上分位数. 利用等价变形，就可获得参数 $a,b$ 的置信度为 $1-\alpha$ 的区间估计：

$$P\left\{\hat{a}_{0M} - u_{a/2}\sqrt{\mathrm{Var}(\widehat{a_{0M}})} \leqslant a \leqslant \hat{a}_{0M} + u_{a/2}\sqrt{\mathrm{Var}(\widehat{a_{0M}})}\right\} = 1 - \alpha \atop P\left\{\hat{b}_{0M} - u_{a/2}\sqrt{\mathrm{Var}(\widehat{b_{0M}})} \leqslant b \leqslant \hat{b}_{0M} + u_{a/2}\sqrt{\mathrm{Var}(\widehat{b_{0M}})}\right\} = 1 - \alpha \right\} \quad (4.3.16)$$

为了获得正常应力水平下产品平均寿命 $\theta_0$ 的区间估计，首先研究 $\ln\theta_0$ 的区间估计问题，当样本容量充分大时，$\hat{a}_M$ 与 $\hat{b}_M$ 具有渐近正态性，因此 $\ln\hat{\theta}_{0M}$ 也收敛于正态分布，即

$$\ln\hat{\theta}_{0M} \sim AN(\ln\theta_0, \sigma_0^2)$$

式中，$\sigma_0^2$ 是 $\ln\hat{\theta}_{0M}$ 的方差，计算式如下：

$$\sigma_0^2 = \mathrm{Var}(\ln\hat{\theta}_{0M}) = \mathrm{Var}(\hat{a}_M) + \varphi_0^2\mathrm{Var}(\hat{b}_M) + 2\varphi_0\mathrm{Cov}(\hat{a}_M, \hat{b}_M)$$
$$= \frac{I_{22} + I_{11}\varphi_0^2 - 2\varphi_0 I_{12}}{I_{11}I_{22} - I_{12}^2} \quad (4.3.17)$$

对于给定的置信度 $1-\alpha$，有

$$P\left\{-u_{a/2} \leqslant \frac{\ln\hat{\theta}_{0M} - \ln\theta_0}{\sigma_0} \leqslant u_{a/2}\right\} = 1 - \alpha$$

式中，$u_{a/2}$ 是标准正态分布的 $\alpha/2$ 上分位数. 利用等价变形，就可获得 $\theta_0$ 的置信水平为 $1-\alpha$ 的区间估计，即

$$P\left\{\hat{\theta}_{0M}\exp(-u_{a/2}\sigma_0) \leqslant \theta_0 \leqslant \hat{\theta}_{0M}\exp(u_{a/2}\sigma_0)\right\} = 1 - \alpha \quad (4.3.18)$$

类似地，也可获得 $\theta_0$ 的置信水平为 $1-\alpha$ 的单侧置信下限，即

$$P\left\{\theta_0 \geqslant \hat{\theta}_{0M}\exp(-u_a\sigma_0)\right\} = 1 - \alpha \quad (4.3.19)$$

在指数分布场合下，利用平均寿命 $\theta$ 的区间估计，通过不等式变形就可以得到其他可靠性指标（如可靠度、可靠寿命）的置信区间.

**例 4.3.1** 某产品的平均寿命为 $5 \times 10^4$ h，改进设计后其平均寿命有明显提高，为评定新产品在工作电压 10 V 下的平均寿命，现组织了一次恒加试验，所选的 4 个加速电压水平、样本容量和失效数都列于表 4.3.1，在这些试验条件下分别进行定数截尾试验.

试求：(1) 参数 $a,b$ 及正常工作电压 $S_0 = 10$ V 下的平均寿命 $\theta_0$；

(2) 在 90% 的置信度下，计算正常工作电压 $S_0 = 10$ V 下的平均寿命 $\theta_0$ 的双侧置信区间和单侧置信下限.

**表 4.3.1　恒加试验下某产品的失效数据**

| 试验条件 | 失效时间/h |
|---|---|
| $S_1 = 15$ V，$n_1 = 30$，$r_1 = 10$ | 243,547,628,697,917,2 245,2 997,3 001,3 123,3 820 |
| $S_2 = 18$ V，$n_2 = 30$，$r_2 = 10$ | 50,254,342,535,818,1 044,1 318,1 531,1 671,2 025 |
| $S_3 = 25$ V，$n_3 = 20$，$r_3 = 15$ | 56,85,145,176,423,439,498,735,763,833,890,987,1 105,1 391,1 547 |
| $S_4 = 35$ V，$n_4 = 20$，$r_4 = 20$ | 11,35,42,49,51,55,65,89,98,100,113,120,123,133,133,158,171,208,219,734 |

**解** (1) 为了便于计算，首先求出各应力水平下的总试验时间（单位：h），即

$$S_1(x_{1r_1}) = 94\ 618, \quad S_2(x_{2r_2}) = 50\ 088, \quad S_3(x_{3r_3}) = 17\ 808, \quad S_4(x_{4r_4}) = 2\ 707$$

利用 Newton - Raphson 迭代法,得到参数 $a$ 和 $b$ 的极大似然估计.它们分别为

$$\hat{a}_M = 23.283\ 1, \quad \hat{b}_M = -5.121\ 88$$

故加速模型为

$$\ln\hat{\theta} = 23.283\ 1 - 5.121\ 88\ln S$$

因此,在正常工作电压 $S_0 = 10$ V 下,平均寿命估计为

$$\hat{\theta}_{0M} = \exp(23.283\ 1 - 5.121\ 88\ln S_0) = 97\ 688.143\text{h}$$

(2)置信度为 $90\%$,则 $\alpha = 0.10$,查正态分布分位数表,可得 $u_{\alpha/2} = 1.644\ 9, u_\alpha = 1.281\ 6$. 进一步计算:

$$\sigma_0^2 = \text{Var}(\ln\hat{\theta}_{0M}) = \frac{I_{22} + I_{11}\varphi_0^2 - 2\varphi_0 I_{12}}{I_{11}I_{22} - I_{12}^2} = 0.151\ 187$$

故 $\sigma_0 = 0.388\ 827\ 7$.

于是可得到正常应力下平均寿命 $\theta_0$ 的置信度为 $90\%$ 的置信区间为 $[51\ 531.7, 185\ 186.4]$. 置信度为 $90\%$ 的单侧置信下限为 $59\ 350.4$ h.

### 4.3.3　定时截尾样本下的可靠性分析

1. 极大似然估计

在恒加试验的 $k$ 个加速应力水平下都进行定时截尾寿命试验,在应力水平 $S_i$ 下的截尾时间为 $\tau_i$,且该应力下的总试验时间为

$$S_i(\tau_i) = \sum_{j=1}^{r_i} x_{ij} + (n_i - r_i)\tau_i, \quad i = 1,2,\cdots,k$$

在应力水平 $S_i$ 下,设观察到的失效数为 $r_i$,即 $x_{i1} \leqslant x_{i2} \leqslant \cdots \leqslant x_{ir_i} \leqslant \tau_i$,样本的似然函数为

$$L_i(\theta_i) = \frac{n_i!}{(n_i - r_i)!}\Big[\prod_{j=1}^{r_i} f(x_{ij})\Big][1 - F(\tau_i)]^{n_i - r_i} \tag{4.3.20}$$

$$= \frac{n_i!}{(n_i - r_i)!}\frac{1}{\theta_i^{r_i}}\exp\Big(-\frac{S_i(\tau_i)}{\theta_i}\Big)$$

由于各应力水平之间的试验是相互独立的,则恒加试验定时截尾场合下的似然函数为

$$L = \prod_{i=1}^k L_i(\theta_i) = \prod_{i=1}^k \left\{\frac{n_i!}{(n_i - r_i)!}\frac{1}{\theta_i^{r_i}}\exp\Big(-\frac{S_i(\tau_i)}{\theta_i}\Big)\right\} \tag{4.3.21}$$

对上式取对数,并去掉与参数无关的常数,可得

$$l = \ln L \propto -\sum_{i=1}^k r_i\ln\theta_i - \sum_{i=1}^k \frac{S_i(\tau_i)}{\theta_i} \tag{4.3.22}$$

进一步,将式(4.3.2)代入对数似然函数(4.3.22)中,得到参数 $a,b$ 的对数似然函数为

$$l(a,b) = -a\sum_{i=1}^k r_i - b\sum_{i=1}^k \varphi_i r_i - \sum_{i=1}^k S_i(\tau_i)\exp(-a - b\varphi_i) \tag{4.3.23}$$

式中,$\varphi_i = \varphi(S_i)$.

利用极大似然方法,对对数似然函数(4.3.23)求偏导数,得到参数 $a$ 和 $b$ 的极大似然估计 $\hat{a}_M, \hat{b}_M$,它们是如下方程组的解:

$$\begin{cases} a = -\ln\left(\sum_{i=1}^{k} r_i\right) + \ln\left[\sum_{i=1}^{k} S_i(\tau_i)\exp(-b\varphi_i)\right] \\ \left(\sum_{i=1}^{k} r_i\right)\left[\sum_{i=1}^{k} S_i(\tau_i)\varphi_i\exp(-b\varphi_i)\right] = \left(\sum_{i=1}^{k} r_i\varphi_i\right)\left[\sum_{i=1}^{k} S_i(\tau_i)\exp(-b\varphi_i)\right] \end{cases}$$

对于上述方程组,可以利用 Newton–Raphson 迭代法求其数值解.

对加速模型(4.3.2)进行化简,可得正常应力下的平均寿命 $\theta_0$ 为

$$\theta_0 = \exp(a + b\varphi_0) \tag{4.3.24}$$

将参数的极大似然估计 $\hat{a}_M, \hat{b}_M$ 代入式(4.3.24),可得平均寿命 $\theta_0$ 的极大似然估计为

$$\hat{\theta}_{0M} = \exp(\hat{a}_M + \hat{b}_M\varphi_0) \tag{4.3.25}$$

进一步,将 $\hat{a}_M, \hat{b}_M$ 代入可靠度 $R(t) = e^{-t/\theta}$ 及可靠寿命 $t_R = -\theta(\ln R)$ 的表达式中,可得这些可靠性特征量的极大似然估计为

$$\hat{R}_{0M}(t) = e^{-t/\hat{\theta}_{0M}}, \quad \hat{t}_{0M,R} = -\hat{\theta}_{0M}(\ln R)$$

2. 区间估计

为了获得参数的置信区间,我们用极大似然估计的渐近正态性进行分析,由于涉及 Fisher 信息矩阵,先计算 Fisher 信息矩阵的表达式.

令

$$H(x_{ij}) = \begin{cases} 0, x_{ij} < \tau_i \\ 1, x_{ij} \geqslant \tau_i \end{cases}, \quad \overline{H}(x_{ij}) = 1 - H(x_{ij}), \quad j = 1,2,\cdots,n_i; i = 1,2,\cdots,k$$

则在应力水平 $S_i$ 下的总试验时间为

$$S_i(\tau_i) = \sum_{j=1}^{r_i} x_{ij} + (n_i - r_i)\tau_i = \sum_{j=1}^{n_i}\left[x_{ij}H(x_{ij}) + \tau_i\overline{H}(x_{ij})\right]$$

对 $S_i(\tau_i)$ 求期望,可得

$$\begin{aligned} E\left[x_{ij}H(x_{ij}) + \tau_i\overline{H}(x_{ij})\right] &= \int_0^{+\infty}\left[x_{ij}H(x_{ij}) + \tau_i\overline{H}(x_{ij})\right]\mathrm{d}(1 - e^{-x_{ij}/\theta_i}) \\ &= \int_0^{+\infty} x_{ij}H(x_{ij})\mathrm{d}(1 - e^{-x_{ij}/\theta_i}) + \int_0^{+\infty} \tau_i\overline{H}(x_{ij})\mathrm{d}(1 - e^{-x_{ij}/\theta_i}) \\ &= \int_0^{\tau_i} x_{ij}\mathrm{d}(1 - e^{-x_{ij}/\theta_i}) + \int_{\tau_i}^{+\infty} \tau_i\mathrm{d}(1 - e^{-x_{ij}/\theta_i}) \\ &= \theta_i(1 - e^{-\tau_i/\theta_i}) \end{aligned}$$

即

$$E(S_i(\tau_i)) = \theta_i(1 - e^{-\tau_i/\theta_i}) \tag{4.3.26}$$

因此

$$I_{11} = E\left(-\frac{\partial^2 l(a,b)}{\partial a^2}\right) = \sum_{i=1}^{k} n_i(1 - e_i^{-\tau_i/\theta_i})$$

$$I_{22} = E\left(-\frac{\partial^2 l(a,b)}{\partial b^2}\right) = \sum_{i=1}^{k} n_i\varphi_i^2(1 - e_i^{-\tau_i/\theta_i})$$

$$I_{21} = I_{12} = E\left(-\frac{\partial^2 l(a,b)}{\partial a\partial b}\right) = \sum_{i=1}^{k} n_i\varphi_i(1 - e_i^{-\tau_i/\theta_i})$$

即 Fisher 信息阵为

$$\boldsymbol{I} = \begin{bmatrix} I_{11} & I_{12} \\ I_{21} & I_{22} \end{bmatrix} = \begin{bmatrix} \displaystyle\sum_{i=1}^{k} n_i(1-\mathrm{e}^{-\tau_i/\theta_i}) & \displaystyle\sum_{i=1}^{k} n_i\varphi_i(1-\mathrm{e}^{-\tau_i/\theta_i}) \\ \displaystyle\sum_{i=1}^{k} n_i\varphi_i(1-\mathrm{e}^{-\tau_i/\theta_i}) & \displaystyle\sum_{i=1}^{k} n_i\varphi_i^2(1-\mathrm{e}^{-\tau_i/\theta_i}) \end{bmatrix} \qquad (4.3.27)$$

因此,在定时截尾恒加试验场合, $\hat{a}_M, \hat{b}_M$ 的渐近协方差矩阵为

$$\frac{1}{I_{11}I_{22}-I_{12}^2} \begin{bmatrix} \displaystyle\sum_{i=1}^{k} n_i(1-\mathrm{e}^{-\tau_i/\theta_i}) & -\displaystyle\sum_{i=1}^{k} n_i\varphi_i(1-\mathrm{e}^{-\tau_i/\theta_i}) \\ -\displaystyle\sum_{i=1}^{k} n_i\varphi_i(1-\mathrm{e}^{-\tau_i/\theta_i}) & \displaystyle\sum_{i=1}^{k} n_i\varphi_i^2(1-\mathrm{e}^{-\tau_i/\theta_i}) \end{bmatrix}$$

但是,上式中含有未知参数 $\theta_i$ ,在实际使用时,未知参数常用其估计代替. 比如用 $\theta_i$ 的极大似然估计 $\hat{\theta}_i = \dfrac{S_i(\tau_i)}{r_i}$ 替代. 从而可得 $\hat{a}_M, \hat{b}_M$ 的渐近协方差矩阵为

$$\begin{bmatrix} \mathrm{Var}(\hat{a}_M) & \mathrm{Cov}(\hat{a}_M,\hat{b}_M) \\ \mathrm{Cov}(\hat{a}_M,\hat{b}_M) & \mathrm{Var}(\hat{b}_M) \end{bmatrix} = \frac{1}{I_{11}I_{22}-I_{12}^2} \begin{bmatrix} \displaystyle\sum_{i=1}^{k} n_i(1-\mathrm{e}^{-\tau_i/\hat{\theta}_i}) & -\displaystyle\sum_{i=1}^{k} n_i\varphi_i(1-\mathrm{e}^{-\tau_i/\hat{\theta}_i}) \\ -\displaystyle\sum_{i=1}^{k} n_i\varphi_i(1-\mathrm{e}^{-\tau_i/\hat{\theta}_i}) & \displaystyle\sum_{i=1}^{k} n_i\varphi_i^2(1-\mathrm{e}^{-\tau_i/\hat{\theta}_i}) \end{bmatrix}$$

$$(4.3.28)$$

再根据渐近正态性,可得定时截尾恒加试验场合下,参数 $a, b$ 的置信区间. 由于该区间估计的推导过程与定数截尾情形下参数的区间估计一样,可借鉴进行推导,这里直接给出区间估计结果.

$$\left. \begin{array}{l} P\left\{ \hat{a}_{0M} - u_{\alpha/2}\sqrt{\mathrm{Var}(\hat{a}_{0M})} \leqslant a \leqslant \hat{a}_{0M} + u_{\alpha/2}\sqrt{\mathrm{Var}(\hat{a}_{0M})} \right\} = 1-\alpha \\ P\left\{ \hat{b}_{0M} - u_{\alpha/2}\sqrt{\mathrm{Var}(\hat{b}_{0M})} \leqslant b \leqslant \hat{b}_{0M} + u_{\alpha/2}\sqrt{\mathrm{Var}(\hat{b}_{0M})} \right\} = 1-\alpha \end{array} \right\} \qquad (4.3.29)$$

式中, $u_{\alpha/2}$ 是标准正态分布的 $\alpha/2$ 上分位数.

同样借鉴定数截尾恒加试验场合下的推导过程,可得 $\theta_0$ 的置信度为 $1-\alpha$ 的置信区间为

$$P\left\{ \hat{\theta}_{0M}\exp(-u_{\alpha/2}\sigma_0) \leqslant \theta_0 \leqslant \hat{\theta}_{0M}\exp(u_{\alpha/2}\sigma_0) \right\} = 1-\alpha \qquad (4.3.30)$$

式中, $\sigma_0^2$ 表示定时截尾恒加试验场合下平均寿命对数的方差,即

$$\begin{aligned} \sigma_0^2 &= \mathrm{Var}(\ln\hat{\theta}_{0M}) = \mathrm{Var}(\hat{a}_M) + \varphi_0^2\mathrm{Var}(\hat{b}_M) + 2\varphi_0\mathrm{Cov}(\hat{a}_M,\hat{b}_M) \\ &= \frac{I_{22} + I_{11}\varphi_0^2 - 2\varphi_0 I_{12}}{I_{11}I_{22} - I_{12}^2} \end{aligned} \qquad (4.3.31)$$

类似地,也可获得 $\theta_0$ 的置信水平为 $1-\alpha$ 的单侧置信下限,即

$$P\left\{ \theta_0 \geqslant \hat{\theta}_{0M}\exp(-u_\alpha\sigma_0) \right\} = 1-\alpha \qquad (4.3.32)$$

## 4.4　恒加试验下威布尔分布的可靠性分析

### 4.4.1　基本假定

在产品寿命为威布尔分布场合,恒加试验的组织与实施大部分同指数分布场合相同,但

是,需要如下三个基本假定.

A1.在正常应力水平 $S_0$ 和加速应力水平 $S_0 < S_1 < \cdots < S_k$ 下产品的寿命分布都服从威布尔分布 $W(m_i, \eta_i)$ ,其分布函数为

$$F_i(x) = 1 - \exp\left[-\left(\frac{x}{\eta_i}\right)^{m_i}\right], \quad x > 0, \quad i = 0, 1, 2, \cdots, k \quad (4.4.1)$$

其中, $m_i > 0$ 为形状参数, $\eta_i > 0$ 为特征寿命.

A2.在 $S_0$ 和 $S_1, S_2, \cdots, S_k$ 下产品的失效机理不变.由于威布尔分布的形状参数反映了失效机理,因此该假设等价于

$$m_0 = m_1 = \cdots = m_k \quad (4.4.2)$$

A3.产品的特征寿命 $\eta_i$ 与所施加速应力水平 $S_i$ 之间满足加速模型:

$$\ln\eta_i = a + b\varphi(S_i), \quad i = 0, 1, 2, \cdots, k \quad (4.4.3)$$

其中, $a$ 与 $b$ 是待估参数, $\varphi(S)$ 是应力水平 $S$ 的已知函数.

上述三个假定都是在一定的物理背景下建立起来的,故可以用专业知识和工程经验来判断其是否成立,也可用一些假设检验方法进行判断.譬如对于 A1,可以通过威布尔分布概率纸直观地检验,对于 A2,可采用似然比检验;对于 A3,在获得 $\eta_i$ 的估计后,可通过相关系数检验来证实.

### 4.4.2　极大似然估计

设在应力水平 $S_i$ 下 $n_i$ 个样品中有 $r_i$ 个失效,其失效数据为 $x_{i1} \leqslant x_{i2} \leqslant \cdots \leqslant x_{ir_i} \leqslant \tau_i$ $(i = 1, 2, \cdots, k)$ .根据前面对指数分布的分析,易知在定数截尾场合和定时截尾场合,两者的很多估计结果相似,为了避免重复,我们在这里进行统一表述.如果是定时截尾寿命试验场合,则 $\tau_i$ 为应力水平 $S_i$ 下的截尾时间;如果是在定数截尾寿命试验场合,则令 $\tau_i = x_{ir_i}$ .

在应力水平 $S_i$ 下,基于恒加试验,样本 $x_{i1}, x_{i2}, \cdots, x_{ir_i}$ 的似然函数为

$$L_i(m, a, b) = \frac{n_i!}{(n_i - r_i)!}\left[\prod_{j=1}^{r_i} f(x_{ij})\right]\left[1 - F(x_{ir_i})\right]^{n_i - r_i}$$

$$= \frac{n_i!}{(n_i - r_i)!}\left(\prod_{j=1}^{r_i}\left\{\frac{m}{\eta_i}\left(\frac{x_{ij}}{\eta_i}\right)^{m-1}\exp\left[-\left(\frac{x_{ij}}{\eta_i}\right)^m\right]\right\}\right)\exp\left[-(n_i - r_i)\left(\frac{\tau_i}{\eta_i}\right)^m\right]$$

$$(4.4.4)$$

由于各应力水平之间的试验是相互独立的,则恒加试验定时截尾场合下的似然函数为

$$L = \prod_{i=1}^{k} L_i(\theta_i) = \prod_{i=1}^{k}\left\{\frac{n_i!}{(n_i - r_i)!}\left(\prod_{j=1}^{r_i}\left\{\frac{m}{\eta_i}\left(\frac{x_{ij}}{\eta_i}\right)^{m-1}\exp\left[-\left(\frac{x_{ij}}{\eta_i}\right)^m\right]\right\}\right)\exp\left[-(n_i - r_i)\left(\frac{\tau_i}{\eta_i}\right)^m\right]\right\}$$

$$(4.4.5)$$

对上式,取对数,舍弃与参数无关的常数,得对数似然函数为

$$l(m, a, b) \propto -\sum_{i=1}^{k}(n_i - r_i)\left(\frac{\tau_i}{\eta_i}\right)^m + \sum_{i=1}^{k} r_i(\ln m - m\ln\eta_i) + (m-1)\sum_{i=1}^{k}\sum_{i=1}^{r_i}\ln x_{ij} - \sum_{i=1}^{k}\sum_{j=1}^{r_i}\left(\frac{x_{ij}}{\eta_i}\right)^m$$

$$(4.4.6)$$

对加速模型(4.4.3)化简可得

$$\eta_i = \exp(a + b\varphi_i), \quad i = 0, 1, 2, \cdots, k \quad (4.4.7)$$

式中,$\varphi_i = \varphi(S_i)$.

将式(4.4.7)代入对数似然函数(4.4.6)中,得对数似然函数:

$$l(m,a,b) = -\sum_{i=1}^{k}(n_i - r_i)\left(\frac{\tau_i}{\exp(a+b\varphi_i)}\right)^m + \sum_{i=1}^{k}r_i(\ln m - m(a+b\varphi_i)) +$$

$$(m-1)\sum_{i=1}^{k}\sum_{j=1}^{r_i}\ln x_{ij} - \sum_{i=1}^{k}\sum_{j=1}^{r_i}\left(\frac{x_{ij}}{\exp(a+b\varphi_i)}\right)^m \tag{4.4.8}$$

对上式关于参数 $m,a,b$ 分别求偏导数,并令其为 0,可得

$$\left.\begin{array}{l}\displaystyle\sum_{i=1}^{k}\sum_{j=1}^{r_i}\left(\frac{x_{ij}}{\eta_i}\right)^m + \sum_{i=1}^{k}(n_i-r_i)\left(\frac{\tau_i}{\eta_i}\right)^m - \sum_{i=1}^{k}r_i = 0 \\[4mm] \displaystyle\sum_{i=1}^{k}\sum_{j=1}^{r_i}\varphi_i\left(\frac{x_{ij}}{\eta_i}\right)^m + \sum_{i=1}^{k}\varphi_i(n_i-r_i)\left(\frac{\tau_i}{\eta_i}\right)^m - \sum_{i=1}^{k}\varphi_i r_i = 0 \\[4mm] \displaystyle\frac{1}{m}\sum_{i=1}^{k}r_i + \sum_{i=1}^{k}\sum_{j=1}^{r_i}\ln x_{ij} - \sum_{i=1}^{k}\sum_{j=1}^{r_i}\left(\frac{x_{ij}}{\eta_i}\right)^m\ln x_{ij} - \sum_{i=1}^{k}(n_i-r_i)\left(\frac{\tau_i}{\eta_i}\right)^m\ln \tau_i = 0\end{array}\right\} \tag{4.4.9}$$

对于上述方程组,可以利用 Newton-Raphson 迭代法求解,从而获得参数 $a,b,m$ 的极大似然估计 $\hat{a}_M, \hat{b}_M, \hat{m}_M$,将其代入威布尔分布的可靠性特征量,从而可得产品的可靠性特征量的估计,如可靠度的极大似然估计为 $\hat{R}(t) = \exp\{-[t/(\hat{a}_M + \hat{b}_M\varphi_0)]^{\hat{m}_M}\}$,式中 $\varphi_0 = \varphi(S_0)$ 表示正常应力水平 $S_0$ 下的应力函数.

### 4.4.3　回归估计

对于威布尔分布的恒加试验数据,在工程上常采用概率图纸对其进行的图估计,这种方法本质上采用的是简单回归估计.下面运用回归估计方法给出威布尔分布的估计.

(1) $m_i, \eta_i$ 的最小二乘估计.对 $1 - F_i(x)$ 取两次对数可得

$$\ln[-\ln(1-F_i(x))] = m_i(\ln x - \ln\eta_i) = m_i\ln x - d_i$$

式中,$d_i = m_i\ln\eta_i$,因此函数 $\ln[-\ln(1-F_i(x))]$ 是 $\ln x$ 的线性函数,将失效数据 $x_{i1}, x_{i2}, \cdots, x_{ir_i}$ 进行化简,可得如下数据点:

$$(\ln x_{ij}, \ln[-\ln(1-F_i(x_{ij}))]), \quad j=1,2,\cdots,r_i \tag{4.4.10}$$

若这些点近似一直线,则该组失效数据来自威布尔分布.运用最小二乘估计,可得参数 $m_i, d_i$ 的最小二乘估计 $\hat{m}_i, \hat{d}_i$.进而得到 $\eta_i$ 的估计 $\hat{\eta}_i = e^{\hat{d}_i/\hat{m}_i}, i=1,2,\cdots,k$.但是 $F_i(x_{ij})$ 中含有未知参数,$\ln[-\ln(1-F_i(x))]$ 的值是未知的,可用如下三个公式给出其估计.

1)海森(Hansen)公式:

$$\hat{F}_i(x_{ij}) = \frac{j-0.5}{n_i}, \quad j=1,2,\cdots,r_i, \quad i=1,2,\cdots,k \tag{4.4.11}$$

2)数学期望公式:

$$\hat{F}_i(x_{ij}) = \frac{j}{n_i+1}, \quad j=1,2\cdots,r_i, \quad i=1,2,\cdots,k \tag{4.4.12}$$

3)近似中位秩公式:

$$\hat{F}_i(x_{ij}) = \frac{j-0.3}{n_i+0.4}, \quad j=1,2,\cdots,r_i, \quad i=1,2,\cdots,k \tag{4.4.13}$$

也可以直接查中位秩(见表 4.4.1)获得.

表 4.4.1　中位秩表　　　　　　　　　　　　　单位:%

| k | \multicolumn{16}{c}{n} | | | | | | | | | | | | | | | |
|---|---|---|---|---|---|---|---|---|---|---|---|---|---|---|---|---|
|  | 5 | 6 | 7 | 8 | 9 | 10 | 11 | 12 | 13 | 14 | 15 | 16 | 17 | 18 | 19 | 20 |
| 1 | 13 | 11 | 9.5 | 8.5 | 7.5 | 6.5 | 6 | 5.5 | 5 | 5 | 4.5 | 4 | 4 | 4 | 3.5 | 3.5 |
| 2 | 31 | 26 | 23 | 20 | 18 | 16.5 | 15 | 13.5 | 12.5 | 12 | 11 | 10.5 | 10 | 9 | 8.5 | 8.5 |
| 3 | 50 | 42 | 36 | 32 | 29 | 26 | 24 | 22 | 20 | 18.5 | 17.5 | 16.5 | 15.5 | 14.5 | 14 | 13 |
| 4 | 69 | 58 | 50 | 44 | 39 | 36 | 32 | 30 | 28 | 26 | 24 | 23 | 21 | 20 | 19 | 18 |
| 5 | 87 | 74 | 64 | 56 | 50 | 45 | 42 | 38 | 35 | 33 | 31 | 29 | 27 | 26 | 24 | 23 |
| 6 |  | 89 | 77 | 68 | 61 | 55 | 50 | 46 | 43 | 40 | 37 | 35 | 33 | 31 | 29 | 28 |
| 7 |  |  | 91 | 80 | 71 | 64 | 59 | 54 | 50 | 47 | 44 | 41 | 39 | 36 | 35 | 33 |
| 8 |  |  |  | 92 | 82 | 74 | 68 | 62 | 57 | 53 | 50 | 47 | 44 | 42 | 40 | 38 |
| 9 |  |  |  |  | 93 | 84 | 76 | 70 | 65 | 60 | 57 | 53 | 50 | 47 | 45 | 43 |
| 10 |  |  |  |  |  | 93 | 85 | 78 | 72 | 67 | 63 | 59 | 56 | 53 | 50 | 48 |
| 11 |  |  |  |  |  |  | 94 | 86 | 80 | 74 | 69 | 65 | 62 | 58 | 55 | 52 |
| 12 |  |  |  |  |  |  |  | 94 | 87 | 81 | 76 | 71 | 67 | 64 | 60 | 57 |
| 13 |  |  |  |  |  |  |  |  | 95 | 88 | 82 | 77 | 73 | 69 | 65 | 62 |
| 14 |  |  |  |  |  |  |  |  |  | 95 | 89 | 84 | 79 | 74 | 71 | 67 |
| 15 |  |  |  |  |  |  |  |  |  |  | 95 | 90 | 85 | 80 | 76 | 72 |
| 16 |  |  |  |  |  |  |  |  |  |  |  | 96 | 90 | 85 | 81 | 77 |
| 17 |  |  |  |  |  |  |  |  |  |  |  |  | 96 | 90 | 86 | 82 |
| 18 |  |  |  |  |  |  |  |  |  |  |  |  |  | 96 | 91 | 87 |
| 19 |  |  |  |  |  |  |  |  |  |  |  |  |  |  | 96 | 92 |
| 20 |  |  |  |  |  |  |  |  |  |  |  |  |  |  |  | 97 |

（2）参数 $m$ 的估计. 假定 A2 认为 $k$ 个形状参数 $m_1, m_2, \cdots, m_k$ 是相等的, 因而可用最小二乘估计值 $\hat{m}_1, \hat{m}_2, \cdots, \hat{m}_k$ 的加权平均作为共同 $m$ 值的估计, 其权就是 $S_i$ 下的样本量 $n_i$ 在总样本量 $\sum\limits_{i=1}^{k} n_i$ 中所占的比例, 即

$$\hat{m} = \frac{\sum\limits_{j=1}^{k} n_j \hat{m}_j}{\sum\limits_{j=1}^{k} n_j} \qquad (4.4.14)$$

（3）加速系数 $a$ 与 $b$ 的估计．假定 A3 认为 $\ln\eta$ 是 $\varphi(S)$ 的线性函数：$\ln\eta = a + b\varphi(S)$．因此由数据点

$$(\varphi(S_i), \ln\hat{\eta}_i), \quad i = 1, 2, \cdots, k$$

经简单回归分析可得到 $a$ 和 $b$ 的最小二乘估计 $\hat{a}$ 和 $\hat{b}$．

（4）正常应力 $S_0$ 下分布参数及可靠性指标的估计．在正常应力水平 $S_0$，由 A2 假定 $m_0 = m_1 = \cdots = m_k$，所以可得

$$\hat{m}_0 = \hat{m} = \frac{\sum\limits_{i=1}^{k} n_i \hat{m}_i}{\sum\limits_{i=1}^{k} n_i} \tag{4.4.15}$$

将最小二乘估计 $\hat{a}$ 和 $\hat{b}$ 代入式(4.4.7)中，可得 $\eta_0$ 的估计为

$$\hat{\eta}_0 = \exp\{\hat{a} + \hat{b}\varphi(S_0)\} \tag{4.4.16}$$

有了参数 $m, \eta$ 在正常应力下的估计 $\hat{m}_0, \hat{\eta}_0$，进一步就可算得正常应力 $S_0$ 下各可靠性指标及加速系数的估计．

**例 4.4.1**　某厂为考察其生产的机械滤波器的可靠性水平，选电压作为加速应力进行恒加试验，试验中环境温度保持在 50℃．由于试验设备限制，只取三个水平：$S_1 = 0.64\text{V}, S_2 = 2.724\ \text{V}, S_3 = 9.52\ \text{V}$ 进行试验，三个样本量分别 $n_1 = 19, n_2 = 35, n_2 = 12$．试验中采用固定周期进行测试，测试时间为（单位：h）

　　　　　5　10　25　50　100　250　500　750　1 000　1 500　1 750

全部试验在 1 750 h 时停止，在各周期内所得失效个数列于表 4.4.2 中．表中没有列出的周期，说明在该周期内无失效发生，而失效概率 $F_{ij}$ 为：对于 $n_1 = 19, n_3 = 12$，用中位值；对于 $n_2 = 35$，使用公式 $j/(n_i + 1)$．

试求：（1）模型参数 $a, b, m$ 的估计；

（2）在 $t = 1000$ 的可靠度的估计．

**解**　（1）拟合分布直线．把诸点 $(x_{ij}, \hat{F}_{ij}), j = 1, 2, \cdots, r_i, i = 1, 2, 3$ 在威布尔分布概率纸上作图，并获得线性回归方程，得到在三个电压应力水平 $S_1, S_2, S_3$ 下的截距和斜率的最小二乘估计，它们分别为

$$-\hat{d}_1 = 4.00, \quad -\hat{d}_2 = 2.57, \quad -\hat{d}_3 = 2.74$$
$$\hat{m}_1 = 0.36, \quad \hat{m}_2 = 0.32, \quad \hat{m}_3 = 0.40$$

相应的回归直线基本平行，因此可以认为 $m_1 = m_2 = m_3 = m$．

（2）$m_i, \eta_i$ 的估计．各 $m_i$ 的估计在上面已经获得，各 $\eta_i$ 的估计由 $\hat{\eta}_i = \text{e}^{d_i/\hat{m}_i}$ 可得，具体为

$$\hat{\eta}_1 = 72\ 836, \quad \hat{\eta}_2 = 2\ 866, \quad \hat{\eta}_3 = 913$$

（3）$m$ 的估计．由式(4.4.16)得 $m$ 的估计：

$$\hat{m} = \frac{0.36 \times 19 + 0.32 \times 35 + 0.40 \times 12}{19 + 35 + 12} = 0.35$$

（4）加速方程的估计．由数据点 $(\ln S_i, \ln\hat{\eta}_i), i = 1, 2, 3$ 得到加速方程 $\ln\eta = a + b\ln S$ 中系数 $a$ 和 $b$ 的估计：$\hat{a} = 10.20, \hat{b} = -1.64$．因此加速方程的估计为

$$\ln\eta = 10.20 - 1.64\ln S$$

**表 4.4.2　机械滤波器的失效数据**

|  | 周期区间 | 组中值 | 失效数 | 累计失效数 | $\hat{F}_{ij}/\%$ |
|---|---|---|---|---|---|
| $V_1 = 0.64\text{V}$<br>$n_1 = 19$ | [5，10) | 7.5 | 1 | 1 | 3.58 |
|  | [50，100) | 75 | 1 | 2 | 8.68 |
|  | [1 000，1 500) | 1 250 | 2 | 4 | 18.99 |
|  | [1 500，1 750) | 1 625 | 1 | 5 | 24.15 |
| $V_2 = 2.724\text{V}$<br>$n_2 = 35$ | [0，5) | 2.5 | 3 | 3 | 8.3 |
|  | [5，10) | 7.5 | 1 | 4 | 11.1 |
|  | [10，15) | 12.5 | 3 | 7 | 19.4 |
|  | [25，50) | 37.5 | 1 | 8 | 22.2 |
|  | [50，100) | 75 | 3 | 11 | 30.0 |
|  | [100，150) | 125 | 3 | 14 | 38.8 |
|  | [250，500) | 375 | 1 | 15 | 41.7 |
|  | [500，750) | 625 | 1 | 16 | 44.4 |
|  | [1 000，15 00) | 1 250 | 1 | 17 | 47.2 |
|  | [1 500，1 750) | 1 626 | 2 | 19 | 52.8 |
| $V_3 = 9.52\text{V}$<br>$n_3 = 12$ | [0，5) | 2.5 | 1 | 1 | 5.6 |
|  | [5，10) | 7.5 | 1 | 2 | 13.6 |
|  | [10，15) | 12.5 | 1 | 3 | 21.7 |
|  | [50，100) | 75 | 3 | 6 | 46.0 |
|  | [500，750) | 625 | 1 | 7 | 54.0 |
|  | [1 500，1 750) | 1 625 | 1 | 8 | 62.1 |

(5)可靠度的估计. 由此可得在正常工作应力水平 $S_0 = 0.034$ V 下威布尔分布中特征寿命的估计:而 $\hat{\eta}_0 = 6\,785\,400$，从而在 $S_0 = 0.034$ V 下产品的寿命服从分布 $W(0.34, 6\,785\,400)$. 由此可得产品在正常工作应力水平下，$t = 1\,000$ h 的可靠度为

$$R(t = 1\,000) = \exp\left[-\left(\frac{t}{\hat{\eta}_0}\right)^{\hat{m}}\right] = \exp\left[-\left(\frac{1\,000}{6\,785\,400}\right)^{0.34}\right] = 0.951\,4$$

## 4.5　步加试验的组织与加速损失模型

步加试验的组织与实施,绝大部分是与恒加试验情况类似的,但由于步加试验中应力是在原有应力基础上逐步上升的,所以还有其本身特殊性,步加试验安排如下:

(1)确定正常应力水平 $S_0$ 和 $k$ 个加速应力水平 $S_1,S_2,\cdots,S_k$,这些应力水平一般应满足如下关系:$S_0<S_1<\cdots<S_k$.第一步应力水平 $S_1$ 可以尽量接近 $S_0$,因为这样外推更准确,但是每一步的应力水平 $S_i$ 不宜太接近.

(2)从一批产品中随机抽取 $n$ 个产品进行步加试验.步加试验只要一组样品,所以样品总量可减少,但在安排步加试验时,样品数不能太少,最好不少于 12 个,否则将给数据分析带来困难.

每步对未失效产品继续在下一级应力水平下进行试验.这里应力水平转换时间有两种方式:一是在事先规定的时间到达时,把应力水平转换到高一级应力水平;二是在达到事先规定的失效数时及时转换应力水平.前者称为定时转换步加试验,后者称为定数转换步加试验.

(3)如果进行定时转换步加试验,需事先确定 $k$ 个应力水平的持续时间 $\tau_1,\tau_2,\cdots,\tau_k$.首先将 $n$ 个样品在应力水平 $S_1$ 下进行试验,直到时刻 $\tau_1$ 停止;然后将应力水平提高到 $S_2$,在应力水平 $S_2$ 下对未失效的样品继续进行试验,直到时刻 $\tau_2$;如此下去,直到在应力水平 $S_k$ 下试验进行到时刻 $\tau_k$ 时结束整个试验.在应力水平 $S_i$ 下产品的失效数据满足:

$$x_{i1}\leqslant x_{i2}\leqslant\cdots\leqslant x_{ir_i}\leqslant\tau_i,\quad i=1,2,\cdots,k \tag{4.5.1}$$

式中,$x_{i1},x_{i2},\cdots,x_{ir_i}$ 为失效产品在应力水平 $S_i$ 下的工作时间.显然,在各应力水平下样品失效个数 $r_1,r_2,\cdots,r_k$ 是随机变量,$r_1+r_2+\cdots+r_k\leqslant n$,最好在同一应力水平下获得 3 个以上失效数据,而且有失效的应力水平最好在 4 组以上.如果在应力水平 $r_i$ 下的失效个数 $r_i=0$,则为无失效数据.为了在每个试验应力下都有失效发生,且失效大致平衡,可将低应力水平下试验持续时间取得长一些,高应力水平下试验持续时间取得短一些.

(4)如果进行定数转换步加试验时,需要事先规定 $k$ 个失效数 $r_1,r_2,\cdots,r_k$,且 $r_1+r_2+\cdots+r_k\leqslant n$.首先将 $n$ 个样品在应力水平 $S_1$ 下进行试验,直到出现 $r_1$ 个样品失效就立即停止;然后将应力水平提高到 $S_2$,在应力水平 $S_2$ 下对未失效的样品继续进行试验,直到出现 $r_2$ 个样品失效,立即将应力提高到 $S_3$;如此下去,直到在应力水平 $S_k$ 下试验进行到 $r_k$ 个样品失效,结束整个试验.在应力水平 $S_i$ 下产品的失效数据满足:

$$x_{i1}\leqslant x_{i2}\leqslant\cdots\leqslant x_{ir_i},\quad i=1,2,\cdots,k \tag{4.5.2}$$

式中,$x_{i1},x_{i2},\cdots,x_{ir_i}$ 为失效产品在应力水平 $S_i$ 下的工作时间.

为了书写方便,对式(4.5.1)和式(4.5.2)统一表示,统一用 $\tau_i$ 表示在应力水平 $S_i$ 下的结束时间,当 $x_{ir_i}=\tau_i$ 时,就是定数转换步加试验;当 $x_{ir_i}<\tau_i$ 时,就是定时转换步加试验.

注意到,在应力水平 $S_1$ 下,失效数据 $x_{11},x_{12},\cdots,x_{1r_1}$ 是产品的真实寿命数据,但是,在其他应力水平 $S_i,i=2,3,\cdots,k$ 下,$x_{i1},x_{i2},\cdots,x_{ir_i}(i=2,3,\cdots,k)$ 并不是产品的真实寿命数据.例如,在应力水平 $S_2$ 下,记录的失效时间 $x_{21},x_{22},\cdots,x_{2r_2}$ 就不是寿命数据.因为这些产品已经在应力水平 $S_1$ 进行 $\tau_1$ 时间的试验,虽在 $\tau_1$ 内无失效发生,但产品总会受到或大或小的损伤,这些损伤无疑会使产品的寿命缩短.如何把 $S_1$ 下持续 $\tau_1$ 时间引起的损伤从数量上补偿到失效时间 $x_{2j}$ 上去,以获得在 $S_2$ 下的寿命数据?这是步加试验中遇到的新问题.因此,步加试验需要引入一个模型,用于反映这种因应力提高对产品造成损伤的数量化模型,即加速损伤模型.为此,引入如下假定:

A1.产品的残余寿命仅依赖于当时已累积失效部分和当时应力水平,而与累积方式无关.

这一假定是 Nelson 根据失效物理提出的,又称为 Nelson 假设.它的具体含义是:产品在应力水平 $S_i$ 下工作 $\tau_i$ 时间的累积失效概率 $F_i(\tau_i)$ 等于此产品在应力水平 $S_j$ 下工作某一段时

间 $\tau_{ij}$ 的累积失效概率 $F_j(\tau_{ij})$，即

$$F_i(\tau_i) = F_j(\tau_{ij}), \quad i \neq j \tag{4.5.3}$$

换句话说，在概率意义下，在 $S_i$ 下工作 $\tau_i$ 时间相当于在 $S_j$ 下工作 $\tau_{ij}$ 时间. 利用这一假定，可以获得步加试验中时间折算公式.

# 4.6 步加试验下指数分布的可靠性分析

## 4.6.1 基本假定与时间折算

在产品寿命服从指数分布场合，抽取 $n$ 个样品在加速应力水平 $S_1 < S_2 < \cdots < S_k$ 下进行步加试验，设在应力水平 $S_i$ 下有 $r_i$ 个样品失效，总失效数 $r_1 + r_2 + \cdots + r_k \leqslant n$. 设在 $S_i$ 下产品的失效时间为 $x_{i1} \leqslant x_{i2} \leqslant \cdots \leqslant x_{ir_i} \leqslant \tau_i, i = 1,2,\cdots,k$，其中 $\tau_i$ 是在 $S_i$ 下的转换应力水平时间，在定数转换步加试验场合 $\tau_i = x_{ir_i}$.

除在应力水平 $S_1$ 外，在其他应力水平下的工作时间 $x_{ij}, i = 2,\cdots,k$ 都不是产品在应力 $S_i$ 下的真实寿命. 它们的实际寿命应将其在前 $i-1$ 个应力水平下所受的试验影响，从数量上补偿到失效时间 $x_{ij}$ 上去. 具体补偿方法，即时间折算公式依赖于加速损伤模型. 因此，指数分布步加试验的统计分析假设如下.

A1. 在正常应力水平 $S_0$ 和加速应力水平 $S_1 < S_2 < \cdots < S_k$ 下产品的寿命分布都是指数分布，其分布函数为

$$F_i(x) = 1 - e^{-x/\theta_i} = 1 - e^{-\lambda_i x}, \quad x > 0, \quad i = 0,1,2,\cdots,k \tag{4.6.1}$$

式中，$\theta_i, \lambda_i$ 为产品在应力水平 $S_i$ 下的平均寿命及失效率.

A2. 产品的平均寿命 $\theta_i$ 与所用的加速应力水平 $S_i$ 之间满足如下加速模型：

$$\ln\theta_i = a + b\varphi(S_i), \quad i = 0,1,2,\cdots,k \tag{4.6.2}$$

式中，$a$ 与 $b$ 是待估参数，$\varphi(S)$ 是应力 $S$ 的已知函数.

A3. 产品的残余寿命仅依赖于当时已累积失效部分和当时应力水平，而与累积方式无关. 产品在应力水平 $S_i$ 下工作 $\tau_i$ 时间的累积失效概率 $F_i(\tau_{ij})$ 等于此产品在应力水平 $\tau_{ij}$ 下工作某一段时间的累积失效概率 $F_j(\tau_{ij})$，即 $F_i(\tau_i) = F_j(\tau_{ij}), \quad i \neq j$，把指数分布的分布函数代入上式可得

$$1 - \exp\left(\frac{-\tau_i}{\theta_i}\right) = 1 - \exp\left(\frac{-\tau_{ij}}{\theta_j}\right)$$

对上式化简可得

$$\tau_{ij} = \frac{\theta_j}{\theta_i}\tau_i = AF_{S_i \sim S_j}\tau_i = \tau_i e^{b[\varphi(S_j) - \varphi(S_i)]} \tag{4.6.3}$$

这就是指数分布场合步加试验所用的时间折算公式，它是待估参数 $b$ 的函数. 考虑定时转换步加试验（定数转换场合只需将定时转换场合下的 $\tau_i$ 换成 $x_{ir_i}$），在 $S_i$ 下的失效时间经时间折算后得到 $S_i$ 下的折算寿命为

$$x_{ij}(b) = \sum_{l=1}^{i-1}\tau_l e^{b[\varphi(S_l) - \varphi(S_i)]} + x_{ij}, \quad i = 1,2,\cdots,k, \quad j = 1,2,\cdots,r_i \tag{4.6.4}$$

除了 $i=1$ 外，它们都是 $b$ 的函数.

### 4.6.2　极大似然估计

在定时截尾场合,到应力 $S_k$ 下的试验截止时间 $\tau_k$,共失效了 $r = r_1 + r_2 + \cdots + r_k$ 个,还有 $n-r$ 个未失效.因此由式(4.6.4)及 A1 可以写出 $a,b$ 的似然函数:

$$L(\sigma,a,b) = C\left\{\prod_{i=1}^{k}\prod_{j=1}^{r_i}\frac{1}{\theta_i}\exp(-x_{ij}(b)/\theta_i)\right\}\left[\exp(-\tau_k(b)/\theta_k)\right]^{n-r} \qquad (4.6.5)$$

式中,$\varphi_i = \varphi(S_i)$,$C = \dfrac{n!}{r_1!r_2!\cdots r_k!(n-r)!}$,$\tau_k(b) = \sum\limits_{l=1}^{k}\tau_l\exp\{b[\varphi(S_k)-\varphi(S_l)]\}$.

对式(4.6.5)取对数,得对数似然函数为

$$l = \ln L(a,b) = \sum_{i=1}^{k}\sum_{j=1}^{r_i}\left(-\ln\theta_i - \frac{x_{ij}(b)}{\theta_i}\right) - \frac{(n-r)\tau_k(b)}{\theta_k} \qquad (4.6.6)$$

由于 $\ln\theta_i = a + b\varphi(S_i)$,$\dfrac{\partial\theta_i}{\partial a} = \theta_i$,$\dfrac{\partial\theta_i}{\partial b} = \varphi_i\theta_i$,对对数似然函数(4.6.6)关于参数 $a,b$ 求偏导数,令其为 0,可得

$$\left.\begin{array}{l} \dfrac{(n-r)\tau_k(b)}{\theta_k} + \sum\limits_{i=1}^{k}\sum\limits_{j=1}^{r_i}\left(\dfrac{x_{ij}(b)}{\theta_i}\right) = r \\[3mm] \sum\limits_{i=1}^{k}\sum\limits_{j=1}^{r_i}\left(\dfrac{x_{ij}(b)\varphi_i}{\theta_i} - \dfrac{x_{ij}'(b)}{\theta_i}\right) + \dfrac{(n-r)\tau_k(b)\varphi_k}{\theta_k} - \dfrac{(n-r)\tau_k'(b)}{\theta_k} = \sum\limits_{i=1}^{k}\varphi_i r_i \end{array}\right\} \qquad (4.6.7)$$

式中,$x_{ij}'(b)$ 为 $x_{ij}(b)$ 关于参数 $b$ 的导数.解此超越方程组,即可得 $a,b$ 的极大似然估计.对于实际问题,需要通过数值方法来求解.

## 4.7　步加试验下威布尔分布的可靠性分析

### 4.7.1　基本假定与时间折算

在产品寿命为威布尔分布场合,步加试验的安排同指数分布场合.设在应力水平 $S_i$ 下 $r_i$ 个失效产品的失效时间为 $x_{i1} \leqslant x_{i2} \leqslant \cdots \leqslant x_{ir_i} \leqslant \tau_i$,$i = 1,2,\cdots,k$,如果是定数转换步加试验场合 $\tau_i = x_{ir_i}$.同指数分布场合一样,要注意的是在应力水平 $S_i$ 下的失效数据,除 $i = 1$ 外,都不是产品在应力水平 $S_i$ 下的真实寿命.它们的实际寿命应将其在前 $i-1$ 个应力水平下所受的试验影响,从数量上补偿到失效时间 $x_{ij}$ 上去,以获得产品在 $S_i$ 下实际的寿命数据.具体补偿方法,即时间折算公式依赖于加速损伤模型.

因此,威布尔分布步加试验的统计分析做如下假设.

A1.在正常应力水平 $S_0$ 和加速应力水平 $S_0 < S_1 < \cdots < S_k$ 下产品的寿命分布都服从威布尔分布 $W(m_i,\eta_i)$,其分布函数为

$$F_i(x) = 1 - \exp\left(-\left(\frac{x}{\eta_i}\right)^{m_i}\right), \quad x > 0, \quad i = 0,1,2,\cdots,k \qquad (4.7.1)$$

其中,$m_i > 0$ 为形状参数,$\eta_i > 0$ 为特征寿命.

A2.在 $S_0$ 和 $S_1,S_2,\cdots,S_k$ 下产品的失效机理不变.由于威布尔分布的形状参数反映了失

效机理,因此该假设等价于

$$m_0 = m_1 = \cdots = m_k \tag{4.7.2}$$

A3.产品的特征寿命 $\eta_i$ 与所施加速应力水平 $S_i$ 之间满足加速模型:

$$\ln\eta_i = a + b\varphi(S_i), \quad i = 0,1,2,\cdots,k \tag{4.7.3}$$

其中, $a$ 与 $b$ 是待估参数, $\varphi(S)$ 是应力水平 $S$ 的已知函数.

A4.产品在应力水平 $S_i$ 下工作 $\tau_i$ 时间的累积失效概率 $F_i(\tau_{ij})$ 等于此产品在应力水平 $\tau_{ij}$ 下工作某一段时间的累积失效概率 $F_j(\tau_{ij})$ ,即 $F_i(\tau_i) = F_j(\tau_{ij})$ , $i \neq j$ ,把威布尔分布的分布函数代入上式可得

$$1 - \exp\left[-\left(\frac{\tau_i}{\eta_i}\right)^{m_i}\right] = 1 - \exp\left[-\left(\frac{\tau_{ij}}{\eta_j}\right)^{m_j}\right]$$

根据基本假定 A2, $m_i = m_j$ ,得到

$$\tau_{ij} = \frac{\eta_j}{\eta_i}\tau_i = \tau_{S_i \sim S_j}\tau_i = \tau_i \mathrm{e}^{b[\varphi(S_j) - \varphi(S_i)]} \tag{4.7.4}$$

这就是威布尔分布场合步加试验所用的时间折算公式.其形式与指数分布场合相同,差异在于指数分布场合使用平均寿命 $\theta_i$ , $i = 1,2,\cdots,k$ 作为特征寿命.考虑定时转换步加试验(定数转换场合只需将定时转换场合下的 $\tau_i$ 换成 $x_{ir_i}$ ).在应力水平 $S_i$ 下的失效时间经时间折算后得到寿命数据为

$$x_{i1} + a_i \leqslant x_{i2} + a_i \leqslant \cdots \leqslant x_{ir_i} + a_i, \quad i = 1,2,\cdots,k \tag{4.7.5}$$

其中

$$a_i = \tau_{1i} + \tau_{2i} + \cdots + \tau_{i-1,i} = \sum_{j=1}^{i-1}\frac{\eta_i}{\eta_j}\tau_j, \quad i = 1,2,\cdots,k, \quad a_1 = 0 \tag{4.7.6}$$

是将产品在 $S_1, S_2, \cdots, S_{i-1}$ 的工作时间 $\tau_1, \tau_2, \cdots, \tau_{i-1}$ 作为失效时间 $x_{ij}$ 的补偿量.再将寿命数据(4.7.5)转换到 $S_1$ 下得

$$\frac{\eta_1}{\eta_i}(x_{i1} + a_i) \leqslant \frac{\eta_1}{\eta_i}(x_{i2} + a_i) \leqslant \cdots \leqslant \frac{\eta_1}{\eta_i}(x_{ir_i} + a_i), \quad i = 1,2,\cdots,k$$

即

$$\frac{\eta_1}{\eta_i}x_{i1} + \sum_{j=1}^{i-1}\frac{\eta_1}{\eta_j}\tau_j \leqslant \frac{\eta_1}{\eta_i}x_{i2} + \sum_{j=1}^{i-1}\frac{\eta_1}{\eta_j}\tau_j \leqslant \cdots \leqslant \frac{\eta_1}{\eta_i}x_{ir_i} + \sum_{j=1}^{i-1}\frac{\eta_1}{\eta_j}\tau_j, \quad i = 1,2,\cdots,k \tag{4.7.7}$$

由基本假定 A3, $\ln\eta_j = a + b\varphi(S_j)$ ,故

$$\frac{\eta_1}{\eta_j} = \exp\{b[\varphi(S_1) - \varphi(S_j)]\} \tag{4.7.8}$$

这样我们就得到了容量为 $n$ ,取自威布尔分布 $W(m_i, \eta_i)$ 的定数截尾"样本",截尾数为 $r_1 + r_2 + \cdots + r_k = r(\leqslant n)$ .这实际上并不是真正的样本,因为它们含有未知参数 $b$ .

为了明确这个样本在 $n$ 个产品中的地位(失效次序),把 $x_{ij}$ 重新改写为

$$x_{ij} = x_{i,R_{i-1}+j}, \quad i = 1,2,\cdots,k, \quad j = 1,2,\cdots,r_i$$

式中, $R_0 = 0, R_i = r_1 + r_2 + \cdots + r_i$ .由此,可得转化之后的数据为

$$x_1(b) < x_2(b) < \cdots < x_r(b) \tag{4.7.9}$$

其中

$$x_j(b) = \frac{\eta_1}{\eta_i}x_{ij} + \sum_{j=1}^{i-1}\frac{\eta_1}{\eta_j}\tau_j$$

$$= e^{b[\varphi(S_1)-\varphi(S_i)]}x_{ij} + \sum_{j=1}^{i-1}e^{b[\varphi(S_1)-\varphi(S_j)]}\tau_j, j = R_{i-1}+1,\cdots,R_i, \quad i = 1,2,\cdots,k$$

$$(4.7.10)$$

### 4.7.2　极大似然估计

由于式(4.7.9)为应力 $S_1$ 下的寿命数据,因此可以写出 $m,a,b$ 的似然函数:

$$L(m,a,b) = \frac{n!}{(n-r)!}\prod_{j=1}^{r}\frac{m}{\eta_1^m}x_j^{m-1}(b)\exp\left[-\left(\frac{x_j(b)}{\eta_1}\right)^m\right] \cdot \left\{\exp\left[-\left(\frac{x_r(b)}{\eta_1}\right)^m\right]\right\}^{n-r}$$

$$(4.7.11)$$

对式(4.7.11)取对数,得对数似然函数为

$$l(m,a,b) = \ln L(m,a,b)$$

$$= \ln\frac{n!}{(n-r)!} + r\ln m - mr\ln\eta_1 + (m-1)\sum_{j=1}^{r}\ln x_j(b) - \sum_{j=1}^{r}\left(\frac{x_r(b)}{\eta_1}\right)^m - (n-r)\left(\frac{x_r(b)}{\eta_1}\right)m$$

由于 $\ln\eta_1 = a + b\varphi(S_1), \frac{\partial\eta_1}{\partial a} = \eta_1, \frac{\partial\eta_1}{\partial b} = \varphi(S_1)\eta_1$, 对 $l(m,a,b)$ 求导可得关于参数 $m,a$ 和 $b$ 的似然方程组:

$$\frac{\partial l}{\partial m} = \frac{r}{m} - r\ln\eta_1 + \sum_{j=1}^{r}\ln x_j(b) - \sum_{j=1}^{r}\left(\frac{x_j(b)}{\eta_1}\right)^m\ln\frac{x_j(b)}{\eta_1} - (n-r)\left(\frac{x_r(b)}{\eta_1}\right)^m\ln\frac{x_r(b)}{\eta_1} = 0$$

$$\frac{\partial l}{\partial a} = -mr + m\left\{\sum_{j=1}^{r}\left(\frac{x_j(b)}{\eta_1}\right)^m + (n-r)\left(\frac{x_r(b)}{\eta_1}\right)^m\right\} = 0$$

$$\frac{\partial l}{\partial b} = -mr\varphi(S_1) + (m-1)\sum_{j=1}^{r}\frac{x_j'(b)}{x_j(b)} + m\sum_{j=1}^{r}\left(\frac{x_r(b)}{\eta_1}\right)^m\left(\varphi(S_1) - \frac{x_j'(b)}{x_j(b)}\right) +$$

$$m(n-r)\left(\frac{x_r(b)}{\eta_1}\right)^m\left[\varphi(S_1) - \frac{x_r'(b)}{x_r(b)}\right] = 0$$

$$(4.7.12)$$

式中, $x_j'(b)$ 为 $x_j(b)$ 关于 $b$ 的导数. 解此超越方程组,即可得 $m,a,b$ 的极大似然估计. 对于实际问题,需要通过数值方法来求解.

## 4.8　步加试验下对数正态分布的可靠性分析

### 4.8.1　基本假定与时间折算

产品寿命 $X$ 服从对数正态分布 $LN(\mu,\sigma^2)$,从这批产品中抽取 $n$ 个样品在加速应力水平 $S_1 < S_2 < \cdots < S_k$ 下进行步加试验,设在应力水平 $S_i$ 下有 $r_i$ 个样品失效,总失效数 $r_1 + r_2 + \cdots + r_k \leqslant n$. 设在 $S_i$ 下产品的失效时间为 $x_{i1} \leqslant x_{i2} \leqslant \cdots \leqslant x_{ir_i} \leqslant \tau_i, i = 1,2,\cdots,k$,其中 $\tau_i$ 是在 $S_i$ 下的转换应力水平时间,在定数转换步加试验场合 $\tau_i = t_{ir_i}$.

同指数分布、威布尔分布场合一样,除应力水平 $S_1$ 外,在其他应力水平下的工作时间 $x_{ij}$, $i = 2,\cdots,k$ 都不是产品在应力 $S_i$ 下的真实寿命. 它们的实际寿命应将其在前 $i-1$ 个应力水平

下所受的试验影响,从数量上补偿到失效时间 $x_{ij}$ 上去.具体补偿方法,即时间折算公式依赖于加速损伤模型.因此,对数正态分布步加试验的统计分析假设如下.

A1.在正常应力水平 $S_0$ 和加速应力水平 $S_0 < S_1 < \cdots < S_k$ 下产品的寿命分布都服从对数正态分布 $LN(\mu_i, \sigma^2)$,其分布函数为

$$F_i(x) = \Phi\left(\frac{\ln x - \mu_i}{\sigma_i}\right), \quad x > 0, \quad i = 0,1,2,\cdots,k \tag{4.8.1}$$

式中,$\Phi(\cdot)$ 为标准正态分布的分布函数.

A2.在 $S_0$ 和 $S_1, S_2, \cdots, S_k$ 下产品的失效机理不变.由于对数正态分布的形状参数 $\sigma$ 反映了失效机理,因此假设所有应力下的 $\sigma$ 相等,不受应力影响.

A3.产品的对数均值(对数中位寿命)$\mu_i$ 与所施加应力水平 $S_i$ 之间满足加速模型:

$$\mu_i = a + b\varphi(S_i), \quad i = 0,1,2,\cdots,k \tag{4.8.2}$$

其中,$a$ 与 $b$ 是待估参数,$\varphi(S)$ 是应力水平 $S$ 的已知函数.

A4.这里的假定采用 4.5 节的加速损失模型,即 $F_i(\tau_i) = F_j(\tau_{ij})$,$i \neq j$.将对数正态分布的分布函数代入,可得

$$\Phi\left(\frac{\ln\tau_i - \mu_i}{\sigma_i}\right) = \Phi\left(\frac{\ln\tau_{ij} - \mu_j}{\sigma_j}\right) \tag{4.8.3}$$

式中,$\Phi(\cdot)$ 为标准正态分布的分布函数.再由基本假定 A2 及 A3,可得

$$\tau_{ij} = \tau_i e^{b[\varphi(S_j) - \varphi(S_i)]} \tag{4.8.4}$$

这就是对数正态分布场合步加试验所用的时间折算公式,它是待估参数 $b$ 的函数.考虑定时转换步加试验(定数转换场合只需将定时转换场合下的 $\tau_i$ 换成 $x_{ir_i}$),由 $S_i$ 下的失效时间经时间折算后得到 $S_i$ 下的折算寿命为

$$x_{ij}(b) = \sum_{l=1}^{i-1} \tau_l e^{b[\varphi(S_i) - \varphi(S_l)]} + x_{ij}, \quad i = 1,2,\cdots,k, \quad j = 1,2,\cdots,r_i \tag{4.8.5}$$

除了 $i = 1$ 外,它们都是 $b$ 的函数.

### 4.8.2 极大似然估计

在定时截尾场合,到应力 $S_k$ 下的试验截止时间 $\tau_k$,共失效了 $r = r_1 + r_2 + \cdots + r_k$ 个,还有 $n - r$ 个未失效.因此由式(4.8.5)及 A1 可以写出 $\sigma, a, b$ 的似然函数为

$$L(\sigma, a, b) = C\left\{\prod_{i=1}^{k}\prod_{j=1}^{r_i} \frac{1}{\sqrt{2\pi}\sigma x_{ij}(b)} \exp\left\{-\frac{\ln x_{ij}(b) - a - b\varphi_i}{2\sigma^2}\right\}\right\} \cdot \left[1 - \Phi\left(\frac{\ln\tau_k(b) - a - b\varphi_k}{2\sigma^2}\right)\right]^{n-r} \tag{4.8.6}$$

式中,$\varphi_i = \varphi(S_i)$,$C = \dfrac{n!}{r_1! r_2! \cdots r_k!(n-r)!}$,$\tau_k(b) = \sum_{l=1}^{k} \tau_l \exp\{b[\varphi(S_k) - \varphi(S_l)]\}$.

对似然函数(4.8.6)取对数,然后关于参数 $\sigma, a, b$ 求偏导数,令其为 0,可得

$$\left.\begin{array}{l}
\dfrac{\partial \ln L}{\partial a} = \dfrac{1}{\sigma^2}\sum_{i=1}^{k}\sum_{j=1}^{r_i}(\ln x_{ij}(b) - a - b\varphi_i) = 0 \\[3mm]
\dfrac{\partial \ln L}{\partial b} = \sum_{i=1}^{k}\sum_{j=1}^{r_i}\left\{\dfrac{x'_{ij}(b)}{x_{ij}(b)} + \left(\dfrac{\ln x_{ij}(b) - a - b\varphi_i}{\sigma^2}\right)\left(\dfrac{x'_{ij}(b)}{x_{ij}(b)} - \varphi_i\right)\right\} = 0 \\[3mm]
\dfrac{\partial \ln L}{\partial \sigma} = \dfrac{n}{\sigma} - \sum_{i=1}^{k}\sum_{j=1}^{r_i}\dfrac{(\ln x_{ij}(b) - a - b\varphi_i)^2}{\sigma^3} = 0
\end{array}\right\} \tag{4.8.7}$$

式中, $x'_{ij}(b)$ 为 $x_{ij}(b)$ 关于参数 $b$ 的导数. 再令

$$\bar{\varphi} = \frac{1}{n}\sum_{i=1}^{k} r_i \varphi_i$$

$$\overline{\ln x(b)} = \frac{1}{n}\sum_{i=1}^{k}\sum_{j=1}^{r_i} \ln x_{ij}(b)$$

代入方程组(4.8.7)的第一、三式得到

$$\hat{a} = \overline{\ln x(\hat{b})} - \hat{b}\bar{\varphi} \tag{4.8.8}$$

$$\hat{\sigma}^2 = \frac{1}{n}\sum_{i=1}^{k}\sum_{j=1}^{r_i}\left[\ln x_{ij}(\hat{b}) - \overline{\ln x(\hat{b})} - \hat{b}(\varphi_i - \bar{\varphi})\right]^2 \tag{4.8.9}$$

将这两个公式代入(4.8.7)的第二式,整理后得到

$$\sum_{i=1}^{k}\sum_{j=1}^{r_i}\frac{x'_{ij}(\hat{b})}{x_{ij}(\hat{b})} + \frac{\displaystyle\sum_{i=1}^{k}\sum_{j=1}^{r_i}\left[\ln x_{ij}(\hat{b}) - \overline{\ln x(\hat{b})} - \hat{b}(\varphi_i - \bar{\varphi})\right]\left(\frac{x'_{ij}(\hat{b})}{x_{ij}(\hat{b})} - \varphi_i\right)}{\displaystyle\sum_{i=1}^{k}\sum_{j=1}^{r_i}\left[\ln x_{ij}(\hat{b}) - \overline{\ln x(\hat{b})} - \hat{b}(\varphi_i - \bar{\varphi})\right]^2} = 0$$

$$\tag{4.8.10}$$

它是仅含一个未知数 $\hat{b}$ 的超越方程,在计算机上通过数值迭代方法可以求得 $\hat{b}$ ,代入式 (4.8.8)和式(4.8.9)中可得 $\hat{a}$ 和 $\hat{\sigma}^2$. 有了 $a,b$ 的估计,则可得正常应力水平 $S_0$ 下对数均值 $\mu_0$ 的估计:

$$\hat{\mu}_0 = \hat{a} + \hat{b}\varphi(S_0) \tag{4.8.11}$$

由 $\hat{\mu}_0$ 和 $\hat{\sigma}^2$ ,不难求出正常应力水平 $S_0$ 下各种可靠性指标的估计.

**例 4.8.1** 对低压电机进行热老化试验,考察绝缘部分的寿命分布.已有的恒加热老化试验表明,电机的热老化寿命服从对数正态分布,且不同应力水平下的对数标准差相等.现取 5 台样机进行步加试验,试验安排如下:从 $T_1 = 150℃$ 开始试验,到 $\tau_1 = 1\,538.5$ h(个别为 $\tau_1 = 1\,570$ h)后把温度升高到 $T_2 = 160℃$ ,试验到 $\tau_2 = 864$ h,再把温度提高到 $T_3 = 170.5℃ \cdots\cdots$ 如此进行下去,一直到温度升高到 $T_7 = 218℃$ 后,样机才开始纷纷失效.每一个样品在每一个应力水平下的试验时间列于表 4.8.1 中,最后一个应力水平 $T_7$ 下是样品的失效时间.

**表 4.8.1 对数正态分布步加试验数据**

| 序号 | $T_1 = 150℃$ | $T_2 = 160℃$ | $T_3 = 170.5℃$ | $T_4 = 181.5℃$ | $T_5 = 193.1℃$ | $T_6 = 205.2℃$ | $T_7 = 218℃$ |
|---|---|---|---|---|---|---|---|
| 1 | 1 538.5 | 864 | 432 | 288 | 144 | 72.5 | 21.50 |
| 2 | 1 538.5 | 864 | 432 | 288 | 144 | 72.5 | 22.75 |
| 3 | 1 538.5 | 864 | 432 | 288 | 144 | 72.5 | 23.50 |
| 4 | 1 370.0 | 864 | 432 | 288 | 144 | 72.5 | 23.75 |
| 5 | 1 538.5 | 864 | 432 | 288 | 144 | 72.5 | 24.25 |

**解** (1)参数 $a,b,\sigma^2$ 的估计:由式(4.8.8)、式(4.8.9)和式(4.8.10)得

$$\hat{a} = -16.870\ 7, \quad \hat{b} = 10\ 959, \quad \hat{\sigma}^2 = 0.012\ 3$$

(2)对数均值 $\mu_0$ 的估计( $T = 90\,^{\circ}\mathrm{C}$ ):

$$\hat{\mu}_0 = \hat{a} + \hat{b}\varphi(S_0) = 13.319\ 4$$

(3)正常工作温度 $90\,^{\circ}\mathrm{C}$ 下平均寿命的估计:

$$E(T_0) = \exp(\hat{\mu}_0 + \hat{\sigma}^2/2) = 612\ 681\ \mathrm{h}$$

(4)50 年( $= 438\ 000$ h)之后可靠度 $R(438\ 000)$ 的估计:

$$R(438\ 000) = 1 - \Phi\left(\frac{\ln 438\ 000 - \hat{\mu}_0}{\hat{\sigma}}\right) = 0.998\ 5$$

## 4.9  加速试验的局限性

可靠性加速试验方法的局限性主要如下:

(1)加速因子的确定非常复杂,需要耗费很大的时间和成本,因此,获得的加速试验时间和可靠性指标(主要依赖于加速因子)的精度有限.

(2)有时很难推断出综合应力中哪一个应力导致了某一特定的失效模式发生,以及对该失效模式的影响程度,因此试验过程中可能高估或低估加速因子的综合影响.

(3)试验样本有可能过大或者太贵.在这种情况下,样本量不能满足试验要求,使得试验的置信水平不高.

(4)试验设备特别是那些自动测试、监控设备,由于太复杂以至非常昂贵或不易管理.

(5)由于样本中大的热量块或者应力比的局限性,一些加速试验手段可能无法实现,因此,由于缺乏有效的加速,试验可能要耗费巨大的时间和成本.

(6)对于价格昂贵的产品,试验样本量一般很少,不能代表所有产品的平均水平.小样本量试验有可能得出错误的结论.

(7)在元件的试验中,一般是基于失效时间确定其失效曲线,而这些曲线又用于确定加速试验条件以及为元件的可靠性评估提供信息.当元件很小且在试验中完全被破坏时(烧毁或其物理性能遭到了极大改变),通常无法确定是哪一种失效模式导致其失效,因此试验结果拟合得到的分布可能是错误的,从而提供了错误的可靠性信息.

(8)加速试验得到的信息与试验中的应力及各应力组合有关,因此,如果该产品以不同的方式或在不同的环境中使用时,试验结果不能用于评估其可靠性,必须重新进行试验.

(9)由于产品可能在与试验应力不同的应力水平下使用,通过加速试验得到的量化评估结果有可能不能用于预计单个产品的可靠性.

## 习    题    4

4.1  试举例说明加速寿命试验的理由.

4.2  简要叙述恒加试验与步加试验的实施步骤.

4.3  设某种器件正常使用应力为 $V_0 = 20\ \mathrm{kV}$ ,现在高压 $V_1 = 50\ \mathrm{kV}$ 下安排一组寿命试

验,测得其中位寿命为 100 min,根据过去的恒加试验算得中位寿命的加速系数为 $AF_{V_1 \sim V_0} = 2 \times 10^4$,问此种器件在 $V_0 = 20$ kV 负荷下中位寿命是多少.

4.4　设在正常应力水平 $S_0$ 和加速应力水平 $S_1$ 下产品的寿命 $T_i$ 服从伽马分布 $Ga(a_i \beta_i)$,其密度函数为

$$f(t \mid \alpha_i, \lambda_i) = \frac{\beta_i^{x_i}}{\Gamma(\alpha_i)} t^{a_i-1} e^{-\beta_i t}, \quad t > 0, \quad i = 0,1$$

且形状参数不随应力水平改变而改变,即 $\alpha_0 = \alpha_1 = \alpha$,证明 $S_1$ 对 $S_0$ 的加速系数为 $AF_{S_1 \sim S_0} = \beta_1 / \beta_0$.

4.5　设在正常应力水平 $S_0$ 和加速应力水平 $S_1$ 下产品的寿命 $T_i, i = 0,1$ 服从双参数指数分布 $Exp(\mu_i, \sigma_i)$,其分布函数为

$$F(t \mid \mu_i, \sigma_i) = 1 - \exp\left(-\frac{t - \mu_i}{\sigma_i}\right), \quad t \geq \mu_i, \quad i = 0,1$$

位置参数与尺度参数之比不随应力水平改变而改变,即 $\mu_0 / \sigma_0 = \mu_1 / \sigma_1$,证明 $S_1$ 对 $S_0$ 的加速系数为 $\tau_{S_1 \sim S_0} = \sigma_0 / \sigma_1$.

4.6　已知某电子产品的寿命服从指数分布 $Exp(1/\theta)$,平均寿命与应力之间的关系满足加速方程 $\ln\theta = a + b\ln S$,为了评定其在工作电压 $S_0 = 5$ V 下的平均寿命,现组织了一次恒加试验,所选的 4 个加速电压水平、样本量和失效数列于题表 1,在这些试验条件下分别进行定数截尾试验,试估计:

(1)正常工作电压水平 $S_0 = 5$ V 下的平均寿命;

(2)在 $t = 10\ 000$ h 的可靠度;

(3)应力 $S_i, i = 1,2,3,4$ 对 $S_0$ 的加速系数.

**题表 1**

| 试验条件 | 失效时间/h |
|---|---|
| $S_1 = 15\text{V}, n_1 = 30, r_1 = 10$ | 308, 509, 660, 771, 1 100, 1 333, 3 180, 3 456, 3 752, 4 977 |
| $S_2 = 20\text{V}, n_2 = 30, r_2 = 10$ | 143, 247, 295, 459, 502, 518, 589, 745, 1 095, 1 157 |
| $S_3 = 25\text{V}, n_3 = 30, r_3 = 15$ | 15, 15, 31, 35, 53, 53, 57, 84, 116, 131, 135, 157, 294, 300, 361 |
| $S_4 = 40\text{V}, n_4 = 30, r_4 = 20$ | 4, 5, 9, 18, 31, 33, 37, 44, 48, 53, 57, 63, 73, 85, 88, 98, 127, 127, 130, 139 |

4.7　已知某电子产品的寿命服从指数分布 $Exp(1/\theta)$,平均寿命与应力之间的关系满足加速方程 $\ln\theta = a + b\ln S$($S$ 为绝对温度),为了评定其在工作温度 $S_0 = 40℃(313\text{K})$ 下的平均寿命,现组织了一次恒加试验,所选的 4 个加速电压水平、样本量和失效数列于题表 2,在这些试验条件下分别进行定数截尾试验,试估计:

(1)正常工作应力水平 $S_0 = 40℃(313\ \text{K})$ 下的平均寿命;

(2)在 $t = 1\ 000$ h 的可靠度;

(3)应力 $S_i, i = 1,2,3,4$ 对 $S_0$ 的加速系数.

**题表 2**

| 试验条件 | 失效时间/h |
|---|---|
| $S_1 = 70℃, n_1 = 20, \tau_1 = 600$ | 12, 42, 151, 155, 291, 302, 316, 334, 595 |
| $S_2 = 90℃, n_2 = 20, \tau_2 = 400$ | 7, 18, 62, 75, 85, 149, 203, 246, 249, 288, 295, 302, 350, 359, 377, 384 |
| $S_3 = 110℃, n_3 = 20, \tau_3 = 200$ | 1, 23, 41, 49, 58, 77, 90, 116, 124, 130, 132, 146, 156, 160, 165, 180 |
| $S_4 = 130℃, n_4 = 20, \tau_4 = 100$ | 3, 4, 5, 8, 18, 18, 20, 21, 24, 25, 27, 27, 35, 49, 50 |

4.8　已知某电子产品的寿命服从指数分布 $\mathrm{Exp}(1/\theta)$，平均寿命与应力之间的关系（加速方程）为 $\ln\theta = a + b\ln S$，为了评定其在工作电压 $S_0 = 160$ V 下的平均寿命，现选择这种型号的电容器 100 只进行步加试验，所选的 4 个加速电压水平 $S_i$、试验时间 $\tau_i$、失效数 $r_i$ 和平均寿命 $\hat{\theta}_i$ 列于题表 3. 根据这些数据试估计：

(1) 加速方程；

(2) 正常工作电压水平 $S_0 = 160$ V 下的平均寿命；

(3) 在 $t = 1\ 000$ h 的可靠度；

(4) 应力 $S_i$, $i = 1, 2, 3, 4$ 对 $S_0$ 的加速系数.

**题表 3**

| 电压应力/V | 试验时间/h | 失效数/只 | 平均寿命/h |
|---|---|---|---|
| 360 | 10 | 10 | 98.01 |
| 400 | 10 | 14 | 54.12 |
| 440 | 10 | 15 | 47.45 |
| 480 | 10 | 18 | 22.45 |

4.9　万用电表表头可靠性试验是一件时间长、费用大的工作，现采用恒加试验方法，使电表表头在模拟实验环境下加速失效，以缩短试验时间，从而推测电表表头在正常应力水平下的可靠性指标. 电表表头的可靠性试验是以电表表头指针偏转次数作为寿命，在恒加试验中选择偏转周期 $T$ 作为加速应力（指针上下来回摆动一次称为一个偏转周期）. 现从某型号万用电表的合格品中分别随机地抽取电表进行恒加试验，试验的样本量、应力水平和失效数据见题表 4.

**题表 4**

| 试验安排 | 失效数据 |
|---|---|
| $n_1 = 13, T_1 = 6$ | 550, 1 000, 1 700, 2 400 |
| $n_2 = 17, T_2 = 2$ | 120, 280, 450, 600, 800, 800, 920 |
| $n_3 = 13, T_3 = 1$ | 60, 60, 110, 150, 190, 230, 230, 280, 280, 340, 420, 420 |

根据这些数据：

(1) 若经检验 3 组数据服从威布尔分布，试分析形状参数是否相同；

(2) 估计电表表头在正常应力水平 $T_0 = 8\mathrm{s}$ 下的特征寿命 $\eta_0$ 和平均寿命；

(3) 估计 3 个应力水平 $T_i$, $i = 1, 2, 3$ 对正常应力水平 $T_0 = 8\mathrm{s}$ 的加速系数.

# 第5章  可靠性模型的假设检验与选择

对产品进行可靠性评估时,通常先选取出产品的失效分布模型,然后采用统计方法得到模型参数及可靠性指标的点估计与区间估计.然而如何判断所选的失效分布模型是否合理? 当有多种备选模型都可用来拟合随机样本时,应当选择哪一种失效分布模型? 本章通过介绍假设检验的基本概念、模型检验方法和模型选择的方法,为解决这些问题提供一些思路.

## 5.1  假设检验的基本概念

### 5.1.1  假设检验的基本思想

假设检验(Hypothesis Testing)和参数估计都是可靠性统计推断的两个重要组成部分,参数估计讨论的是用样本信息估计总体参数的方法,总体参数在估计前是未知的.而在假设检验中,则是先提出一个假设,然后利用样本信息去检验这个假设是否成立.因此也可以说,假设检验讨论的内容是如何利用样本信息,对假设成立与否做出判断的一套程序.

为了说明假设检验的基本思想和有关概念,我们先看下面的例子.

**例 5.1.1**  某产品的寿命服从指数分布,其密度函数为

$$f(x) = \frac{1}{\theta} e^{-x/\theta}$$

式中,$\theta$ 为产品的平均寿命.

根据实际需求,产品平均寿命小于 2 000 h 则是不合格产品.一旦判定该批产品为不合格,公司将承受损失.因此,公司十分关心该批产品是否合格.为检验该批产品质量,现对该批产品进行定数截尾寿命试验,在 50 个试验样品中有 5 个产品失效,试验停止,收集到的产品失效数据如下(单位:h):

$$51 \quad 87 \quad 134 \quad 246 \quad 317$$

根据上述试验数据,可以很方便地得到产品平均寿命的极大似然估计为

$$\hat{\theta} = \frac{1}{r} \sum_{i=1}^{r} x_i + (n-r)x_r$$

$$= \frac{1}{5} \big[ 51 + 87 + 134 + 246 + (50-4) \times 317 \big] = 3\,020$$

试问:是否可以认为这批产品的平均寿命大于 2 000 h($\theta \geqslant 2\,000$)?

从估计值上来看,该批产品的平均寿命大于 2 000 h.可以根据这个估计值就直接判断"这批产品的平均寿命大于 2 000 h"吗? 显然,这样的判断根据是不充足的,这是因为造成平均寿

命的估计为 3 020 h 的原因可能有:

(1)该产品为合格品,即备择假设 $H_1$ 成立,由于产品平均寿命大于 2 000 h,从而使产品平均寿命的估计值也大于 2 000 h;

(2)该产品为不合格产品,即原假设 $H_0$ 成立,但由于抽取试验样品的随机性,所得到的产品平均寿命的估计大于 2 000 h.

因此,需要一套合理的判断规则,根据这个规则,作出决策,是认为"这批产品的平均寿命 $\theta \geqslant 2\ 000$"还是认为"这批产品的平均寿命 $\theta < 2\ 000$".

这个例子其实就是一个假设检验问题,这类问题在生产实际和科学实验中普遍存在,主要是针对一个命题,依据一定的检验规则,作出"是"或"否"的回答.

### 5.1.2 假设检验的一般步骤

对于一般问题的假设检验,可以按照如下步骤进行:

(1)根据具体问题的要求,建立相应的原假设和备择假设.

在研究实际问题时,为了对实际问题做出决断,需要做出适当的假设,然后根据样本进行判断,回答是接受还是拒绝这个假设,二者必选其一.

在例 5.1.1 中,判定该批产品是否合格的问题实际上是对"该批产品的平均寿命 $\theta < \theta_0$($\theta_0 = 2\ 000$ h)"和"该批产品的平均寿命 $\theta \geqslant \theta_0$"两个命题进行判断,将上述两个命题称为假设,记为

$$\left.\begin{array}{l} H_0 : \theta < \theta_0 \\ H_1 : \theta \geqslant \theta_0 \end{array}\right\} \tag{5.1.1}$$

式中,$H_0$ 称为原假设(或零假设),$H_1$ 为备择假设(或备选假设).

在式(5.1.1)中,备择假设 $H_1$ 在 $H_0$ 的右侧,因此,$H_0$ 对 $H_1$ 的检验问题称为右单侧检验问题;假设还存在另外两种形式,分别是

$$\left.\begin{array}{l} H_0 : \theta > \theta_0 \\ H_1 : \theta \leqslant \theta_0 \end{array}\right\} \tag{5.1.2}$$

$$\left.\begin{array}{l} H_0 : \theta = \theta_0 \\ H_1 : \theta \neq \theta_0 \end{array}\right\} \tag{5.1.3}$$

式(5.1.2)中,备择假设 $H_1$ 在 $H_0$ 的左侧,因此,$H_0$ 对 $H_1$ 的检验问题称为左单侧检验问题;式(5.1.3)中,备择假设 $H_1$ 在 $H_0$ 的两侧,因此,$H_0$ 对 $H_1$ 的检验问题称为双边检验问题.

对于一个实际问题,选择哪一个为备择假设是非常重要的.由于原假设是作为检验的前提提出来的,所以原假设通常受到保护,而备择假设是在原假设被拒绝后才能接受,这就决定了原假设与备择假设不是处于对等的地位,一般假设检验的做法是:选择一个检验,使得当 $H_0$ 为真时,拒绝 $H_0$ 犯错误概率小于 $\alpha$.这就体现了保护原假设的思想.

(2)根据原假设和备择假设情况,确定一个检验规则,即给出拒绝原假设的拒绝域形式.

为了对原假设 $H_0$ 做出"接受"还是"拒绝"的判决,需要先制定一个检验规则,即当有了具体的样本后,按照该规则,就可决定是接受原假设 $H_0$ 还是拒绝原假设 $H_0$.为此,我们将样本空间进行划分,分成两个互不相交的部分 $W$ 和 $\overline{W}$(其中 $\overline{W}$ 是 $W$ 的补集),规定:

当样本数据 $x \in W$ 时,就拒绝原假设 $H_0$,认为备择假设 $H_1$ 成立;

当样本数据 $x \in \overline{W}$ 时,就不拒绝原假设 $H_0$ 或称为接受原假设.

称集合 $W$ 为拒绝域,集合 $\overline{W}$ 称为接受域,而区分拒绝域和接受域的边界称为临界值.

假设检验问题就是设法将样本空间划分为两个互补的域,由于当拒绝域 $W$ 确定时,其接受域 $\overline{W}$ 也就确定了,因此,假设检验的任务是确定拒绝域 $W$.拒绝域 $W$ 通常采用一个统计量来确定,这个统计量称为检验统计量.构造检验统计量的方法有多种,如点估计方法、广义似然比法等.

在例 5.1.1 的问题中,可以选择

$$\chi_r^2 = \frac{2r\hat{\theta}}{\theta_0} = \frac{2r\left[\sum_{i=1}^{r} x_i + (n-r)x_r\right]}{\theta_0} \tag{5.1.4}$$

作为检验统计量,式中 $n$ 为定数截尾试验样本容量,$r$ 为截尾数,截尾样本为 $(x_1, x_2, \cdots, x_r)$.根据第 3 章知识,$\chi_r^2$ 服从自由度为 $2r$ 的卡方分布 $\chi^2(2r)$.考察这个检验统计量,可以看出:

当 $H_0(\theta < \theta_0)$ 成立时,检验统计量 $\chi_r^2$ 的值应较小,且总体均值 $\theta$ 越小,$\chi_r^2$ 的值越小,具有偏小的趋势;

而当 $H_1$ 成立时,检验统计量 $\chi_r^2$ 的值有偏大的趋势.

因此拒绝域应有如下的形式:

$$W = \{(x_1, x_2, \cdots, x_n): \chi_r^2 > c\} \tag{5.1.5}$$

式中,$c$ 是临界值,上式拒绝域也可简记为 $W = \{\chi_r^2 > c\}$.

从而检验规则为

当 $\chi_r^2 > c$ 时,拒绝原假设 $H_0$,认为该批产品的平均寿命大于 2 000 h;

当 $\chi_r^2 \leqslant c$ 时,接受原假设 $H_0$,认为该批产品的平均寿命小于 2 000 h.

(3) 给出显著性水平,在原假设成立下求出临界值.

在例 5.1.1 中,由于 $\chi_r^2 \sim \chi^2(2r)$,给定 $0 < \alpha < 1$,可得

$$P(\chi_r^2 < \chi_\alpha^2) = 1 - \alpha \tag{5.1.6}$$

式中,$\chi_\alpha^2$ 是卡方分布的上 $\alpha$ 分位数,查卡方分布的分位数表可得;$\alpha$ 称为显著性水平,常取 $\alpha = 0.1, 0.01, 0.05$.对比式 (5.1.3) 与式 (5.1.4) 可得,临界值 $c = \chi_\alpha^2$,即临界值 $c$ 由显著性水平 $\alpha$ 和检验统计量的分布确定.

(4) 由样本观察值求出检验统计量的值,按照检验规则对原假设进行判断.

将样本观察值代入检验统计量中,即将样本观察值代入到式 (5.1.4) 中,得到检验统计量的观测值 $\hat{\chi}_r^2$,从而

如果 $\hat{\chi}_r^2 > \chi_\alpha^2$,拒绝原假设 $H_0$,认为该批产品的平均寿命大于 2 000 h;

如果 $\hat{\chi}_r^2 \leqslant \chi_\alpha^2$,接受原假设 $H_0$,认为该批产品的平均寿命小于 2 000 h.

### 5.1.3　假设检验中的两类错误

在进行假设检验时,需要对原假设提出的命题进行判断:是接受原假设 $H_0$ 还是拒绝原假设 $H_0$.但是这些判断都是依据样本提供的信息进行的,也就是由部分来推断总体.因而判断有可能正确,也有可能不正确.除非检查整个总体,而在绝大多数的实际问题中检查整个总体是不可能的,因此在进行假设检验时要允许犯错误.我们的任务是努力控制犯错误的概率,使

其在尽量小的范围内波动.

在假设检验中可能犯的错误有如下两类(见表 5.1.1):

第 I 类错误(拒真错误):原假设 $H_0$ 为真时,但由于抽样的随机性,样本观察值 $x=(x_1, x_2, \cdots, x_n)$ 落在拒绝域 $W$ 内,即 $x \in W$,从而导致拒绝 $H_0$,其发生的概率记为 $\alpha$,即

$$P(\text{犯第 I 类错误}) = P(\text{当原假设 } H_0 \text{ 为真时拒绝 } H_0) = P(x \in W \mid H_0) = \alpha$$
(5.1.7)

对照上节的式(5.1.6),$P(x \notin W \mid H_0)=1-\alpha$,即 $\alpha$ 为显著性水平,所以 $\alpha$ 常常取值比较小,如取 $\alpha=0.1, 0.01, 0.05$,这样就能保证犯第 I 类错误的概率比较小,$\alpha$ 有时也称为犯第 I 类错误的风险.

第 II 类错误(取伪错误):原假设 $H_0$ 不真,但由于抽样的随机性,样本落在接受域 $\overline{W}$ 内,即 $x \notin W$,从而导致接受 $H_0$,其发生的概率记为 $\beta$,又称为犯第 II 类错误的风险,即

$$P(\text{犯第 II 类错误}) = P(\text{当原假设 } H_0 \text{ 不真时接受 } H_0) = P(x \in \overline{W} \mid H_1) = \beta$$
(5.1.8)

**表 5.1.1 假设检验的两类错误**

| 观测数据情况 | 总体情况 | |
| --- | --- | --- |
| | 原假设 $H_0$ 为真 | 备择假设 $H_1$ 为真 |
| $(x_1, x_2, \cdots, x_n) \in W$ | 犯第 I 类错误(概率为 $\alpha$) | 正确(概率为 $1-\beta$) |
| $(x_1, x_2, \cdots, x_n) \in \overline{W}$ | 正确(概率为 $1-\alpha$) | 犯第 II 类错误(概率为 $\beta$) |

事实上,每一个检验都无法避免犯错误的可能,那么能否找到一个检验,使其犯两类错误的概率都尽可能地小呢?实际上,我们也做不到这一点,为了说明其原因,先引进如下的势函数(或称功效函数)的概念.

**定义 5.1.1** 设 $(X_1, X_2, \cdots, X_n)$ 是来自总体 $X$ 的一组样本,样本观察值为 $x=(x_1, x_2, \cdots, x_n)$,总体参数为 $\theta \in \Theta$,其中 $\Theta$ 是参数空间. 又设 $\Theta_0$ 是 $\Theta$ 的非空子集,$\Theta_1 = \Theta - \Theta_0$ 也是非空子集. 设检验问题

$$\left.\begin{array}{l} H_0: \theta \in \Theta_0 \\ H_1: \theta \in \Theta_1 \end{array}\right\}$$
(5.1.9)

的拒绝域为 $W$,则样本观测值 $x$ 落在拒绝域内的概率称为该检验的势函数 $g(\theta)$,记为

$$g(\theta) = P(x \in W), \quad \theta \in \Theta = \Theta_0 \bigcup \Theta_1$$
(5.1.10)

因此,势函数 $g(\theta)$ 是定义在参数空间 $\Theta$ 上的一个函数.

当 $\theta \in \Theta_0$ 时,即原假设为真时,$g(\theta) = P(x \in W) = P(x \in W \mid H_0) = \alpha$;

当 $\theta \in \Theta_1$ 时,即原假设不真时,$g(\theta) = P(x \in W) = P(x \in W \mid H_1) = 1-\beta$;

故

$$g(\theta) = \begin{cases} \alpha, & \theta \in \Theta_0 \\ 1-\beta, & \theta \in \Theta_1 \end{cases}$$
(5.1.11)

下面通过例 5.1.1 说明无法使一个检验犯两类错误的概率同时变小.

对例 5.1.1,犯第 I 类错误的概率为

$$\alpha = P(\hat\theta > c_0 \mid H_0) = P\left(\frac{2r\hat\theta}{\theta} > \frac{2rc_0}{\theta} \,\Big|\, H_0\right) = \int_{\frac{2rc_0}{\theta}}^{+\infty} \frac{1}{\Gamma(r)2^r} x^{r-1} \mathrm{e}^{-x/2}\,\mathrm{d}x,\ \theta < 2\,000$$

$$(5.1.12)$$

显然,犯第 I 类错误的概率是平均寿命 $\theta$ 的增函数.在原假设 $H_0$ 成立下,犯第 I 类错误的概率在 $\theta \in (0, 2\,000]$ 内取得最大值的点为 $\theta = 2\,000$,即最大的犯第 I 类错误的概率为

$$\max_{\theta < \theta_0} P(\hat\theta > c_0 \mid H_0) = \int_{\frac{2rc_0}{2\,000}}^{+\infty} \frac{1}{\Gamma(r)2^r} x^{r-1} \mathrm{e}^{-x/2}\,\mathrm{d}x \qquad (5.1.13)$$

类似地,犯第 II 类错误的概率为

$$\beta = P(\hat\theta < c_0 \mid H_1) = P\left(\frac{2r\hat\theta}{\theta} < \frac{2rc_0}{\theta} \mid H_1\right) = 1 - \int_{\frac{2rc_0}{\theta}}^{+\infty} \frac{1}{\Gamma(r)2^r} x^{r-1} \mathrm{e}^{-x/2}\,\mathrm{d}x,\quad \theta > 2\,000$$

$$(5.1.14)$$

显然,犯第 II 类错误的概率是平均寿命 $\theta$ 的减函数.在备择假设 $H_1$ 成立下,第二类风险在 $\theta \in (2\,000, +\infty)$ 内取得最大值的点为 $\theta = 2\,000$,即最大的犯第 II 类错误的概率为

$$\max_{\theta \geqslant \theta_0} P(\hat\theta < c \mid H_1) = 1 - \int_{\frac{2rc}{2\,000}}^{\infty} \frac{1}{\Gamma(r)2^r} x^{r-1} \mathrm{e}^{-x/2}\,\mathrm{d}x \qquad (5.1.15)$$

对比式(5.1.11)和式(5.1.13),可以看出:

当将犯第 I 类错误 $\alpha$ 减小时,即在式(5.1.11)中,减小临界值 $c_0$,再由式(5.1.13)可知,临界值 $c_0$ 的减小,将导致 $\beta$ 增大;

当将犯第 II 类错误 $\beta$ 减小时,即在式(5.1.13)中,增大临界值 $c_0$,再由式(5.1.11)可知,临界值 $c_0$ 的增大,将导致 $\alpha$ 增大.

因此,在样本容量固定时,同时控制两类风险是不可能的.因此,人们常常采用一种原则,即将第 I 类风险控制在一个较小的范围内,如取 $\alpha = 0.01, 0.05, 0.1$ 等,可能使第 II 类风险最小.称这类检验为显著性水平为 $\alpha$ 的显著性检验,或简称水平为 $\alpha$ 的检验.

### 5.1.4　基于点估计的检验统计量确定

检验统计量的选取是进行假设检验的关键,也是假设检验最为困难的一步.为此,人们对检验统计量的构造方法进行了深入研究,提出了许多方法,本节介绍一种常用的方法.

有的时候,对要检验的可靠性特征量或参数的估计(如极大似然估计、最小二乘估计等)经过适当变换,可以得到检验统计量,求出其抽样分布,以此确定出检验规则.

**例 5.1.2**　设产品寿命服从正态分布 $N(\mu, \sigma^2)$,现对其均值 $\mu$ 进行如下检验:

$$H_0 : \mu = \mu_0, H_1 : \mu \neq \mu_0$$

假设随机抽取 $n$ 个样品进行试验,得到试验数据为 $x_1, x_2, \cdots, x_n$,求在显著性水平为 $\alpha$ 下的统计检验.

由于均值 $\mu$ 及方差 $\sigma^2$ 的极大似然估计分别为

$$\overline{X} = \frac{1}{n}\sum_{i=1}^{n} x_i,\ S^2 = \frac{1}{n}\sum_{i=1}^{n}(x_i - \bar{x})^2$$

在产品寿命服从正态分布的情况下,统计量 $\overline{X}$ 与 $S^2$ 是相互独立的,且

$$\overline{X} \sim N\left(\mu, \frac{1}{n}\sigma^2\right),\quad \frac{nS^2}{\sigma^2} \sim \chi^2(n-1)$$

我们用估计量 $\overline{X}$ 构造检验统计量,由于统计量 $\overline{X}$ 是均值 $\mu$ 的一个优良估计,因此,在原假设 $H_0$ 成立时,其估计值 $\overline{X}$ 应十分接近 $\mu_0$,当备择假设 $H_1$ 成立时,估计量 $\overline{X}$ 应与 $\mu_0$ 相差较大,从而可以构造出拒绝域为

$$W = \{\, |\overline{X} - \mu_0| > c \,\}$$

由于检验统计量 $\overline{X}$ 的分布中包含未知参数 $\sigma^2$,因此,对统计量 $\overline{X}$ 进行如下变换:

$$t = \frac{\sqrt{n}(\overline{X} - \mu_0)/\sigma}{\sqrt{\dfrac{nS^2}{(n-1)\sigma^2}}} = \frac{\sqrt{n-1}(\overline{X} - \mu_0)}{S}$$

在原假设成立下,统计量 $t$ 服从自由度为 $n-1$ 的 $t$ 分布,即 $t \sim t(n-1)$.

给定显著性水平 $\alpha$,则临界值为

$$c = \frac{S}{\sqrt{n-1}} t_{\alpha/2}(n-1)$$

**例 5.1.3**  设产品可靠度为 $R$,随机抽取 $n$ 个样品进行试验,发现有 $s$ 个样品为成功,$d = n - s$ 为失效个数,试检验如下问题:

$$H_0 : R \geqslant R_0, \quad H_1 : R < R_0 \tag{5.1.16}$$

令产品失效概率为 $p = 1 - R$,此时上述假设检验实际上等价于如下假设检验:

$$H_0 : p \leqslant p_0, H_1 : p > p_0 \tag{5.1.17}$$

考虑失效概率 $\hat{p}$ 的点估计为 $\hat{p} = d/n$.在原假设 $H_0$ 成立下,即产品失效概率 $p$ 满足 $p \leqslant p_0$ 时,其估计值 $\hat{p}$ 应该不大,也就是说,在估计值 $\hat{p}$ 较大时,说明原假设 $H_0$ 不成立,因此,原假设 $H_0$ 的拒绝区域为

$$W = \{\hat{p} > c_1\} = \{d > c\}$$

当产品的失效概率为 $p$ 时,上述检验的势函数为

$$g(p) = P\{d > c \mid p\} = \sum_{i=c+1}^{n} P\{d = i \mid p\} \tag{5.1.18}$$

$$= 1 - \sum_{i=0}^{c} C_n^i p^i (1-p)^{n-i}$$

有了检验的势函数后,可以确定上述检验问题的第一类风险为 $\max\limits_{p \leqslant p_0} g(p)$,因此,给定显著性水平 $\alpha$,其临界值 $c$ 可以由下式获得:

$$\max_{p \leqslant p_0} g(p) \leqslant \alpha \tag{5.1.19}$$

利用式(5.1.12)可知,势函数 $g(p)$ 为失效概率 $p$ 的增函数.因此,求临界值 $c$ 可以等价于解下式:

$$\sum_{i=0}^{c} C_n^i p^i (1-p)^{n-i} \geqslant 1 - \alpha \tag{5.1.20}$$

若取 $n = 20$,$R_0 = 0.98$,即 $p_0 = 0.02$,在显著性水平为 $0.05$ 的情况下,由式(5.1.18)可计算得到:当 $c = 1$ 时,$g(0.15) = 0.059\,9$;当 $c = 2$ 时,$g(0.15) = 0.007\,1$.因此,满足式(5.1.19)的临界值 $c = 1$,即对于检验问题(5.1.16),其拒绝域为 $W = \{d > 1\}$.

若组织该批产品进行可靠性试验,所获得的可靠性试验数据为 $(20, 2)$,由于 $d = 2 > c = 1$,

因此,应拒收原假设,即认为该批产品的可靠度小于 0.98.

对于很多重要的检验问题,检验统计量都可以利用参数的点估计得到. 该方法的优点是可以充分利用点估计的结果研究检验统计量的性质,如最优势检验、最优无偏检验等.

# 5.2　卡方拟合优度检验

假设检验分为两大类:参数假设检验和非参数假设检验. 若假设是由参数的某个命题组成,则其检验称为参数假设检验,如例 5.1.1 就是参数假设检验;其他的称为非参数检验. 如对一组数据是否来自正态分布的检验就是非参数检验. 本节介绍的卡方拟合优度检验就是一种非参数检验.

在对一组随机样本进行可靠性统计分析时,通常需要先选定一个分布,进而采用统计方法得到分布参数及可靠性指标的点估计与区间估计. 然而如何判断所选的分布是否合理? 需要进行假设检验. 本节介绍卡方拟合优度检验,该方法是一种通用的模型检验方法,对不同的寿命分布模型都适用.

### 5.2.1　理论分布完全已知

设总体 $X$ 的分布函数为 $F(x)$,根据来自该总体的样本进行如下检验:

$$
\left.\begin{array}{l}
H_0 : F(x) = F_0(x;\theta_1,\theta_2,\cdots,\theta_r) \\
H_1 : F(x) \neq F_0(x;\theta_1,\theta_2,\cdots,\theta_r)
\end{array}\right\} \tag{5.2.1}
$$

式中,分布函数 $F_0(\cdot)$ 形式已知,称为理论分布,$\theta_1,\theta_2,\cdots,\theta_r$ 是其参数.

为寻找检验统计量,首先把总体 $X$ 的取值范围分成 $k$ 个区间 $(a_0,a_1]$,$(a_1,a_2]$,$\cdots$,$(a_{k-1},a_k]$,要求 $a_i$ 是分布函数 $F_0(x)$ 的连续点,$a_0$ 可以取 $-\infty$,$a_k$ 可以取 $+\infty$,记

$$
\left.\begin{array}{l}
p_1 = F_0(a_1;\theta_1,\theta_2,\cdots,\theta_r) \\
p_i = F_0(a_i;\theta_1,\theta_2,\cdots,\theta_r) - F_0(a_{i-1};\theta_1,\theta_2,\cdots,\theta_r),i = 2,3,\cdots,k-1 \\
p_k = 1 - F_0(a_{k-1};\theta_1,\theta_2,\cdots,\theta_r)
\end{array}\right\} \tag{5.2.2}
$$

则 $p_i$ 代表变量 $X$ 落入第 $i$ 个区间的概率(要求 $p_i > 0$). 如果样本量为 $n$,则 $np_i$ 是随机变量 $X$ 落入 $(a_{i-1},a_i]$ 的理论频数,如 $n$ 个观测值中落入 $(a_{i-1},a_i]$ 的实际频数为 $n_i$. 皮尔逊提出如下检验统计量:

$$
\chi_n^2 = \sum_{i=1}^{k} \frac{(n_i - np_i)^2}{np_i} \tag{5.2.3}
$$

来衡量理论频数 $np_i$ 与实际频数 $n_i$ 之间的差异程度. 直观上比较清楚,当原假设 $H_0$ 成立时,检验统计量(5.2.3)应是较小的值,否则就有偏大的趋势. 因此,$\chi_n^2$ 可以用来作为分布检验的统计量,但是,还需要知道它的分布,下面定理给出了它的渐近分布.

**定理 5.2.1**　假设 $H_0$ 为真,则由式(5.2.3)给出的统计量渐近于自由度为 $k-1$ 的 $\chi^2$ 分布,即

$$
\lim_{n \to \infty} P\left\{ \sum_{i=1}^{k} \frac{(n_i - np_i)^2}{np_i} < x \right\} = \int_0^x \chi^2(y,k-1)\mathrm{d}y, \quad x > 0 \tag{5.2.4}
$$

其中

$$\chi^2(y,k-1) = \begin{cases} \dfrac{1}{2^{\frac{k-1}{2}}\Gamma\left(\dfrac{k-1}{2}\right)} x^{(k-3)/2}\,\mathrm{e}^{-x/2}, & x>0 \\ 0, & x \leqslant 0 \end{cases}$$

是卡方分布 $\chi^2(k-1)$ 的概率密度函数.

由定理 5.2.1 可知,当 $n$ 充分大时,可以近似地认为 $\chi_n^2$ 近似服从 $\chi^2(m-1)$ 分布,对给定的检验水平 $0<\alpha<1$,由 $\chi^2$ 分布表求出常数 $\chi_\alpha^2(m-1)$,使

$$P\{\chi_n^2 \geqslant \chi_\alpha^2(m-1)\} \approx \alpha$$

给定一组样本值 $x_1,x_2,\cdots,x_n$,计算出式(5.2.3)检验统计量的观测值 $\hat{\chi}_n^2$. 如果 $\hat{\chi}_n^2 \geqslant \chi_\alpha^2(m-1)$,则拒绝原假设 $H_0$,即认为总体的分布 $F(x)$ 与假设 $H_0$ 中的分布 $F_0(x;\theta_1,\theta_2,\cdots,\theta_r)$ 有显著差异;若 $\hat{\chi}_n^2 < \chi_\alpha^2(m-1)$,则接受 $H_0$,即认为总体的分布 $F(x)$ 与假设 $H_0$ 中的分布 $F_0(x;\theta_1,\theta_2,\cdots,\theta_r)$ 无显著差异.

### 5.2.2 理论分布参数未知

如果假设 $H_0$ 的分布 $F_0(x;\theta_1,\theta_2,\cdots,\theta_r)$ 中的参数 $\theta_1,\theta_2,\cdots,\theta_r$ 是未知的,需要先给出其估计. 令 $\hat{\theta}_1,\hat{\theta}_2,\cdots,\hat{\theta}_r$ 是未知参数 $\theta_1,\theta_2,\cdots,\theta_r$ 的极大似然估计,将其代入 $F_0(\cdot)$ 的表达式,那么 $F_0(x;\hat{\theta}_1,\hat{\theta}_2,\cdots,\hat{\theta}_r)$ 变成已知函数. 此时,需检验的假设为

$$\left. \begin{aligned} H_0 &: F(x) = F_0(x;\hat{\theta}_1,\hat{\theta}_2,\cdots,\hat{\theta}_r) \\ H_1 &: F(x) \neq F_0(x;\hat{\theta}_1,\hat{\theta}_2,\cdots,\hat{\theta}_r) \end{aligned} \right\} \tag{5.2.5}$$

将 $\hat{\theta}_1,\hat{\theta}_2,\cdots,\hat{\theta}_r$ 代入式(5.2.2),得

$$\left. \begin{aligned} \hat{p}_1 &= F_0(a_1;\hat{\theta}_1,\hat{\theta}_2,\cdots,\hat{\theta}_r) \\ \hat{p}_i &= F_0(a_i;\hat{\theta}_1,\hat{\theta}_2,\cdots,\hat{\theta}_r) - F_0(a_{i-1};\hat{\theta}_1,\hat{\theta}_2,\cdots,\hat{\theta}_r), \quad i=2,3,\cdots,k-1 \\ \hat{p}_k &= 1 - F_0(a_{k-1};\hat{\theta}_1,\hat{\theta}_2,\cdots,\hat{\theta}_r) \end{aligned} \right\} \tag{5.2.6}$$

将式(5.2.6)代入式(5.2.3)中,得到检验统计量

$$\chi_n^2 = \sum_{i=1}^{k} \frac{(n_i - n\hat{p}_i)^2}{n\hat{p}_i} \tag{5.2.7}$$

**定理 5.2.2（R. A. Fisher 定理）** 假设 $H_0$ 为真,则由式(5.2.7)给出的统计量渐近服从自由度为 $k-r-1$ 的 $\chi^2$ 分布.

由定理 5.2.2,式(5.2.7)可以用来检验包含未知参数的分布假设. 如果检验统计量的观测值 $\hat{\chi}_n^2$ 大于临界值 $\chi_\alpha^2(m-1)$,即 $\hat{\chi}_n^2 \geqslant \chi_\alpha^2(m-1)$,其中 $\alpha$ 为检验水平,则拒绝原假设 $H_0$,否则,接受 $H_0$.

卡方拟合优度检验方法使用范围很广:不管总体是离散随机变量,还是连续随机变量;总体分布的参数可以已知,也可以未知;可以用于完全样本,也可用于截尾样本和分组数据. 但是,使用卡方拟合优度检验方法时,必须注意 $n$ 要足够大,以及 $n p_i$ 不太小这两个条件. 一般要求样本容量 $n$ 不小于 30,以及每个 $n p_i$ 都不小于 5,而且 $n p_i$ 最好在 10 以上,否则应适当地合并区间,使 $n p_i$ 满足这个要求.

**例 5.2.1** 将 250 个元件进行加速寿命试验,每隔 100 h 检验一次,记下失效产品个数,直到全部失效为止. 不同时间内失效产品个数列于表 5.2.1 中. 试问这批产品寿命是否服从指数分布 $F_0(t) = 1 - \mathrm{e}^{-t/300}$,检验水平 $\alpha = 0.01$.

### 表 5.2.1　某元件加速寿命试验数据表

| 时间区间/h | 失效数 | 时间区间/h | 失效数 |
|---|---|---|---|
| 0～100 | 39 | 500～600 | 22 |
| 100～200 | 58 | 600～700 | 12 |
| 200～300 | 47 | 700～800 | 6 |
| 300～400 | 33 | 800～900 | 6 |
| 400～500 | 25 | 900～1 000 | 2 |

**解**　首先提出原假设：

$$H_0 : F(t) = F_0(t) = 1 - \mathrm{e}^{-t/300}$$

为使用卡方拟合优度检验法，首先对数据进行分组．一般组数在 7～20 个为宜，每组中观测值个数最好不少于 5 个．在这个例子中可按测试区间分组，而把最后两组合并成一组，然后分别计算：

$$\hat{p}_1 = F_0(100) = 1 - \mathrm{e}^{-100/300} = 0.283\ 5$$

$$\hat{p}_2 = F_0(200) - F_0(100) = 1 - \mathrm{e}^{-200/300} - (1 - \mathrm{e}^{-100/300}) = 0.203\ 1$$

同理可计算 $\hat{p}_3, \cdots, \hat{p}_9$，结果列于表 5.2.2 的第 3 列．

最后计算统计量 $\chi_n^2$ 的观测值为

$$\hat{\chi}_n^2 = \sum_{i=1}^{9} \frac{(n_i - n\hat{p}_i)^2}{n\hat{p}_i} = 33.74$$

显著性水平 $\alpha = 0.01$，查卡方分布上侧分位数表，可得 $\chi_{0.01}^2(9-1) = \chi_{0.01}^2(8) = 20.09$．由于 $\chi_n^2 > \chi_{0.01}^2(8)$，所以拒绝原假设，即不能认为这批产品的寿命服从指数分 $F_0(t) = 1 - \mathrm{e}^{-t/300}$．

### 表 5.2.2　拟合优度检验的计算

| 组号 | $n_i$ | $\hat{p}_i$ | $n\hat{p}_i$ | $n_i - n\hat{p}_i$ | $(n_i - n\hat{p}_i)^2$ | $\dfrac{(n_i - n\hat{p}_i)^2}{n\hat{p}_i}$ |
|---|---|---|---|---|---|---|
| 1 | 39 | 0.283 5 | 70.88 | −31.88 | 1 016.02 | 14.33 |
| 2 | 58 | 0.203 1 | 50.78 | −7.23 | 52.20 | 1.03 |
| 3 | 47 | 0.145 5 | 36.38 | −10.63 | 112.89 | 3.10 |
| 4 | 33 | 0.104 3 | 26.08 | −6.93 | 47.96 | 1.84 |
| 5 | 25 | 0.074 7 | 18.68 | −6.33 | 40.01 | 2.14 |
| 6 | 22 | 0.053 6 | 13.4 | −8.6 | 73.96 | 5.52 |
| 7 | 12 | 0.038 3 | 9.58 | −2.43 | 5.88 | 0.61 |
| 8 | 6 | 0.027 5 | 6.88 | 0.88 | 0.77 | 0.11 |
| 9 | 8 | 0.069 5 | 17.37 | 9.37 | 87.81 | 5.06 |

**例 5.2.2** 在现场统计了 100 台某设备的故障时间数据见表 5.2.3.现初步假设其寿命分布为正态分布,并估计得到其参数 $\mu = 4\,300$ h,$\sigma = 1\,080$ h,试用卡方拟合优度检验判断其假设的正确性($\alpha = 0.1$).

**表 5.2.3　设备故障数据表**

| 时间区段/h | 失效数 | 删除数 | 时间区段/h | 失效数 | 删除数 |
|---|---|---|---|---|---|
| 1 800～2 600 | 7 | 0 | 4 100～4 400 | 11 | 6 |
| 2 600～3 100 | 6 | 1 | 4 400～4 600 | 9 | 5 |
| 3 100～3 500 | 8 | 1 | 4 600～4 800 | 7 | 1 |
| 3 500～3 900 | 8 | 5 | 4 800～5 300 | 7 | 3 |
| 3 900～4 100 | 6 | 2 | 5 300～6 500 | 6 | 1 |

**解** 假设为

$H_0$:设备寿命不服从参数 $\mu = 4\,300$ h,$\sigma = 1\,080$ h 的正态分布

$H_1$:设备寿命服从参数 $\mu = 4\,300$ h,$\sigma = 1\,080$ h 的正态分布

用卡方拟合优度检验判断原假设正确与否,计算结果见表 5.2.4,计算检验统计量的观测值为 $\hat{\chi}_n^2 = 5.571\,1$.

显著性水平 $\alpha = 0.1$,检验统计量服从卡方分布,自由度为 $k - 1 - m = 10 - 1 - 2 = 7$,查卡方分布上侧分位数表,得临界值 $\chi_{0.1}^2(7) = 12.017$,因为

$$\chi_{0.1}^2(7) = 12.017 > 5.571\,1 = \hat{\chi}_n^2$$

所以不拒绝 $H_0$,认为该设备寿命服从正态分布 $N(4\,300, 1\,080^2)$.

**表 5.2.4　拟合优度检验的计算**

| $t_{i-1} \sim t_i$ 时间段 | 失效数 $r_i$ | 删除数 $\Delta k_i$ | $n_{i-1}$ | 理论值 $R(t_i)$ | $p_i$ | $n_{i-1} p_i$ | $(r_i - n_{i-1} p_i)^2$ | $\dfrac{(r_i - n_{i-1} p_i)^2}{n_{i-1} p_i}$ |
|---|---|---|---|---|---|---|---|---|
| 1 800～2 600 | 7 | 0 | 100 | 0.941 8 | 0.005 82 | 5.82 | 1.39 | 0.239 |
| 2 600～3 100 | 6 | 1 | 93 | 0.866 5 | 0.079 95 | 7.435 | 2.059 | 0.277 |
| 3 100～3 500 | 8 | 1 | 86 | 0.770 3 | 0.111 0 | 9.546 | 2.39 | 0.25 |
| 3 500～3 900 | 8 | 5 | 77 | 0.644 3 | 0.163 6 | 12.597 | 21.13 | 1.68 |
| 3 900～4 100 | 6 | 2 | 64 | 0.573 4 | 0.110 0 | 7.04 | 1.082 | 0.154 |
| 4 100～4 400 | 11 | 6 | 56 | 0.462 9 | 0.192 7 | 10.79 | 0.044 1 | 0.004 1 |
| 4 400～4 600 | 9 | 5 | 39 | 0.390 5 | 0.156 4 | 6.1 | 8.41 | 1.38 |
| 4 600～4 800 | 7 | 1 | 25 | 0.321 7 | 0.176 2 | 4.4 | 6.76 | 1.53 |
| 4 800～5 300 | 7 | 3 | 17 | 0.177 3 | 0.448 9 | 7.63 | 0.397 | 0.052 |
| 5 300～6 500 | 6 | 1 | 7 | 0.020 7 | 0.883 4 | 6.18 | 0.032 4 | 0.005 |

# 5.3　科尔莫戈洛夫检验及斯米尔诺夫检验

卡方拟合优度检验是比较样本频率与总体的概率之间的差异,尽管它对于离散型和连续型总体分布都适用,但它依赖于对总体 $X$ 的取值范围的划分.因为即使原假设 $H_0:F(x) = F_0(x)$ 不成立,在某一种划分下还是可能有

$$F(a_i) - F(a_{i-1}) = F_0(a_i) - F(a_{i-1}) = p_{i0}, \quad i = 1, \cdots, m$$

从而不影响检验统计量 $\chi_n^2$ 的值,也就是说,卡方拟合优度检验有可能接受不真的假设 $H_0$.由此可见,卡方检验实际上只是检验了 $F_0(a_i) - F(a_{i-1}) = p_{i0}(i = 1, 2, \cdots, m)$ 是否为真,而并未真正地检验总体分布 $F(x)$ 是否为 $F_0(x)$.这里介绍的科尔莫戈洛夫及斯米尔诺夫检验法比卡方拟合优度检验法更为精确,它既可检验经验分布是否服从某种理论分布(称为科尔莫戈洛夫检验),又可检验两个样本是否来自同一总体(称为斯米尔诺夫检验),但总体分布必须假定为连续.该方法也是一种通用的模型检验方法,对不同的寿命分布模型都适用.

## 5.3.1　科尔莫戈洛夫检验

考虑假设检验问题:

$$H_0:F(x) = F_0(x)$$
$$H_1:F(x) \neq F_0(x)$$

科尔莫戈洛夫检验的思想如下:先通过样本对总体 $X$ 的分布函数做一个估计.若此估计接近于给定的分布函数 $F_0(x)$,就认为样本来自分布函数 $F_0(x)$,否则就认为样本不是来自分布函数 $F_0(x)$.

在运用科尔莫戈洛夫检验时,需要涉及经验分布函数的概念,下面先对经验分布函数进行定义.

**定义 5.3.1**　设 $(X_1, X_2, \cdots, X_n)$ 是来自总体 $X$ 的一个容量为 $n$ 的样本,其顺序统计量为 $X_{(1)} \leqslant X_{(2)} \leqslant \cdots \leqslant X_{(n)}$,称定义在 $-\infty < x < +\infty$ 上的函数

$$F_n(x) = \begin{cases} 0, & x \leqslant X_{(1)} \\ i/n, & X_{(i)} \leqslant x < X_{(i+1)} \\ 1, & x \geqslant X_{(n)} \end{cases} \tag{5.3.1}$$

为 $(X_1, X_2, \cdots, X_n)$ 的经验分布函数.

当固定 $x$ 时,经验分布函数 $F_n(x)$ 作为样本 $(X_1, X_2, \cdots, X_n)$ 的函数,是一个统计量,具有性质:

$$\begin{cases} E(F_n(x)) = F(x) \\ D[F_n(x)] = \dfrac{1}{n} F(x)[1 - F(x)] \end{cases}$$

由这些性质可知,经验分布函数 $F_n(x)$ 是总体 $X$ 的分布的一个良好估计.选取科尔莫戈洛夫检验的检验统计量为

$$D_n = \sup_{-\infty < x < +\infty} \left| F_n(x) - F_0(x) \right| \tag{5.3.2}$$

为了基于检验统计量 $D_n$ 进行科尔莫戈洛夫检验,下面分析其相关性质.

**定理 5.3.1(格列文科定理)**　设总体 $X$ 的分布函数为 $F(x)$,经验分布函数为 $F_n(x)$,

则有

$$P\left\{\lim_{n\to\infty}\sup_{-\infty<x<+\infty}|F_n(x)-F(x)|=0\right\}=1 \tag{5.3.3}$$

即经验分布函数 $F_n(x)$ 依概率 1 关于 $x$ 均匀地收敛于 $F(x)$.

由定理 5.3.1,当原假设为真时,检验统计量 $D_n=\sup\limits_{-\infty<x<\infty}|F_n(x)-F(x)|$ 以概率 1 趋于无穷小($n\to\infty$),否则就有偏大的趋势.因此,$D_n$ 可以用来作为分布检验的检验统计量,但是,还需要知道它的分布,下面的定理进一步给出了 $D_n$ 的精确分布与极限分布.

**定理 5.3.2** 设 $F(x)$ 是连续的分布函数,则

$$P\left\{D_n<y+\frac{1}{2n}\right\}$$

$$=\begin{cases}0, & y\leqslant 0\\[2mm] \displaystyle\int_{\frac{1}{2n}-y}^{\frac{1}{2n}+y}\int_{\frac{3}{2n}-y}^{\frac{3}{2n}+y}\cdots\int_{\frac{2n-1}{2n}-y}^{\frac{2n-1}{2n}+y}f(x_1,\cdots,x_n)\mathrm{d}x_1\cdots\mathrm{d}x_n, & 0<y<\frac{2n-1}{2n}\\[2mm] 1, & y\geqslant\frac{2n-1}{2n}\end{cases} \tag{5.3.4}$$

其中

$$f(x_1,\cdots,x_n)=\begin{cases}n!, & \text{当}\ 0<x<\cdots<x_n<1\\ 0, & \text{其他}\end{cases} \tag{5.3.5}$$

**定理 5.3.3** 设 $F(x)$ 是连续的分布函数,则

$$\lim_{n\to\infty}P\left\{\sqrt{n}\sup_{-\infty<x<+\infty}|F_n(x)-F(x)|<y\right\}=K(y)$$

$$=\begin{cases}0, & y\leqslant 0\\[2mm] \displaystyle\sum_{k=-\infty}^{+\infty}(-1)^k e^{-2k^2y^2}, & y>0\end{cases} \tag{5.3.6}$$

定理 5.3.2 和定理 5.3.3 分别给出了检验统计量 $D_n$ 的精确分布和极限分布.当原假设 $H_0$ 成立时,检验统计量 $D_n$ 应是较小的值,而当 $H_0$ 不真时,会有偏大的趋势,即对于给定的水平 $\alpha$,由科尔莫戈洛夫检验的临界值表可查得临界值 $D_{n,\alpha}$,应有

$$P\{D_n>D_{n,\alpha}\}=\alpha \tag{5.3.7}$$

所以,对样本观察值 $x_1,x_2,\cdots,x_n$,计算检验统计量 $D_n$ 的观察值 $\hat{D}_n$,如果 $\hat{D}_n>D_{n,\alpha}$,则拒绝假设 $H_0$,否则接受 $H_0$.

在计算统计量 $D_n$ 时,先计算

$$\delta_i=\max\{|F_0(x_{(i)})-(i-1)/n|,|F_0(x_{(i)})-i/n|\}, \quad i=1,2,\cdots,n \tag{5.3.8}$$

然后在 $\delta_1,\delta_2,\cdots,\delta_n$ 中选取最大的便是统计量 $D_n$,即

$$D_n=\max_i\{\delta_i\} \tag{5.3.9}$$

当 $n$ 较大时,通常要求 $n>100$,可利用极限分布公式(5.3.6)得到 $D_{n,\alpha}$ 的近似值:

$$D_{n,\alpha}\approx\frac{\lambda_{1-\alpha}}{\sqrt{n}}$$

$\lambda_{1-\alpha}$ 由 $D_{n,\alpha}$ 的极限分布函数数值表查出.

**例 5.3.1** 从某厂生产的电容器中,抽取 20 只,测得它们的绝缘电阻值,并按从小到大的顺序列于表 5.3.1 第 1 列和第 6 列中.试检验其是否服从均值 $\mu=30$、方差 $\sigma^2=100$ 的正态

分布,其中显著性水平 $\alpha = 0.05$.

**解**　用科尔莫戈洛夫检验,首先假设 $F_0(x)$ 为 $N(30,10^2)$,$F(x)$ 为电容绝缘电阻的分布函数.要检验假设

$$H_0 : F(x) = F_0(x)$$

为计算 $F_0(x)$,利用标准正态分布表,即

$$F_0(x) = \Phi((x-\mu)/\sigma) = \Phi((x-30)/10)$$

式中,$\Phi(x)$ 为标准正态分布函数.将 $F_0(x)$ 的结果列于表 5.3.1 的第 2 列和第 7 列中.

**表 5.3.1　柯尔莫哥洛夫检验的计算**

| $x_i$ | $F_0(x_i)$ | $\dfrac{i-1}{n}$ | $\dfrac{i}{n}$ | $\delta_i$ | $x_i$ | $F_0(x_i)$ | $\dfrac{i-1}{n}$ | $\dfrac{i}{n}$ | $\delta_i$ |
|---|---|---|---|---|---|---|---|---|---|
| 15 | 0.067 | 0 | 0.050 | 0.067 | 39 | 0.815 | 0.500 | 0.550 | 0.315 |
| 19 | 0.136 | 0.050 | 0.100 | 0.086 | 40 | 0.841 | 0.550 | 0.600 | 0.291 |
| 21 | 0.185 | 0.100 | 0.150 | 0.085 | 42 | 0.884 | 0.600 | 0.650 | 0.284 |
| 23 | 0.242 | 0.150 | 0.200 | 0.092 | 43 | 0.903 | 0.650 | 0.700 | 0.253 |
| 26 | 0.345 | 0.200 | 0.250 | 0.145 | 45 | 0.933 | 0.700 | 0.750 | 0.233 |
| 29 | 0.461 | 0.250 | 0.300 | 0.211 | 48 | 0.964 | 0.750 | 0.800 | 0.214 |
| 30 | 0.500 | 0.300 | 0.350 | 0.200 | 49 | 0.971 | 0.800 | 0.850 | 0.171 |
| 32 | 0.579 | 0.350 | 0.400 | 0.229 | 53 | 0.989 | 0.850 | 0.900 | 0.139 |
| 34 | 0.655 | 0.400 | 0.450 | 0.255 | 58 | 0.997 | 0.900 | 0.950 | 0.097 |
| 37 | 0.758 | 0.450 | 0.500 | 0.308 | 67 | 0.999 | 0.950 | 1.000 | 0.049 |

从表 5.3.1 可知

$$D_n = \max_i \{\delta_i\} = 0.315$$

由显著性水平 $\alpha = 0.05$,查科尔莫戈洛夫检验的临界值表得到 $D_{20,0.05} = 0.294$,因为 $D_n = 0.315 > 0.294$,所以拒绝 $H_0$,即电容的绝缘电阻不服从正态分布 $N(30,10^2)$.

最后,应当指出,在计算 $D_n$ 的过程中,为了简化起见,采用了分组列表统计的方法,因此,当检验统计量的值 $\hat{D}_n$ 与临界值 $D_{n,\alpha}$ 很接近时,不接受 $H_0$ 的结论则需慎重考虑.

另外,式(5.3.6)除可用作检验法外,还可用来给出未知分布函数 $F(x)$ 的置信区间.实际上,给定置信度 $1-\alpha$,由 $D_{n,\alpha}$ 的极限分布函数数值表查得 $\lambda_{1-\alpha}$,当 $n$ 充分大时,有

$$P\left\{ D_n < \frac{\lambda_{1-\alpha}}{\sqrt{n}} \right\} = P\left\{ \sup_{-\infty < x < +\infty} |F_n(x) - F(x)| < \frac{\lambda_{1-\alpha}}{\sqrt{n}} \right\} \approx 1 - \alpha$$

亦即对一切 $x \in \mathbf{R}$,有

$$F_n(x) - \frac{\lambda_{1-\alpha}}{\sqrt{n}} < F(x) < F_n(x) + \frac{\lambda_{1-\alpha}}{\sqrt{n}} \tag{5.3.10}$$

这说明,当 $n$ 充分大时,以概率 $1-\alpha$,$F(x)$ 的图形完全被包含在 $F_n(x) - \dfrac{\lambda_{1-\alpha}}{\sqrt{n}}$ 与 $F_n(x) +$

$\dfrac{\lambda_{1-\alpha}}{\sqrt{n}}$ 所围成的区域内,这区域构成 $F(x)$ 的置信区域,置信度约为 $1-\alpha$(见图 5.3.1).

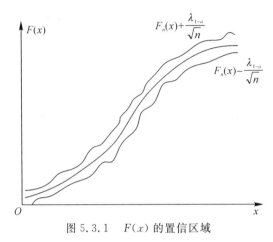

图 5.3.1 $F(x)$ 的置信区域

### 5.3.2 斯米尔诺夫检验

在许多实际问题中,有时候需要比较两个总体的真实分布是否相同,对这种两个总体分布函数的比较问题,斯米尔诺夫借助于经验分布函数给出了与科尔莫戈洛夫检验类似的检验统计量.

设 $(X_1, X_2, \cdots, X_{n_1})$ 是来自具有连续分布函数 $F(x)$ 的总体 $X$ 中的样本,$(Y_1, Y_2, \cdots, Y_{n_2})$ 是来自具有连续分布函数 $G(x)$ 的总体 $Y$ 的样本,且假定两个样本相互独立. 欲检验假设:

$$H_0 : F(x) = G(x), \quad -\infty < x < +\infty$$
$$H_1 : F(x) \neq G(x), \quad -\infty < x < +\infty$$

设 $F_{n_1}(x)$ 和 $G_{n_2}(x)$ 分别是这两个样本所对应的经验分布函数,作统计量

$$D_{n_1, n_2} = \sup_{-\infty < x < +\infty} |F_{n_1}(x) - G_{n_2}(x)| \tag{5.3.11}$$

当原假设 $H_0$ 成立时,检验统计量 $D_{n_1, n_2}$ 应是较小的值,而当 $H_0$ 不真时,会有偏大的趋势. 因此,$D_{n_1, n_2}$ 可以用来作为分布检验的检验统计量,但是,还需要知道它的分布,下面的定理进一步给出了 $D_{n_1, n_2}$ 的精确分布与极限分布.

**定理 5.3.4** 如果 $F(x) = G(x)$,且 $F(x)$ 为连续的经验分布函数,则有

$$P\{D_{n_1, n_2} \leqslant x\} = \begin{cases} 0, & x \leqslant \dfrac{1}{n} \\ \sum_{j=-\lceil c/n \rceil}^{\lceil c/n \rceil} (-1)^j \dfrac{C_{2n}^{n-j}}{C_{2n}^n}, & \dfrac{1}{n} < x \leqslant 1 \\ 1, & x > 1 \end{cases} \tag{5.3.12}$$

式中,$c = -\lceil -xn \rceil$,$\lceil \cdot \rceil$ 表示取整符号.

**定理 5.3.5** 如果定理 5.3.4 所述条件成立,则有

$$\lim_{\substack{n_1 \to \infty \\ n_2 \to \infty}} P\left\{ \sqrt{\dfrac{n_1 n_2}{n_1 + n_2}} D_{n_1, n_2} < x \right\} = \begin{cases} K(x), & x > 0 \\ 0, & x \leqslant 0 \end{cases}$$

其中,$K(x)$ 由式(5.3.6)定义.

由定理 5.3.4 可见,统计量 $D_{n_1,n_2}$ 的精确分布不依赖于总体的真实分布函数 $F(x)$.定理 5.3.4 和定理 5.3.5 提供了比较两个总体的分布函数的方法,即所谓斯米尔诺夫检验.

对于给定显著水平 $\alpha$ ,令 $n = \dfrac{n_1 n_2}{n_1 + n_2}$ ,由附表 6 查出 $D_{n,\alpha}$ 或由附表 7 查得 $\lambda_{1-\alpha}$ ,使 $D_{n,\alpha} \approx \dfrac{\lambda_{1-\alpha}}{\sqrt{n}}$ ,如果 $\hat{D}_{n_1,n_2} \geqslant D_{n,\alpha}$ ,则拒绝假设 $H_0$ ;若 $\hat{D}_{n_1,n_2} < D_{n,\alpha}$ ,则接受原假设 $H_0$ .

**例 5.3.2**　在自动车床上加工某一种零件.在工人刚接班时,抽取 $n_1 = 150$ 只零件作为一个样本,在自动车床工作 2 h 后,再抽取 $n_2 = 100$ 只零件作为第二个样本,测定每个零件距离标准的偏差 $X$ ,其中数值列入表 5.3.2 中.

表 5.3.2　某种零件测量值

| 偏差 $X$ 的测量区间/$\mu$m | 频数 | | 偏差 $X$ 的测量区间/$\mu$m | 频数 | |
|---|---|---|---|---|---|
| | 样本 1 $n_{1j}$ | 样本 2 $n_{2j}$ | | 样本 1 $n_{1j}$ | 样本 2 $n_{2j}$ |
| $[-15,-10)$ | 10 | 0 | $[10,15)$ | 8 | 15 |
| $[-10,-5)$ | 27 | 7 | $[15,20)$ | 1 | 1 |
| $[-5,0)$ | 43 | 17 | $[20,25)$ | 0 | 1 |
| $[0,5)$ | 38 | 30 | $\sum$ | $n_1 = 150$ | $n_2 = 100$ |
| $[5,10)$ | 23 | 29 | | | |

试问此两个样本是否来自同一个总体?

**解**　欲检验假设
$$H_0:F(x) = G(x) \leftrightarrow H_1:F(x) \neq G(x) , \quad -\infty < x < +\infty$$
把统计量 $D_{n_1,n_2}$ 的步骤列在表 5.3.3 中.

由表 5.3.3 看出,$\hat{D}_{n_1,n_2} = \sup\limits_{-\infty < x < +\infty} |F_{n_1}(x) - F_{n_2}(x)| = 0.293$ .置 $n = \dfrac{n_1 n_2}{n_1 + n_2} = \dfrac{150 \times 100}{150 + 100} = 60$,对 $\alpha = 0.05$ ,由附表 6 查得 $D_{n,\alpha} = 0.172\ 31$.由于 $\hat{D}_{n_1,n_2} \geqslant D_{n,\alpha}$ ,故拒绝假设 $H_0$ .这就意味着在自动机床上加工零件时,不能忽视时间延续的影响,最好能找出合适的时间间隔作定时调整.

表 5.3.3　样本计算结果

| $x/\mu$m | 频数 | | 累积频数 | | $F_{n_1} = \dfrac{n_1(x)}{n_1}$ | $G_{n_2}(x) = \dfrac{n_2(x)}{n_2}$ | $\|F_{n_1}(x) - G_{n_2}(x)\|$ |
|---|---|---|---|---|---|---|---|
| | $n_{1j}$ | $n_{2j}$ | $n_1(x)$ | $n_2(x)$ | | | |
| $-10$ | 10 | 0 | 10 | 0 | 0.067 | 0.000 | 0.067 |
| $-5$ | 27 | 7 | 37 | 7 | 0.247 | 0.070 | 0.177 |
| $0$ | 43 | 17 | 80 | 24 | 0.533 | 0.240 | 0.293 |

续 表

| $x/\mu m$ | 频数 | | 累积频数 | | $F_{n_1} = \dfrac{n_1(x)}{n_1}$ | $G_{n_2}(x) = \dfrac{n_2(x)}{n_2}$ | $\mid F_{n_1}(x) - G_{n_2}(x) \mid$ |
|---|---|---|---|---|---|---|---|
| | $n_{1j}$ | $n_{2j}$ | $n_1(x)$ | $n_2(x)$ | | | |
| 5 | 38 | 30 | 118 | 54 | 0.787 | 0.540 | 0.247 |
| 10 | 23 | 29 | 141 | 83 | 0.940 | 0.830 | 0.110 |
| 15 | 8 | 15 | 149 | 98 | 0.993 | 0.980 | 0.013 |
| 20 | 1 | 1 | 150 | 99 | 1.000 | 0.990 | 0.010 |
| 25 | 0 | 1 | 150 | 10 | 1.000 | 1.000 | 0.000 |

# 5.4 似然比检验

通过前几节的讨论知道,检验统计量的构造是进行假设检验的关键,人们对检验统计量的构造方法进行了深入研究,提出了许多方法.Neyman - Pearson 在 1928 年提出了利用极大似然比获得检验统计量的一般方法.其基本思想与参数估计理论的极大似然方法类似,至今仍是寻求检验统计量的主要方法.

## 5.4.1 似然比检验的基本步骤

假设总体 $X \sim F(x;\theta)$,$\theta \in \Theta$,其中 $\Theta$ 是参数空间.又设 $\Theta_0$ 是 $\Theta$ 的非空子集,$\Theta_1 = \Theta - \Theta_0$ 也是非空子集.$(X_1, X_2, \cdots, X_n)$ 是来自总体 $X$ 的一组样本,下面给出似然比检验的一般步骤:

(1)明确原假设和备择假设.

$$\left. \begin{array}{l} H_0 : \theta \in \Theta_0 \\ H_1 : \theta \in \Theta_1 \end{array} \right\} \tag{5.4.1}$$

(2)构造似然比.假设 $F(x,\theta)$ 的密度函数为 $f(x;\theta)$ [若 $x$ 为离散型随机变量,$f(x;\theta)$ 表示分布列],则样本 $(X_1, X_2, \cdots, X_n)$ 的似然函数为

$$L(\theta) = \prod_{i=1}^{n} f(x_i; \theta) \tag{5.4.2}$$

对于似然函数(5.4.2),先在子空间 $\Theta_0$ 上计算参数 $\theta$ 的最大似然估计,记为 $\hat{\theta}_0$,相应的子空间 $\Theta_0$ 上似然函数最大值为 $L(x_1, x_2, \cdots, x_n; \hat{\theta}_0)$.

然后在全空间 $\Theta$ 上计算参数 $\theta$ 的最大似然估计,记为 $\hat{\theta}$,全空间 $\Theta$ 上似然函数最大值为 $L(x_1, \cdots, x_n; \hat{\theta}_0)$.

构造似然比:

$$\lambda = \lambda(x_1, x_2, \cdots, x_n) = \frac{\max\limits_{\theta \in \Theta_0} L(x_1, \cdots, x_n; \theta)}{\max\limits_{\theta \in \Theta} L(x_1, \cdots, x_n; \theta)} = \frac{L(\hat{\theta}_0)}{L(\hat{\theta})} \tag{5.4.3}$$

式(5.4.3)有时也称为广义似然比,将其作为检验(5.4.1)的检验统计量.

由于 $\Theta_0 \subset \Theta$,故 $L(\hat{\theta}_0) \leqslant L(\hat{\theta})$,所以似然比的取值范围为 $0 \leqslant \lambda \leqslant 1$.

（3）确定拒绝域. 如果 $H_0$ 为真,即 $\theta \in \Theta_0$,那么在全空间 $\Theta$ 上的似然函数最大值 $L(\hat{\theta})$ 与在子空间 $\Theta_0$ 上似然函数的最大值 $L(\hat{\theta}_0)$ 应该很接近,即 $L(\hat{\theta}_0) \approx L(\hat{\theta})$,从而似然比 $\lambda$ 应接近于 1;反之,如果 $\lambda$ 的值很小,则说明 $\theta \in \Theta_0$ 的可能性要比 $\theta \in \Theta_1$ 的可能性小,于是,我们有理由认为 $H_0$ 不成立. 因此,$\lambda$ 越小,越倾向于拒绝原假设. 故其拒绝域为

$$W = \{(x_1, x_2, \cdots, x_n) : \lambda(x_1, x_2, \cdots, x_n) \leqslant \lambda_a\} \tag{5.4.4}$$

式中,$\lambda_a$ 为临界值,对于给定检验的显著性水平 $\alpha$,$\lambda_a$ 满足如下条件:

$$P\{\lambda(x_1, x_2, \cdots, x_n) \leqslant \lambda_a\} \leqslant \alpha \tag{5.4.5}$$

即临界值 $\lambda_a$ 由似然比 $\lambda$ 的分布与给定的显著性水平 $\alpha$ 确定.

（4）做出判决. 对于 $(X_1, X_2, \cdots, X_n)$ 的一组观测值 $(x_1, x_2, \cdots, x_n)$,若 $(x_1, x_2, \cdots, x_n) \in W$,则拒绝 $H_0$,否则只能接受 $H_0$,即检验规则为

$$\begin{cases} \lambda(x_1, x_2, \cdots, x_n) \leqslant \lambda_a, \text{拒绝 } H_0 \\ \lambda(x_1, x_2, \cdots, x_n) > \lambda_a, \text{不拒绝 } H_0 \end{cases}$$

在似然比检验中,需要根据似然比 $\lambda$ 的分布,确定临界值 $\lambda_a$,但是寻找 $\lambda$ 的分布往往比较困难. 常见的确定似然比 $\lambda$ 的方法有如下三种:

（1）寻求 $\lambda$ 的精确分布,这只在很少几种场合可实现.

（2）寻求 $\lambda$ 的近似分布常在 $\lambda$ 的分布不依赖于未知参数 $\theta$ 的场合下,用随机模拟法获得 $\lambda$ 分布的各种分位数.

（3）寻求 $\Lambda = -2\ln\lambda$ 的渐近分布,在参数（向量）$\theta$ 的极大似然估计 $\hat{\theta}$ 存在并依概率收敛于 $\theta_0$ 的条件下,则当大样本场合和原假设 $H_0$ 成立时,有

$$\Lambda = -2\ln\lambda \text{ 的渐近分布是 } \chi^2(k - k_0) \tag{5.4.6}$$

式中,$k$ 为 $\Theta$ 的维数;$k_0$ 为 $\Theta_0$ 的维数.

在上述三种场合中,最后一种场合使用似然比检验最为方便,也是实际中使用最多的场合.

**例 5.4.1**　利用似然比检验法研究例 5.1.1 的检验问题.

**解**　由于产品的寿命服从指数分布,因此,对于样本容量为 $n$,截尾数为 $r$ 的定数截尾数据 $x_1 \leqslant x_2 \leqslant \cdots \leqslant x_r$,其似然函数为

$$L(\theta) = \frac{n!}{(n-r)!} e^{-S(x_r)/\theta} \frac{1}{\theta^r}$$

式中,$S(x_r) = \sum_{i=1}^{r} x_i + (n-r)x_r$ 为产品的总试验时间.

参数 $\theta$ 为产品的平均寿命,其取值范围为 $\Theta = (0, +\infty)$,在原假设成立下,参数 $\theta$ 的取值范围为 $\Theta_0 = (0, \theta_0) = (0, 2\,000)$. 根据第 3 章 3.3 节知识,参数 $\theta$ 的极大似然估计为 $\hat{\theta} = S(x_r)/r$. 因此,可得如下似然函数:

$$\max_{\theta \in \Theta} L(x_1, \cdots, x_n; \theta) = \frac{n!}{(n-r)!} e^{-r} \left(\frac{r}{S(x_r)}\right)^r$$

$$\max_{\theta \in \Theta_0} L(x_1, \cdots, x_n; \theta) = \begin{cases} \dfrac{n!}{(n-r)!} e^{-r} \left(\dfrac{r}{S(x_r)}\right)^r, & \hat{\theta} < \theta_0 \\[3mm] \dfrac{n!}{(n-r)!} \exp\left(-\dfrac{S(x_r)}{\theta_0}\right) \left(\dfrac{1}{\theta_0}\right)^r, & \hat{\theta} > \theta_0 \end{cases}$$

可得似然比为

$$\lambda = \frac{\max\limits_{\theta \in \Theta_0} L(x_1,\cdots,x_n;\theta)}{\max\limits_{\theta \in \Theta} L(x_1,\cdots,x_n;\theta)} = \begin{cases} 1 & ,\hat{\theta} < \theta_0 \\ \left(\dfrac{r\theta_0}{S(x_r)}\right)^r \exp\left(\dfrac{S(x_r)}{\theta_0} - r\right) & ,\hat{\theta} > \theta_0 \end{cases}$$

利用似然比检验统计量的拒绝域为

$$W = \{\lambda \leqslant \lambda_\alpha\} = \{\ln\lambda \leqslant \ln\lambda_\alpha\} = \left\{r\ln\theta_0 - r\ln\hat{\theta} + \frac{\hat{\theta}r}{\theta_0} - r < \ln\lambda_\alpha\right\}$$

$$= \left\{\frac{\hat{\theta}}{\theta_0} - \ln\hat{\theta} < \frac{1}{r}\ln\lambda_\alpha - \ln\theta_0 + 1\right\}$$

式中,$0 \leqslant \lambda_\alpha \leqslant 1$. 观测样本落入拒绝域的条件是 $\hat{\theta} > \theta_0$. 由于函数 $h(z) = z/\theta_0 - \ln z$ 在 $(\theta_0, +\infty)$ 内是增函数,因此,拒绝域可改写为

$$W = \{\hat{\theta} \leqslant \lambda_\alpha\} = \left\{\frac{S(x_r)}{r} \leqslant \lambda_\alpha\right\} = \{S(x_r) \leqslant r\lambda_\alpha\}$$

而 $S(x_r)$ 服从伽马分布,根据伽马分布即可得到临界值.

**例 5.4.2** 设总体 $X$ 服从正态分布,即 $X \sim N(\mu,\sigma^2)$,$(X_1,X_2,\cdots,X_n)$ 是总体的一组样本. 方差 $\sigma^2$ 未知,试检验

$$H_0:\mu = \mu_0 \leftrightarrow H_1:\mu \neq \mu_0$$

**解** (1)依题意,参数的全空间为 $\Theta = \{(\mu,\sigma^2), -\infty < \mu < +\infty, 0 < \sigma^2 < +\infty\}$;
参数的子空间为 $\Theta_0 = \{(\mu,\sigma^2), \mu = \mu_0, 0 < \sigma^2 < +\infty\}$.

(2)似然函数为

$$L(x_1,\cdots,x_n,\mu,\sigma^2) = \left(\frac{1}{\sqrt{2\pi}\sigma}\right)^n \exp\left\{-\frac{1}{2\sigma^2}\sum_{i=1}^{n}(x_i-\mu)^2\right\}$$

$$= \left(\frac{1}{\sqrt{2\pi}\sigma}\right)^n \exp\left\{-\frac{1}{2\sigma^2}\left[\sum_{i=1}^{n}(x_i-\bar{x})^2 + n(\bar{x}-\mu)^2\right]\right\}$$

令 $\theta = (\mu,\sigma^2)$,则有

$$L(x_1,x_2,\cdots,x_n) = \sup_{\theta \in \Theta} L(x_1,x_2,\cdots,x_n;\theta) = \left[n\Big/\left[2\pi\sum_{i=1}^{n}(x_i-\bar{x})^2\right]\right]^{n/2} e^{-\frac{n}{2}}$$

$$L_0(x_1,x_2,\cdots,x_n) = \sup_{\theta \in \Theta_0} L(x_1,x_2,\cdots,x_n;\theta) = \left[n\Big/\left[2\pi\sum_{i=1}^{n}(x_i-\mu_0)^2\right]\right]^{n/2} e^{-\frac{n}{2}}$$

于是可得似然比为

$$\lambda(x_1,x_2,\cdots,x_n) = \frac{L_0(x_1,x_2,\cdots,x_n)}{L(x_1,x_2,\cdots,x_n)} = \left[\frac{\sum\limits_{i=1}^{n}(x_i-\bar{x})^2}{\sum\limits_{i=1}^{n}(x_i-\mu_0)^2}\right]^{\frac{n}{2}} = \left(\frac{n-1}{n-1+T^2}\right)^{\frac{n}{2}}$$

式中,$T = \dfrac{\sqrt{n(n-1)}(\bar{x}-\mu_0)}{\sqrt{\sum\limits_{i=1}^{n}(x_i-\bar{x})^2}}$

(3)由于 $\lambda$ 是 $T^2$ 的严格减函数,因而似然比检验的拒绝域为

$$W = \{(x_1,x_2,\cdots,x_n),\lambda \leqslant \lambda_\alpha\}$$

等价于

$$W = \{(x_1,x_2,\cdots,x_n), |T| \geqslant \lambda_\alpha^*\}$$

当 $H_0:\mu=\mu_0$ 成立时,统计量 $T$ 服从自由度为 $n-1$ 的 $t$ 分布. 即对于给定的显著水平 $\alpha$ ,有如下概率等式:

$$P\{|T|>t_{\alpha/2}(n-1)\}=\alpha$$

所以可得 $\lambda_\alpha^*=t_{\alpha/2}(n-1)$ ,这就是常用的正态分布单样本 $t$ 检验.

这两个例子说明了似然比检验的全过程,也从一个侧面说明似然比检验的合理性.

### 5.4.2　基于似然比检验的两个模型选择

设有一个样本 $(x_1,x_2,\cdots,x_n)$ ,它可能来自两个不同密度函数 $f_0(x;\theta)$ 和 $f_1(x;\vartheta)$ 中的某一个,如何做出判断? 这是一个分布模型的检验问题,其步骤如下:

(1)明确原假设和备择假设.

$$\left.\begin{array}{l}H_0:样本数据来自 f_0(x;\theta),\theta\in\Theta_0\\H_1:样本数据来自 f_1(x;\vartheta),\vartheta\in\Theta_1\end{array}\right\} \tag{5.4.7}$$

式中, $\theta,\vartheta$ 分别是模型 $f_0(x;\theta),f_1(x;\vartheta)$ 中的未知参数,可以是向量,向量维数可以相同,也可以不同,它们所在的参数空间 $\Theta_0$ 和 $\Theta_1$ 之间可能无任何关系.

(2)构造似然比.

$$\lambda=\frac{\max\limits_{\vartheta\in\Theta_1}L_1(x_1,x_2,\cdots,x_n;\vartheta)}{\max\limits_{\theta\in\Theta_0}L_0(x_1,x_2,\cdots,x_n;\theta)}=\frac{L_1(\hat\vartheta)}{L_0(\hat\theta)} \tag{5.4.8}$$

式中, $\hat\theta$ 是参数 $\theta$ 在空间 $\Theta_0$ 上的最大似然估计,相应的子空间 $\Theta_0$ 上似然函数最大值为 $L_0(\hat\theta_0)$ ; $\hat\vartheta$ 是参数 $\vartheta$ 在空间 $\Theta_1$ 上的最大似然估计,相应的子空间 $\Theta_1$ 上似然函数最大值为 $L_1(\hat\vartheta)$ .

(3)确定拒绝域. 由于似然函数可以理解为样本出现的概率,当似然比 $\lambda$ 比较大时,说明分子部分大于分母部分,即样本来自 $f_1(x;\vartheta)$ 的概率更高,所以拒绝原假设,拒绝域为

$$W=\{(x_1,x_2,\cdots,x_n):\lambda(x_1,x_2,\cdots,x_n)\geqslant\lambda_\alpha\} \tag{5.4.9}$$

式中, $\lambda_\alpha$ 为临界值,由似然比 $\lambda$ 的分布与给定的显著性水平 $\alpha$ 共同确定.

(4)做出判决. 对于 $(X_1,X_2,\cdots,X_n)$ 的一组观测值 $(x_1,x_2,\cdots,x_n)$ ,若 $(x_1,x_2,\cdots,x_n)\in W$ ,则拒绝 $H_0$ ,否则只能接受 $H_0$ ,即检验规则为

$$\begin{cases}\lambda(x_1,x_2,\cdots,x_n)\geqslant\lambda_\alpha,拒绝 H_0\\\lambda(x_1,x_2,\cdots,x_n)<\lambda_\alpha,不拒绝 H_0\end{cases}$$

对于给定的显著性水平 $\alpha$ ,要求临界值 $\lambda_\alpha$ 必须知道检验统计量 $\lambda$ 的分布,这是一件困难的事,没有一般的结论,只能针对具体的 $f_0(x;\theta)$ 和 $f_1(x;\vartheta)$ 进行讨论,予以解决.

**1. 基于似然比的正态分布和指数分布的模型选择**

有一个样本 $(X_1,X_2,\cdots,X_n)$ ,它可能来自正态分布,也可能来自两参数指数分布,现在基于似然比检验方法对模型进行选择.

(1)明确原假设和备择假设.

$$\left.\begin{array}{l}H_0:样本数据来自正态分布 N(\mu,\sigma^2)\\H_1:样本数据来自两参数指数分布 \mathrm{Exp}(a,b)\end{array}\right\} \tag{5.4.10}$$

(2)构造似然比.

$$\lambda = \frac{\max\limits_{a,b}\prod\limits_{i=1}^{n}\dfrac{1}{b}\mathrm{e}^{-\frac{x_i-a}{b}}}{\max\limits_{\mu,\sigma}\prod\limits_{i=1}^{n}\dfrac{1}{\sqrt{2\pi}\sigma}\mathrm{e}^{-\frac{(x_i-p)^2}{2\sigma^2}}} = \frac{\left(\dfrac{1}{\hat{b}}\right)^n \exp\left[-\dfrac{1}{\hat{b}}\sum\limits_{i=1}^{n}(x_i-\hat{a})\right]}{\left(\dfrac{1}{\sqrt{2\pi}\hat{\sigma}}\right)^n \exp\left[-\dfrac{1}{2\hat{\sigma}^2}\sum\limits_{i=1}^{n}(x_i-\hat{\mu})^2\right]} \tag{5.4.11}$$

式中, $\hat{a} = \min\limits_{1\leqslant i\leqslant n}x_i = x_{(1)}$ , $\hat{b} = \dfrac{1}{n}\sum\limits_{i=1}^{n}(x_i-x_{(1)})$ , $\hat{\mu} = \dfrac{1}{n}\sum\limits_{i=1}^{n}x_i$ , $\hat{\sigma}^2 = \dfrac{1}{n}\sum\limits_{i=1}^{n}(x_i-\bar{x})^2$ , 分别是未知参数 $a,b,\mu,\sigma^2$ 的极大似然估计. 将这些估计代入式(5.4.11)中, 并化简, 得似然比为

$$\lambda = \left[\frac{\sqrt{2\pi n\sum\limits_{i=1}^{n}(x_i-\bar{x})^2}}{\sum\limits_{i=1}^{n}(x_i-\bar{x})}\right]^n \mathrm{e}^{-\frac{n}{2}} = \sqrt{2\pi}\mathrm{e}^{-\frac{n}{2}}D^n \tag{5.4.12}$$

式中

$$D = D(x_1,x_2,\cdots,x_n) = \frac{\hat{\sigma}}{\hat{b}} = \frac{\sqrt{n\sum\limits_{i=1}^{n}(x_i-\bar{x})^2}}{\sum\limits_{i=1}^{n}(x_i-x_{(1)})} \tag{5.4.13}$$

根据式(5.4.12), $\lambda$ 是 $D$ 的严格单调递增函数, 所以" $\lambda > \lambda_a$ "等价于" $D > D_a$ ", $D_a$ 是检验的临界值, 统计量 $D$ 可以作为检验的统计量.

(3)确定拒绝域.

$$W = \{\lambda(x_1,x_2,\cdots,x_n) \geqslant \lambda_a\} \Leftrightarrow W = \{D(x_1,x_2,\cdots,x_n) \geqslant D_a\} \tag{5.4.14}$$

(4)做出判决. 对于 $(X_1,X_2,\cdots,X_n)$ 的一组观测值 $(x_1,x_2,\cdots,x_n)$ , 若 $(x_1,x_2,\cdots,x_n) \in W$ , 则拒绝 $H_0$ , 否则只能接受 $H_0$ , 即检验规则为

$$\begin{cases} D(x_1,x_2,\cdots,x_n) \leqslant D_a, 拒绝 H_0, 即相对正态分布, 此样本来自指数分布更为妥当 \\ D(x_1,x_2,\cdots,x_n) > D_a, 不拒绝 H_0, 即相对指数分布, 此样本来自正态分布更为妥当 \end{cases}$$

检验统计量 $D$ 的分布比较复杂, 很难获得临界值 $D_a$ 的表达式, 但是通过随机模拟, 可得其上侧分位数, 列于表5.4.1. 在表中, $g$ 是检验的功效, 表示在备择假设 $H_1$ 成立下拒绝原假设 $H_0$ 的概率, 即

$$g = P(D(x_1,x_2,\cdots,x_n) \geqslant D_a \mid H_1) = 1-\beta \tag{5.4.15}$$

式中, $\beta$ 为犯第Ⅱ类错误的概率.

**表5.4.1　对于假设式(5.4.10)检验的临界值及功效**

| 样本量 | 水平 | | | | | |
|---|---|---|---|---|---|---|
| | $\alpha = 0.01$ | | $\alpha = 0.05$ | | $\alpha = 0.1$ | |
| $n$ | $D_a$ | $g = 1-\beta$ | $D_a$ | $g = 1-\beta$ | $D_a$ | $g = 1-\beta$ |
| 10 | 1.01 | 0.39 | 0.87 | 0.65 | 0.80 | 0.77 |
| 15 | 0.88 | 0.65 | 0.77 | 0.86 | 0.72 | 0.93 |
| 20 | 0.80 | 0.86 | 0.71 | 0.96 | 0.67 | 0.98 |
| 25 | 0.76 | 0.94 | 0.68 | 0.99 | 0.64 | 0.99 |
| 30 | 0.72 | 0.98 | 0.65 | 1.00 | 0.61 | 1.00 |

**例 5.4.3**　测量 20 个某种产品的强度,得数据

35.15,44.62,40.85,45.32,36.08,38.97,32.48,34.36,38.05,26.84,

33.68,42.90,33.57,36.64,33.82,42.26,37.88,38.57,32.05,41.50

试问这批数据是来自正态总体,还是来自双参数指数分布总体(显著性水平 $\alpha = 0.10$ )?

**解**　假如这批数据来自正态总体 $f_0(x;\mu,\sigma^2)$ ,则可计算 $\mu$ 和 $\sigma^2$ 的极大似然估计为

$$\hat{\mu} = \bar{x} = 37.23, \quad \hat{\sigma}^2 = \frac{1}{n}\sum_{i=1}^{n}(x_i - \bar{x})^2 = (4.6)^2$$

假如这批数据来自双参数指数分布总体 $f_1(x;a,b)$ ,则可计算 $a$ 与 $b$ 的极大似然估计为

$$\hat{a} = x_{(1)} = 26.84, \quad \hat{b} = \frac{1}{n}\sum_{i=1}^{n}(x_i - x_{(1)}) = 10.39$$

所以原假设和备择假设为

$$\begin{cases} H_0: f(x) = f_0(x;\hat{\mu},\hat{\sigma}^2) \\ H_1: f(x) = f_1(x;\hat{a},\hat{b}) \end{cases}$$

计算检验统计量 $D$ 的观察值:

$$D = \frac{\hat{\sigma}}{\hat{b}} = \frac{4.6}{10.39} = 0.44$$

显著性水平 $\alpha = 0.10$ ,查表 5.4.1 可知 $D_{0.1} = 0.67$ ,因为 $D = 0.44 < D_\alpha = 0.67$ ,所以拒绝 $H_0$ ,接受 $H_1$ ,这意味着相对于双参数指数分布而言,认为产品的强度数据服从正态分布是妥当的.

由表 5.4.1 可见,对于 $n = 20$ ,此检验方法的功效 $g = 0.98$ ,即犯第 Ⅱ 类错误的概率只有 0.02,这是一个使用方便、效率又高的检验方法.此检验方法可以用于区分指数分布和正态分布,亦可用于区分指数分布和对数正态分布(只要将数据取对数后,再进行检验).

**2.基于似然比的对数正态分布和威布尔分布的模型选择**

(1)明确原假设和备择假设.

$$\left.\begin{array}{l} H_0:样本数据来自对数正态分布 \text{LN}(\mu,\sigma^2) \\ H_1:样本数据来自威布尔分布 \text{W}(m,\eta) \end{array}\right\} \tag{5.4.16}$$

(2)构造似然比.

$$\lambda = \frac{\max\limits_{m,\eta}\prod\limits_{i=1}^{n}\frac{m}{\eta}\left(\frac{x_i}{\eta}\right)^{m-1}\exp\left[-\left(\frac{x_i}{\eta}\right)^m\right]}{\max\limits_{\mu,\sigma}\prod\limits_{i=1}^{n}\frac{1}{\sqrt{2\pi}\sigma x_i}\exp\left[-\frac{(\ln x_i - \mu)^2}{2\sigma^2}\right]} = \frac{\left(\frac{\hat{m}}{\hat{\eta}}\right)^n\prod\limits_{i=1}^{n}\left(\frac{x_i}{\hat{\eta}}\right)^{\hat{m}-1}\exp\left[-\left(\frac{x_i}{\hat{\eta}}\right)^{\hat{m}}\right]}{\left(\frac{1}{\sqrt{2\pi}\hat{\sigma}}\right)^n\prod\limits_{i=1}^{n}\frac{1}{x_i}\exp\left[-\frac{(\ln x_i - \hat{\mu})^2}{2\hat{\sigma}^2}\right]}$$

$$\tag{5.4.17}$$

式中, $\hat{\mu} = \frac{1}{n}\sum_{i=1}^{n}\ln x_i$ , $\hat{\sigma}^2 = \frac{1}{n}\sum_{i=1}^{n}(\ln x_i - \hat{\mu})^2$ ,分别是未知参数 $\mu,\sigma^2$ 的极大似然估计. $\hat{m},\hat{\eta}$ 是威布尔分布中两个位置参数 $m,\eta$ 的极大似然估计,它们无分析表达式,可用数值方法对方程组

$$\left.\begin{array}{l} \hat{\eta}^{\hat{m}} = \frac{1}{n}\sum_{i=1}^{n}x_i^{\hat{m}} \\ \sum_{i=1}^{n}x_i^{\hat{m}}\ln x_i - \frac{1}{\hat{m}}\sum_{i=1}^{n}x_i^{\hat{m}} = \frac{1}{n}\left(\sum_{i=1}^{n}\ln x_i\right)\left(\sum_{i=1}^{n}x_i^{\hat{m}}\right) \end{array}\right\} \tag{5.4.18}$$

迭代求解. 将参数的极大似然估计 $\hat{\mu},\hat{\sigma}^2,\hat{m},\hat{\eta}$ 代入似然比(5.4.17),并化简得

$$\lambda = \frac{\prod\limits_{i=1}^{n} f_1(x_i;\hat{m},\hat{\eta})}{\left(\dfrac{1}{\sqrt{2\pi}\hat{\sigma}}\right)^n \prod\limits_{i=1}^{n} \dfrac{1}{x_i}\exp\left[-\dfrac{\sum\limits_{i=1}^{n}(\ln x_i-\hat{\mu})^2}{\dfrac{2}{n}\sum\limits_{i=1}^{n}(\ln x_i-\hat{\mu})^2}\right]} = (2\pi e\hat{\sigma}^2)^{\frac{n}{2}}\prod_{i=1}^{n} x_i f_1(x_i;\hat{m},\hat{\eta}) = D^n$$

$$(5.4.19)$$

式中, $f_1(x_i;\hat{m},\hat{\eta})$ 是威布尔分布 $W(\hat{m},\hat{\eta})$ 的密度函数在 $(x_1,x_2,\cdots,x_n)$ 处的值,而

$$D = \lambda^{1/n} = (2\pi e\hat{\sigma}^2)^{\frac{1}{2}}\left[\prod_{i=1}^{n} x_i f_1(x_i;\hat{m},\hat{\eta})\right]^{1/n} \qquad (5.4.20)$$

所以 $\lambda$ 是 $D$ 的严格单调递增函数,所以" $\lambda>\lambda_\alpha$ "等价于" $D>D_\alpha$ ", $D_\alpha$ 是检验的临界值,统计量 $D$ 可以作为检验的统计量.

(3)确定拒绝域.
$$W = \{\lambda(x_1,x_2,\cdots,x_n)\geqslant\lambda_\alpha\}\Leftrightarrow W = \{D(x_1,x_2,\cdots,x_n)\geqslant D_\alpha\} \qquad (5.4.21)$$

(4)做出判决. 对于 $(X_1,X_2,\cdots,X_n)$ 的一组观测值 $(x_1,x_2,\cdots,x_n)$ ,若 $(x_1,x_2,\cdots,x_n)\in W$ ,则拒绝 $H_0$ ,否则只能接受 $H_0$ ,即检验规则为

$\begin{cases} D(x_1,x_2,\cdots,x_n)\geqslant D_\alpha, \text{拒绝 } H_0, \text{即相对于对数正态分布,此样本来自威布尔分布更为妥当} \\ D(x_1,x_2,\cdots,x_n)< D_\alpha, \text{不拒绝 } H_0, \text{即相对于威布尔分布,此样本来自对数正态分布更为妥当} \end{cases}$

通过随机模拟方法,可得建议统计量 $D$ 的上侧 $\alpha$ 分位数,列于表5.4.2. 在表中, $g=1-\beta$ 是检验的功效,表示在备择假设 $H_1$ 成立下拒绝原假设 $H_0$ 的概率, $\beta$ 是犯第二类错误的概率.

**表 5.4.2 对于检验(5.4.16)的临界值 $D_\alpha$ 及功效 $g$**

| 样本量 | 水平 | | | | | | | |
|---|---|---|---|---|---|---|---|---|
| | $\alpha=0.2$ | | $\alpha=0.1$ | | $\alpha=0.05$ | | $\alpha=0.01$ | |
| $n$ | $D_\alpha$ | $g=1-\beta$ | $D_\alpha$ | $g=1-\beta$ | $D_\alpha$ | $g=1-\beta$ | $D_\alpha$ | $g=1-\beta$ |
| 20 | 1.015 | 0.75 | 1.038 | 0.61 | 1.082 | 0.48 | 1.144 | 0.22 |
| 30 | 0.995 | 0.86 | 1.020 | 0.75 | 1.044 | 0.63 | 1.095 | 0.39 |
| 40 | 0.984 | 0.93 | 1.007 | 0.85 | 1.028 | 0.76 | 1.070 | 0.53 |
| 50 | 0.976 | 0.96 | 0.998 | 0.91 | 1.014 | 0.83 | 1.054 | 0.63 |

**例 5.4.4** 要判定一批球轴承的使用寿命是威布尔分布还是对数正态分布. 为此从这批球轴承中任取 23 个进行寿命试验,得数据如下(单位:百万转):(显著性水平 $\alpha=0.1$)

17.88　28.92　33.00　41.52　42.12　45.60　48.48　51.84　51.96
54.12　55.56　67.80　68.64　68.64　68.88　84.12　93.12　98.64
105.12　105.84　127.92　128.04　173.40

**解** 假如这批数据来自对数正态总体 $f_0(x;\mu,\sigma^2)$ ,则可计算 $\mu$ 和 $\sigma^2$ 的极大似然估计为

$$\hat{\mu} = \frac{1}{n}\sum_{i=1}^{n}\ln x_i = 4.15, \quad \hat{\sigma}^2 = \frac{1}{n}\sum_{i=1}^{n} f(\ln x_i-\hat{\mu})^2 = 0.272$$

假如这批数据来自威布尔分布 $f_1(x;m,\eta)$，则可计算 $m$ 和 $\eta$ 的极大似然估计为

$$\hat{m} = 2.102, \hat{\eta} = 81.88$$

然后确定原假设和备择假设

$$\begin{cases} H_0 : f(x) = f_0(x;\mu,\sigma^2) \\ H_1 : f(x) = f_1(x;m,\eta) \end{cases}$$

将参数的极大似然估计 $\hat{\mu}$，$\hat{\sigma}^2$，$\hat{m}$，$\hat{\eta}$ 代入检验统计量 $D$ 中，有

$$D = [2\pi\mathrm{e} \times 0.272]^{\frac{1}{2}} \Big[ \prod_{i=1}^{23} x_i f_1(x_i; 2.102, 81.88) \Big]^{\frac{1}{23}} = 0.976$$

显著性水平 $\alpha = 0.1$，查表 5.4.2，在 $n = 20$，$n = 30$ 这两行的不同显著性水平下的 $D_\alpha$ 都比 $D = 0.976$ 大，即 $D < D_\alpha$，没有落在拒绝域，接受原假设 $H_0$，所以，相对威布尔分布而言，对数正态分布是球轴承的使用寿命分布更为妥当.

## 5.5 成败型产品的可靠性假设检验

### 5.5.1 成败型产品的假设检验

对于成败型产品，人们一般关心批产品的不合格率 $p$ 的大小，因此，成败型产品的检验问题通常可归结为如下 3 个检验问题：

Ⅰ. $H_0 : p \leqslant p_0$，$\quad H_1 : p > p_0$；

Ⅱ. $H_0 : p \geqslant p_0$，$\quad H_1 : p < p_0$；

Ⅲ. $H_0 : p = p_0$，$\quad H_1 : p \neq p_0$.

为了检验上述 3 个假设检验问题，需要对批产品进行抽样试验. 设批产品共有 $N$ 个，其中不合格个数有 $D = Np$（$p$ 为不合格率）. 现从中随机抽取 $n$ 个样品进行检验，得到 $d$ 个产品不合格，显然批产品的不合格率 $p$ 的估计为

$$\hat{p} = \frac{d}{n} \tag{5.5.1}$$

在原假设 $H_0$ 成立下，即该批产品的不合格概率为 $p_0$ 时，其估计值 $\hat{p}$ 应该与 $p_0$ 相差不大，否则，应该认为该批产品的不合格概率不为 $p_0$，即认为原假设不成立. 因此，对于上式 3 个检验问题，相应的拒绝域分别为

Ⅰ. $W = \{\hat{p} > c_1\} = \{d > c\}$；

Ⅱ. $W = \{\hat{p} < c_1\} = \{d < c\}$；

Ⅲ. $W = \{|\hat{p} - p_0| > c_1\} = \{|d - np_0| > c\}$.

为了确定上述检验问题的临界值，以检验问题 Ⅰ 为例进行分析. 为确定临界值 $c$，首先需要确定检验的势函数 $g(p) = P\{d > c \mid p\}$. 在势函数 $g(p)$ 已知的情况下，检验的犯第 Ⅰ 类错误的概率为 $g(p_0) = P\{d > c \mid p_0\}$. 给定显著性水平 $\alpha$，可以利用势函数确定临界值 $c$，即解

$$g(p_0) = P\{d > c \mid p_0\} = \alpha \tag{5.5.2}$$

可得到临界值 $c$. 需注意的是，由于临界值 $c$ 只取正整数，因此，式(5.5.2)一般不能严格成立. 在实际解式(5.5.2)时只需求近似解.

### 5.5.2 检验势函数的计算

制定检验准则的关键是求出检验的势函数. 对于成败型产品, 其检验势函数需要根据产品的批量大小和抽样量来确定, 其势函数的计算方法不相同. 以下仅以检验问题

$$H_0: p = p_0 \leftrightarrow H_1: p > p_0$$

为例, 说明检验势函数的计算方法.

1. 用超几何分布计算势函数

当产品的批量为 $N$, 不合格概率为 $p$, 批产品中不合格品的个数为 $D = Np$. 现从该批产品中随机抽取 $n$ 个产品, 则抽取到的不合格产品个数 $d$ 服从超几何分布, 即

$$P(d = i) = \frac{C_D^i C_{N-D}^{n-i}}{C_N^n}, \quad i = 0, 1, 2, \cdots, \min(n, D) \tag{5.5.3}$$

当拒绝域为 $W = \{d > c\}$ 时, 其势函数为

$$g(p) = P(d > c \mid p) = 1 - P(d \leqslant c \mid p) = 1 - \sum_{i=0}^{c} \frac{C_D^i C_{N-D}^{n-i}}{C_N^n} \tag{5.5.4}$$

当产品批量 $N$ 不太大时, 上述势函数的计算是十分方便的. 但是当 $N$ 较大时, 用超几何分布计算势函数的工作量十分大. 实际上当批量 $N$ 很大, 抽样量 $n$ 相对较小时, 上述不返回抽样可以近似看成有返回的抽样, 于是势函数就可以利用二项分布近似计算.

2. 用二项分布计算势函数

当 $N$ 较大, 抽样量 $n$ 较小时, 可以近似认为抽取到的不合格产品个数服从二项分布 $B(n, p)$, 此时, 检验的势函数可表示为

$$g(p) = P(d > c \mid p) = 1 - P(d \leqslant c \mid p)$$
$$= 1 - \sum_{i=0}^{c} C_n^i p^i (1-p)^{n-i} \tag{5.5.5}$$

3. 用泊松分布计算势函数

当抽样量 $n$ 较大时, 用二项分布计算势函数仍较麻烦. 为了简便计算势函数, 可以利用泊松分布对势函数的计算进行近似. 由泊松定理可知: 当 $n$ 较大且不合格概率 $p$ 较小时, 势函数可近似为

$$g(p) = P(d > c \mid p) = 1 - P(d \leqslant c \mid p)$$
$$= 1 - \sum_{i=0}^{c} \frac{\lambda^i}{i!} e^{-\lambda} = 1 - \int_{2np}^{+\infty} \chi^2(x, 2c+2) dx \tag{5.5.6}$$

式中, $\lambda = np$, $\chi^2(x, 2c+2)$ 是自由度为 $2c+2$ 的 $\chi^2$ 分布的密度函数.

**例 5.5.1** 对批量为 200 的产品进行验收试验. 现随机抽取 20 个样品进行试验, 发现 1 个不合格, 问在显著性水平 $\alpha = 0.1$ 下, 能否认为该产品的不合格概率小于 0.1.

**解** 所需要检验的问题是 $H_0: p \leqslant 0.1 \leftrightarrow H_1: p > 0.1$. 在选取不合格个数作为检验统计量时, 其拒绝原假设的区域是 $W = \{d > c\}$. 由于在原假设成立的条件下, 不合格品个数为 $D = 20$, 其势函数为

$$g(p) = P\{d > c \mid p\} = 1 - \sum_{i=0}^{c} \frac{C_D^i C_{N-D}^{n-i}}{C_N^n}$$

在给定显著性水平为 0.1 的条件下, 解下面等式:

$$\sum_{i=0}^{c} \frac{C_{20}^i C_{180}^{20-i}}{C_{200}^{20}} \geqslant 0.9$$

利用试算法解上述方程,由于

$$\sum_{i=0}^{2} \frac{C_{20}^{i} C_{180}^{20-i}}{C_{200}^{20}} = 0.8778, \quad \sum_{i=0}^{3} \frac{C_{20}^{i} C_{180}^{20-i}}{C_{200}^{20}} = 0.9655$$

由此可见,当显著性水平为 0.1 时的拒绝域为 $W = \{d > 2\}$. 由于 $d = 1$,应不拒绝原假设,即不能认为该批产品的不合格概率大于 0.1.

### 5.5.3　广义似然比检验

本节将以检验问题 $H_0: p = p_0 \leftrightarrow H_1: p \neq p_0$ 为例研究成败型产品检验的广义似然比检验方法,并通过分析检验问题 $H_0: p \leqslant p_0 \leftrightarrow H_1: p > p_0$ 的广义似然比检验,说明采用广义似然比检验方法时应注意的问题.

(1)检验 $H_0: p = p_0 \leftrightarrow H_1: p \neq p_0$. 针对检验问题 $H_0: p = p_0 \leftrightarrow H_1: p \neq p_0$,其不合格概率 $p$ 的变化范围为 $\Theta_0 = (0,1)$,在原假设成立时不合格概率的变化范围是 $\Theta_0 = \{p_0\}$. 若随机抽取 $n$ 个样品进行试验,发现有 $s$ 个样品合格, $d = n - s$ 个样品不合格. 由于产品为成败型产品,则试验数据 $(n,s)$ 的似然函数为

$$L(d,p) = C_n^d p^d (1-p)^s \tag{5.5.7}$$

由 5.4 节可得到广义似然比为

$$\lambda(d) = \frac{\max\limits_{p \in [p_0,1)} L(d,p)}{\max\limits_{p_0} L(d,p)} = \left(\frac{\hat{p}}{p_0}\right)^d \left(\frac{1-\hat{p}}{1-p_0}\right)^s \tag{5.5.8}$$

其中, $\hat{p} = d/n$ 为产品不合格概率 $p$ 的极大似然估计. 由此可得到检验的拒绝域为

$$W = \{\lambda(d) > c\}$$

为了对上述拒绝域进行简化,容易证明函数

$$f(x) = x(\ln x - \ln p_0) + (1-x)[\ln(1-x) - \ln(1-p_0)]$$

在 $(0,1)$ 上是凸函数,且在 $p_0$ 处取得最小值. 因此,对于上述拒绝域 $W$,存在常数 $c_1$,使得

$$W = \{\lambda(d) > c\} = \{\ln \lambda(d) > c\}$$
$$= \left\{ \hat{p}(\ln \hat{p} - \ln p_0) + (1-\hat{p})[\ln(1-\hat{p}) - \ln(1-p_0)] > \frac{1}{n} \ln c \right\}$$
$$= \{|\hat{p} - p_0| > c_1\}$$

由此可见,对于检验问题 $H_0: p = p_0 \leftrightarrow H_1: p \neq p_0$,利用广义似然比检验方法所得到检验拒绝域与点估计方法所得到的拒绝域是相同的.

(2)检验 $H_0: p \leqslant p_0 \leftrightarrow H_1: p > p_0$. 对检验问题 $H_0: p = p_0 \leftrightarrow H_1: p > p_0$,其不合格率 $p$ 的变化范围为 $\Theta = [p_0,1)$,当原假设成立时,不合格率的变化范围是 $\Theta_0 = \{p_0\}$. 若随机抽取 $n$ 个样品进行试验,发现有 $s$ 个样品合格, $d = n - s$ 个样品不合格. 此时,其试验数据的似然函数为式(5.5.7).

由于在不合格次数 $d$ 固定的情况下,似然函数 $L(d,p)$ 在区间 $(0,\hat{p}]$ 上单调递增,在区间 $(\hat{p},1)$ 上单调递减(其中 $\hat{p} = d/n$ 是 $p$ 的估计),则检验问题 $H_0: p = p_0 \leftrightarrow H_1: p > p_0$ 的广义似然比为

$$\lambda(d) = \frac{\max\limits_{p \in [p_0,1)} L(d,p)}{\max\limits_{p_0} L(d,p)} = \begin{cases} 1, & \hat{p} \leqslant p_0 \\ \left(\dfrac{\hat{p}}{p_0}\right)^d \left(\dfrac{1-\hat{p}}{1-p_0}\right)^s, & \hat{p} > p_0 \end{cases} \tag{5.5.9}$$

利用上述广义似然比,可得到检验问题 $H_0: p = p_0 \leftrightarrow H_1: p > p_0$ 的拒绝域为

$$W = \{\lambda(d) > c\} = \{\ln\lambda(d) > \ln c\}$$
$$= \left\{ \hat{p}\ln\left(\frac{\hat{p}}{p_0}\right) + (1-\hat{p})\ln\left(\frac{1-\hat{p}}{1-p_0}\right) > \frac{1}{n}\ln c, \hat{p} > p_0 \right\} = \{\hat{p} > c_1\}$$

由此可见,对于检验问题 $H_0 : p = p_0 \leftrightarrow H_1 : p > p_0$,利用广义似然比检验方法所得到检验拒绝域与点估计方法所得到的检验拒绝域是相同的.

## 5.6 指数分布的假设检验

### 5.6.1 指数分布的参数检验

1.单个指数分布的情形

设产品寿命 $X$ 服从指数分布,其密度函数为

$$f(x) = \frac{1}{\theta}e^{-x/\theta}, \quad x \geqslant 0 \tag{5.6.1}$$

式中,$\theta$ 是未知参数,表示产品的平均寿命.实际中常对平均寿命 $\theta$ 考虑以下 3 种假设检验问题.

$$\begin{aligned} &\text{I} . H_0 : \theta \leqslant \theta_0, \quad H_1 : \theta > \theta_0 \\ &\text{II} . H_0 : \theta \geqslant \theta_0, \quad H_1 : \theta < \theta_0 \\ &\text{III} . H_0 : \theta = \theta_0, \quad H_1 : \theta \neq \theta_0 \end{aligned} \tag{5.6.2}$$

对于定数截尾样本 $x_1 \leqslant x_2 \leqslant \cdots \leqslant x_r$,$\theta$ 的极大似然估计为

$$\hat{\theta} = \frac{1}{r}\left[\sum_{i=1}^{r} x_i + (n-r)x_r\right]$$

由第 3 章有关结论可知,在原假设 $H_0$ 成立下,统计量为

$$\chi_r^2 = \frac{2r\hat{\theta}}{\theta_0} \sim \chi^2(2r) \tag{5.6.3}$$

可见,统计量 $\chi_r^2$ 可作为检验统计量,根据不同的备择假设,上述 3 种检验问题的拒绝域分别为

$$\begin{aligned} W_{\text{I}} &= \{\chi^2 \geqslant \chi_{1-\alpha}^2(2r)\} \quad (\text{见图 } 5.6.1(a)) \\ W_{\text{II}} &= \{\chi^2 \leqslant \chi_{\alpha}^2(2r)\} \quad (\text{见图 } 5.6.1(b)) \\ W_{\text{III}} &= \{\chi^2 \leqslant \chi_{\alpha/2}^2(2r) \text{ 或 } \chi^2 \geqslant \chi_{1-\alpha/2}^2(2r)\} \quad (\text{见图 } 5.6.1(c)) \end{aligned} \tag{5.6.4}$$

式中,$\alpha(0 < \alpha < 1)$ 是事先给定的显著性水平,$\chi_{\alpha/2}^2(\cdot)$,$\chi_{1-\alpha/2}^2(\cdot)$ 为卡方分布分位数.

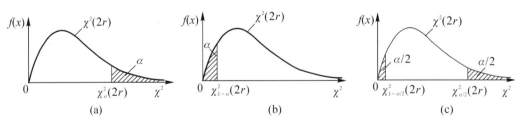

图 5.6.1 指数分布平均寿命三种检验问题的拒绝域

注:实际中还会遇到另一类单侧检验问题,如

$$\text{I}' : H_0 : \theta = \theta_0, \quad H_1 : \theta > \theta_0$$

与检验问题 I 有相同的拒绝域,这是因为检验问题 I 与 I′ 有相同的备择假设,而不同的原假设 $\theta = \theta_0$ 与 $\theta < \theta_0$ 导致犯第 I 类错误的概率都不超过 $\alpha$,故都是水平为 $\alpha$ 的检验. 类似地,检验问题

$$II' : H_0 : \theta = \theta_0, \quad H_1 : \theta < \theta_0$$

与检验问题 II 也有相同的拒绝域. 因此以后不另行讨论检验问题 I′ 和 II′,而把它们分别归入检验问题 I 和 II 中.

**例 5.6.1** 某台计算机在使用 2 725 h 时出现第一次故障,若设该计算机无故障连续工作时间 $X$ 服从指数分布 $E\exp(1/\theta)$,该计算机平均无故障工作时间 $\theta$ 是否已超过原设定时间 2 000 h?

**解** 在此问题中数据是 $n = 1$ 和 $r = 1$,总试验时间 $T_r = 2\ 725$ h,要检验的假设为

$$H_0 : \theta \leqslant 2\ 000, \quad H_1 : \theta > 2\ 000$$

若给定显著性水平 $\alpha = 0.05$,该检验问题的拒绝域 $W = \{\chi^2 \geqslant \chi_\alpha^2(2r)\}$,其中临界值为

$$\chi_\alpha^2(2r) = \chi_{0.05}^2(2) = 5.99$$

而检验统计量的值为

$$\chi_r^2 = \frac{2T_r}{\theta_0} = \frac{2 \times 2\ 725}{2\ 000} = 2.725$$

由于 $\chi_r^2 < \chi_{0.05}^2(4)$,故该样本未落入拒绝域内,不应拒绝原假设 $H_0 : \theta \leqslant 2\ 000$,即该计算机平均无故障工作时间 $\theta$ 没超过原设定时间 2 000 h.

**2. 两个指数分布的情形**

设有两批产品,第 $i$ 批产品的寿命 $X_i$ 服从指数分布 $E\exp(1/\theta_i)$,$i = 1, 2$. 实际中常需对如下三类检验问题做出判断.

$$
\begin{aligned}
&\text{I}. \quad H_0 : \theta_1 \leqslant \theta_2, \quad H_1 : \theta_1 > \theta_2 \\
&\text{II}. \quad H_0 : \theta_1 \geqslant \theta_2, \quad H_1 : \theta_1 < \theta_2 \\
&\text{III}. \quad H_0 : \theta_1 = \theta_2, \quad H_1 : \theta_1 \neq \theta_2
\end{aligned}
\tag{5.6.5}
$$

如今从每个指数总体中各获得一个定数截尾样本

$$x_{i1} \leqslant x_{i2} \leqslant \cdots \leqslant x_{ir_i}, \quad i = 1, 2$$

其样本量分别为 $n_1$ 与 $n_2$,截尾数分别为 $r_1$ 与 $r_2$,总试验时间为 $T_{ir} = \sum_{j=1}^{r_1} x_{ij} + (n_i - r_i) x_{ir_i}$.

在第 3 章中已证明:

$$\chi_i^2 = \frac{2r_i T_{ir}}{\theta_i} \sim \chi^2(2r_i), \quad i = 1, 2$$

由于两个截尾样本是相互独立的,故在 $H_0$ 成立下其商服从 $F$ 分布,即

$$F = \frac{\chi_1^2/2r_1}{\chi_2^2/2r_2} = \frac{T_1 r_1/r_1}{T_2 r_2/r_2} = \frac{\hat{\theta}_1}{\hat{\theta}_2} \sim F(2r_1, 2r_2) \tag{5.6.6}$$

故 $F$ 可作为检验统计量,对给定的显著性水平 $\alpha$,根据不同的备择假设,上述三种检验问题的拒绝域分别为

$$
\left.
\begin{aligned}
&W_{\text{I}} = \{F \geqslant F_\alpha(2r_1, 2r_2)\} \\
&W_{\text{II}} = \{F \leqslant F_{1-\alpha}(2r_1, 2r_2)\} \\
&W_{\text{III}} = \{F \leqslant F_{1-\alpha/2}(2r_1, 2r_2) \text{ 或 } F \geqslant F_{\alpha/2}(2r_1, 2r_2)\}
\end{aligned}
\right\}
\tag{5.6.7}
$$

其中诸 $F$ 分布的分位数,可查 $F$ 分布的分位数表获得.

**例 5.6.2** 某型号的两批电子产品的寿命分布为指数分布,现从中各抽 50 个做定数截尾寿命试验,第一个样本做到有 6 个产品失效时试验停止,由试验数据计算得到平均寿命 $\hat{\theta}_1 = 2 \times 10^5$ h.第二个样本做到有 7 个产品失效时试验停止.由试验数据计算得 $\hat{\theta}_2 = 5.5 \times 10^5$ h,能否认为第二批产品的平均寿命高于第一批产品?

**解** 在这个问题中涉及两个总体和两个定数截尾样本,其中 $n_1 = n_2 = 50$,$r_1 = 6$,$r_2 = 7$,平均寿命的极大似然估计为 $\hat{\theta}_1 = 2 \times 10^5$h,$\hat{\theta}_2 = 5.5 \times 10^5$h.要检验的一对假设如下:

$$H_0:\theta_1 = \theta_2, \quad H_1:\theta_1 < \theta_2$$

由此可选用检验统计量 $F$,其观察值为

$$F = \frac{\hat{\theta}_1}{\hat{\theta}_2} = \frac{2 \times 10^5}{5.5 \times 10^5} = 0.364$$

若给定显著性水平 $\alpha = 0.05$,则其拒绝域为

$$W = \{F \leqslant F_{0.95}(12,14)\}$$

其 $F$ 分布分位数 $F_{0.95}(12,14)$ 可通过如下公式获得:

$$F_p(f_1,f_2) = 1/F_{1-p}(f_2,f_1)$$

如 $p = 0.05$ 时,查 $F$ 分布分位数表,可得

$$F_{0.95}(12,14) = 1/F_{0.05}(14,12) = 1/2.64 = 0.379$$

由此可得该检验问题的拒绝域 $W = \{F \leqslant 0.379\}$.

如今算得检验统计量 $F = 0.364$ 落在拒绝域 $W$ 内,故应拒绝原假设 $H_0:\theta_1 = \theta_2$,这表明:第二批产品的平均寿命在显著性水平 $\alpha = 0.05$ 下,可以认为高于第一批产品.

### 5.6.2 指数分布的非参数检验

假设产品寿命 $X$ 的分布函数为 $F(x)$,检验该产品寿命是否为指数分布,即检验假设

$$H_0:F(x) = 1 - \mathrm{e}^{-x/\theta} \tag{5.6.8}$$

其中,$\theta$ 为平均寿命,是未知参数.

1.卡方拟合检验

为检验假设(5.6.8),从一批产品中抽取 $n$ 个样本进行寿命试验,得定时截尾样本 $x_1 \leqslant x_2 \leqslant \cdots \leqslant x_r \leqslant \tau$,或定数截尾样本 $x_1 \leqslant x_2 \leqslant \cdots \leqslant x_r$,$r$ 为失效数,计算每次失效发生时的累积试验时间为

$$T_k = \sum_{i=1}^{k} x_i + (n-k)x_k, \quad k = 1,2,\cdots,r$$

定数(或定时)截尾试验的总试验时间为

$$T^* = \begin{cases} \sum_{i=1}^{r} x_i + (n-r)\tau, & \text{定时截尾试验} \\ \sum_{i=1}^{r} x_i + (n-r)x_r, & \text{定数截尾试验} \end{cases}$$

为检验假设(5.6.8),构造检验统计量为

$$\chi_d^2 = 2\sum_{k=1}^{d} \ln \frac{T^*}{T_k} \tag{5.6.9}$$

式中

$$d = \begin{cases} r-1, & \text{定数截尾试验或定时截尾试验中 } \tau = x_r \\ r, & \text{定时截尾试验中 } x_r < \tau \end{cases}$$

**定理 5.6.1**　在假设(5.6.8)成立情况下,检验统计量 $\chi_d^2$ 服从自由度为 $2d$ 的卡方分布,即

$$\chi_d^2 \sim \chi^2(2d) \tag{5.6.10}$$

利用指数分布的无记忆可证明上式.

由定理 5.6.1 可知,在假设(5.6.8)成立下,检验统计量 $\chi_d^2$ 的值一般不会太大,也不会太小.如果检验统计量 $\chi_d^2$ 的观察值太大,说明总试验时间 $T^*$ 比累积试验时间 $T_k(k=1,2,\cdots,r-1)$ 大,产品的失效率可能是递减的,而不是常数;如果检验统计量 $\chi_d^2$ 的观察值太小,说明总试验时间 $T^*$ 比累积试验时间 $T_k(k=1,2,\cdots,r-1)$ 小,产品的失效率是递增的,也不是常数.因此,给定显著性水平 $\alpha$,假设(5.6.8)的拒绝域为

$$W = \{\chi_d^2 \geqslant \chi_{\alpha/2}^2(2d) \text{ 或 } \chi_d^2 \leqslant \chi_{1-\alpha/2}^2(2d)\}$$

**例 5.6.3**　某厂近年生产的变容二极管质量一直很高,为进一步了解产品的可靠性水平,利用现有试验条件对该产品进行试验,在电压应力 $S=4\,\mathrm{V}$ 下投入 117 个样品进行定数截尾试验,截尾数 $r=4$,失效数据为

$$168 \quad 312 \quad 408 \quad 524$$

显著性水平 $\alpha=0.1$,试检验产品寿命是否服从指数分布.

**解**　利用卡方拟合检验方法,则对应的总试验时间及累积试验时间分别为

$$T_1 = 19\,656,\ T_2 = 36\,360,\ T_3 = 47\,400,\ T^* = 60\,624$$

则检验统计量的观察值为

$$\chi_d^2 = 2\sum_{i=1}^3 \ln\frac{T^*}{T_i} = 3.767\,2$$

由于试验定数截尾数为 $r=4$,则 $d=r-1=3$.显著性水平 $\alpha=0.1$,查卡方分布表,$\chi_{0.95}^2(6)=1.635$,$\chi_{0.05}^2(6)=12.591$,有 $\chi_{0.95}^2(6) < \chi_d^2 < \chi_{0.05}^2(6)$,故认为产品寿命服从指数分布.

卡方拟合检验方法功效较高,且适用范围广,它不仅适用于定数和定时截尾试验,而且还适用随机截尾试验数据等.但当失效数 $r$ 较大时,$\chi^2$ 拟合检验方法的计算较繁,这时常选用另一种计算较为方便、功效也很高的 $F$ 拟合检验方法.

2. $F$ 检验

为了检验假设(5.6.8),从这一批产品中任取 $n$ 个样品进行定数截尾试验,获得 $r$ 个失效数据 $x_1 \leqslant x_2 \leqslant \cdots \leqslant x_r$.记

$$s_1 = nx_1$$
$$s_2 = (n-1)(x_2 - x_1)$$
$$\cdots\cdots$$
$$s_r = (n-r+1)(x_r - x_{r-1})$$

在假设(5.6.8)成立下,在第 3 章已经证明,则 $s_1,s_2,\cdots,s_r$ 相互独立,且 $s_i \sim Exp(\lambda)(i=1,2,\cdots,r)$,则 $s_i/\theta \sim \chi^2(2)$,$i=1,2,\cdots,r$,记 $r_1=[r/2]$,这里 $[r/2]$ 为 $r/2$ 的整数部分.在假设 $H_0$ 成立的条件下,统计量

$$F = \frac{\frac{1}{2r_1}\sum_{i=1}^{r_1} s_i}{\frac{1}{2(n-r_1)}\sum_{i=r_1+1}^{r} s_i} \sim F(2r_1, 2(r-r_1)) \tag{5.6.11}$$

服从分子自由度为 $2r_1$,分母自由度为 $2(r-r_1)$ 的 $F$ 分布.

在原假设(5.6.8)成立下,检验统计量 $F$ 的取值不能太大,也不能太小. 如果 $F$ 的观察值 $\hat{F}$ 太小,即分子取值比分母小,前面 $r_1$ 个 $s_i(i=1,2,\cdots,r_1)$ 之和比后面 $r-r_1$ 个 $s_i(i=r_1+1, r_1+2,\cdots,r)$ 之和小,反映寿命试验中失效有增长的趋势,产品失效率可能是递减的,不是常数;相反,如果 $F$ 的观察值 $\hat{F}$ 太大,类似的理由,产品的失效率可能是递增的,也不是常数. 因此,对于给定显著性水平 $\alpha$,假设(5.6.8)的拒绝域为

$$W = \{\hat{F} \geqslant F_{\alpha/2}(2r_1, 2(r-r_1)) \text{ 或 } \hat{F} \leqslant F_{1-\alpha/2}(2r_1, 2(r-r_1))\}$$

式中,$F_{\alpha/2}(2r_1, 2(r-r_1))$ 可查 $F$ 分布表获得. $F$ 拟合检验方法计算较为简单,功效也较高,是一种常用的检验方法.

如在例 5.6.3 中也可以用 $F$ 检验方法进行检验. 此时可以算得其检验统计量 $\hat{F} = 1.498\,5$,在显著性水平 $\alpha = 0.1$ 时,查 $F$ 分布表 $F_{0.05}(4,4) = 6.388\,3$,$F_{0.95}(4,4) = 0.156\,5$,有 $F_{0.95}(4,4) < \hat{F} < F_{0.05}(4,4)$,故认为产品寿命服从指数分布.

## 5.7 基于信息量准则的模型选择方法

寿命分布模型很多,常见的如指数分布、威布尔分布、正态分布以及对数正态分布等. 对寿命试验数据,如何进行分布模型类型选择,成为统计分析中一个重要问题. 对某些实际的数据,有时会有多个分布模型都能通过模型检验,这时应该从中选取最适当的分布模型进行统计分析. 本节介绍寿命分布模型选择中的 3 种信息量准则.

### 5.7.1 AIC 信息量准则

AIC 信息量准则(Akaike Information Criterion,AIC)是衡量统计模型拟合优良性的一种标准,是由日本统计学家赤池弘次创立和发展的. AIC 准则是建立在熵的概念基础上的,可以权衡所估计模型的复杂度和模型拟合数据的优良性. 其定义:

$$\text{AIC} = -2\ln L(\hat{\theta}) + 2k \tag{5.7.1}$$

式中,$k$ 是统计模型中未知参数的个数;$L(\hat{\theta})$ 统计模型的似然函数的极大值.

AIC 的大小取决于似然函数 $L(\hat{\theta})$ 的值和模型参数的个数 $k$. 模型参数越少,即 $k$ 值越小,AIC 越小;当似然函数值 $L(\hat{\theta})$ 越大时,AIC 值越小. $k$ 小意味着模型简洁,$L(\hat{\theta})$ 越大意味着模型精确. 因此,AIC 准则在评价模型时,兼顾了模型的简洁性和精确性,选取 AIC 值最小的分布模型作为最优模型.

基于 AIC 准则进行寿命数据分布模型选择的一般步骤如下:

(1)根据常用寿命分布的性质及数据的初步整理,初步选取备选寿命分布,如指数分布、威布尔分布、正态分布和对数正态分布等.

(2)利用假设检验方法,如卡方拟合优度检验、KS 检验等方法,确定通过检验的一组可行的备选分布.

（3）分别求出可行备选寿命分布中参数的极大似然估计 $\hat{\theta}$.

（4）分别求出各个备选寿命分布的 AIC 值，选择 AIC 值最小的备选寿命分布模型，作为产品的寿命分布.

**例 5.7.1**　某单位对 20 只某型电容器进行了调查.其寿命数据如下所示（单位：年）：

$$11，11，11+，7+，7，4，4+，12+，3，13，13+，$$

$$13，13，16，15，15+，15，16，13，4$$

这里标记"+"的数据表示右截尾数据，比如"4+"指产品的寿命超过 4 年.试用上述分布选择方法，确定电容器寿命所服从的寿命分布类型.

**解**　首先选取一些常用寿命分布模型，这里选取指数分布、威布尔分布、正态分布及对数正态分布.

然后用给出分布模型参数的极大似然估计，估计结果列于表 5.7.1，最后根据公式（5.7.1），计算 AIC 值，AIC 值列于表 5.7.1 中

**表 5.7.1　AIC 信息量计算结果**

| 项目 | 指数分布 | 威布尔分布 | | 正态分布 | | 对数正态分布 | |
|---|---|---|---|---|---|---|---|
| 参数 $\theta$ | $\lambda$ | $m$ | $\eta$ | $\mu$ | $\sigma$ | $\mu$ | $\sigma$ |
| $\hat{\theta}$ | 0.064 8 | 2.973 9 | 13.691 7 | 12.271 2 | 4.652 8 | 2.443 6 | 0.585 5 |
| $\ln L(\hat{\theta})$ | $-52.307\ 1$ | $-44.853\ 8$ | | $-44.712\ 2$ | | $-47.718\ 8$ | |
| AIC | 106.614 2 | 93.707 6 | | 93.424 4 | | 99.423 6 | |

根据结果，比较 AIC 信息量值，发现正态分布的 AIC $= 93.424\ 4$ 是最小的，根据 AIC 信息量最小原则，选择正态分布作为本例中电容器的寿命分布.

## 5.7.2　BIC 信息量准则

尽管 AIC 在实际应用中比极大似然估计有更好的效果，但由于其"惩罚因子"权重始终为 2，即与它的样本容量无关，当备选充分模型具有相同的结构和参数时，AIC 信息准则便失去作用.所以，赤池弘次在 1976 年又提出了贝叶斯信息准则（Bayesian Information Criterion，BIC），也称为施瓦茨信息准则（Schwarz Information Criterion，SIC）.BIC 也是一种通过使用极大似然法估计模型的评价准则，并且运用准则的必要条件是样本量要足够大.其定义：

$$\text{BIC} = -2\ln L(\hat{\theta}) + k\ln(n) \tag{5.7.2}$$

式中，$k$ 是统计模型中未知参数的个数；$n$ 是寿命观测的个数，$L(\hat{\theta})$ 统计模型的似然函数的极大值.

BIC 计算步骤与 AIC 信息量准则分析步骤基本上都相同，只不过将计算 AIC 的式子换成 BIC.

**例 5.7.2**　利用 BIC 信息量准则对例 5.7.1 电容器寿命分布进行模型选择.

**解**　BIC 值的计算过程跟 AIC 值的计算类似.首先选取一些备选模型，这里同样选取指数分布、威布尔分布、正态分布和对数正态分布.

然后基于电容器寿命数据给出模型参数的极大似然估计,参数估计结果如表 5.7.1 所示.

最后将各分布函数的参数估计 $\hat{\theta}$ 和对数似然函数值 $L(\hat{\theta})$ 代入式(5.7.2),分别求出备选寿命分布的 BIC 值,列于表 5.7.2 中,

**表 5.7.2 BIC 信息量计算结果**

| 模型 | 指数分布 | 威布尔分布 | 正态分布 | 对数正态分布 |
|------|---------|-----------|----------|-------------|
| BIC | 107.609 9 | 95.699 0 | 95.415 9 | 101.415 0 |

根据结果,比较 BIC 信息量值,发现正态分布的 BIC = 95.415 9 是最小的,根据 BIC 信息量值最小原则,选择正态分布作为本例中电容器的寿命分布.

### 5.7.3 HQIC 信息量准则

Hannan - Quinn 信息量准则,简称 HQIC 信息量准则,由澳大利亚学者汉南(Hannan)和奎因(Quinn)提出. HQIC 信息准则的基本思路与 AIC 和 BIC 基本一致,其区别仅仅在于对新增参数损害预测精度的惩罚力度不同. 其计算式如下:

$$\text{BIC} = -2\ln L(\hat{\theta}) + k\ln(\ln(n)) \tag{5.7.3}$$

式中,$k$ 是统计模型中未知参数的个数;$n$ 是寿命观测的个数;$L(\hat{\theta})$ 统计模型的似然函数的极大值.

HQIC 计算步骤与 AIC 信息量准则分析步骤基本上都相同,只不过将计算 AIC 的式子换成 HQIC.

**例 5.7.3** 利用 BIC 信息量准则对例 5.7.1 电容器寿命分布进行模型选择.

**解** BIC 值的计算过程跟 AIC 值的计算类似. 首先选取一些备选模型,这里同样选取指数分布、威布尔分布、正态分布和对数正态分布.

然后基于电容器寿命数据给出模型参数的极大似然估计,参数估计结果见表 5.7.1.

最后将各分布函数的参数估计 $\hat{\theta}$ 和对数似然函数值 $L(\hat{\theta})$ 代入式(5.7.3),分别求出备选寿命分布的 HQIC 值,列于表 5.7.3 中,

**表 5.7.3 HQIC 信息量计算结果**

| 模型 | 指数分布 | 威布尔分布 | 正态分布 | 对数正态分布 |
|------|---------|-----------|----------|-------------|
| HQIC | 106.808 6 | 94.096 4 | 93.831 2 | 99.826 4 |

根据结果,比较 HQIC 信息量值,发现正态分布的 HQIC = 93.831 2 是最小的,根据 HQIC 信息量值最小原则,选择正态分布作为本例中电容器的寿命分布.

AIC、BIC、HQIC 三种信息量准则所遵循的统计思想是一致的,就是在考虑拟合程度的同时,依自变量个数施加"惩罚",但"惩罚"的力度有所区别. 它们对模型复杂度的惩罚强度由弱到强为 AIC < HQC < BIC. 对于已知样本,AIC 具有更好的拟合精度,BIC 具有更精简的模型结构,而 HQIC 则更加均衡.

另外,这 3 种信息量准则虽然可用于选择模型,但是需要注意的是,这些准则不能说明某个模型的精确度,只能说明某个模型在备选模型之中相对好而已. 例如有 3 个模型 A,B,C,在

运用这些信息量准则进行计算之后,我们知道 B 模型是 3 个模型中最好的,但是不能保证 B 这个模型就能够很好地刻画数据,因为很有可能这 3 个模型都是非常糟糕的,B 只是相对好而已.

# 习 题 5

5.1 某批元件进行寿命试验,得到失效时间(单位:h)为

8  68  210  170  3  52  281  69  124  37  252  9  26  129  4  162

经检验,指数分布、威布尔分布和对数正态分布均通过拟合优度检验,试用信息量准则 AIC 对该试验数据进行分布选择.

5.2 某元件寿命服从参数为 $\lambda$ 的指数分布,随机抽取 20 只元件进行定数截尾寿命试验,至 10 只失效时停止,结果为(单位:h)

20  50  640  640  750  890  970  1110  1660  2410

给定显著性水平 $\alpha = 0.05$,进行拟合优度检验验证元件寿命是否服从指数分布.

5.3 从某种绝缘材料中随机地抽取 $n = 19$ 只样品.在一定条件下进行寿命试验,其失效时间分别为(单位:h)

0.19  0.78  0.96  1.31  2.78  3.16  4.15  4.67  4.85  6.50

7.35  8.01  8.27  12.00  13.95  16.00  21.21  27.11  34.95

给定显著性水平 $\alpha = 0.05$,试检验其是否服从威布尔分布.

5.4 某厂生产的产品,抽取 19 个进行寿命试验,其寿命值分别为

1 015  1 072  1 100  1 123  1 145  1 170  1 175  1 190  1 196  1 205

1 212  1 220  1 238  1 245  1 260  1 269  1 277  1 290  1 360

使用柯尔戈洛夫检验,问其是否服从平均寿命 $\mu = 1\,100$ h,标准差 $\sigma = 200$ 的正态分布,取显著性水平 $\alpha = 0.1$.

5.5 对某种产品,随机抽取 60 个样品进行试验后,得到题表 1 所列的结果,请用皮尔逊 $\chi^2$ 检验判断其是否服从正态分布 $N(61.22, 21.45^2)$ 取显著性水平 $\alpha = 0.05$.

**题表 1**

| 序号 | 区间端点数 | 失效频数 | 序号 | 区间端点数 | 失效频数 |
|---|---|---|---|---|---|
| 1 | 0～36.75 | 7 | 4 | 69.75～86.25 | 12 |
| 2 | 36.75～53.25 | 16 | 5 | ≥86.25 | 8 |
| 3 | 53.25～69.75 | 17 | | | |

5.6 某批次 20 个产品的寿命数据为

35.64  27.47  27.22  29.54  33.34  20.07  27.03  32.42  37.03  41.37

35.13  40.95  29.20  31.52  43.74  27.95  30.78  17.92  23.91  32.17

给定显著性水平 $\alpha = 0.05$,试分析该批次产品寿命分布是指数分布,还是正态分布.

5.7 题表 2 给出了某型号称标容量为 100 $\mu$F 的电解电容 100 只的实际电容量的数据,

试确定该电解电容的电容量分布.

**题表 2**

| 容量范围 | 电容个数 | 容量范围 | 电容个数 |
|---|---|---|---|
| 101～102 | 1 | 108～109 | 17 |
| 102～103 | 2 | 109～110 | 11 |
| 103～104 | 3 | 110～111 | 9 |
| 104～105 | 3 | 111～112 | 10 |
| 105～106 | 7 | 112～113 | 3 |
| 106～107 | 16 | 113～114 | 4 |
| 107～108 | 13 | 114～115 | 1 |

5.8 由 10 台电机组成的机组进行工作,在 2 000 h 中有 5 台发生故障,其故障发生的时间为

$$1350 \quad 965 \quad 427 \quad 1753 \quad 665$$

试问此电机在 2 000 h 前发生故障的时间 $T$ 是否服从平均寿命为 1 500 h 的指数分布?

5.9 考察某台仪器的无故障工作时间 12 次,得数据如下:

$$28 \quad 42 \quad 54 \quad 92 \quad 138 \quad 159 \quad 169 \quad 181 \quad 210 \quad 234 \quad 236 \quad 265$$

试问该仪器无故障工作时间是否服从指数分布?

5.10 对 20 台电子设备进行 3 000 h 寿命试验,共发生 12 次故障,故障时间为

$$340 \quad 430 \quad 560 \quad 920 \quad 1\,380 \quad 1\,520$$
$$1\,660 \quad 1\,770 \quad 2\,100 \quad 2\,320 \quad 2\,350 \quad 2\,650$$

试问在显著性水平 $\alpha = 0.10$ 下,故障时间是否服从指数分布?

5.11 记录 20 只某型号滤波器在寿命试验中失效 12 个的失效时间数据:

$$543 \quad 843 \quad 1\,634 \quad 1\,734 \quad 1\,834 \quad 1\,934 \quad 2\,164.5$$
$$2\,292 \quad 2\,419.5 \quad 3\,176.5 \quad 3\,666.7 \quad 3\,833.4$$

检验其寿命分布是否为 $m = 1.5$ 的威布尔分布.

# 第6章 退化数据的可靠性分析

对于一些高可靠、长寿命产品而言,在有限时间内很难获得足够的失效数据,甚至没有失效数据,另外,对于一些价格昂贵的产品,获取足够的失效数据的经济成本过高甚至难以承受,因此也无法获得其足够的失效数据.这些情况的出现,使得以失效数据为基础的传统可靠性分析方法难以取得满意的结果.

鉴于此,基于性能退化数据的可靠性分析方法受到了越来越多的关注,该方法从产品的失效过程着手,首先选择与产品寿命和可靠性高度相关的特征量,通过定期检测获得不同时刻的检测数据,然后采用定量的数学模型刻画其随时间的变化规律,最后运用数理统计方法对产品的可靠性进行统计推断.因此,无论产品失效与否,只需定期对产品进行检测,获取退化数据,即可对产品的可靠性进行有效分析.因此,利用性能退化数据为产品的可靠性分析提供了新的途径,目前,基于性能退化数据的可靠性研究已经成为解决小子样、高可靠性与长寿命产品可靠性设计、分析、试验与估计等问题的关键技术之一.

## 6.1 基 本 概 念

### 6.1.1 退化型失效

在可靠性理论中,将产品丧失规定功能的现象称为失效(或故障).研究产品的可靠性问题,通常都是从其失效着手.根据产品丧失规定功能的形式,可以将产品的失效分为突发型失效和退化型失效两种类型.突发型失效是指产品在以往的工作或储存过程中,一直或基本保持所需要的功能,但在某一时刻突然完全丧失功能,则称这种现象为突发失效,如电容器的击穿、材料的断裂和白炽灯泡的灯丝断裂等.若产品在工作或储存过程中,产品的某些性能参数随时间的延长而逐渐缓慢的下降,直至达到无法正常工作的状态,则称这种现象为退化失效.如元器件电性能的衰退、光伏组件输出功率随使用时间增长而逐渐下降,机械元件的磨损、绝缘材料的老化和金属材料的腐蚀等.

对于突发型失效,其性能分为两种状态:正常和故障,正常状态产品完全具有相应功能,而故障状态产品功能完全丧失.记正常状态为 1,故障状态为 0,则产品的功能变化过程如图 6.1.1(a)所示.在 0 到 $T$ 这段时间,产品处于正常状态,完全具有良好功能,而在 $T$ 时刻瞬间跳转到 0 状态,产品从 $T$ 时刻开始处于故障状态,完全丧失功能,显然. $T$ 即为产品的寿命或失效时间.

对于退化型失效,其性能状态用产品的某一个或多个性能特征指标来刻画,性能指标值的大小反映产品功能的高低,并且随着时间的推移而逐步地发生变化.图 6.1.1(b)给出了性能指标随时间而逐渐递增的情形.

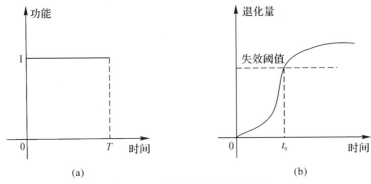

图 6.1.1　产品失效的两种形式

(a)突发型失效；(b)退化型失效

不同产品的失效形式不同,有的产品仅是突发型失效,有的仅是退化型失效,有的产品可能两种失效形式都有.传统的可靠性分析方法仅记录产品突发失效的时刻,通过对失效数据进行统计分析,以此获得产品的可靠性,在可靠性分析过程中并没有考虑产品性能退化过程中所包含的信息,而产品性能退化过程中包含着大量与产品失效有关的重要信息,利用这些信息对产品的退化过程进行分析,考虑产品失效与产品性能退化之间的关系对产品进行可靠性评定,将为我们在极少失效甚至是零失效的情况下进行可靠性评定,提供一种新的途径.这种分析方式在一定程度上克服了无失效数据给可靠性理论所带来的困扰,解决了一些利用传统可靠性分析方法无法解决或解决不好的工程问题,因此,利用性能退化数据进行可靠性研究具有重要的意义.

基于性能退化数据进行可靠性分析,涉及几个基本概念:性能特征量、失效阈值.下面分别进行阐述.

### 6.1.2　性能特征量

性能特征量是指反映产品功能发生变化的性能指标.在大多数实际问题中,表征规定功能的特性指标,其稳定性的变化趋势是上升或下降的,这反映了产品功能的退化过程.无论产品的性能特征量的值是下降还是上升,它所表示的都是产品功能的下降.性能特征量的选取是开展基于性能退化的可靠性建模与分析的前提.性能特征量可以分为以下 3 类：

(1)物理的,如频率、特征值、图像、光谱、色谱、铁粉含量等.

(2)结构的,如刚度、阻尼、裂纹尺寸、结构参数等.

(3)数学的,如各种统计量、特征值和特征向量等.

一般而言,性能退化量的选取需满足如下两个条件：

(1)有明确定义且能够直接或者间接监测到；

(2)该指标随着时间延长有明显的变化趋势,且能客观反映产品的性能状态.例如磨损可以选用厚度、质量或表面光滑度等不同指标来衡量.

但是,有的时候为建模方便,往往是直接以工程上关心的产品性能作为退化量,如电容器或蓄电池的容量、激光器对输出强度等.再者,对于有些产品,直接用测量的物理量作为其退化特征不合适,需要经过变换从中提取更本质的特征.例如,对转动部件常常需要从振动信号中提取频率特征,作为部件性能退化的特征量.

另外,有的产品可能存在多个物理量,这些物理量度量了产品不同方面的特征,而且存在比较复杂的相关性.此时可以选取多维性能特征量,进而进行建模分析;也可以通过适当的数据处理技术,进行降维和简化,如主成分分析、基于专家知识的选择、基于优化算法的筛选等,把高维的原始变量转化成低维的性能特征量,从而找出最有代表性的、最有效的特征,作为性能退化量.

### 6.1.3　失效阈值

失效阈值是指判定产品失效与否的临界值.产品在运行过程中,由于内外因素的长期作用,各种机械应力、化学应力、热应力等使产品性能发生变化.当参数变化超过允许值时,就认为产品失效,对应的时间即为产品的寿命(或失效时间),本书统一用 $D$ 表示退化失效阈值.

失效阈值可能是一个固定值,也可能是一个随机变量,需要由实际工程问题所决定,一般要求预先给定.有的时候,同一产品在不同使用环境下,其失效阈值是不同的,即失效值并非事先定义好的固定值;另外,对某些产品,失效阈值还具有认知不确定性,即由于人们认识能力的限制无法准确无误地确定失效阈值.因此,实际上基于退化过程的可靠性评估中,失效阈值的类型往往比较复杂.具体地,失效阈值可分为以下几类:

(1)绝对失效阈值:对于随着工作时间的延长,当特性参数值超过给定数值即进入失效状态的产品,称为绝对失效阈值.

(2)相对失效阈值:对于随着工作时间的延长,当特性参数值与初始特性参数值的比值超过给定数值即进入失效状态的产品,称为相对失效阈值.

(3)随机失效阈值:当判断产品失效的特性参数的临界值是通过随机变量的形式给出时,类似于模糊或其他不确定性情形,称为随机失效值.

(4)复合失效阈值:对于多元退化模型,各个特性参数的失效阈值的类型可能不同,有的为绝对失效阈值,有的为相对失效阈值,有的为随机失效阈值,这种情形称为复合失效阈值.

### 6.1.4　退化数据结构

在退化试验中,连续监测产品性能的退化过程是非常困难的,通常在试验过程中定时测试产品的性能特征的变化,由此测量得到的离散性能退化数据包含了大量关于产品性能退化及可靠性的有用信息.

假设在正常应力水平下,有 $n$ 个受试产品进行退化试验,分别在时刻

$$t_{i1},t_{i2},\cdots,t_{im_i},i=1,2,\cdots,n \tag{6.1.1}$$

对第 $i$ 个产品的性能特征量进行测量,假设检测是非破坏性的,即对产品进行检测不会造成产品失效.测得的性能退化量数据为

$$y_{i1},y_{i2},\cdots,y_{im_i},j=1,2,\cdots,m_i \tag{6.1.2}$$

式中,$y(t_{ij})=y_{ij}$.其性能退化数据结构见表 6.1.1.测试时不要求各个样本的测量时间一致,也不要求不同应力水平下的测量次数与测量时间一致.

#### 表 6.1.1 非破坏性检测性能退化数据结构

| 产品 | 测量时间与性能退化量 | | | |
|------|------|------|------|------|
| | $t_{i1}$ | $t_{i2}$ | $\cdots$ | $t_{im_i}$ |
| 1 | $y_{11}$ | $y_{12}$ | $\cdots$ | $y_{1m_1}$ |
| 2 | $y_{21}$ | $y_{22}$ | $\cdots$ | $y_{2m_2}$ |
| $\vdots$ | $\vdots$ | $\vdots$ | $\vdots$ | $\vdots$ |
| $n$ | $y_{n1}$ | $y_{n2}$ | $\cdots$ | $y_{nm_n}$ |

如果检测是破坏性的,即每次检测都会造成产品的失效. 此时,每个产品只有一次检测机会. 假设有 $n$ 个产品进行退化试验,进行了 $m$ 次破坏性检测,每次检测的产品数量为 $n_i(i=1,2,\cdots,m)$,且 $\sum\limits_{i=1}^{m} n_i = n$,所得到的破坏性的退化数据结构见表 6.1.2.

#### 表 6.1.2 破坏性检测性能退化数据结构

| 测量时间 | $t_1$ | $t_2$ | $\cdots$ | $t_m$ |
|------|------|------|------|------|
| 性能退化量 | $y_{11},y_{12},\cdots,y_{1n_1}$ | $y_{21},y_{22},\cdots,y_{2n_2}$ | $\cdots$ | $y_{m1},y_{m2},\cdots,y_{mn_m}$ |

### 6.1.5 基本步骤

从上述关于性能退化的概述中可以看出,对产品进行性能退化分析时,其中三要素是关键:产品性能特征的选取、性能退化模型、失效阈值. 一般情况下,只要给出这三个要素,就可以对产品进行性能退化分析. 具体的分析步骤如下:

1. 确定关键性能特征

为了能够有效掌握产品的性能状态,就必须合理选择与产品失效相关的性能特征量. 一般而言,产品的关键性能特征都是根据工程经验、任务要求以及失效机理进行综合考虑抉择的. 同时,针对研究目的不同,选择的性能特征也可能不同. 另外,在选取性能退化指标参数时,还应特别注意避免选取以下两类参数:①可逆性参数,该类参数一般对应力很敏感,应力一旦发生变化就紧随着改变,但这种变化只是瞬间的,小段时间后会自动恢复到原始状态,不能良好反映产品稳定的退化趋势;②突变型参数,该类参数一般不会随时间发生瞬间变化,但其值会在某观测点急剧突变,以此表征产品失效,这类参数同样不适合用于进行性能退化分析.

2. 确定产品的失效阈值

在产品的使用或储存过程中,应明确定义其性能状态是正常还是故障,即明确给定产品正常与故障的判定标准,这个标准即失效阈值. 确定退化量和失效阈值是退化失效的前期工作,需要根据产品规定功能来选取性能退化的失效阈值.

3.收集退化数据

根据选定的性能退化特征指标,检测、记录和收集与该性能特征指标相关的各类退化数据.各类数据包括可靠性试验检测数据、用户反馈的信息、历史检测的数据、同类型产品信息以及专家信息等.

4.建立退化失效模型

建立退化失效模型是基于性能退化数据进行可靠性分析的关键问题之一,退化模型的优劣直接影响到后续可靠性分析结果的正确与否、精度高低等.应根据产品的失效机理和退化数据进行综合考虑,合理建立相应的退化模型,从而合理有效地刻画产品的性能退化过程.

5.模型估计及可靠性统计推断

根据所建立的退化模型,利用所收集的各类退化数据对模型参数进行有效估计,并最终得出产品的可靠性评估结果.退化模型一般具有参数多、相关性复杂的特点,因此大部分时候很难直接对模型进行求解,通常可结合产品的退化规律,分步进行求解.

## 6.2　基于退化轨迹模型的可靠性分析

产品在使用过程中,受到环境和使用条件的影响,性能通常是按照一定的规律退化的.如果对产品在试验或使用过程中的性能进行定时监测,就可以得到产品在时间尺度上的一连串性能退化数据,通过回归方法拟合这些性能退化数据就可得到单个产品的性能退化轨迹.这条退化轨迹可以以时间为自变量的某种曲线来拟合,得到的退化轨迹在退化失效阈值线上对应一个时间点即伪失效寿命.最后根据失效数据的统计分析方法对伪失效寿命数据进行统计分析,得到产品的可靠性指标信息,这种方法称为基于退化轨迹的可靠性评估方法.

### 6.2.1　常见性能退化轨迹模型

在退化轨迹法中,一般选用具有稳定变化规律的轨迹函数,即单调递增或单调递减函数进行建模分析.常用的退化轨迹有两种,线性退化轨迹及非线性退化轨迹.

1.线性退化轨迹

性能特征量随时间的变化呈现线性趋势,即为线性退化轨迹.线性退化轨迹一般用来描述比较简单的退化过程,如汽车轮胎、火车轮轨的磨损等.假设 $Y(t)$ 表示产品在时刻 $t$ 的性能特征量.线性退化模型其退化量的变化率(称为退化率)为常数,即有

$$Y(t) = a + bt \tag{6.2.1}$$

式中,参数 $a$ 表征了产品性能特征量的初值,如果性能特征量在初始时刻为 0,则上式中 $a=0$.参数 $b$ 表征了性能特征量的退化速率.另外,这里的时间 $t$ 是广义的时间,是一个广义的概念,可以是具体的时间,也可以是行驶里程、工作次数或循环次数等,应根据具体产品特性而定.

有时尽管退化量 $Y(t)$ 不是时间的线性函数,但通过对 $Y(t)$ 作某种变换,或对时间 $t$ 作另变换后可得到线性关系.常见的这类模型如下:

$$\left.\begin{array}{l} \ln Y(t) = a + bt \\ Y(t) = a + b\ln t \\ \ln Y(t) = a + b\ln t \end{array}\right\} \tag{6.2.2}$$

2. 非线性退化轨迹

实际中,性能特征量随时间的变化更多的是非线性退化,其退化轨迹可表示为

$$Y(t) = f(t; \theta) \tag{6.2.3}$$

式中,$\theta$ 为模型未知参数,$f(t; \theta)$ 是时间 $t$ 的非线性函数.常见的非线性函数有幂函数模型、指数模型、双曲线函数模型、多项式函数模型、生长曲线函数模型 Gompertz 曲线函数模型等,其表达式如下:

幂函数模型: $\qquad Y(t) = a + bt^m \tag{6.2.4}$

指数函数模型: $\qquad Y(t) = a + b\exp(mt) \tag{6.2.5}$

双曲线函数模型: $\qquad Y(t) = a + \dfrac{b}{t} \tag{6.2.6}$

多项式函数模型: $\qquad Y(t) = a_0 + a_1 t + a_2 t^2 + \cdots + a_k t^k \tag{6.2.7}$

生长曲线函数模型: $\qquad Y(t) = a + \dfrac{b}{1 + c\exp(-mt)} \tag{6.2.8}$

Gompertz 曲线函数模型: $\qquad Y(t) = a + \exp(-b\exp(-mt)) \tag{6.2.9}$

### 6.2.2 基于性能退化轨迹模型的统计推断

假设在某一应力水平下,服从同一寿命分布产品样本的退化轨迹可以使用相同形式的曲线方程来进行描述.由于产品样本个体间的随机性,不同产品样本的退化曲线方程具有不同的方程系数.因此,这种随机波动使得产品的性能退化量到达预先设置的失效阈值所需要的时间(即产品的伪寿命),也具有某种程度的随机性,因此可以利用某种分布来描述伪失效寿命的这种随机性,进而对产品的可靠性水平进行定量评估.

基于性能退化轨迹模型的可靠性研究,首先是要根据退化数据,选择合适的退化轨迹模型;然后计算出每个产品的伪寿命数据;最后根据伪寿命数据对退化产品进行可靠性评估,其详细步骤如下所示:

(1)根据退化轨迹选择适当的退化模型.

假设一个退化试验使用了 $n$ 个产品.对每个受试产品进行定期检测,获得其关键性能特征量的值,$y_{ij}$ 表示样本 $i$ 在时刻 $t_{ij}$ 的测量值,这里 $i = 1, 2, \cdots, n, j = 1, 2, \cdots, m_i$,$m_i$ 表示对样本 $i$ 的测量次数.最终获得退化数据 $(t_{i1}, y_{i1}), (t_{i2}, y_{i2}), \cdots, (t_{im_i}, y_{im_i})$, $i = 1, 2, \cdots, n$,根据这些退化数据,选取合适的退化轨迹模型,如下所示:

$$y_{ij} = g(t_{ij}; \beta_{1i}, \beta_{2i}, \cdots, \beta_{pi}) + \varepsilon_{ij} \tag{6.2.10}$$

式中,$g(t_{ij}; \beta_{1i}, \beta_{2i}, \cdots, \beta_{pi})$ 是样本 $i$ 在时刻 $t_{ij}$ 的退化真值,$\varepsilon_{ij}$ 是误差项,通常误差项关于 $i, j$ 独立,服从均值为 0、标准差为 $\sigma_\varepsilon$ 的正态分布,$\sigma_\varepsilon$ 是常数.虽然测量的是同一个样本,如果记录有很大的间隔,$\varepsilon_{ij}$ 之间的潜在自相关是可以被忽略的.$\beta_{1i}, \beta_{2i}, \cdots, \beta_{pi}$ 是第 $i$ 个产品的退化模型参数,可由试验数据进行估计.

(2)估计各受试产品的性能退化轨迹模型参数.

由于 $\varepsilon_{ij} N(0, \sigma_\varepsilon^2)$,对于受试产品 $i$,其退化数据的对数似然函数 $L_i$ 为

$$L_i = -\frac{m_i}{2}\ln(2\pi) - m_i\ln(\sigma_\varepsilon) - \frac{1}{2\sigma_\varepsilon^2}\sum_{j=1}^{m_i}\left[y_{ij} - g(t_{ij}; \beta_{1i}, \beta_{2i}, \cdots, \beta_{pi})\right]^2 \tag{6.2.11}$$

参数 $\hat{\beta}_{1i}, \hat{\beta}_{2i}, \cdots, \hat{\beta}_{pi}$ 和 $\hat{\sigma}_\varepsilon$ 的估计可通过极大化 $L_i$ 求得.

这些参数也可以由最小二乘法估计,即可通过使真正的退化路径测量的偏差平方和最小得到,如下:

$$\text{SSD}_i = \sum_{j=1}^{m_i} e_{ij}^2 = \sum_{j=1}^{m_i} \left[ y_{ij} - g(t_{ij}; \beta_{1i}, \beta_{2i}, \cdots, \beta_{pi}) \right]^2 \qquad (6.2.12)$$

这里 $\text{SSD}_i$ 是样本 $i$ 的偏差平方和,注意此情形下的极大似然估计和最小二乘估计是一样的.

(3)外推各个产品的伪失效寿命数据.

估计出 $\beta_{1i}, \beta_{2i}, \cdots, \beta_{pi}$ 之后,就能外推出伪寿命值.

根据退化失效的定义,当产品退化量超过规定的阈值 $D$ 时,产品发生失效,所以对于产品 $i$,其伪寿命是下面方程的解,即

$$g(t; \hat{\beta}_{1i}, \hat{\beta}_{2i}, \cdots, \hat{\beta}_{pi}) = D$$

求解上面的方程,得伪寿命 $\hat{t}_i$ 为

$$\hat{t}_i = g^{-1}(D; \hat{\beta}_{1i}, \hat{\beta}_{2i}, \cdots, \hat{\beta}_{pi}) \qquad (6.2.13)$$

式中,$g^{-1}(\cdot)$ 是 $g(\cdot)$ 的反函数.

将式(6.2.13)应用于每个受试产品,得到所有受试产品伪寿命的估计 $\hat{t}_1, \hat{t}_2, \cdots, \hat{t}_n$.

(4)利用伪失效寿命数据进行可靠性评估.

根据伪寿命数据 $\hat{t}_1, \hat{t}_2, \cdots, \hat{t}_n$,确定一个适合这些伪寿命数据的寿命分布 $F(t)$,并估计出寿命分布 $F(t)$ 中的参数,从而对产品进行可靠性评估.

**例 6.2.1** 假设有 $n$ 个产品进行退化试验,失效阈值为 $D$,其性能特征量服从线性退化轨迹

$$g_i(t) = \beta_{1i} + \beta_{2i}t, \quad i = 1, 2, \cdots, n$$

试求解其伪寿命.

**解** 对于第 $i$ 个产品,运用最小二乘估计方法,可获得参数 $\beta_{1i}$ 和 $\beta_{2i}$ 的最小二乘估计为

$$\hat{\beta}_{1i} = \bar{y}_i - \hat{\beta}_{2i}\bar{t}_i \qquad (6.2.14)$$

$$\hat{\beta}_{2i} = \frac{m_i \sum\limits_{j=1}^{m_i} y_{ij}t_{ij} - \sum\limits_{j=1}^{m_i} t_{ij}}{m_i \sum\limits_{j=1}^{m_i} t_{ij}^2 - \left(\sum\limits_{j=1}^{m_i} t_{ij}\right)^2} \qquad (6.2.15)$$

其中,$\bar{y}_i = \dfrac{1}{m_i}\sum\limits_{j=1}^{m_i} y_{ij}$,$\bar{t}_i = \dfrac{1}{m_i}\sum\limits_{j=1}^{m_i} t_{ij}$.

将估计的参数 $\hat{\beta}_{1i}, \hat{\beta}_{2i}$ 代入线性退化轨迹中,即

$$D = \hat{\beta}_{1i} + \hat{\beta}_{2i}t, \quad i = 1, 2, \cdots, n$$

求解上面的方程,得第 $i$ 个产品的伪寿命为

$$\hat{t}_i = \frac{D - \hat{\beta}_{1i}}{\hat{\beta}_{2i}} \qquad (6.2.16)$$

**例 6.2.2** 5 个 MOS 场效应晶体管样本在不同时刻跨导百分比退化数据见表 6.2.1. 试验在 4 000 s 时截止,失效准则是跨导百分比退化大于或等于 15%. 每个产品的退化轨迹为

$$\ln(y_{ij}) = \beta_{1i} + \beta_{2i}\ln(t_{ij}) + \varepsilon_{ij}$$

试求:(1)每个产品的伪寿命;

（2）产品的寿命服从对数正态分布 $LN(\mu,\sigma^2)$，试估计参数 $\mu$，$\sigma^2$.

表 6.2.1　　场效应晶体管退化数据　　　　　　　　　单位：%

| 应力时间/s | 产品 | | | | | 应力时间/s | 产品 | | | | |
|---|---|---|---|---|---|---|---|---|---|---|---|
| | 1 | 2 | 3 | 4 | 5 | | 1 | 2 | 3 | 4 | 5 |
| 100 | 1.05 | 0.58 | 0.86 | 0.60 | 0.62 | 4 000 | 6.60 | 5.00 | 4.20 | 3.00 | 2.80 |
| 200 | 1.40 | 0.90 | 1.25 | 0.60 | 0.64 | 4 500 | 7.00 | 5.60 | 4.40 | 3.00 | 2.80 |
| 300 | 1.75 | 1.20 | 1.45 | 0.60 | 1.25 | 5 000 | 7.80 | 5.90 | 4.60 | 3.00 | 2.80 |
| 400 | 2.10 | 1.75 | 1.75 | 0.90 | 1.30 | 6 000 | 8.60 | 6.20 | 4.90 | 3.60 | 3.10 |
| 500 | 2.10 | 2.01 | 1.75 | 0.90 | 0.95 | 7 000 | 9.10 | 6.80 | 5.20 | 3.60 | 3.10 |
| 600 | 2.80 | 2.00 | 2.00 | 1.20 | 1.25 | 8 000 | 9.50 | 7.40 | 5.80 | 4.20 | 3.10 |
| 700 | 2.80 | 2.00 | 2.00 | 1.50 | 1.55 | 9 000 | 10.50 | 7.70 | 6.10 | 4.60 | 3.70 |
| 800 | 2.80 | 2.00 | 2.00 | 1.50 | 1.90 | 10 000 | 11.10 | 8.40 | 6.30 | 4.20 | 4.40 |
| 900 | 3.20 | 2.30 | 2.30 | 1.50 | 1.25 | 12 000 | 12.20 | 8.90 | 7.00 | 4.80 | 3.70 |
| 1 000 | 3.40 | 2.60 | 2.30 | 1.70 | 1.55 | 14 000 | 13.00 | 9.50 | 7.20 | 5.10 | 4.40 |
| 1 200 | 3.80 | 2.90 | 2.60 | 2.10 | 1.50 | 16 000 | 14.00 | 10.00 | 7.60 | 4.80 | 4.40 |
| 1 400 | 4.20 | 2.90 | 2.80 | 2.10 | 1.55 | 18 000 | 15.00 | 10.40 | 7.70 | 5.30 | 4.10 |
| 1 600 | 4.20 | 3.20 | 3.15 | 1.80 | 1.90 | 20 000 | 16.00 | 10.90 | 8.10 | 5.80 | 4.10 |
| 1 800 | 4.50 | 3.60 | 3.20 | 2.10 | 1.85 | 25 000 | 18.50 | 12.60 | 8.90 | 5.70 | 4.70 |
| 2 000 | 4.90 | 3.80 | 3.20 | 2.10 | 2.20 | 30 000 | 20.30 | 13.20 | 9.50 | 6.20 | 4.70 |
| 2 500 | 5.60 | 4.20 | 3.80 | 2.40 | 2.20 | 35 000 | 22.10 | 15.40 | 11.20 | 8.00 | 6.40 |
| 3 000 | 5.90 | 4.40 | 3.80 | 2.70 | 2.50 | 40 000 | 24.20 | 18.10 | 14.00 | 10.90 | 9.40 |
| 3 500 | 6.30 | 4.80 | 4.00 | 2.70 | 2.20 | | | | | | |

**解**　运用最小二乘估计，对每个产品的参数进行估计，列于表 6.2.2.

表 6.2.2　　模型参数的最小二乘估计

| 估计值 | 产品 1 | 产品 2 | 产品 3 | 产品 4 | 产品 5 |
|---|---|---|---|---|---|
| $\hat{\beta}_{1i}$ | $-2.413$ | $-2.735$ | $-2.056$ | $-2.796$ | $-2.217$ |
| $\hat{\beta}_{2i}$ | 0.524 | 0.525 | 0.424 | 0.465 | 0.383 |

失效阈值为 $D=15$,进而可得每个产品的伪寿命为

$$\ln(\hat{t}_1) = \frac{\ln(15) + 2.413}{0.524} = 17\ 533.29$$

$$\ln(\hat{t}_2) = \frac{\ln(15) + 2.735}{0.525} = 31\ 815.68$$

$$\ln(\hat{t}_3) = \frac{\ln(15) + 2.056}{0.424} = 75\ 808.63$$

$$\ln(\hat{t}_4) = \frac{\ln(15) + 2.413}{0.524} = 138\ 229$$

$$\ln(\hat{t}_5) = \frac{\ln(15) + 2.217}{0.383} = 38\ 4284.7$$

因为产品寿命为对数正态分布,所以寿命数据服从正态分布,运用极大似然估计方法,可得参数的估计为 $\hat{\mu}=11.214, \hat{\sigma}=1.085$.

## 6.3　基于退化量分布模型的可靠性分析

基于退化量分布的退化数据统计分析又称为退化数据分析的图形法.该方法在性能退化领域使用广泛.其步骤如下:

(1)假设有 $n$ 个产品进行性能退化试验,所有样品在 $t_1,t_2,\cdots,t_m$ 时刻进行检测,检测的性能退化数据记为 $y_{ij}, i=1,2,\cdots,n, j=1,2,\cdots,m$.

(2)对于任一检测时刻 $t_j$,其检测的性能退化数据为 $y_{1j},y_{2j},\cdots,y_{nj}$,选取合适的概率分布,其分布函数、密度函数分别为

$$F(y;\theta(t;\alpha)), f(y;\theta(t;\alpha)) \tag{6.3.1}$$

式中,$\theta(t)$ 是分布函数中的参数(或者参数向量),其随时间而变化,是时间 $t$ 的函数,$\alpha$ 是其未知参数.选取的概率分布应能够充分描述各时刻退化数据的统计规律.常见的选取的分布函数如威布尔分布、正态或对数正态分布.

(3)构建退化数据的似然函数:

$$L = \prod_{i=1}^{n} \prod_{j=1}^{m} f(y_{ij};\theta(t_j;\alpha)) \tag{6.3.2}$$

(4)运用极大似然估计等方法可获得模型参数的估计 $\hat{\alpha}$,再结合失效阈值,可获得产品寿命的概率分布模型.

在这里式(6.3.2)所建立的似然函数,其实是一种近似,因为同一产品在不同时刻的退化数据之间并不独立.所以,有的时候,步骤(3)和步骤(4),也换成下面的步骤进行.

(3)′在每个检测时刻 $t_j(j=1,2,\cdots,m)$,基于性能退化数据为 $y_{1j},y_{2j},\cdots,y_{nj}$,运用极大似然估计等方法,获得参数的估计 $\hat{\theta}(t_j)(j=1,2,\cdots,m)$.

(4)′获得每个时刻参数的估计 $\hat{\theta}(t_1),\hat{\theta}(t_2),\cdots,\hat{\theta}(t_n)$ 之后,再运用最小二乘估计等方法,获得参数 $\alpha$ 的估计 $\hat{\alpha}$,获得参数随时间变化的函数 $\theta(t;\hat{\alpha})$,将其代入式(6.3.1),从而获得退化量分布模型 $F(y;\theta(t;\hat{\alpha}))$,再结合失效阈值,可获得产品寿命的概率分布模型.

退化量分布常常选取威布尔分布、正态分布、对数正态分布,下面针对这些情形,分别进行阐述.

1. 退化量分布为威布尔分布的模型

由于威布尔模型在寿命与可靠性分析中具有重要的地位,因此关于该模型的研究较多,当退化量服从威布尔分布时,其分布函数为

$$F(y) = 1 - \exp\left[-\left(\frac{y}{\eta(t)}\right)^{m(t)}\right] \tag{6.3.3}$$

当形状参数 $m(t)$ 为常数时,即 $m(t)=m$,假设 $\ln[\eta(t)]=\beta_1+\beta_2 t$,所有样本的对数似然函数可表示为

$$L(\beta_1,\beta_2,m) = \sum_{j=1}^{n}\sum_{i=1}^{n_i}\left[\ln(m) - m(\beta_1+\beta_2 t_j) + (m-1)\ln y_{ij} - \left(\frac{y_{ij}}{e^{\beta_1+\beta_2 t_j}}\right)^m\right]$$

退化量的条件分布函数可表示为

$$F_y(y;t) = 1 - \exp\left[-\left(\frac{y}{e^{\hat{\beta}_1+\hat{\beta}_2 t}}\right)^{\hat{m}}\right] \tag{6.3.4}$$

常用威布尔分布的退化量分布模型如下:

W1 模型:$\eta(t)=\beta_1+\beta_2 t$,$\beta_1>0$,$\beta_2<0$;$m=$常数.

W2 模型:$\eta(t)=\beta_1\exp(-\beta_2 t)$,$\beta_1>0$;$m=$常数.

W3 模型:$\eta(t)=\beta_1\exp(-\beta_2 t)$,$\beta_1>0$;$m=\beta_3 t$,$\beta_3>0$.

W4 模型:$\eta(t)=\beta_1 t^{-1}\exp(-\beta_2 t)$,$\beta_1>0$;$m=\beta_3 t$,$\beta_3>0$.

W5 模型:$\eta(t)=\eta$;$m=\beta_1\exp(-\beta_2 t)$,$\beta_1>0$.

2. 退化量分布为对数正态分布的模型

当退化量服从对数正态分布时,其概率密度函数形如:

$$f(t) = \frac{1}{\sqrt{2\pi}\sigma y}\exp\left[-\frac{(\ln y - \mu(t))^2}{2\sigma^2}\right]$$

对数正态分布常用的退化量分布模型为 $\mu=\beta_1+\beta_2 t$,$\beta_1>0$,$\beta_2<0$,$\sigma$ 是常数.

退化量的条件分布函数可表示为

$$F_y(y;t) = \Phi\left[\frac{\ln y - \hat{\beta}_1 - \hat{\beta}_2 t}{\hat{\sigma}}\right]$$

3. 退化量分布为正态分布的模型

当退化量服从正态分布时,其概率密度函数形如:

$$f(t) = \frac{1}{\sqrt{2\pi}\sigma(t)}\exp\left[-\frac{(y-\mu(t))^2}{2\sigma^2(t)}\right]$$

式中,常见的参数函数可选取 $\ln\mu(t)=\beta_1+\beta_2 t$,$\ln\sigma(t)=\theta_1+\theta_1 t$;或者 $\mu=b\exp(-at)$,$b>0$,$\sigma$ 是常数.

模型参数的对数似然为

$$L(\beta_1,\beta_2,\theta_1,\theta_2) = \sum_{j=1}^{n}\sum_{i=1}^{n_j}\left\{-\frac{1}{2}\ln(2\pi) - \theta_1 - \theta_2 t_j - \frac{1}{2}\left[\frac{y_{ij}-\exp(\beta_1+\beta_2 t_j)^2}{\exp(\beta_1+\beta_2 t_j)}\right]\right\}$$

退化量的条件分布函数可表示为

$$F_y(y;t) = \Phi\left[\frac{y-\exp(\hat{\beta}_1+\hat{\beta}_2 t)}{\exp(\hat{\theta}_1+\hat{\theta}_2 t)}\right]$$

上述模型的参数求解可采用极大似然估计的方法进行,获得大样本意义下的近似区间.令退化量的条件分布函数中 $y$ 等于失效阈值,即可得相应的失效概率估计.

**例 6.3.1**　对某合金钢的 21 个样品进行旋转疲劳试验,试验前对每个样品在相同部位上都切割有 V 字形的裂缝,其长度为 0.9 mm.试验开始后,每旋转 0.01 百万次测其裂缝长度,当裂缝增至 1.6 mm 时就判为退化失效,即失效阈值为 1.6 mm.另外,事先规定,试验旋转次数达到 0.12 百万次时中止试验.试验中测得的退化轨迹如图 6.3.1 所示,表 6.3.1 列出了具体退化数据,试用本章提出的退化轨迹法和退化量分布法分别进行可靠性评估.

**解**　(1)基于退化轨迹法的可靠性评估.

1)根据退化轨迹选择适当的退化模型.

图 6.3.1 所示的曲线给出了该产品性能退化指标的实际退化轨迹,从各个样本的退化轨迹可以看出,该产品的性能指标轨迹呈现非线性变化特征,可以选用二次多项式

$$y_{ij} = a_i t_j^2 + b_i t_j + c_i \tag{6.3.5}$$

作为该产品性能退化轨迹的拟合函数.

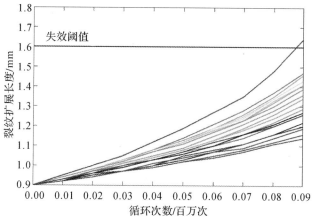

图 6.3.1　金属裂纹的退化轨迹

2)估计各产品性能退化轨迹的参数.

根据表中的性能退化数据和选用的退化轨迹函数,利用最小二乘法对模型函数中的参数进行估计求解,得到各样本退化轨迹模型的参数估计值,其结果见表 6.3.1.

**表 6.3.1　各样本的裂纹扩展数据**

| 产品编号 | 旋转次数/百万次 | | | | | | | | | | | | |
|---|---|---|---|---|---|---|---|---|---|---|---|---|---|
| | 0.00 | 0.01 | 0.02 | 0.03 | 0.04 | 0.05 | 0.06 | 0.07 | 0.08 | 0.09 | 0.1 | 0.11 | 0.12 |
| 1 | 0.90 | 0.95 | 1 | 1.05 | 1.12 | 1.19 | 1.27 | 1.35 | 1.48 | 1.64 | | | |
| 2 | 0.90 | 0.94 | 0.98 | 1.03 | 1.08 | 1.14 | 1.21 | 1.28 | 1.37 | 1.47 | 1.60 | | |
| 3 | 0.90 | 0.94 | 0.98 | 1.03 | 1.08 | 1.13 | 1.19 | 1.26 | 1.35 | 1.46 | 1.58 | 1.77 | |
| 4 | 0.90 | 0.94 | 0.98 | 1.03 | 1.07 | 1.12 | 1.19 | 1.25 | 1.34 | 1.43 | 1.55 | 1.73 | |
| 5 | 0.90 | 0.94 | 0.98 | 1.03 | 1.07 | 1.12 | 1.19 | 1.24 | 1.34 | 1.43 | 1.55 | 1.71 | |
| 6 | 0.90 | 0.94 | 0.98 | 1.03 | 1.07 | 1.12 | 1.18 | 1.23 | 1.33 | 1.41 | 1.51 | 1.68 | |

续 表

| 产品编号 | 旋转次数/百万次 | | | | | | | | | | | | |
|---|---|---|---|---|---|---|---|---|---|---|---|---|---|
| | 0.00 | 0.01 | 0.02 | 0.03 | 0.04 | 0.05 | 0.06 | 0.07 | 0.08 | 0.09 | 0.1 | 0.11 | 0.12 |
| 7 | 0.90 | 0.94 | 0.98 | 1.02 | 1.07 | 1.11 | 1.17 | 1.23 | 1.32 | 1.41 | 1.52 | 1.66 | |
| 8 | 0.90 | 0.94 | 0.98 | 1.02 | 1.07 | 1.11 | 1.17 | 1.23 | 1.30 | 1.39 | 1.49 | 1.62 | |
| 9 | 0.90 | 0.92 | 0.97 | 1.01 | 1.05 | 1.09 | 1.15 | 1.21 | 1.28 | 1.36 | 1.44 | 1.55 | 1.72 |
| 10 | 0.90 | 0.92 | 0.96 | 1.00 | 1.04 | 1.08 | 1.13 | 1.19 | 1.26 | 1.34 | 1.42 | 1.52 | 1.67 |
| 11 | 0.90 | 0.93 | 0.96 | 1.00 | 1.04 | 1.08 | 1.13 | 1.18 | 1.24 | 1.31 | 1.39 | 1.49 | 1.65 |
| 12 | 0.90 | 0.93 | 0.97 | 1.00 | 1.03 | 1.07 | 1.10 | 1.16 | 1.22 | 1.29 | 1.37 | 1.48 | 1.64 |
| 13 | 0.90 | 0.92 | 0.97 | 0.99 | 1.03 | 1.06 | 1.10 | 1.14 | 1.20 | 1.26 | 1.31 | 1.40 | 1.52 |
| 14 | 0.90 | 0.93 | 0.96 | 1.00 | 1.03 | 1.07 | 1.12 | 1.16 | 1.20 | 1.26 | 1.33 | 1.40 | 1.49 |
| 15 | 0.90 | 0.92 | 0.96 | 0.99 | 1.03 | 1.06 | 1.10 | 1.16 | 1.21 | 1.27 | 1.33 | 1.40 | 1.49 |
| 16 | 0.90 | 0.92 | 0.95 | 0.97 | 1.00 | 1.03 | 1.07 | 1.11 | 1.16 | 1.22 | 1.26 | 1.33 | 1.40 |
| 17 | 0.90 | 0.93 | 0.96 | 0.97 | 1.00 | 1.05 | 1.08 | 1.11 | 1.16 | 1.2 | 1.24 | 1.32 | 1.38 |
| 18 | 0.90 | 0.92 | 0.94 | 0.97 | 1.01 | 1.04 | 1.07 | 1.09 | 1.14 | 1.19 | 1.23 | 1.28 | 1.35 |
| 19 | 0.90 | 0.92 | 0.94 | 0.99 | 1.02 | 1.05 | 1.08 | 1.12 | 1.16 | 1.20 | 1.25 | 1.31 | |
| 20 | 0.90 | 0.92 | 0.94 | 0.97 | 0.99 | 1.02 | 1.05 | 1.08 | 1.12 | 1.16 | 1.19 | 1.24 | 1.29 |
| 21 | 0.90 | 0.92 | 0.94 | 0.97 | 0.99 | 1.02 | 1.04 | 1.07 | 1.11 | 1.14 | 1.18 | 1.22 | 1.27 |

3)外推各个产品的伪失效寿命数据. 根据所得到的退化轨迹模型, 利用反函数外推的方法求出每个样本到达失效阈值($D=1.6$)时的失效时间数据(即伪失效寿命), 见表 6.3.2.

4)利用伪失效寿命数据进行可靠性评估. 得到伪失效寿命数据后, 首先对其进行分布假设检验, 分别用正态分布、指数分布、对数正态分布和威布尔分布这 4 种常用的分布类型对伪失效寿命数据进行分布假设检验, 结果表明正态分布和威布尔分布这两种假设都基本满足要求. 由于威布尔分布具有很强的拟合性, 因此选用威布尔分布对伪失效寿命数据进行统计分析.

利用 MATLAB 中的 wblfit 指令求解威布尔分布的参数, 得到 $\hat{\eta} = 1.376\ 01 \times 10^5$ 和 $\hat{m} = 4.505$, 则达到一定循环次数 $t$ 时, 产品的可靠度函数为

$$R(t) = \exp\left[-\left(\frac{t}{\eta}\right)^{\hat{m}}\right] = \exp\left[-\left(\frac{t}{1.376\ 01 \times 10^5}\right)^{4.505}\right]$$

其中, $t$ 为循环的次数.

**表 6.3.2　各样本的退化轨迹模型参数估计与伪失效寿命**

| 样本 | 模型系数 $a_i$ | 模型系数 $b_i$ | 模型系数 $c_i$ | 伪失效寿命/($10^4$ 次) |
|------|------|------|------|------|
| 1 | 0.007 7 | 0.010 0 | 0.931 6 | 8.69 |
| 2 | 0.005 0 | 0.018 5 | 0.916 2 | 9.90 |
| 3 | 0.006 3 | 0.004 5 | 0.932 3 | 9.94 |
| 4 | 0.006 2 | 0.003 6 | 0.933 8 | 10.07 |
| 5 | 0.005 0 | 0.013 4 | 0.922 1 | 10.38 |
| 6 | 0.005 2 | 0.009 9 | 0.927 9 | 10.46 |
| 7 | 0.004 7 | 0.013 3 | 0.921 8 | 10.68 |
| 8 | 0.005 0 | 0.009 2 | 0.928 6 | 10.70 |
| 9 | 0.004 2 | 0.012 8 | 0.915 3 | 11.33 |
| 10 | 0.004 1 | 0.012 0 | 0.912 4 | 11.57 |
| 11 | 0.003 9 | 0.010 2 | 0.918 9 | 11.97 |
| 12 | 0.004 4 | 0.003 3 | 0.928 1 | 11.99 |
| 13 | 0.002 9 | 0.013 3 | 0.914 7 | 11.25 |
| 14 | 0.001 6 | 0.024 9 | 0.904 3 | 11.48 |
| 15 | 0.002 4 | 0.019 6 | 0.904 4 | 13.42 |
| 16 | 0.002 2 | 0.014 4 | 0.904 8 | 14.80 |
| 17 | 0.001 8 | 0.016 6 | 0.908 8 | 15.52 |
| 18 | 0.001 5 | 0.018 0 | 0.902 1 | 16.39 |
| 19 | 0.001 5 | 0.015 1 | 0.904 1 | 17.09 |
| 20 | 0.001 2 | 0.017 3 | 0.901 6 | 17.97 |
| 21 | 0.001 1 | 0.016 7 | 0.903 2 | 18.70 |

（2）基于退化量分布的可靠性评估.

1）根据各时刻的退化量特征选择合适的分布模型. 对不同时刻的性能退化数据进行分布假设检验,结果表明正态分布和威布尔分布都具有较好的拟合性,但是正态分布函数存在包含退化量为负值的数据,与退化数据为非负值的前提相违背,而威布尔分布中所描述的随机变量均为非负值,因此选用威布尔分布作为退化数据的统一分布簇,对性能退化数据进行退化量分布法的统计分析.

2）计算性能退化量分布函数中的参数. 根据前面所提的步骤估计威布尔分布的尺度参数和形状参数,计算结果见表 6.3.3.

**表 6.3.3 尺度参数和形状参数的估计值**

| 参数 | 转次数/百万次 | | | | | | | | |
|---|---|---|---|---|---|---|---|---|---|
| | 0.01 | 0.02 | 0.03 | 0.04 | 0.05 | 0.06 | 0.07 | 0.08 | 0.09 |
| 尺度参数 | 0.9349 | 0.974 | 1.015 | 1.058 | 1.1044 | 1.161 | 1.217 | 1.296 | 1.3822 |
| 形状参数 | 98.866 | 63.49 | 43.57 | 30.27 | 23.781 | 19.01 | 16.4 | 13.03 | 10.472 |

3)拟合退化量分布模型的参数变化规律.根据表 6.3.3 中的产品退化量分布函数在不同测量时刻的尺度参数与形状参数,画出其随时间变化的曲线.可以发现尺度参数具有非线性变化特征,形状参数具有逆幂变化规律,据此求出它们随时间变化的函数方程:

$$\hat{\eta}(t) = 33.626\,6t^2 + 2.075\,2t + 0.916\,6$$
$$\hat{m}(t) = \exp(-26.919\,1t + 4.652\,2)$$

4)利用可靠性与退化量分布的关系评估产品可靠性.

$$R(t) = 1 - \exp\left[-\left(\frac{D}{\hat{\eta}(t)}\right)^{\hat{m}(t)}\right]$$
$$= 1 - \exp\left[-\left(\frac{D}{33.626\,6t^2 + 2.075\,2t + 0.916\,6}\right)^{\exp(-26.919\,1t+4.652\,2)}\right]$$

# 6.4 基于随机参数模型的退化数据统计分析

## 6.4.1 随机参数退化轨迹模型

假如所有产品都在相同条件和相同环境下制造和使用,失效水平也相同,那么根据物理的、化学的或工程的模型,其退化轨迹与失效时间应是相同的.可实际不是这样,这是因为建模时仅考虑主要因子,那些次要因子、随机因子很难考虑进去,即使进入模型的因子也会有随机波动,而模型外的因子有更多的随机波动.这些随机波动时隐时现,时大时小、时正时负,很难控制,最后综合地表现在退化曲线和失效时间上.所以退化与波动总是相伴而行,没有波动的退化过程是不存在的.或者说,退化总是受到各种各样波动的干扰,我们的任务是要尽力排除各种干扰,寻找最接近实际的退化曲线.为此我们应认识波动及其源头.常见的波动有以下几类.

(1)产品间的波动,包括初始条件的差异、材料性能的波动、元件的形状和大小的差异等.这些条件的差异造成产品之间的退化存在一定的波动性.

(2)产品内的波动,主要指材料制造过程的不均匀,制造工艺不一致,元器件筛选不够而引起的波动.

(3)由于操作和环境条件而引起的波动,包括测量仪器和操作人员引起的波动.

为了有效刻画退化过程中的波动性,常常将退化轨迹中的参数随机化,建立随机参数退化轨迹模型.其一般模型如下:

$$Y(t) = f(t;\boldsymbol{\alpha},\boldsymbol{\beta}) \tag{6.4.1}$$

式中,$\boldsymbol{\alpha}$ 为固定系数向量;$\boldsymbol{\beta}$ 为随机系数向量.

下面给出一些常见的随机参数退化轨迹模型.

1. 随机斜率线性模型

设产品退化量 $Y(t)$ 的退化轨迹为

$$Y(t) = f(t,\alpha,\beta) = \alpha - \beta t \tag{6.4.2}$$

式中,$\alpha$ 是固定参数,$\beta$ 是随机参数,且 $\beta$ 分布函数为 $G(\beta)$,密度函数为 $g(\beta)$,$P(\beta>0)=1$.

易得在 $t$ 时刻退化量 $Y(t)$ 的分布函数及密度函数为

$$\left. \begin{aligned} F_y(y\,|\,t) &= 1 - G\left(\frac{\alpha-y}{t}\right) \\ f_y(y\,|\,t) &= \frac{1}{t}g\left(\frac{\alpha-y}{t}\right) \end{aligned} \right\} \tag{6.4.3}$$

失效阈值为 $D$,$0<D<\alpha$,则产品的失效分布函数及密度函数为

$$\left. \begin{aligned} F_T(t\,|\,D) &= 1 - G\left(\frac{\alpha-D}{t}\right) \\ f_T(t\,|\,D) &= \frac{\alpha-D}{t^2}g\left(\frac{\alpha-D}{t}\right) \end{aligned} \right\} \tag{6.4.4}$$

现考虑如下几种情况.

(1) $1/\beta$ 服从威布尔分布 $W(m,\eta)$,其分布函数为 $G(\beta)=\exp[-(\beta\eta)^{-m}]$,$\beta>0$;$m,\eta>0$.

由此可得退化量 $Y(t)$ 的分布函数为

$$F_Y(y\,|\,t) = 1 - \exp\left\{-\left[\frac{t}{\eta(\alpha-y)}\right]^m\right\}, \quad y < \alpha \tag{6.4.5}$$

结合退化失效阈值,可得产品的失效分布也是威布尔分布,即

$$T \sim W(m,\eta(\alpha-D)) \tag{6.4.6}$$

其分布函数为

$$F_T(t\,|\,D) = 1 - \exp\left\{-\left[\frac{t}{\eta(\alpha-D)}\right]^m\right\}, \quad t > 0 \tag{6.4.7}$$

进一步化简式(6.4.6),可得

$$(\alpha-Y(t))^{-1} \sim W(m,\eta/t)$$

(2) $1/\beta$ 服从伽马分布 $Ga(a,b)$,其密度函数为

$$g(\beta) = \frac{b^a}{\Gamma(a)}\left(-\frac{1}{\beta}\right)^{a+1}\exp\{b/\beta\}, \quad \beta > 0$$

由此可得退化量 $Y(t)$ 的密度函数为

$$f_y(y\,|\,t) = \frac{(bt)^a}{\Gamma(a)}\left(\frac{1}{a-y}\right)^{a+1}\exp\left\{\frac{-bt}{a-y}\right\}, \quad y < a \tag{6.4.8}$$

则有产品的失效分布也是伽马分布,即

$$\left. \begin{aligned} T &\sim \Gamma(a,b/(\alpha-D)) \\ (\alpha-Y(t))^{-1} &\sim \Gamma(a,bt) \end{aligned} \right\} \tag{6.4.9}$$

相应的密度函数为

$$f_T(t\,|\,D) = \frac{[b/(a-D)]^a}{\Gamma(a)}t^{a-1}\exp\left\{-\frac{-bt}{a-D}\right\}, \quad b > 0 \tag{6.4.10}$$

(3) $\beta$ 服从对数正态分布 $LN(\mu,\sigma^2)$,其分布函数为

$$G(\beta) = \Phi\left\{\frac{\ln\beta-\mu}{\sigma}\right\}, \beta > 0$$

由此可得退化量 $Y(t)$ 的分布函数为

$$F_Y(y \mid t) = \Phi\left\{\frac{-\ln(\alpha - y) + \ln t + \mu}{\sigma}\right\}, \quad y < \alpha \tag{6.4.11}$$

则有产品的失效分布也是对数正态分布,即

$$\left.\begin{aligned} T(D) &\sim \mathrm{LN}(\ln(\alpha - D) - \mu, \sigma^2) \\ \alpha - Y(t) &\sim \mathrm{LN}(\mu - \ln t, \sigma^2) \end{aligned}\right\} \tag{6.4.12}$$

其密度函数为

$$F_T(t \mid D) = \Phi\left\{\frac{\ln t - [\ln(\alpha - D) - \mu]}{\sigma}\right\}, \quad y < \alpha \tag{6.4.13}$$

   2. 随机截距线性模型

   设产品退化量 $Y(t)$ 的退化轨迹为

$$Y(t) = f(t, \alpha, \beta) = \beta - \alpha t \tag{6.4.14}$$

式中,$\alpha$ 是固定斜率,$\beta$ 是随机截距,这里 $\alpha > 0$,$P\{\beta > D\} = 1$,且 $\beta$ 的分布函数为 $G(\beta)$,密度函数为 $g(\beta)$,则退化量 $Y(t)$ 的分布函数为

$$\left.\begin{aligned} F_Y(y \mid t) &= G(\alpha t + y) \\ f_Y(y \mid t) &= g(\alpha t + y) \end{aligned}\right\} \tag{6.4.15}$$

产品的失效分布函数及密度函数为

$$\left.\begin{aligned} F_Y(t \mid D) &= G(\alpha t + D) \\ f_T(t \mid D) &= \alpha g(\alpha t + D) \end{aligned}\right\} \tag{6.4.16}$$

   (1) $\beta$ 服从三参数威布尔分布 $W(m, \eta, \gamma)$,参数 $\gamma \geqslant D$,得

$$G(\beta) = 1 - \exp\left[-\left(\frac{\beta - \gamma}{\eta}\right)^m\right], \quad \beta > \gamma \tag{6.4.17}$$

则退化量 $Y(t)$ 的分布函数为

$$F_Y(y \mid t) = 1 - \exp\left[-\left(\frac{y - (\gamma - \alpha t)}{\eta}\right)^m\right], \quad y > \gamma - \alpha t \tag{6.4.18}$$

失效阈值为 $D$,可得产品的失效分布函数为

$$F_T(t \mid D) = 1 - \exp\left\{-\left[\frac{t - (\gamma - D)/\alpha}{\eta/\alpha}\right]^m\right\}, \quad t > \frac{\gamma - D}{\alpha} \tag{6.4.19}$$

即

$$\left.\begin{aligned} T &\sim W(m, \eta/\alpha, (\gamma - D)/\alpha) \\ Y(t) &\sim W(m, \eta, \gamma - \alpha t) \end{aligned}\right\} \tag{6.4.20}$$

若取 $\gamma = D$,则寿命 $T(D)$ 服从二参数威布尔分布 $W(m, \eta/\alpha)$.

   (2) $\beta$ 服从三参数伽马分布 $Ga(a, b, \gamma)$,参数 $\gamma \geqslant D$,即

$$g(\beta) = \frac{b^a}{\Gamma(a)}(\beta - \gamma)^{a-1}\exp\{-b(\beta - \gamma)\}, \quad \beta > \gamma \tag{6.4.21}$$

则退化量 $Y(t)$ 的密度函数为

$$f_Y(y \mid t) = \frac{b^a}{\Gamma(a)}[y - (\gamma - \alpha t)]^{a-1}\exp\{-b[y - (\gamma - \alpha t)]\}, \quad y > \gamma - \alpha \tag{6.4.22}$$

产品的失效概率密度函数为

$$f_T(t \mid D) = \frac{(ab)^a}{\Gamma(a)}\left(t - \frac{\gamma - D}{\alpha}\right)^{a-1}\exp\left\{-ab\left(t - \frac{\gamma - D}{\alpha}\right)\right\}, \quad t > \frac{\gamma - D}{\alpha} \tag{6.4.23}$$

即

$$\left.\begin{array}{l} T \sim \mathrm{Ga}(\alpha, \alpha b, (\gamma - D)/\alpha) \\ Y(t) \sim \mathrm{Ga}(\alpha, b, \gamma - \alpha t) \end{array}\right\} \tag{6.4.24}$$

当取 $\gamma = D$，则寿命 $T$ 服从二参数伽马分布.

（3）$\beta$ 服从对数正态分布 $\mathrm{LN}(\mu, \sigma^2, \gamma)$，参数 $\gamma \geqslant D$，即有

$$G(\beta) = \Phi\left\{\frac{\ln(\beta - \gamma) - \mu}{\sigma}\right\}, \quad \beta > \gamma \tag{6.4.25}$$

则可得退化量 $Y(t)$ 的分布函数为

$$F_Y(y \mid t) = \Phi\left\{\frac{\ln[y - (\gamma - \alpha t)] - \mu}{\sigma}\right\}, \quad y > \gamma - \alpha t \tag{6.4.26}$$

产品的失效分布函数为

$$F_T(t \mid D) = \Phi\left\{\frac{\ln[t - (\gamma - D)/\alpha] - (\mu - \ln a)}{\sigma}\right\}, \quad t > \frac{\gamma - D}{\alpha} \tag{6.4.27}$$

即

$$\left\{\begin{array}{l} T \sim \mathrm{LN}(\mu - \ln\alpha, \sigma^2, (\gamma - D)/\alpha) \\ Y(t) \sim \mathrm{LN}(\mu, \sigma^2, \gamma - \alpha t) \end{array}\right.$$

当 $\gamma = D$，则寿命 $T(D)$ 服从二参数对数正态分布.

随机斜率线性模型和随机截距线性模型的失效分布都是可靠性理论中常见的分布，然而这里 $F_T(t \mid D)$ 中所涉及参数，要比通常在可靠性理论中见到的有关分布复杂得多. 尽管如此，这些模型在退化失效模型中还是比较简单的情况.

### 6.4.2　分析步骤

基于随机系数分布的退化数据统计分析方法，是将退化模型中的待定参数随机化. 通过随机参数的分布来确定退化量的分布，进而对关心的可靠性指标进行评估. 基于随机系数分布的退化数据统计分析可按如下步骤进行：

（1）收集每个样品的性能退化数据.

（2）根据失效物理分析的结论，选取某个时变函数，并将该函数拟合每个样品的退化数据. 由于假设性能退化过程具有不可逆转性，所以选取的时变函数应是时间的严格单调递增或递减函数. 由于性能退化数据的随机性，时变函数虽具有相同的数学形式，但对于每个样品，该函数具有不同的系数值.

（3）给步骤（2）中确定的时变函数包括的所有随机系数选择相应的概率分布函数，6.4.1 节给出了一些常用的概率分布函数.

（4）基于退化数据，估计步骤（3）确定的各概率分布函数中的参数. 很多时候需进行数值计算才能估计出各参数取值.

（5）获得时变函数中各随机系数的概率分布函数中的所有参数的估计值后，即可基于指定的失效阈值进行可靠性分析.

## 6.5　基于维纳过程的可靠性分析

产品在使用过程中，受到内外环境的综合作用，材料的性能会随之发生变化，这种变化一

一般是复杂的物理化学反应过程,当经过一定时间的累积,并达到某一量级时,就会导致产品损伤的出现,表现为产品某输出参数的变化,工作能力降低.随着时间的延续,损伤不断累积,产品技术性能不断下降,损伤达到某一极限值时,产品就会发生失效.因此,产品发生失效的可能性与参数逼近极限的状态有关,而产品输出参数逼近其极限状态,通常是一个演变过程.由于产品工作环境、应力、内部材料特性等诸多随机因素,该演变过程一般是一个随机过程.例如,轴承在使用过程中裂纹会逐渐扩展并最终导致其失效,因受到温度、振动、腐蚀等诸多因素的影响,可将裂纹变化作为一个随机过程进行退化建模.

目前对产品退化失效的研究中,大多采用退化轨迹模型、随机系数或混合随机系数的回归模型来描述产品的退化过程,这是一种比较直观的方式,退化量的随机性是利用模型中的随机系数表现的.但是,即便是在额定工作环境下工作,产品也可能会受到许多随机因素的影响,而随机系数或混合随机系数的回归模型中的随机系数一般表示产品个体样品间的特性差异的随机性,它很难描述环境对产品状态变化的随机影响,因此利用回归模型描述产品的退化规律时会在很多方面受到限制.产品状态随时间的变化本质上就是一个随机过程,因此使用随机过程进行退化建模将更符合工程实际目前使用随机过程建模的产品,包括卫星动量轮、碳膜电阻、钢铁锈斑、金属裂纹、减速器行星架以及核电站元件等.

产品的性能退化是由于产品内部不断的损伤累积造成的,根据损伤过程的不同性能退化过程可能是单调变化的,也可能是非单调变化的.单调变化的退化过程常用伽马过程进行刻画,非单调的退化过程常用维纳过程进行刻画.我们先介绍维纳过程退化模型,在下一节再给出伽马过程的退化模型.

### 6.5.1　线性维纳过程的定义

如果随机过程 $\{X(t), t \geqslant 0\}$ 满足如下的性质:

(1)时刻 $t$ 到时刻 $t + \Delta t$ 之间的增量服从正态分布,即

$$\Delta X = X(t + \Delta t) - X(t) \sim N(\mu \Delta t, \sigma^2 \Delta t) \tag{6.5.1}$$

(2)对任意两个不相交的时间区间 $[t_1, t_2]$,$[t_3, t_4]$,$t_1 < t_2 < t_3 < t_4$,增量 $X(t_4) - X(t_3)$ 与 $X(t_2) - X(t_1)$ 相互独立;

(3)$X(0) = 0$ 并且 $X(t)$ 在 $t = 0$ 处连续,则称随机过程 $\{X(t), t \geqslant 0\}$ 为维纳过程,称其参数 $\mu$ 为漂移参数,$\sigma$ 为扩散参数.

记 $B(t)$ 为标准布朗运动,$E[B(t)] = 0$,$E[B(t_1)B(t_2)] = \min(t_1, t_2)$,可以将维纳过程 $X(t)$ 记为如下形式:

$$X(t) = \mu t + \sigma B(t) \tag{6.5.2}$$

因而上面所定义的随机过程 $\{X(t), t \geqslant 0\}$ 也称为带线性漂移的布朗运动.

对于一元漂移维纳过程,根据其定义可知它是齐次马尔可夫过程,其均值和方差分别为 $E[X(t)] = \mu t$,$\text{Var}[X(t)] = \sigma^2 t$,即维纳过程的均值和方差均随时间线性增加.其变异系数为

$$\text{CV}(X(t)) = \frac{\sqrt{\text{Var}(X(t))}}{E(X(t))} = \frac{\sigma}{\mu \sqrt{t}}$$

是时间 $t$ 的减函数,表明从相对意义上看,随时间增加,退化量 $X(t)$ 的样本路径逐渐向其均值曲线靠近.

由于时刻 $t \sim t + \Delta t$ 之间的增量 $\Delta X$ 服从正态分布,因而增量 $\Delta X$ 可以大于、等于或小于

0,即一元线性漂移的维纳过程不是严格正则的退化过程. 但是当 $\mu$ 与 $\sigma$ 相比较大时, 增量 $\Delta X$ 取负值的概率可以忽略, 此时退化过程可以近似看作单调过程. 也就是说, 如果需要描述非单调退化产品的退化过程, 则维纳过程也是一个不错的选择.

如果产品的性能退化过程为一元维纳过程且失效阈值为 $D(D>0)$, 产品的寿命 $T$ 是性能退化量首次达到失效阈值的时间, 即

$$T = \inf\{t \mid X(t) = D, t \geqslant 0\} \tag{6.5.3}$$

需要注意的是, 对于一元维纳过程而言, 其漂移参数 $\mu$ 可以是任意实数; 然而采用其对产品的性能退化过程建模时, 由于产品最终都会失效, 为了保证 $X(t)$ 最终一定能够达到失效阈值 $D$, 要求漂移参数 $\mu > 0$.

由式(6.5.3)可以推导得到寿命 $T$ 的分布为逆高斯分布, 其分布函数和概率密度函数分别为

$$
\left.
\begin{aligned}
F_D(t) &= \Phi\left(\frac{\mu t - D}{\sigma\sqrt{t}}\right) + \exp\left(\frac{2\mu D}{\sigma^2}\right)\Phi\left(\frac{-D-\mu t}{\sigma\sqrt{t}}\right) \\
f_D(t) &= \frac{D}{\sqrt{2\pi\sigma^2 t^3}}\exp\left[-\frac{(D-\mu t)^2}{2\sigma^2 t}\right]
\end{aligned}
\right\} \tag{6.5.4}
$$

则产品的可靠度函数为

$$R(t) = 1 - F_D(t) = 1 - \Phi\left(\frac{\mu t - D}{\sigma\sqrt{t}}\right) - \exp\left(\frac{2\mu D}{\sigma^2}\right)\Phi\left(\frac{-D-\mu t}{\sigma\sqrt{t}}\right) \tag{6.5.5}$$

产品寿命 $T$ 的期望和方差分别为

$$E(T) = \frac{1}{\mu}, \quad \mathrm{Var}(T) = \frac{D\sigma^2}{\mu^3}$$

## 6.5.2　参数及可靠度的估计

假设共有 $n$ 个样品进行性能退化试验. 对于样品 $i$, 初始时刻 $t_0$ 性能退化量为 $X_{i0}=0$, 在时刻 $t_1,\cdots,t_{m_i}$ 测量产品的性能退化量, 得到其测量值为 $X_{i1},\cdots,X_{im_i}$, 记 $\Delta x_{ij}=X_{ij}-X_{i(j-1)}$ 是产品 $i$ 在时刻 $t_{i(j-1)}$ 和 $t_{ij}$ 之间的性能退化量增量, 由维纳过程的性质可得

$$\Delta x_{ij} \sim N(\mu\Delta t_{ij}, \sigma^2\Delta t_{ij})$$

式中, $\Delta t_{ij}=t_{ij}-t_{i(j-1)}$ 是样品 $i$ 的测量间隔, $i=1,2,\cdots,n; j=1,2,\cdots,m_i$.

基于性能退化数据, 得到似然函数为

$$L(\mu,\sigma^2) = \prod_{i=1}^{n}\prod_{j=1}^{m_i}\frac{1}{\sqrt{2\sigma^2\pi\Delta t_{ij}}}\exp\left[-\frac{(\Delta x_{ij}-\mu\Delta t_{ij})^2}{2\sigma^2\Delta t_{ij}}\right] \tag{6.5.6}$$

利用方程组

$$
\begin{cases}
\dfrac{\partial\ln L(\mu,\sigma^2)}{\partial\mu} = 0 \\[2mm]
\dfrac{\partial\ln L(\mu,\sigma^2)}{\partial\sigma^2} = 0
\end{cases}
$$

可得参数 $\mu$ 和 $\sigma^2$ 的极大似然估计为

$$\hat{\mu} = \frac{\sum\limits_{i=1}^{n}X_{im_i}}{\sum\limits_{i=1}^{n}t_{im_i}}, \quad \hat{\sigma}^2 = \frac{1}{\sum\limits_{i=1}^{n}m_i}\left[\sum_{i=1}^{n}\sum_{j=1}^{m_i}\frac{(\Delta x_{ij})^2}{\Delta t_{ij}} - \frac{\left(\sum\limits_{i=1}^{n}X_{im_i}\right)^2}{\sum\limits_{i=1}^{n}t_{im_i}}\right] \tag{6.5.7}$$

可见,平均退化速率的估计只与试验时间的长度以及试验结束时样品的性能有关,与测量方案即测量次数和间隔时间无关;而扩散参数的估计则不仅与试验时间有关,也与测量方案有关.

将 $\hat{\mu}$ 和 $\hat{\sigma}^2$ 代入可靠度函数(6.5.5)中,得到时刻 $t$ 产品的可靠度函数的极大似然估计为

$$\hat{R}(t) = \Phi\left(\frac{l-\hat{\mu}t}{\hat{\sigma}\sqrt{t}}\right) - \exp\left(\frac{2\hat{\mu}l}{\hat{\sigma}^2}\right)\Phi\left(\frac{-l-\hat{\mu}t}{\hat{\sigma}\sqrt{t}}\right) \tag{6.5.8}$$

## 6.6　基于伽马过程的可靠性分析

### 6.6.1　伽马过程的定义

由于很多高可靠性、长寿命产品的退化过程是严格单调的,即产品的退化增量是非负的、退化过程是严格递增的,如磨损过程、疲劳过程、腐蚀过程等,所以维纳过程存在一定的局限性.伽马过程是非负的、严格单调的随机过程,可以很好地描述该类产品性能的退化过程.

设 $\{X(t);t\geqslant 0\}$ 是形状参数为 $\alpha>0$、尺度参数为 $\beta>0$ 的伽马过程,满足以下性质:

(1) $X(0)=0$;

(2) $X(t)$ 具有独立增量;

(3)对于任意 $t>s\geqslant 0$,$X(t)-X(s)\sim \mathrm{Ga}(x\,|\,\alpha(t-s),\beta)$.

式中,$\mathrm{Ga}(x\,|\,\alpha,\beta)$ 是参数为 $\alpha>0,\beta>0$ 的伽马分布,其概率密度函数为

$$f(x\mid \alpha,\beta) = \frac{\beta^x}{\Gamma(\alpha)}x^{\alpha-1}\mathrm{e}^{-\beta x}I_{(0,\infty)}(x)$$

式中,$\Gamma(\alpha) = \int_0^\infty x^{\alpha-1}\mathrm{e}^{-x}\mathrm{d}x$ 为伽马函数,且

$$I_{(0,\infty)}(x) = \begin{cases} 1, x\in(0,\infty) \\ 0,\ x\notin(0,\infty) \end{cases}$$

易得伽马过程 $\{X(t);t\geqslant 0\}$ 的均值和方差分别为 $E[X(t)]=\dfrac{\alpha t}{\beta}$,$\mathrm{Var}[X(t)]=\dfrac{\alpha t}{\beta^2}$. 变异系数为

$$\mathrm{CV}(X(t)) = \frac{\sqrt{\mathrm{Var}(X(t))}}{E(X(t))} = \frac{1}{\sqrt{\alpha t}}$$

是时间 $t$ 的减函数,表明从相对意义上,随时间的增加,伽马过程的样本路径越来越接近于均值路径.

假设伽马退化过程 $\{G(t);t\geqslant 0\}$ 的初值为 $0$,退化的失效阈值为 $D$,是一个常量.随机变量 $T$ 表示该退化过程的首达时间,由于 $X(t)$ 是严格递增的,可知

$$P(T>t) = P(X(t)<D) = \int_0^D \frac{\beta^t}{\Gamma(\alpha t)}x^{\alpha t-1}\mathrm{e}^{-\beta x}\mathrm{d}x = \frac{1}{\Gamma(\alpha t)}\int_0^{\beta D}\xi^{\alpha t-1}\mathrm{e}^{-\xi}\mathrm{d}\xi$$

因此,$T$ 的分布函数和密度函数可以表示为

$$\left.\begin{array}{l} F_D(t;D) = \dfrac{\Gamma_{\beta D}(\alpha t)}{\Gamma(\alpha t)} \\[3mm] f_D(t;D) = \dfrac{\mathrm{d}}{\mathrm{d}t}\dfrac{\Gamma_{\beta D}(\alpha t)}{\Gamma(\alpha t)} = \dfrac{\alpha}{\Gamma(\alpha t)}\int_0^{\beta D}\left[\ln\xi-\dfrac{\Gamma'(\alpha t)}{\Gamma(\alpha t)}\right]\xi^{\alpha t-1}\mathrm{e}^{-\xi}\mathrm{d}\xi \end{array}\right\} \tag{6.6.1}$$

式中，$\Gamma_z(a)$ 为不完全伽马函数，$\Gamma_z(a)=\int_z^\infty \xi^{a-1}e^{-\xi}d\xi$.

由式（6.6.1）可知，该概率密度函数含有积分，在实际应用时难以处理. 为了避免这一难题，通常采用 BS 分布来逼近 $T$ 的分布. 即

$$F_D(t;D)\approx\Phi\left[\frac{1}{u}\left(\sqrt{\frac{t}{v}}-\sqrt{\frac{v}{t}}\right)\right],\quad t>0 \tag{6.6.2}$$

式中，$\Phi(\cdot)$ 为标准正态分布，$u=\dfrac{1}{\sqrt{D\beta}}$，$v=\dfrac{\beta D}{\alpha}$. 相应的概率密度函数为

$$f_D(t;D)\approx\frac{1}{2\sqrt{2\pi}vu}\left[\left(\frac{v}{t}\right)^{\frac{1}{2}}+\left(\frac{v}{t}\right)^{\frac{3}{2}}\right]\exp\left[-\frac{1}{2u^2}\left(\frac{t}{v}-2+\frac{v}{t}\right)\right],\quad t>0 \tag{6.6.3}$$

那么可靠度函数即为

$$R(t)=1-F_D(t)\approx1-\Phi\left[\frac{1}{u}\left(\sqrt{\frac{t}{v}}-\sqrt{\frac{v}{t}}\right)\right] \tag{6.6.4}$$

### 6.6.2　参数及可靠度的估计

假设共有 $n$ 个样品进行性能退化试验. 对于样品 $i$，初始时刻 $t_0$ 性能退化量为 $X_{i0}=0$，在时刻 $t_1,\cdots,t_{m_i}$ 测量其性能退化量，得到其测量值为 $x_{i1},\cdots,x_{im_i}$. 记 $\Delta x_{ij}=x_{ij}-x_{i(j-1)}$ 是产品 $i$ 在时刻 $t_{i(j-1)}$ 和 $t_{ij}$ 之间的性能退化量，由伽马过程的性质可得

$$\Delta x_{ij}\sim\text{Ga}(\alpha\Delta t_{ij},\beta)$$

式中，$\Delta t_{ij}=t_{ij}-t_{i(j-1)}$；$i=1,2,\cdots,n; j=1,2,\cdots,m_i$.

由性能退化数据得到的似然函数为

$$L(\alpha,\beta)=\prod_{i=1}^n\prod_{j=1}^{m_i}\frac{\beta^{\alpha\Delta t_{ij}}}{\Gamma(\alpha\Delta t_{ij})}(\Delta x_{ij})^{\alpha\Delta t_{ij}-1}\exp(-\beta\Delta x_{ij})$$

相应的对数似然函数为

$$\ln L(\alpha,\beta)=\sum_{i=1}^n\sum_{j=1}^{m_i}\left[(\alpha\Delta t_{ij}-1)\ln\Delta x_{ij}+\alpha\Delta t_{ij}\ln\beta-\ln\Gamma(\alpha\Delta t_{ij})-\beta\Delta x_{ij}\right] \tag{6.6.5}$$

对上式求偏导数，并令其为 0，得方程组

$$\left.\begin{array}{l}\dfrac{\partial\ln L(\alpha,\beta)}{\partial\alpha}=\displaystyle\sum_{i=1}^n\sum_{j=1}^{m_i}\left[\Delta t_{ij}\ln\Delta x_{ij}-\Delta t_{ij}\psi(\alpha\Delta t_{ij})+\Delta t_{ij}\ln\beta\right]=0\\[3mm]\dfrac{\partial\ln L(\alpha,\beta)}{\partial\beta}=\displaystyle\sum_{i=1}^n\sum_{j=1}^{m_i}\left[\dfrac{\alpha\Delta t_{ij}}{\beta}-\Delta x_{ij}\right]=0\end{array}\right\} \tag{6.6.6}$$

式中，$\psi(\cdot)$ 是对数伽马函数.

利用式（6.6.6）的第二个方程，化简可得

$$\hat\beta=\frac{\alpha\displaystyle\sum_{i=1}^n t_{im_i}}{\displaystyle\sum_{i=1}^n x_{im_i}} \tag{6.6.7}$$

将其代入式（6.6.6）的第一个似然方程，得到只关于参数 $\alpha$ 的方程如下：

$$\sum_{i=1}^n\left[\sum_{j=1}^{m_i}\Delta t_{ij}\ln\Delta x_{ij}+t_{im_i}\left(\ln\left(\alpha\sum_{i=1}^n t_{im_i}\right)-\ln\left(\sum_{i=1}^n x_{im_i}\right)\right)-\sum_{j=1}^{m_i}\Delta t_{ij}\psi(\alpha\Delta t_{ij})\right]=0 \tag{6.6.8}$$

这是一个超越方程,可通过数值求解得到 $\hat{\alpha}$.

将参数 $\alpha$ 和 $\beta$ 的极大似然估计值 $\hat{\alpha}$ 和 $\hat{\beta}$,代入式(6.6.4)即可得可靠度的极大似然估计为

$$\hat{R}(t) = 1 - \Phi\left[\hat{u}\left(\sqrt{\frac{t}{v}} - \sqrt{\frac{v}{t}}\right)\right]$$

# 习 题 6

6.1 阐述进行产品性能退化分析的具体步骤.

6.2 请说明恒定应力、步进应力、序进应力这三种不同加速退化试验方式的优缺点.

6.3 设某产品的性能退化过程服从维纳过程:$X(t) = \mu t + \sigma B(t)$,$\mu$ 为漂移系数且 $\mu > 0$,$\sigma$ 为扩散系数;性能退化增量 $\Delta X(\Delta t)$ 为标准布朗运动且满足 $\Delta X(\Delta t) \sim N(\mu \Delta t, \sigma^2 \Delta t)$. 设样品的失效阈值 $D$ 为一常数,当样品退化量 $X(t)$ 首次达到失效阈值时定义为样品失效,样品寿命 $T$ 满足 $T = \inf\{X(t) \geq D\}$. 证明 $T$ 服从逆高斯分布 $IG(D/\mu, D^2/\sigma^2)$.

6.4 记 $\{G(t), t \geq 0\}$ 表示产品某一退化指标服从伽马过程 $G(t) \sim Ga(\rho(t), \beta)$,其形状函数为 $\rho(t)$,随机尺度参数为 $\beta \sim Ga(\gamma, \delta)$,该产品的寿命 $T$ 定义为 $T = \inf\{t > 0 \mid G(t) > D\}$. 证明 $G(t)$ 的无条件概率密度函数为

$$f(x \mid \gamma, \delta, \rho(t)) = \frac{x^{\rho(t)-1} \gamma^\delta \Gamma(\rho(t) + \delta)}{\Gamma(\rho(t)) \Gamma(\delta) (\gamma + x)^{\rho(t)+\delta}}, \quad x > 0$$

以及可靠度函数为 $R(t) = I_{\frac{D}{D+\gamma}}(\rho(t), \delta)$,$I_x(a, b) = B_x(a, b)/B(a, b)$ 为正则化的不完全贝塔函数,$B_x(a, b) = \int_0^x t^{a-1}(1-t)^{b-1}dt$ 为不完全贝塔函数,$B(a, b)$ 为贝塔函数.

6.5 设某产品的一个退化轨迹方程为

$$Y(t) = \beta_1[1 - \exp\{-\beta_2 t\}]$$

求 $Y(t)$ 首达预先给定的失效水平 $D$ 的时间.

6.6 设某产品的实际退化轨道是时间 $t$ 的线性函数:$Y(t) = \beta_1 - \beta_2 t$,其中 $\beta_1$ 是固定参数,而退化率 $\beta_2$ 是随机参数,$P(\beta_2 > 0) = 1$,证明:

(1)若 $\beta_2$ 服从威布尔分布 $W(m, \eta)$,则寿命的失效分布服从逆威布尔分布,即 $1/T$ 服从威布尔分布;

(2)若 $1/\beta_2$ 服从威布尔分布 $W(m, \eta)$,则寿命的失效分布服从威布尔分布.

6.7 设某产品的实际退化轨道是时间 $t$ 的线性函数:$Y(t) = \beta_1 + \beta_2 t$,其中 $\beta_1$ 是固定参数,而退化率 $\beta_2$ 是随机参数,$P(\beta_2 < 0) = 1$,其密度函数为 $g(\beta)$,失效阈值为 $D$,证明退化失效时间的密度函数为

$$f_T(t \mid D) = \frac{D - \beta_1}{t^2} g\left(\frac{D - \beta_1}{t}\right), \quad t > 0$$

6.8 设某产品的实际退化轨道是时间 $t$ 的线性函数:$Y(t) = \beta_1 - \beta_2 t$,其中退化率 $\beta_2 > 0$ 是固定参数,而截距 $\beta_1$ 是随机参数,服从三参数威布尔分布 $W(m, \eta, \gamma)$,

$$G(\beta) = 1 - \exp\left\{-\left(\frac{\beta - \gamma}{\eta}\right)^m\right\}, \quad \beta > \gamma$$

失效阈值为 $D$,证明退化失效时间 $T$ 服从三参数威布尔分布:

$$T \sim W\left(m, \frac{\eta}{\beta}, \frac{\gamma - D}{\beta}\right)$$

6.9　某种电子设备的使用功率随着使用时间的延长会逐渐减弱,功率减少量用退化模型表示为 $Y(t)=\beta_2[1-\exp\{-\beta_1 t\}]$,其中 $Y(t)$ 表示时刻 $t$ 的功率,$\beta_2<0$ 为固定参数,$\beta_1$ 为随机参数,且服从对数正态分布,设 $D$ 为失效阈值,且 $\beta_2<D$,求产品寿命的分布.

6.10　(数据磁盘出错率)对某种磁盘在温度为80℃、湿度为 85% 的环境下测试数据存储的出错率(错误的字节数比上总的字节数),测试截尾时间为 2 000 h,具体数据列于题表1,设磁盘的失效水平为 $50\times10^{-5}$,试用退化轨迹模型及退化量分布方法分析磁盘的寿命分布及可靠度函数.

**题表 1　磁盘出错的比率($10^{-5}$)**

| 磁盘 | 时间/h | | | | |
|---|---|---|---|---|---|
| | 0 | 500 | 1 000 | 1 500 | 2 000 |
| 1 | 0.621 | 0.663 | 1.200 | 1.260 | 1.210 |
| 2 | 0.624 | 0.660 | 0.733 | 1.010 | 1.840 |
| 3 | 0.526 | 0.562 | 0.630 | 0.841 | 0.862 |
| 4 | 0.444 | 0.542 | 0.573 | 0.815 | 0.903 |
| 5 | 1.330 | 1.430 | 1.430 | 1.590 | 1.750 |
| 6 | 0.414 | 0.456 | 0.446 | 0.606 | 0.759 |
| 7 | 0.435 | 0.483 | 0.541 | 0.525 | 0.615 |
| 8 | 0.313 | 0.382 | 0.451 | 0.515 | 0.695 |
| 9 | 0.824 | 0.637 | 0.806 | 1.220 | 1.450 |
| 10 | 0.499 | 0.642 | 0.669 | 1.220 | 1.080 |
| 11 | 0.467 | 0.568 | 0.690 | 0.716 | 0.844 |
| 12 | 0.536 | 0.626 | 0.658 | 0.759 | 0.870 |
| 13 | 0.865 | 0.934 | 1.050 | 1.130 | 1.250 |
| 14 | 0.398 | 0.462 | 0.557 | 0.615 | 0.737 |
| 15 | 0.430 | 0.499 | 0.546 | 0.610 | 0.669 |
| 16 | 0.308 | 0.324 | 0.371 | 0.493 | 0.658 |

# 第7章 基于贝叶斯方法的可靠性分析

在前面章节中,分别研究了产品可靠性的估计方法和检验方法,这些统计方法都是基于经典统计理论获得的,因此被称为经典统计方法.经典统计方法具有许多优良的统计性质,是可靠性统计研究的重点之一.但是经典统计方法也存在着许多不足,如难以利用各种历史资料、经验信息等.

贝叶斯方法是一种综合历史资料、经验信息等进行统计推断的方法,其假设产品有一个"先验分布",根据先验分布和样本数据推导出"后验分布",然后基于后验分布对产品的可靠性指标进行贝叶斯推断.近几十年来,贝叶斯方法已广泛应用于可靠性分析之中,成为研究产品可靠性研究的重要方法.

## 7.1 贝叶斯方法介绍

### 7.1.1 三种信息

在统计学中有两个大的学派:频率学派(也称经典学派)和贝叶斯学派,频率学派根据样本信息对总体分布或总体的特征数进行推断.这里的统计推断使用两种信息:总体信息和样本信息;而贝叶斯学派认为,除了上述两种信息以外,统计推断还应该使用第三种信息:先验信息.下面先对三种信息加以说明.

(1)总体信息.总体信息即总体分布或总体所属分布族提供的信息,如已知"总体是正态分布",则我们就知道很多信息,如总体的一切阶矩都存在,总体密度函数关于均值对称,总体的所有性质由其一、二阶矩决定,有许多成熟的统计推断方法可供我们选用等,总体信息是很重要的信息,为了获取此种信息往往耗资巨大.比如,我国为确认国产轴承寿命分布为威布尔分布前后花了五年时间,处理了几千个数据后才定下的.

(2)样本信息.样本信息即抽取样本所得观测值提供的信息.例如,在有了样本观测值后,可以根据它大概知道总体的一些特征数,如总体均值、总体方差等大概值是多少,这是最"新鲜"的信息,并且越多越好,希望通过样本对总体分布或总体的某些特征作出较精确的统计推断.

总体信息和样本信息合在一起,也称为抽样信息(Sampling Information).基于这两种信息进行的统计推断称为经典统计学,它的基本观点是把样本数据看成是来自具有一定概率分布的总体,所研究的对象是这个总体.如今统计学教材几乎全是叙述经典统计学的理论与方法.经典统计学在工业、农业、医学、经济、管理和军事等领域获得了广泛的应用.

(3)先验信息.如果把抽取样本看作一次试验,则样本信息就是试验中得到的信息.实际上,人们在试验之前,对要分析的问题,很多时候都是有所了解,这些信息对统计推断是有益的,先验信息即是抽样(试验)之前有关统计问题的一些信息.一般说来,先验信息主要来源于经验和历史资料,其对后续的统计推断是很重要的.先看一个例子.

**例 7.1.1**　某学生通过物理实验确定当地的重力加速度,测得如下数据(m/s):

$$9.80 \quad 9.79 \quad 9.78 \quad 6.81 \quad 6.80$$

问如何估计当地的重力加速度?

如果用样本均值 $\bar{x}=8.596$ 来估计,大家会认为这个结果很差,这是因为在未做实验之前,对重力加速度已有了一个先验的认识,重力加速度大致在 9.80 左右,误差一般不超过 0.1.因此,参数的先验信息对于正确估计参数往往是有益的.

那么如何利用先验信息呢? 在例 7.1.1 中,我们看到重力加速度每次的值不同,有一定的随机性.因此,直观的想法是将参数看作在参数空间中取值的随机变量,在实际中这种做法可以有两种理解:一是从某一范围考察,参数是随机的,如用 $p$ 表示某工厂每日的废品率,尽管从某一天看,$p$ 是一个未知常数,但从数天或更长一段时间看,每天的 $p$ 会有一定变化,一般来说 $p$ 的变化范围呈现一定的分布规律,可以利用这种分布规律来为某日废品率估计的先验信息;另一种理解是参数可能是某一常数,但人们无法知道或无法准确地知道它,只可能通过它的观测值去认识它,像例 7.1.1 中的当地重力加速度,这时,不妨把它看成一个随机变量,认为它所服从的分布可以通过它的先验知识获得.例如,可以认为当地的重力加速度服从正态分布 $N(9.8,0.1^2)$.这一观点在实际中是很有用处的,它将使人们能够充分地利用参数的先验信息对参数做出更准确的估计.

贝叶斯方法就是把未知量 $\theta$ 看作随机变量,用一个概率分布去描述,这个分布称为先验分布;在获得样本之后,将总体分布、样本与先验分布通过贝斯公式结合起来,得到一个关于未知量 $\theta$ 的新分布——后验分布;任何关于 $\theta$ 的统计推断都是基于 $\theta$ 的后验分布进行的.

## 7.1.2　贝叶斯公式

设总体 $X$ 的分布密度为 $f(x;\theta),\theta\in\Theta$ 为总体未知参数($\Theta$ 为参数取值范围).贝叶斯统计学认为未知参数 $\theta$ 是随机变量.基于贝叶斯观点,总体 $X$ 的分布密度 $f(x;\theta)$ 应看作给定 $\theta$ 时 $X$ 的条件分布密度,于是总体 $X$ 的分布密度 $f(x;\theta)$ 需改用 $f(x|\theta)$ 来表示.

**定义 7.1.1**　(先验分布)参数空间 $\Theta$ 上任一概率分布都称为先验分布(Prior Distribution).

本书中用 $\pi(\theta)$ 表示随机变量 $\theta$ 的概率函数,当 $\theta$ 为离散型随机变量时,$\pi(\theta_i),i=1,2,\cdots$ 表示事件 $\{\theta=\theta_i\}$ 的概率分布,即概率 $P(\theta=\theta_i)$;当 $\theta$ 为连续型随机变量时,$\pi(\theta)$ 表示 $\theta$ 的密度函数.用 $F_\pi(\theta)$ 表示随机变量 $\theta$ 的分布函数.$\pi(\theta)$ 一般由参数 $\theta$ 的先验信息来确定,其确定方法将在 7.2 节中详细介绍.

设 $X_1,X_2,\cdots,X_n$ 为来自总体的样本,样本观察值为 $x_1,x_2,\cdots,x_n$,样本的联合密度就是在给定参数 $\theta$ 下的条件密度函数,即

$$L(x\mid\theta)=\prod_{i=1}^{n}f(x_i\mid\theta) \tag{7.1.1}$$

由此,参数 $\theta$ 与样本 $x_1,x_2,\cdots,x_n$ 的联合概率密度函数为

$$h(x,\theta)=L(x\mid\theta)\pi(\theta) \tag{7.1.2}$$

由乘法公式知

$$h(x,\theta) = L(x \mid \theta)\pi(\theta) = m(x)\pi(\theta \mid x) \tag{7.1.3}$$

式中,$m(x)$是$(x,\theta)$关于样本$x$的边缘分布,与$\theta$无关,即$m(x)$中不含$\theta$的任何信息.

如果$\theta$是连续型随机变量,则

$$m(x) = \int_{\Theta} h(x,\theta)\mathrm{d}\theta = \int_{\Theta} L(x \mid \theta)\pi(\theta)\mathrm{d}\theta$$

如果$\theta$是离散型随机变量,则

$$m(x) = \sum_{\theta} L(x \mid \theta)\pi(\theta)$$

同时

$$\pi(\theta \mid x) = \frac{L(x \mid \theta)\pi(\theta)}{\int_{\Theta} L(x \mid \theta)\pi(\theta)\mathrm{d}\theta} \tag{7.1.4}$$

式(7.1.4)称为贝叶斯公式,$\pi(\theta|x)$称为给定样本后参数$\theta$的后验密度函数,有时简称为后验分布,它综合了有关参数$\theta$的先验信息和抽样信息(包含了总体信息和样本信息).因此,贝叶斯统计推断都是基于后验分布$\pi(\theta|x)$进行.

一般说来,先验分布$\pi(\theta)$反映了人们在抽样前对参数$\theta$的认识,后验分布$\pi(\theta|x)$反映了人们在抽样后对参数$\theta$的重新认识,它实际上是通过抽样信息对参数先验信息的调整.

**例7.1.2** 设产品成功率为$R$,为了估计$R$,现进行了$n$次独立试验,其中成功$S$次,则试验数据的似然函数为

$$P(S \mid R) = C_n^S R^S (1-R)^{n-S}$$

在经典统计学中,对成功率$R$的估计可以用极大似然估计,即

$$\hat{R}_M = \frac{S}{n} \tag{7.1.5}$$

显然当$n=S=1$时,成功率的估计为$\hat{R}=1$;同样,当$n=S=1\,000$时,产品成功率的估计也为$\hat{R}=1$.由此可见,用式(7.1.5)对成功率进行估计有其不合理之处,这是因为试验1000次全部成功所得到的成功率估计值应比试验1次且成功所得到的成功率估计要更可信,但是,用式(7.1.5)对成功率$R$进行估计时并没有反映这种差异性.

下面考虑贝叶斯方法.假设试验前人们对产品成功率没有任何了解,因此可以认为成功率$R$在取值范围$(0,1)$内是等可能的,贝叶斯认为应该用$(0,1)$上的均匀分布$U(0,1)$作为产品成功率的先验分布,即

$$\pi(R) = \begin{cases} 1, & 0<R<1 \\ 0, & \text{其他} \end{cases} \tag{7.1.6}$$

为了综合抽样信息和先验信息,利用贝叶斯定理,得到成功率的后验分布为

$$\pi(R \mid S) = \frac{C_n^S R^S (1-R)^{n-S}}{\int_0^1 C_n^S R^S (1-R)^{n-S}\mathrm{d}R} = \frac{R^S (1-R)^{n-S}}{B(S+1,n-S+1)}$$

$$= \frac{\Gamma(n+2)}{\Gamma(S+1)\Gamma(n-S+1)} R^S (1-R)^{n-S}, \quad 0<R<1 \tag{7.1.7}$$

即后验分布$\pi(R|x)$服从贝塔分布$Be(S+1,n-S+1)$.

后验分布综合了抽样信息和先验信息,重新调整了对产品成功率$R$的认识,由均匀分布

调整为贝塔分布.因此,对成功率 $R$ 进行统计推断应基于后验分布 $Be(S+1,n-S+1)$ 进行.如果用后验分布的期望值作为成功率 $R$ 的估计,即

$$
\begin{aligned}
\hat{R}_B = E(R\mid S) &= \frac{\Gamma(n+2)}{\Gamma(S+1)\Gamma(n-S+1)} \int_0^1 R^{S+1}(1-R)^{n-S}\mathrm{d}R \\
&= \frac{\Gamma(n+2)}{\Gamma(S+1)\Gamma(n-S+1)} \frac{\Gamma(S+2)\Gamma(n-S+1)}{\Gamma(n+3)} \\
&= \frac{S+1}{n+2}
\end{aligned} \tag{7.1.8}
$$

当 $n=S=1$,$\hat{R}_B=\dfrac{2}{3}$,当 $n=S=1\,000$ 时,$\hat{R}_B=\dfrac{1\,001}{1\,002}$,显然,相对于估计式(7.1.5),用式(7.1.8)对成功率 $R$ 进行估计相对更为合理.

## 7.2　先验分布的选取

先验分布的确定是贝叶斯方法应用的核心问题之一.对于不同的统计问题,其先验信息的表现形式也各不相同,因此用来加工这些先验信息的方法也不相同.近 30 年来,统计学家发展了多种确定先验分布的方法.本节将介绍几种常用的先验信息加工方法.

### 7.2.1　无信息先验分布

贝叶斯方法的特点是能够充分利用先验信息(经验知识和历史数据)确定参数的先验分布.但有的时候,人们可能没有任何先验信息,在此情况下,如何选择先验分布,以便进行统计分析就成为贝叶斯方法研究的关键,也是贝叶斯理论发展所必须解决的.许多统计学家对无信息先验分布进行了深入研究,提出了多种确定无信息先验分布方法.

1.贝叶斯假设与广义先验分布

所谓参数 $\theta$ 的无信息先验分布就是指除参数 $\theta$ 的取值范围和 $\theta$ 在总体分布中的位置外,不包含关于 $\theta$ 的任何信息的先验分布.如果将"不包含 $\theta$ 的任何信息"理解为:对参数 $\theta$ 的任何可能取值都没有偏爱,都是同等无知的,则自然地将参数 $\theta$ 在取值范围上的"均匀分布"作为其先验分布,即

$$
\pi(\theta) = \begin{cases} c, & \theta \in \Theta \\ 0, & \theta \notin \Theta \end{cases} \tag{7.2.1}
$$

式中,$\Theta$ 是 $\theta$ 的取值范围,$c$ 是已知常数.这种选取无信息先验分布的方法称为贝叶斯假设(Bayes Assumption).下面分几种情形说明.

(1)离散均匀分布.若 $\Theta$ 为有限集,即只可能取有限个值,如 $\theta=\theta_i(i=1,2,\cdots,n)$,由贝叶斯假设,$\Theta$ 中的每个元素的概率为 $1/n$,即

$$
P(\theta=\theta_i)=\frac{1}{n}, \quad i=1,2,\cdots,n \tag{7.2.2}
$$

(2)有限区间上的均匀分布若为实数上的有限区间 $[a,b]$,则取无信息先验为区间 $[a,b]$ 上的均匀分布,即

$$
\pi(\theta) = \begin{cases} \dfrac{1}{b-a}, & \theta \in [a,b] \\ 0, & \theta \notin [a,b] \end{cases} \tag{7.2.3}
$$

(3)广义先验分布,若参数空间 $\Theta$ 无界,无信息先验如何选取? 例如,样本分布为 $N(\theta,\sigma^2)$,$\sigma^2$ 已知,此时 $\theta$ 的参数空间是 $\Theta=(-\infty,+\infty)$.若无信息先验密度 $\pi(\theta)=1$,则 $\pi(\theta)$ 不是通常的密度,因为 $\int_{-\infty}^{\infty}\pi(\theta)\mathrm{d}\theta=\infty$. 这就引出了广义先验分布的概念.

**定义 7.2.1** 设随机变量 $X\sim f(x|\theta)(\theta\in\Theta)$.若 $\theta$ 的先验分布 $\pi(\theta)$ 满足条件:

(1) $\forall\theta\in\Theta,\pi(\theta)\geqslant0$,且 $\int_{\Theta}\pi(\theta)\mathrm{d}\theta=\infty$;

(2)对于给定的样本信息 $x$,其后验分布 $\pi(\theta|x)$ 是正常的密度函数,即 $\int_{\Theta}\pi(\theta|x)\mathrm{d}\theta=1$.

则称 $\pi(\theta)$ 为 $\theta$ 的广义先验密度.

有了广义先验分布的概念,就可以定义在无限区间上取值的参数的无信息先验分布.由定义 7.2.1 可见,广义先验密度 $\pi(\theta)$ 乘以任一给定常数 $c$,则 $c\pi(\theta)$ 仍是一个广义先验密度.所以在无限区间上取值的参数的无信息先验分布常常取

$$\pi(\theta)=1$$

作为参数的广义先验密度.

2.位置参数及刻度参数的无信息先验

**定义 7.2.2** 设总体 $X$ 的密度函数的形式为 $f(x-\theta)$,其样本空间 $\Omega$ 和参数空间 $\Theta$ 皆为实轴 $R$,则此类密度函数构成的分布族称为位置参数族(Location Parameter Family),$\theta\in\Theta$ 称为位置参数.

现在对位置参数的无信息先验分布进行推导.考虑到位置参数族具有平移变换下的不变性.对 $X$ 作平移变换,得到 $X^*=X+c$,同时对 $\theta$ 也作平移变换,得到 $\theta^*=\theta+c$. 由平移变换法则可得 $X^*\sim f(x^*-\theta^*)$,它仍是位置参数族中的成员,$\theta^*$ 仍是位置参数,且样本空间和参数空间不变.所以 $(X,\theta)$ 与 $(X^*,\theta^*)$ 的统计结构完全一样,即它们的样本分布、样本空间及参数空间都一样,因此,参数 $\theta$ 的无信息先验分布 $\pi(\theta)$ 与 $\theta^*$ 的无信息先验分布 $\pi^*(\theta^*)$ 应相等,即

$$\pi(\theta)=\pi^*(\theta^*) \tag{7.2.4}$$

另一方面,由于 $\theta^*$ 是由 $\theta$ 平移变换得到的,可以由变换法则,求得

$$\pi^*(\theta^*)=\pi(\theta-c)\left|\frac{\mathrm{d}\theta}{\mathrm{d}\theta^*}\right|=\pi(\theta-c) \tag{7.2.5}$$

联合式(7.2.4)与式(7.2.5),可得

$$\pi(\theta)=\pi(\theta^*-c) \tag{7.2.6}$$

取 $\theta^*=c$,则有

$$\pi(\theta)=\pi(0)=常数$$

不失一般性,可取 $\pi(0)=1$,即位置参数 $\theta$ 的无信息先验分布为

$$\pi(\theta)=1 \tag{7.2.7}$$

这表明,当 $\theta$ 为位置参数时,其先验分布可用贝叶斯假设作为无信息先验分布.

**定义 7.2.3** 设总体 $X$ 的密度函数的形式为 $\frac{1}{\sigma}f\left(\frac{x}{\sigma}\right)$,其中 $\sigma>0$,样本空间 $\Omega$ 为实数,则此类密度函数构成的分布族称为刻度参数族,又称尺度参数族,$\sigma>0$ 称为刻度参数,或者尺度参数.

为了推导尺度参数 $\sigma$ 的无信息先验分布.对 $X$ 作变换:$X^*=cX$,同时对 $\theta$ 也做相应的变换:$\sigma^*=c\sigma$,由变换法则可得 $X^*$ 的密度函数为 $\frac{1}{\sigma^*}f\left(\frac{x^*}{\sigma^*}\right)$,它仍是刻度参数族中的成员,$\sigma^*$ 仍

为刻度参数,且样本空间和参数空间不变.所以 $(X,\sigma)$ 与 $(X^*,\sigma^*)$ 的统计结构完全一样,即它们的样本分布、样本空间及参数空间都一样.因此,参数 $\sigma$ 的无信息先验分布 $\pi(\sigma)$ 与 $\sigma^*$ 的无信息先验分布 $\pi^*(\sigma^*)$ 应相等,即

$$\pi(\sigma) = \pi^*(\sigma^*) \tag{7.2.8}$$

另一方面,由于 $\sigma^*$ 是由 $\sigma$ 变换得到的,可以由变换法则,求得

$$\pi^*(\sigma^*) = \pi\left(\frac{\sigma}{c}\right)\left|\frac{\mathrm{d}\sigma}{\mathrm{d}\sigma^*}\right| = \frac{1}{c}\pi\left(\frac{\sigma}{c}\right) \tag{7.2.9}$$

联合式(7.2.8)与式(7.2.9),可得

$$\pi(\sigma) = \frac{1}{c}\pi\left(\frac{\sigma}{c}\right) \tag{7.2.10}$$

取 $\sigma=c$,则尺度参数 $\sigma$ 的无信息先验分布为

$$\pi(\sigma) = \sigma^{-1} \tag{7.2.11}$$

对于寿命服从指数分布的产品,其平均寿命 $\theta$ 就是尺度参数,平均寿命无信息先验分布为

$$\pi(\theta) = 1/\theta$$

3. Jeffreys 无信息先验

设 $\boldsymbol{X}=(X_1,X_2,\cdots,X_n)$ 为来自总体的样本,样本观察值为 $\boldsymbol{x}=(x_1,x_2,\cdots,x_n)$,其联合密度函数为 $f(x|\boldsymbol{\theta})$.其中 $\boldsymbol{\theta}=(\theta_1,\theta_2,\cdots,\theta_k)$ 是总体的 $k$ 维未知参数向量.Jeffreys 无信息先验分布是用 Fisher 信息阵的平方根作为 $\boldsymbol{\theta}$ 的无信息先验分布.其计算步骤如下:

(1)求出样本的对数似然函数:

$$l(\boldsymbol{\theta}\mid x) = \ln f(\boldsymbol{x}\mid\boldsymbol{\theta})$$

(2)求样本的 Fisher 信息矩阵:

$$I(\boldsymbol{\theta}) = E_{x|\boldsymbol{\theta}}\left(-\frac{\partial^2 l(\boldsymbol{\theta}\mid x)}{\partial\theta_i\partial\theta_j}\right)$$

这里 $E_{x|\theta}(\,\cdot\,)$ 是给定参数 $\boldsymbol{\theta}$ 关于样本 $\boldsymbol{x}$ 求期望.

如果 $k=1$,即 $\theta$ 为单参数的情形:

$$I(\theta) = E_{x|\theta}\left(-\frac{\partial^2 l(\theta\mid x)}{\partial\theta^2}\right)$$

(3)参数 $\theta$ 的 Jeffreys 无信息先验分布为

$$\pi(\theta) \propto \left[\det(I(\boldsymbol{\theta}))\right]^{1/2} \tag{7.2.12}$$

式中,$\det I(\boldsymbol{\theta})$ 表示矩阵 $I(\boldsymbol{\theta})$ 的行列式.

如果 $k=1$,即 $\theta$ 为单参数的情形:

$$\pi(\theta) \propto \left[I(\theta)\right]^{1/2}$$

**例 7.2.1**　设总体 $X$ 服从指数分布 $\mathrm{Exp}(\lambda)$,$\boldsymbol{X}=(X_1,X_2,\cdots,X_n)$ 是从总体中抽取的样本,样本观察值为 $x=(x_1,x_2,\cdots,x_n)$,求参数 $\lambda$ 的 Jeffreys 先验分布.

**解**　给定样本时,参数的对数似然函数为

$$l(\theta\mid x) = n\ln\lambda - \lambda\sum_{i=1}^{n}x_i$$

关于参数 $\lambda$ 求二阶导数,得

$$\frac{\partial^2 l(\theta\mid x)}{\partial\lambda^2} = -\frac{n}{\lambda^2}$$

从而有

$$I(\lambda) = E\left(-\frac{\partial^2 l(\theta \mid x)}{\partial \lambda^2}\right) = \frac{n}{\lambda^2} \propto \frac{1}{\lambda^2}$$

所以,可得到参数 $\lambda$ 的无信息先验分布为

$$\pi(\theta) = \sqrt{I(\lambda)} \propto \frac{1}{\lambda}$$

**例 7.2.2** 假设总体 $X$ 服从正态分布 $N(\mu,\sigma^2)$,$(X_1,X_2,\cdots,X_n)$ 是从总体中抽取的样本,样本观察值为 $x = (x_1,x_2,\cdots,x_n)$,记 $\boldsymbol{\theta} = (\mu,\sigma)$,求 $(\mu,\sigma)$ 的联合无信息先验.

**解** 对数似然函数为

$$l(\boldsymbol{\theta} \mid x) = -\frac{n}{2}\ln(2\pi) - n\ln\sigma - \frac{1}{2\sigma^2}\sum_{i=1}^{n}(x_i - \mu)^2$$

记 $I(\boldsymbol{\theta}) = (I_{ij}(\boldsymbol{\theta}))_{2\times 2}$,则有

$$I_{11}(\boldsymbol{\theta}) = E_{x\mid\theta}\left(-\frac{\partial^2 l(\boldsymbol{\theta} \mid x)}{\partial \mu^2}\right) = \frac{n}{\sigma^2}$$

$$I_{22}(\boldsymbol{\theta}) = E_{x\mid\theta}\left(-\frac{\partial^2 l(\boldsymbol{\theta} \mid x)}{\partial \sigma^2}\right) = -\frac{n}{\sigma^4} + \frac{3}{\sigma^4}E\left\{\sum_{i=1}^{n}(x_i-\mu)^2\right\} = \frac{2n}{\sigma^2}$$

$$I_{12}(\boldsymbol{\theta}) = I_{21}(\boldsymbol{\theta}) = E_{x\mid\theta}\left(-\frac{\partial^2 l(\boldsymbol{\theta} \mid x)}{\partial \mu \partial \sigma}\right) = E\left\{\frac{2}{\sigma^3}\sum_{i=1}^{n}(x_i - \mu)\right\} = 0$$

故有

$$I(\boldsymbol{\theta}) = \begin{bmatrix} n/\sigma^2 & 0 \\ 0 & 2n/\sigma^2 \end{bmatrix}, \quad [\det(I(\boldsymbol{\theta}))]^{1/2} = \frac{\sqrt{2}n}{\sigma^2}$$

因此,$(\mu,\sigma)$ 的 Jeffreys 先验(由于它是广义先验,可以丢弃常数因子)为

$$\pi(\mu,\sigma) = \frac{1}{\sigma^2}$$

即 $(\mu,\sigma)$ 的联合无信息先验为 $1/\sigma^2$. 它的几个特例为

(1)当 $\sigma$ 已知时,$I(\mu) = E_{x\mid\theta}\left(-\frac{\partial^2 l(\theta\mid x)}{\partial\mu^2}\right) = \frac{n}{\sigma^2}$,$[I(\mu)]^{1/2} \propto 1$,故 $\pi_1(\mu) = 1$;

(2)当 $\mu$ 已知时,$I(\sigma) = E_{x\mid\theta}\left(-\frac{\partial^2 l(\theta\mid x)}{\partial\sigma^2}\right) = \frac{2n}{\sigma^2}$,$[I(\sigma)]^{1/2} \propto 1/\sigma$,故 $\pi_2(\sigma) = 1/\sigma$;

(3)当 $\mu$ 和 $\sigma$ 独立时,有 $\pi(\mu,\sigma) = \pi_1(\mu)\pi_2(\sigma) = 1/\sigma$.

由此可见,当 $\mu$ 和 $\sigma$ 无信息先验不独立时,它们的联合无信息先验为 $1/\sigma$;当 $\mu$ 和 $\sigma$ 无信息先验独立时,它们的联合无信息先验为 $1/\sigma$;Jeffreys 最终推荐用 $\pi(\mu,\sigma) = 1/\sigma$ 作为 $\mu$ 和 $\sigma$ 的联合无信息先验.

由于人们对无信息的理解和认识不同,对于同一个参数,人们获得的无信息先验分布常常不是唯一的.但是,不同的无信息先验分布对贝叶斯推断的影响往往都很小,很少对结果产生较大的影响,所以大部分无信息先验分布都可接受.

### 7.2.2 共轭先验分布

1.共轭先验分布的定义

后验分布在贝叶斯统计中起着重要作用,但是,在某些场合后验分布的计算较为复杂,为

了简便地计算参数 $\theta$ 的后验分布,引入共轭先验分布的概念.

**定义 7.2.4**　设总体 $X$ 的分布密度为 $f(x|\theta)$,$\theta$ 是模型中的未知参数,$\pi(\theta)$ 是 $\theta$ 的先验分布,若对样本的任意观测值 $x$,参数 $\theta$ 的后验分布 $\pi(\theta|x)$ 与其先验分布 $\pi(\theta)$ 属于同一个分布族,则称 $\pi(\theta)$ 是 $\theta$ 的共轭先验分布.

应当注意,共轭先验分布是对某分布中的参数而言的,离开指定的参数及所在的分布去谈共轭先验分布是没有意义的,下面给出计算共轭先验分布的一个例子.

**例 7.2.3**　成败型产品成功率的共轭先验分布为贝塔分布.设产品成功率为 $R$,现对该产品进行 $n$ 次抽样,其中有 $S$ 次成功,则似然函数为

$$L(x \mid R) = C_n^S R^S (1-R)^{n-S}, \quad S = 0, 1, 2, \cdots, n$$

现取贝塔分布 $\mathrm{Be}(a, b)$ 作为成功率 $R$ 的先验分布,即

$$\pi(R) = \frac{1}{\mathrm{B}(a, b)} R^{a-1} (1-R)^{b-1}, \quad 0 < R < 1$$

式中,$a, b$ 为已知常数,称为先验分布的超参数,$\mathrm{B}(a, b) = \int_0^1 x^{a-1}(1-x)^{b-1}\mathrm{d}x$ 为贝塔函数. 由贝叶斯定理可得到成功率 $R$ 的后验分布为

$$
\begin{aligned}
\pi(R \mid n, S) &= \frac{L(x \mid R)\pi(R)}{\int_0^1 L(x \mid R)\pi(R)\mathrm{d}R} \\
&= \frac{C_n^S R^S (1-R)^{n-S} \dfrac{1}{\mathrm{B}(a, b)} R^{a-1}(1-R)^{b-1}}{\int_0^1 C_n^S R^S (1-R)^{n-S} \dfrac{1}{\mathrm{B}(a, b)} R^{a-1}(1-R)^{b-1}\mathrm{d}R} \\
&= \frac{1}{\mathrm{B}(a+S, n-S+b)} R^{a+S-1}(1-R)^{b+n-S-1}
\end{aligned}
\tag{7.2.13}
$$

由此可见,成功率 $R$ 的后验分布还是贝塔分布.因此贝塔分布是二项分布中成功率的共轭先验分布.

在计算后验分布时,如果直接根据贝叶斯公式计算,需要计算样本的边缘分布 $m(x)$,有时候这并非易事.但是,对于共轭先验分布而言,可以简化后验分布的计算,省略计算边缘分布这一步骤.为此,引入后验分布核的概念.

当给定样本的分布(或称为似然函数)$L(x|\theta)$ 和先验分布 $\pi(\theta)$ 后,由贝叶斯公式知 $\theta$ 的后验分布为

$$\pi(\theta \mid x) = \frac{L(x \mid \theta)\pi(\theta)}{m(x)} = \frac{L(x \mid \theta)\pi(\theta)}{\int_\Theta L(x \mid \theta)\pi(\theta)\mathrm{d}\theta}$$

式中,$m(x)$ 为样本 $x = (x_1, x_2, \cdots, x_n)$ 的边缘分布. 由于 $m(x)$ 不依赖于 $\theta$,在计算 $\theta$ 的后验分布中仅起到一个正则化因子的作用,若把 $m(x)$ 省略,可将贝叶斯公式改写为如下等价形式:

$$\pi(\theta \mid x) \propto L(x \mid \theta)\pi(\theta) \tag{7.2.14}$$

式中,符号"$\propto$"表示正比于,即上式两边仅差一个不依赖于 $\theta$ 的常数因子.式(7.2.14)的右端虽不是正常的密度函数,但它是后验分布 $\pi(\theta|x)$ 的主要部分,称为 $\pi(\theta|x)$ 的核.

因此,对于共轭先验分布,其后验分布的计算可按下述步骤获得:

(1)计算出样本的概率函数(即 $\theta$ 的似然函数)$L(x|\theta)$ 的核,即 $L(x|\theta)$ 中仅与参数 $\theta$ 有关的因子;

(2)写出先验密度 $\pi(\theta)$ 的核,即 $\pi(\theta)$ 中仅与参数 $\theta$ 有关的因子;

(3)类似公式(7.2.14),写出后验密度的核,即

$$\pi(\theta\mid x)\propto L(x\mid\theta)\pi(\theta)\propto \{L(x\mid\theta)\text{ 的核}\}\cdot\{\pi(\theta)\text{ 的核}\} \tag{7.2.15}$$

也即"后验密度的核"是"样本概率函数的核"与"先验密度的核"的乘积.

(4)将公式(7.2.15)计算的后验分布的核添加正则化常数因子(可以与 $x$ 有关),即得到后验分布 $\pi(\theta\mid x)$.

上述计算后验分布的方法,省略了计算边缘分布 $m(x)$,简化了后验分布的计算过程,但是也只是对先验分布为共轭先验的时候有效,对其他先验分布,获得后验分布的核之后,如果不能判断出后验分布的类型,就不知道如何添加正则化常数因子,无法将"后验密度的核"转化成"后验密度".此时只能按后验分布的公式计算.

2.共轭先验分布的确定

共轭先验分布的形式是由其似然函数所决定的,要求参数的共轭先验分布的核必须与似然函数的核相同.许多情况下,共轭先验分布可以用下述方法获得:

(1)计算出样本的概率函数(即 $\theta$ 的似然函数)$L(x\mid\theta)$,根据似然函数分析出参数 $\theta$ 的核,即 $L(x\mid\theta)$ 中仅与参数 $\theta$ 有关的因子;

(2)选取与似然函数 $L(x\mid\theta)$ 具有相同核的分布 $\pi(\theta)$ 作为先验分布,这个分布往往就是共轭先验分布.

**例 7.2.4** 设 $(X_1,X_2,\cdots,X_n)$ 是正态分布 $N(\mu,\sigma^2)$ 的一个样本,其观测值为 $x=(x_1,x_2,\cdots,x_n)$,其中 $\mu$ 已知,现要寻求方差 $\sigma^2$ 的共轭先验分布,由于该样本的似然函数为

$$L(\sigma^2\mid x)=\left(\frac{1}{\sqrt{2\pi}\sigma}\right)^n\exp\left\{-\frac{1}{2\sigma^2}\sum_{i=1}^n(x_i-\mu)^2\right\}$$
$$=\left(\frac{1}{\sigma^2}\right)^{n/2}\exp\left\{-\frac{1}{2\sigma^2}\sum_{i=1}^n(x_i-\mu)^2\right\}$$

上述似然函数中所含 $\sigma^2$ 的因式,决定 $\sigma^2$ 的共轭先验分布的形式,什么分布具有上述的核呢?通过寻找,发现似然函数的核与逆伽马分布核一样,所以选取 $\sigma^2$ 的先验分布为逆伽马分布 $\mathrm{IGa}(\alpha,\beta)$,相应的密度函数为

$$\pi(\sigma^2;\alpha,\beta)=\frac{\beta^\alpha}{\Gamma(\alpha)}\left(\frac{1}{\sigma^2}\right)^{\alpha+1}\mathrm{e}^{-\beta/\sigma^2},\sigma^2>0$$

于是 $\sigma^2$ 的后验分布为

$$\pi(\sigma^2\mid x)\propto\pi(\sigma^2)L(\sigma^2\mid x)$$
$$\propto\left(\frac{1}{\sigma^2}\right)^{\alpha+\frac{n}{2}+1}\exp\left\{-\frac{1}{\sigma^2}\left[\beta+\frac{1}{2}\sum_{i=1}^n(x_i-\mu)^2\right]\right\}$$

容易看出,这仍是逆伽马分布 $\mathrm{IGa}\left(\alpha+\frac{n}{2},\beta+\frac{1}{2}\sum_{i=1}^n(x_i-\mu)^2\right)$,所以,正态方差 $\sigma^2$ 的共轭先验分布为逆伽马分布 $\mathrm{IGa}(\alpha,\beta)$.

**例 7.2.5** 指数分布失效率 $\lambda$ 的共轭先验分布为伽马分布.假设产品寿命 $X$ 服从指数分布 $\mathrm{Exp}(\lambda)$,对 $n$ 个该产品进行定数截尾寿命试验,截尾数为 $r$,样本为 $(X_1,X_2,\cdots,X_r)$,样本观测值为 $x=(x_1,x_2,\cdots,x_r)$.试寻找 $\lambda$ 的共轭先验分布.

**解** 首先计算样本的似然函数为

$$L(\lambda \mid x) = \frac{n!}{(n-r)!}\lambda^r \exp\left\{-\lambda\left[(n-r)x_r + \sum_{i=1}^{r} x_i\right]\right\}$$

式中，$S(x_r) = \sum_{i=1}^{r} x_i + (n-r)x_r$.

则似然函数的核为

$$L(\lambda \mid x) \propto \lambda^r \exp\{-\lambda S(x_r)\}$$

现要寻求参数 $\lambda$ 的共轭先验分布. 显然，伽马分布是具有上述核的分布，故参数 $\lambda$ 的先验分布可选为

$$\pi(\lambda) = \frac{b^a}{\Gamma(a)}\lambda^{a-1}\exp\{-b\lambda\}$$

式中，$a,b$ 为先验分布中的参数. 若选用伽马分布作为参数 $\lambda$ 的先验分布，则其后验分布为

$$\pi(\lambda \mid n,S) = \frac{(S(x_r)+b)^{a+r}}{\Gamma(a+r)}\lambda^{a+r-1}\exp\{-(b+S(x_r))\lambda\}$$

由此可见，伽马分布是指数分布的数学期望倒数的共轭先验分布. 在实际中常见的共轭先验分布见表 7.2.1.

### 表 7.2.1　常用共轭先验分布

| 总体分布 | 参数 | 共轭先验分布 |
| --- | --- | --- |
| 二项分布 | 成功率 | Beta 分布 $Be(a,b)$ |
| 泊松分布 | 均值 | 伽马分布 $Ga(a,b)$ |
| 指数分布 | 均值的倒数 | 伽马分布 $Ga(a,b)$ |
| 指数分布 | 均值 | 逆伽马分布 $IGa(a,b)$ |
| 正态分布（方差已知） | 均值 | 正态分布 $N(\mu,\sigma^2)$ |
| 正态分布（均值已知） | 方差 | 逆伽马分布 $IGa(a,b)$ |

**3. 共轭先验分布的优点**

共轭先验分布具有下列优点：

(1) 选用共轭先验分布可方便地得到后验分布；由前面几个例题可知，基于共轭先验分布，计算参数的后验分布时，省略了计算样本的边缘分布 $m(x)$，同时只考虑与参数有关的核，也省略了其他项的计算，简化了后验分布的计算过程.

(2) 后验分布的一些参数可以得到很好的解释.

以例 7.2.3 为例，成功率 $R$ 的后验分布为 $b(a+S,n-S+b)$，其后验分布的期望为

$$E(R \mid n,S) = \frac{1}{b(a+S,n-S+b)}\int_0^1 R^{a+S}(1-R)^{b+n-S-1}dR$$

$$= \frac{a+S}{n+a+b} = \frac{a+b}{n+a+b}\frac{a}{a+b} + \frac{n}{n+a+b}\frac{S}{n}$$

$$= (1-v)\frac{a}{a+b} + v\frac{S}{n} \tag{7.2.16}$$

式中，$v = \frac{n}{a+b+n}$.

由式(7.2.16)可以看出,选用贝塔分布作为成功率 $R$ 的先验分布,如同已经事先做了 $a+b$ 次试验,其中 $a$ 次试验是成功的,$b$ 次试验是失败的,这是人们对产品成功率的经验积累.而试验数据 $(n,S)$ 则相当于再对该产品进行 $n$ 次试验,成功了 $S$ 次.而后验均值 $E(R\,|\,n,S)=\dfrac{a+S}{n+a+b}$ 是先验均值 $\dfrac{a}{a+b}$ 与样本均值 $\dfrac{S}{n}$ 的加权和,样本均值的权重系数为 $v=\dfrac{n}{a+b+n}$.随着样本量 $n$ 的增大,$v$ 的值增大,样本均值对后验均值的影响增大,先验信息对后验分布的影响越来越小.

### 7.2.3 超参数的确定方法

先验分布中的未知参数称为超参数,例如,成功概率的共轭先验分布是贝塔分布 $\mathrm{Be}(a,b)$,含有两个超参数 $a,b$,正态分布均值的共轭先验分布是正态分布 $N(c,d)$,含有两个超参数 $c,d$.一般来说,共轭先验分布常含有超参数,而无信息先验分布一般不含有超参数.

假设 $\theta$ 为总体分布的参数,其先验分布为 $\pi(\theta;a,b)$,其中 $a,b$ 是未知的,即是先验分布中的超参数.超参数需要用现有的先验信息(如经验知识和历史数据)设法加以确定,否则无法使先验分布在贝叶斯分析中发挥作用.下面以具体例子说明共轭先验分布超参数的确定方法.

1.先验矩法

若能从先验信息整理加工中获得前几阶先验分布的样本矩,先验分布的总体矩是超参数的函数,令这二者相等,解方程可获得超参数的估计值.

**例7.2.6** 二项分布中成功概率 $R$ 的共轭先验分布为贝塔分布 $\mathrm{Be}(a,b)$,$a$ 与 $b$ 是两个超参数,试确定这一先验分布.

**解** 若根据先验信息能获得成功率 $R$ 的若干个估计值,记为 $\hat{R}_1,\hat{R}_2,\cdots,\hat{R}_k$,由此可计算得到先验均值 $\overline{R}$ 和先验方差 $S_R^2$,其中

$$\overline{R}=\frac{1}{k}\sum_{i=1}^{k}\hat{R}_i,\quad S_R^2=\frac{1}{k-1}\sum_{i=1}^{k}(\hat{R}_i-\overline{R})^2$$

根据矩估计的思路,令先验信息均值 $\overline{R}$ 和先验信息方差 $S_R^2$ 分别等于先验分布贝塔分布 $\mathrm{Be}(a,b)$ 的期望与方差

$$\frac{a}{a+b}=\overline{R},\quad \frac{ab}{(a+b)^2(a+b+1)}=S_R^2$$

化简上式,可得到超参数 $a$ 和 $b$ 的估计值:

$$\left.\begin{aligned}\hat{a}&=\overline{R}\left(\frac{(1-\overline{R})\overline{R}}{S_R^2}-1\right)\\\hat{b}&=(1-\overline{R})\left(\frac{(1-\overline{R})\overline{R}}{S_R^2}-1\right)\end{aligned}\right\}\tag{7.2.17}$$

将超参数的估计 $\hat{a},\hat{b}$ 代入先验分布中,就可以进行贝叶斯估计.

2.先验分位数法

有的分布不存在矩,此时无法根据先验矩法获得超参数的估计.当人们通过先验信息可以获得先验分布的一个或几个分位数的估计值时,然后通过这些分位数的值确定超参数.这就是先验分位数法.下面通过一个例子进行阐述.

**例7.2.7** 设参数 $\theta$ 的取值范围为 $(-\infty,+\infty)$,先验分布为正态分布.若从先验信息得知:先验分布的中位数为 0,先验分布的 0.25 及 0.75 的下分位数分别为 $-1$ 和 1,试求此先验

分布.

**解** 参数 $\theta$ 的先验分布为正态分布 $N(\mu,\sigma^2)$，分布形式已知，但是超参数 $\mu,\sigma^2$ 未知. 现在根据先验信息确定超参数 $\mu,\sigma^2$ 的值.

首先根据先验分布的中位数为 0，所以正态分布 $N(\mu,\sigma^2)$ 的中位数为 0，因此，超参数 $\mu=0$. 由 0.75 的分位数为 1，可得

$$P(\theta < 1) = P\left(\frac{\theta-\mu}{\sigma} < \frac{1-\mu}{\sigma}\right) = P\left(\frac{\theta}{\sigma} < \frac{1}{\sigma}\right) = 0.75$$

查标准正态分布表，得 $\frac{1}{\sigma}=0.675$，即 $\sigma=1.481$.

故参数 $\theta$ 的先验分布为正态分布 $N(0,1.481^2)$.

3.利用先验矩和先验分位数

有的时候，人们获取的先验信息有先验均值信息，也有先验分布的分位数信息等，此时，可以对这些信息综合运用，获得超参数的估计. 假设根据先验信息（如历史数据）已经获得参数 $\theta$ 的先验均值 $\bar{\theta}$ 和 $p$ 的分位数 $\theta_p$，则求解下面方程组

$$\begin{cases} E(\theta) = \bar{\theta} \\ \int_{-\infty}^{\theta_p} \pi(\theta;a,b)\mathrm{d}\theta = p \end{cases}$$

可获得超参数 $a,b$ 的估计.

**例 7.2.8** 根据工程经验，经过早期筛选后的彩电寿命服从指数分布，其密度函数为 $\text{Exp}(1/\theta)$，为了确定彩电平均寿命的先验分布，现对我国彩电生产、试验及使用情况进行调查. 利用调查得到的数据信息可以确定彩电平均寿命的先验分布.

首先，根据国内外的经验，选用参数 $\theta$ 的共轭先验分布（逆伽马分布）作为其先验分布. 即参数 $\theta$ 的先验分布为

$$\pi(\theta) = \frac{b^a}{\Gamma(a)}\theta^{-(a+1)}\exp\{-b/\theta\}$$

其次，我国彩电生产厂家和主管部门曾进行过大量试验. 对 15 个工厂实验室和一些独立实验室就 13 142 台彩电进行了 5 369 812 h 试验，而且还对 9 240 台彩电进行了三年现场跟踪试验，共进行了 5 547 810 台时试验. 则两类试验总共失效的台数不超过 250 台. 对如此大量的先验信息经过加工整理后，确认我国彩电的平均寿命不低于 30 000 h，它的 10% 的分位数 $\theta_{0.1}$ 为 11 250 h. 经过一些专家认定，上述对先验信息的加工结果是较为保守的，即 $E(\theta)=30\,000$，$\theta_{0.1}=11\,250$.

最后，利用先验信息的加工结果，可列出如下方程组：

$$\begin{cases} \dfrac{b}{a-1} = 30\,000 \\ \int_0^{\theta_{0.1}} \pi(\theta)\mathrm{d}\theta = 0.1 \end{cases}$$

解上述方程组，可得到超参数为 $a=1.956,b=28\,680$，因此参数 $\theta$ 的先验分布为
$$\theta \sim \text{IGa}(1.956,28\,680)$$

## 7.3 贝叶斯统计推断

进行贝叶斯分析主要有两种方式：

(1)从 $\theta$ 的后验分布出发,不考虑损失,对 $\theta$ 进行贝叶斯统计推断研究;

(2)从 $\theta$ 的后验分布出发,考虑损失,运用统计决策的方法进行贝叶斯分析.

在本节基于方式(1),对可靠性模型的贝叶斯分析的相关概念进行介绍. 在 7.4 节介绍方式(2)下的贝叶斯分析问题.

### 7.3.1 贝叶斯点估计

1. 几种贝叶斯点估计方法

后验分布 $\pi(\theta|x)$ 综合了总体分布 $f(x|\theta)$、样本和先验分布 $\pi(\theta)$ 中有关参数 $\theta$ 的信息,如今要对参数 $\theta$ 进行估计,只需从后验分布 $\pi(\theta|x)$ 出发,按经典方法(以后验分布代替通常的样本分布),可求未知参数 $\theta$ 的估计,如后验极大似然估计(也叫后验众数估计)、后验中位数估计和后验期望估计等. 下面首先给出 3 种估计的定义.

**定义 7.3.1** 用使后验密度 $\pi(\theta|x)$ 达到最大时 $\theta$ 的值作为 $\theta$ 的估计量,称为 $\theta$ 的后验众数估计或广义极大似然估计,记为 $\hat{\theta}_{MD}$. 用后验分布的中位数作为 $\theta$ 的估计量,称为 $\theta$ 的后验中位数估计. 用后验分布的期望值作为 $\theta$ 的估计量,称为后验期望估计,记为 $\hat{\theta}_{ME}$. 在不会引起混淆的情况下上述三个计量皆用 $\hat{\theta}_B$ 来记.

在一般场合下,这三种估计是不同的,但当后验密度对称时,$\theta$ 的三种贝叶斯估计重合. 使用时可根据需要选用其中的一种. 一般来说,当先验分布为共轭先验时,求上述三种估计比较容易.

**例 7.3.1** 设 $X=(X_1,X_2,\cdots,X_r)$ 是来自正态分布 $N(\theta,\sigma^2)$ 的样本,样本观测值为 $x=(x_1,x_2,\cdots,x_r)$,$\sigma^2$ 已知,参数 $\theta$ 的先验分布为共轭先验分布 $N(\mu,\tau^2)$,求 $\theta$ 的贝叶斯估计.

**解** 给定参数 $\theta$ 时,样本的似然函数为

$$L(x\mid\theta)=\frac{1}{\sqrt{2\pi}\sigma}\exp\left(-\frac{1}{2\sigma^2}\sum_{i=1}^{n}(x_i-\theta)^2\right)$$

根据贝叶斯公式,参数 $\theta$ 的后验分布为

$$\pi(\theta\mid x)\propto L(\theta\mid X)\cdot\pi(\theta)$$

$$\propto\frac{1}{\sigma^n}\exp\left(-\sum_{i=1}^{n}\frac{(x_i-\theta)^2}{\sigma^2}\right)\cdot\frac{1}{\tau}\exp\left(-\sum_{i=1}^{n}\frac{(\theta-\mu)^2}{\tau^2}\right)$$

$$\propto\exp\left(-\sum_{i=1}^{n}\frac{(\theta-\mu_n(x))^2}{\eta_n^2}\right)\sim N(\mu_n(x),\eta_n^2)$$

式中,$\mu_n(x)=\dfrac{\sigma^2/n}{\sigma^2/n+\tau^2}\mu+\dfrac{\tau^2}{\sigma^2/n+\tau^2}\bar{x}$,$\eta_n^2=\dfrac{\sigma^2\tau^2}{n\tau^2+\sigma^2}$,$\bar{x}=\dfrac{1}{n}\sum_{i=1}^{n}x_i$.

由于后验分布 $N(\mu_n(x),\eta_n^2)$ 为对称分布,故后验众数估计、后验中位数估计和后验均值估计皆相同,从而 $\theta$ 的贝叶斯估计为

$$\hat{\theta}_B=\mu_n(X)=\frac{\sigma^2/n}{\sigma^2/n+\tau^2}\mu+\frac{\tau^2}{\sigma^2/n+\tau^2}\overline{X}$$

由此可见,$\theta$ 的贝叶斯估计为 $\bar{x}$ 和 $\mu$ 的加权平均,包含了抽样信息和先验信息. 当 $\tau^2\to\infty$,即只有样本信息时,$\hat{\theta}_B=\bar{x}$;当 $\sigma^2\to\infty$,即只有先验信息时,$\hat{\theta}_B=\mu$.

**例 7.3.2** 为估计不合格品率 $\theta$,今从一批产品中随机抽取 $n$ 件,其中不合格品数 $X\sim$ Bino$(n,\theta)$,此处 $x=\sum_{i=1}^{n}x_i$,$x_i=1$ 表示"抽出的第 $i$ 件不合格",$x_i=0$ 表示"抽出的第 $i$ 件合

格". 若取 $\theta$ 先验分布为共轭先验 $Be(\alpha,\beta)(\alpha,\beta$ 已知），求 $\theta$ 的后验众数估计和后验期望估计.

**解**　由例 7.1.3 可知，$\theta$ 的后验密度为

$$\pi(\theta\,|\,x) = \frac{\Gamma(\alpha+\beta+n)}{\Gamma(\alpha+x)\Gamma(\beta+n-x)}\theta^{\alpha+x-1}(1-\theta)^{\beta+n-x-1}, 0<\theta<1$$

即 $\pi(\theta|x)$ 为 $Be(\alpha+x,\beta+n-x)$，由分布 $Be(a,b)$ 的众数为 $(a-1)/(a+b-2)$，均值为 $a/(a+b)$，可知 $\theta$ 的后验众数估计为

$$\hat{\theta}_{MD} = \frac{(\alpha+x)-1}{(\alpha+x)+(\beta+n-x)-2} = \frac{\alpha+x-1}{\alpha+\beta+n-2}$$

后验期望估计为

$$\hat{\theta}_E = \frac{\alpha+x}{\alpha+\beta+n}$$

特别当先验分布中的超参数 $\alpha=1,\beta=1$，即先验分布为 $Be(1,1)$，也就是先验分布 $\pi(\theta)$ 为均匀分布 $U(0,1)$ 时，有

$$\hat{\theta}_{MD} = \frac{x}{n}, \quad \hat{\theta}_E = \frac{x+1}{n+2} \tag{7.3.1}$$

对这两个估计作如下说明:

(1)由式 (7.3.1)可见，$\theta$ 的后验众数估计（即广义 MLE）就是经典方法中的 MLE，即不合格率 $\theta$ 的 MLE 就是取先验分布为无信息先验 $U(0,1)$ 下的贝叶斯估计. 这种现象以后还会看到. 贝叶斯学派对这种现象的看法是:任何使用经典统计方法的人都自觉或不自觉地使用贝叶斯方法.

(2)$\theta$ 的后验期望估计要比后验众数更合适一些，表 7.3.1 列出了四个试验结果，1 号试验与 2 号试验各抽 3 个与 10 个，其中没有一件是不合格品，这两件事在人们心目中留下的印象是不同的，后者的质量要比前者更信得过. 但其 $\hat{\theta}_{MD}$ 皆为 0，显示不出二者的差别，而 $\hat{\theta}_E$ 可显示出二者的差别;对 3 号试验和 4 号试验，也是各抽 3 个与 10 个，其中没有一件是合格品，也在人们心目中留下了不同的印象，认为后者的质量更差，这种差别用 $\hat{\theta}_{MD}$（取值皆为 1）反映不出来，而用 $\hat{\theta}_E$（后者取值更接近 1）能反映出来. 由于 $\hat{\theta}_{MD}$ 与经典估计相同，故贝叶斯估计 $\hat{\theta}_E$ 显示出相对于经典估计的优点.

**表 7.3.1　不合格品率 $\theta$ 的两种贝叶斯估计的比较**

| 试验号 | 样本量 | 不合格品数 | $\hat{\theta}_{MD}=x/n$ | $\hat{\theta}_E=(x+1)/(n+2)$ |
| --- | --- | --- | --- | --- |
| 1 | 3 | 0 | 0 | 0.200 0 |
| 2 | 10 | 0 | 0 | 0.083 |
| 3 | 3 | 3 | 1 | 0.800 |
| 4 | 10 | 10 | 1 | 0.917 |

由此可见，在这些极端场合下，后验期望估计更具有吸引力，在其他场合这两个估计差别不大. 在实际问题中，由于后验期望估计常优于后验众数，人们常选用后验期望估计作为贝叶斯估计.

**例 7.3.3**　某产品的寿命为指数分布 $Exp(1/\theta)$，对其进行定数截尾寿命试验，截尾数为

$r$,所得样本为$(X_1,X_2,\cdots,X_r)$,样本观测值为 $x=(x_1,x_2,\cdots,x_r)$. 若取 $\theta$ 的先验分布为无信息先验(此处 $\theta$ 为刻度参数),即 $\pi(\theta)=1/\theta(0<\theta<\infty)$,求参数 $\theta$ 及可靠度函数 $R(t)=\mathrm{e}^{-t/\theta}(t>0)$ 的后验期望估计.

**解** 由贝叶斯公式,可知 $\theta$ 的后验分布为

$$\pi(\theta\,|\,x) \propto \frac{1}{\theta^r}\exp\left(-\frac{S(x_r)}{\theta}\right)\times\frac{1}{\theta}$$

$$\propto \frac{1}{\theta^{r+1}}\exp\left(-\frac{S(x_r)}{\theta}\right)$$

式中,$S(x_r)=\sum\limits_{i=1}^{r}x_i+(n-r)x_r$. 上式所得后验分布为伽马分布的核,添加正则化常数,因此 $\theta$ 的后验分布为

$$\pi(\theta\,|\,x) = \frac{[S(x_r)]^r}{\Gamma(r)}\theta^{-(r+1)}\,\mathrm{e}^{-S(x_r)/\theta}, \quad 0<\theta<\infty$$

因此,参数的贝叶斯估计(后验期望)为

$$\hat{\theta}_E = E_{\theta|x}(\theta) = \int_0^\infty \theta\,\frac{[S(x_r)]^r}{\Gamma(r)}\theta^{-(r+1)}\,\mathrm{e}^{-S(x_r)/\theta}\mathrm{d}\theta = \frac{S(x_r)}{r-1}$$

式中,符号 $E_{\theta|x}(\bullet)$ 表示对后验分布 $\pi(\theta\,|\,x)$ 求期望.

可靠度函数 $R(t)$ 的贝叶斯估计(后验期望)为

$$\hat{R}_E = E_{\theta|x}[R(t)] = E_{\theta|x}(\mathrm{e}^{-t/\theta})$$

$$= \int_0^{+\infty}\mathrm{e}^{-t/\theta}\,\frac{[S(x_r)]^r}{\Gamma(r)}\theta^{-(r+1)}\,\mathrm{e}^{-S(x_r)/\theta}\mathrm{d}\theta$$

$$= \frac{[S(x_r)]^r}{(S(x_r)+t)^r}\int_0^{+\infty}\frac{(S(x_r)+t)^r}{\Gamma(r)}\theta^{-(r+1)}\,\mathrm{e}^{-(S(x_r)+t)/\theta}\mathrm{d}\theta = \frac{[S(x_r)]^r}{(S(x_r)+t)^r}$$

即可靠度函数 $R(t)$ 的后验期望估计为 $\hat{R}_E=\dfrac{[S(x_r)]^r}{[S(x_r)+t]^r}$.

2. 贝叶斯点估计的误差

设 $\theta$ 的后验分布为 $\pi(\theta\,|\,x)$,$\theta$ 的贝叶斯估计为 $\hat{\theta}$. 我们知道在经典方法中,衡量一个估计量的优劣可以通过分析其均方误差(在无偏估计情形下看方差)的大小,一个估计量均方误差(MSE)越小越好. 此处对贝叶斯估计 $\hat{\theta}$,用下面的后验均方误差(Posterior Mean Square Error,简记为 PMSE),或其平方根来度量.

**定义 7.3.2** 设参数 $\theta$ 的后验分布为 $\pi(\theta\,|\,x)$,$\theta$ 的贝叶斯估计为 $\hat{\theta}$,$(\hat{\theta}-\theta)^2$ 的后验期望为

$$\mathrm{PMSE}(\hat{\theta}\mid x) = E_{\theta|x}(\hat{\theta}-\theta)^2$$

称其为 $\hat{\theta}$ 的后验均方误差,其平方根 $[\mathrm{MSE}(\hat{\theta}|x)]^{\frac{1}{2}}$ 称为 $\hat{\theta}$ 的后验标准误差,其中符号 $E_{\theta|x}(\bullet)$ 表示对条件分布 $\pi(\theta\,|\,x)$ 求期望. 估计量 $\hat{\theta}$ 的后验均方误差越小,贝叶斯估计的误差就越小. 当 $\hat{\theta}$ 为 $\theta$ 的后验期望 $\hat{\theta}_E=E(\theta\,|\,x)$ 时,有

$$\mathrm{PMSE}(\hat{\theta}_E\mid x) = E_{\theta|x}(\hat{\theta}_E-\theta)^2 = \mathrm{Var}(\theta\,|\,x)$$

称为参数 $\theta$ 后验分布的方差,简称为后验方差,其平方根 $[\mathrm{Var}(\theta|x)]^{\frac{1}{2}}$ 称为后验标准差. 后验均方误差与后验方差有如下关系:

$$\mathrm{PMSE}(\hat{\theta}\mid x) = E_{\theta|x}(\hat{\theta}-\theta)^2 = E_{\theta|x}[(\hat{\theta}-\hat{\theta}_E)+(\hat{\theta}_E-\theta)]^2$$

$$= E_{\theta|x}(\hat{\theta}_E-\hat{\theta})^2 + \mathrm{Var}(\theta\,|\,x)$$

$$= (\hat{\theta}_E - \hat{\theta})^2 + \mathrm{Var}(\theta \mid x) \geqslant \mathrm{Var}(\theta \mid x)$$

且等号成立的充要条件为 $\hat{\theta}=\hat{\theta}_E=E(\theta\mid x)$，即 $\theta$ 的后验均值估计使 PMSE 达到最小. 故后验期望估计是在 PMSE 准则下的最优估计. 这就是习惯上在 3 种贝叶斯估计(后验众数估计、后验中位数估计、后验期望估计)中常取后验期望估计 $\hat{\theta}=E(\theta\mid x)$ 作为 $\theta$ 的贝叶斯估计的理由.

从这个定义还可以看出，后验方差及后验均方误差都对参数求了期望，所以它们都只依赖于当前样本 $X$，不依赖于 $\theta$，故在样本给定后，它们都是确定的实数，立即可以应用. 另外在计算上，后验方差的计算在本质上不会比后验均值的计算复杂许多，因为它们都用同一个后验分布计算. 而在经典统计中，估计量的方差计算有时还要涉及抽样分布(估计量的分布). 我们知道，寻求抽样分布在经典统计学中常常是一个困难的数学问题，然而，在贝叶斯估计中从不设计寻求抽样分布问题，这是因为贝叶斯估计对未出现的样本不加考虑之故.

值得注意，在贝叶斯估计中不用无偏性来评价一个估计量的好坏，这是因为在无偏估计的定义中，$E(\hat{\theta}(X_1,X_2,\cdots X_n))=\theta$，其中 $(X_1,X_2,\cdots,X_n)$ 为样本. 这里，数学期望是对样本空间中所有可能样本而求的，但在实际中绝大多数样本尚未出现过，甚至重复数百次也不会出现的样本也要在评价估计量中占一席之地，这是不合理的. 另一方面，在实际使用中不少估计量只使用一次或数次，所以贝叶斯学派认为，评估一个样本量的好坏只能依据在试验中收集到的观测值，不应该使用尚未观察到的数据，这一观点被贝叶斯学派称为"条件观点". 据此，估计的无偏性在贝叶斯估计中不予考虑.

**例 7.3.4**　(续例 7.3.1)设 $X \sim N(\theta,\sigma^2)$，$\sigma^2$ 已知，$\theta$ 未知，并设 $\theta$ 的先验分布为 $N(\mu,\tau^2)$，根据例 7.2.1，$\theta$ 的后验分布为 $\pi(\theta\mid x) \sim N(\mu_n(x),\eta_n^2)$，其中 $\mu_n(x)=\dfrac{\sigma^2/n}{\sigma^2/n+\tau^2}\mu+\dfrac{\tau^2}{\sigma^2/n+\tau^2}\bar{x}$，$\eta_n^2=\dfrac{\sigma^2\tau^2}{n\tau^2+\sigma^2}$，$\bar{x}=\dfrac{1}{n}\sum\limits_{i=1}^{n}x_i$. 用 $\hat{\theta}_E=\dfrac{\sigma^2}{\sigma^2+\tau^2}\mu+\dfrac{\tau^2}{\sigma^2+\tau^2}\overline{X}$ 作为 $\theta$ 的估计，$\hat{\theta}_E$ 既是后验期望估计，又是后验中位数估计和后验众数估计. 求估计量 $\hat{\theta}_E$ 的方差，并求 $\theta$ 的经典估计 $\hat{\theta}=\overline{X}$ 的 PMSE，将其与后验方差 $\mathrm{Var}(\theta\mid x)$ 比较.

**解**　取 $n=1$，可知 $\pi(\theta\mid x)\sim N(\mu(x),\eta^2)$，$\mu(x)$ 为后验均值，故

$$\hat{\theta}_E = \mu(x) = \frac{\sigma^2}{\sigma^2+\tau^2}\mu + \frac{\tau^2}{\sigma^2+\tau^2}X$$

而后验方差为 $\eta^2$，因此有

$$\mathrm{Var}(\theta \mid x) = \eta^2 = \frac{\sigma^2\tau^2}{\sigma^2+\tau^2}$$

而 $\hat{\theta}=\overline{X}$ 的 PMSE 为

$$\mathrm{PMSE}(\hat{\theta}\mid x) = \mathrm{Var}(\theta\mid x) + (\hat{\theta}_E-\hat{\theta})2$$
$$= \mathrm{Var}(\theta\mid x) + \left(\frac{\sigma^2}{\sigma^2+\tau^2}\right)^2 \geqslant \mathrm{Var}(\theta\mid x)$$

由此可见，贝叶斯估计 $\hat{\theta}_E$ 比经典估计 $\hat{\theta}=\overline{X}$ 的 PMSE 要小.

**例 7.3.5**　设总体 $X$ 服从二项分布 $\mathrm{Bino}(n,\theta)$，参数 $\theta$ 的先验分布 $\pi(\theta)$ 为贝塔分布 $\mathrm{Be}(\alpha,\beta)$，根据例 7.3.2，$\theta$ 的后验分布 $\pi(\theta\mid x)$ 为 $\mathrm{Be}(x+\alpha,n-x+\beta)$.

(1)求后验期望估计及后验方差；

(2)当取 $\alpha=1,\beta=1$，即 $\pi(\theta)$ 为 $\mathrm{Be}(1,1)=U(0,1)$ 时，求后验期望估计、后验众数估计及其后验方差和后验均方误差.

**解** (1)因为贝塔分布 $Be(a,b)$ 的均值和方差分别为

$$a/(a+b), \quad ab/[(a+b)^2(a+b+1)]$$

所以 $\theta$ 的后验期望估计为

$$\hat{\theta}_E = E(\theta \mid x) = \frac{x+\alpha}{n+\alpha+\beta}$$

后验方差为

$$\mathrm{Var}(\theta \mid x) = \frac{(x+\alpha)(n-x+\beta)}{(\alpha+\beta+n)^2(\alpha+\beta+n+1)}$$

(2)若取先验分布 $\pi(\theta|x)$ 为 $U(0,1)$,即 $Be(1,1)$,则 $\theta$ 的后验分布 $\pi(\theta|x)$ 为贝塔分布 $Be(x+1, n-x+1)$,因此后验均值估计和后验众数估计分别为

$$\hat{\theta}_E = E(\theta \mid x) = \frac{x+1}{n+2}, \quad \hat{\theta}_{MD} = \frac{x}{n}$$

易见 $\hat{\theta}_E$ 的后验方差即为

$$\mathrm{Var}(\theta \mid x) = \frac{(x+1)(n-x+1)}{(n+2)^2(n+3)}$$

而 $\hat{\theta}_{MD}$ 的后验均方误差为

$$\mathrm{PMSE}(\hat{\theta}_{MD}) = \mathrm{Var}(\theta \mid x) + (\hat{\theta}_{MD} - \hat{\theta}_E)^2$$
$$= \frac{(x+1)(n-x+1)}{(n+2)^2(n+3)} + \left(\frac{x+1}{n+2} - \frac{x}{n}\right)^2 \geqslant \mathrm{Var}(\theta \mid x)$$

可见,后验均值估计的精度比后验众数高.

### 7.3.2 贝叶斯区间估计

**1. 可信区间的定义**

前面曾经提到,后验分布在贝叶斯统计中占有重要地位,当求得参数 $\theta$ 的后验分布 $\pi(\theta|x)$ 以后,可以计算 $\theta$ 落在某区间 $[a, b]$ 内的后验概率 $P(a\leqslant\theta<b|x)$. 例如,当 $\theta$ 为连续型变量,且其后验概率为 $1-\alpha(0<\alpha<1)$ 时,有等式

$$P\{a \leqslant \theta \leqslant b \mid x\} = 1-\alpha$$

反之,若给定概率 $1-\alpha$,要找一个区间 $[a, b]$ 使上式成立,这样求得的区间称为贝叶斯区间估计,又称为贝叶斯可信区间,有的时候也称为贝叶斯置信区间.下面给出参数 $\theta$ 的贝叶斯区间估计的一般定义.

**定义 7.3.3** 设参数 $\theta$ 的后验分布为 $\pi(\theta|x)$. 对给定的样本 $x$ 和概率 $1-\alpha(0<\alpha<1)$,通常 $\alpha$ 取较小的数),若存在两个统计量 $\hat{\theta}_1(x)$ 和 $\hat{\theta}_2(x)$,使得

$$P(\hat{\theta}_1(x) \leqslant \theta \leqslant \hat{\theta}_2(x) \mid x) \geqslant 1-\alpha \tag{7.3.1}$$

则称 $[\hat{\theta}_1(x), \hat{\theta}_2(x)]$ 为 $\theta$ 的可信水平为 $1-\alpha$ 的贝叶斯可信区间,常简称为 $\theta$ 的 $1-\alpha$ 可信区间,满足

$$P(\theta \geqslant \hat{\theta}_L(x) \mid x) \geqslant 1-\alpha$$

的 $\hat{\theta}_L(x)$ 称为 $\theta$ 的可信水平 $1-\alpha$ 的贝叶斯可信下限;满足

$$P(\theta \leqslant \hat{\theta}_U(x) \mid x) \geqslant 1-\alpha$$

的 $\hat{\theta}_U(x)$ 称为 $\theta$ 的可信水平 $1-\alpha$ 的贝叶斯可信上限.

对给定可信水平 $1-\alpha$,从后验分布 $\pi(\theta|x)$ 获得的可信区间不止一个,常用的方法是把 $\alpha$

平分,用 $\alpha/2$ 和 $1-\alpha/2$ 的分位数来获得参数 $\theta$ 的可信区间,该区间称为等尾可信区间,等尾可信区间在实际中常被使用,其计算方便,操作简单.

假设区间估计为 $[\hat{\theta}_1(x),\hat{\theta}_2(x)]$,即

$$P(\hat{\theta}_1(x)\leqslant\theta\leqslant\hat{\theta}_2(x)\mid x)=1-\alpha$$

等尾可信区间取

$$\int_{-\infty}^{\hat{\theta}_1(x)}\pi(\theta\mid x)\mathrm{d}\theta=\frac{\alpha}{2},\qquad\int_{\hat{\theta}_2(x)}^{+\infty}\pi(\theta\mid x)\mathrm{d}\theta=\frac{\alpha}{2}$$

**例 7.3.6**　设 $(X_1,X_2,\cdots,X_n)$ 是来自正态分布 $N(\theta,\sigma^2)$ 的样本,$\sigma^2$ 已知. $x=(x_1,x_2,\cdots,x_n)$ 是其一观察值.若令 $\theta$ 的先验分布 $\pi(\theta)$ 为正态分布 $N(\mu,\tau^2)$,其中 $\mu,\tau^2$ 已知,求 $\theta$ 的 $1-\alpha$ 可信区间.

**解**　易得样本与参数 $\theta$ 的联合密度函数为

$$L(x\mid\theta)\pi(\theta)=k_1\exp\left\{-\frac{1}{2}\left[\frac{1}{\sigma^2}\left(n\theta^2-2n\theta\overline{x}+\sum_{i=1}^n x_i^2\right)+\frac{1}{\tau^2}(\theta^2-2\mu\theta+\mu^2)\right]\right\}$$

式中,$k_1=(2\pi)^{-(n+1)/2}\tau^{-1}\sigma^{-n}$,$\overline{x}=\sum_{i=1}^n\dfrac{x_i}{n}$.若再记 $\sigma_0^2=\dfrac{\sigma^2}{n}$,$A=\sigma_0^{-2}+\tau^{-2}$,$B=\overline{x}\sigma_0^{-2}+\mu\tau^{-2}$,$C=\sigma^{-2}\sum_{i=1}^n x_i^2+\mu^2\tau^{-2}$,则有

$$L(x\mid\theta)\pi(\theta)=k_1\exp\left\{-\frac{1}{2}[A\theta^2-2\theta B+C]\right\}=k_2\exp\left\{-\frac{1}{2A^{-1}}(\theta-B/A)^2\right\}$$

其中,$k_2=k_1\exp\left\{-\dfrac{1}{2}(C-B^2/A)\right\}$.由此容易算得样本的边缘分布为

$$m(x)=\int_{-\infty}^{+\infty}L(x\mid\theta)\pi(\theta)\mathrm{d}\theta=k_2\left(\frac{2\pi}{A}\right)^{\frac{1}{2}}$$

因而 $\theta$ 的后验分布为

$$\pi(\theta\mid x)=\frac{L(x\mid\theta)\pi(\theta)}{m(x)}=\left(\frac{A}{2\pi}\right)^{\frac{1}{2}}\exp\left\{-\frac{(\theta-B/A)^2}{2/A}\right\}$$

这正好是正态分布 $N(\mu_1,\sigma_1^2)$ 的密度函数,其中

$$\mu_1=\frac{B}{A}=\frac{\overline{x}\sigma_0^{-2}+\mu\tau^{-2}}{\sigma_0^{-2}+\tau^{-2}}=\frac{\sigma_0^2}{\sigma_0^2+\tau^2}\mu+\frac{\tau^2}{\sigma_0^2+\tau^2}\overline{x},\sigma_1^2=\frac{\sigma_0^2\tau^2}{\sigma_0^2+\tau^2}$$

据此可知 $\dfrac{\theta-\mu_1}{\sigma_1}$ 服从标准正态分布 $N(0,1)$,于是可得

$$P\left\{\left|\frac{\theta-\mu_1}{\sigma_1}\right|\leqslant u_{\alpha/2}\right\}=1-\alpha$$

即

$$P\{\mu_1-\sigma_1 u_{\alpha/2}\leqslant\theta\leqslant\mu_1+\sigma_1 u_{\alpha/2}\}=1-\alpha$$

其中,$u_{\alpha/2}$ 为标准正态分布的上侧 $\alpha/2$ 分位数.故可得 $\theta$ 的 $1-\alpha$ 贝叶斯置信区间为

$$[\mu_1-\sigma_1 u_{\alpha/2},\mu_1+\sigma_1 u_{\alpha/2}] \tag{7.3.2}$$

**例 7.3.7**　对某个儿童做智力测验,设测验结果 $X\sim N(\theta,100)$,其中 $\theta$ 在心理学中定义为儿童的智商,根据多次测验,可设 $\theta$ 服从正态分布 $N(100,225)$,应用例 7.3.6 的结论,当 $n=1$ 时,可得在给定 $X=x$ 条件下,该儿童智商 $\theta$ 的后验分布服从正态分布 $N(\mu_1,\sigma_1^2)$,其中

$$\mu_1 = \frac{100 \times 100 + 225x}{100 + 225} = \frac{400 + 9x}{13}$$

$$\sigma_1^2 = \frac{100 \times 225}{100 + 225} = \frac{900}{13} = 69.23 = 8.32^2$$

若该儿童在一次智商测验中得 $x = 115$，则可得其智商 $\theta$ 的后验分布为 $N(110.38, 8.32^2)$，于是有

$$P\left\{-u_{a/2} \leqslant \frac{\theta - 110.38}{8.32} \leqslant u_{a/2}\right\} = 1 - \alpha$$

其中，$u_{a/2}$ 为标准正态分布的上侧分位数. 当给定 $\alpha = 0.05$ 时，查正态分布数值表求得 $u_{a/2} = 1.96$，故有

$$P\{110.38 - 1.96 \times 8.32 \leqslant \theta \leqslant 110.38 + 1.96 \times 8.32\}$$
$$= P\{94.07 \leqslant \theta \leqslant 126.69\} = 1 - \alpha = 0.95$$

于是得 $\theta$ 的 0.95 置信区间为 $[94.07, 126.69]$.

在这个例子中，若不利用先验信息，仅利用当前抽样信息，则也可运用经典方法求出 $\theta$ 的置信区间. 由于 $X$ 服从正态分布 $N(\theta, 100)$ 和 $\bar{x} = 115$，可求得 $\theta$ 的 0.95 置信区间为

$$[\bar{x} - u_{a/2}\sigma, \bar{x} + u_{a/2}\sigma] = [115 - 1.96 \times 10, 115 + 1.96 \times 10] = [95.4, 134.6]$$

我们发现在上述问题中，置信度相同（均为 0.95）但两个区间长度不同，贝叶斯置信区间的长度短一些（区间长度短时，估计的误差小），这是由于使用了先验分布之故.

可信水平和可信区间与经典统计方法中的置信水平和置信区间虽是同类概念，但二者存在本质差别，主要表现在：

(1) 基于后验分布 $\pi(\theta|x)$，给定样本 $x$ 和 $1 - \alpha$ 后求得了可信区间，如 $\theta$ 的 $1 - \alpha = 0.9$ 的可信区间为 $[1.2, 2.0]$，这时可以写成

$$P(1.2 \leqslant \theta \leqslant 2.0 | x) = 0.9$$

既可以说"$\theta$ 属于这个区间的概率为 0.9"，也可以说"$\theta$ 落入这个区间的概率为 0.9"，可对置信区间就不能这样说. 因为经典统计方法认为 $\theta$ 为未知常数，它要么在 $[1.2, 2.0]$ 之内，要么在其外，不能说"$\theta$ 落在 $[1.2, 2.0]$ 中的概率为 0.9"，而只能说"在 100 次重复使用这个置信区间时，大约有 90 次能覆盖 $\theta$". 这种频率概率对仅使用这个置信区间一次或两次的人来说是毫无意义的. 相比之下，贝叶斯可信区间简单、自然，易被人们接受和理解. 事实上，很多实际工作者把求得的置信区间当可信区间去用.

(2) 用经典统计方法寻求置信区间，有时是困难的，要设法构造一个枢轴变量，使它的表达式与 $\theta$ 有关，而它的分布与 $\theta$ 无关. 这是一项技术性很强的工作，有时找枢轴变量的分布相当困难，而寻求可信区间只需要利用后验分布，不需要寻求另外的分布，相对来说要简单得多.

2. 最大后验密度可信区间

等尾可信区间在实际中常被使用，其计算方便，操作简单. 但不是最好的，最好的可信区间应是区间长度最短的（即精度最高）. 若后验分布是单峰对称的，则等尾可信区间即是最好的可信区间.

要使可信区间最短，只有把具有最大后验密度的点都包含在区间内，而在区间外的点的后验密度的值都不会超过区间内点的后验密度的值，这样的区间称为最大后验密度可信区间，定义如下.

**定义 7.3.4** 设参数 $\theta$ 的后验密度为 $\pi(\theta|x)$，对给定的概率 $1-\alpha(0<\alpha<1)$，集合 $C$ 满足如下条件：

(1) $P(\theta\in C|x)=1-\alpha$；

(2) 对任给的 $\theta_1\in C$ 和 $\theta_2\notin C$，总有 $\pi(\theta_1|x)>\pi(\theta_2|x)$，

则称 $C$ 为 $\theta$ 的可信水平 $1-\alpha$ 最大后验密度可信集（Highest Posterior Density（HPD）Credible Set），简称为 $1-\alpha$ HPD 可信集（区间）.

这个定义是仅对后验密度函数而给的，这是因为当 $\theta$ 为离散随机变量时，HPD 可信集很难求出. 由定义可见，当后验密度 $\pi(\theta|x)$ 为单峰时，HPD 可信区间总存在；当后验密度为多峰时，可能得到几个互不连接的区间组成 HPD 可信区间（见图 7.3.1）. 有些统计学家建议放弃 HPD 准则而采用相连接的等尾可信区间.

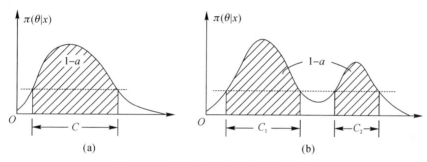

图 7.3.1 HPD 可信区间与 HPD 可信集

当后验分布单峰对称时，易求得 $1-\alpha$ HPD 可信区间，它就是等尾可信区间. 当后验密度虽为单峰，但不对称时，寻求 HPD 可信区间并不容易，但可用计算机进行数值计算. 例如，当后验密度 $\pi(\theta|x)$ 为单峰、连续函数时，可按下述方法逐步逼近，获得 $\theta$ 的 $1-\alpha$ HPD 可信区间.

(1) 对给定的 $k$，建立子程序：由方程 $\pi(\theta|x)=k$，解得 $\theta_1(k)$ 和 $\theta_2(k)$，从而组成一个区间：

$$C(k)=[\theta_1(k),\theta_2(k)]=\{\theta;\pi(\theta|x)\geqslant k\}$$

(2) 建立第二个子程序，用来计算概率：

$$P(\theta\in C(k)|x)=\int_{C(k)}\pi(\theta|x)\mathrm{d}\theta=\int_{\theta_1(k)}^{\theta_2(k)}\pi(\theta|x)\mathrm{d}\theta$$

(3) 对给定的 $k$，若 $P(\theta\in C(k)|x)=1-\alpha$，则 $C(k)$ 即为所求的 HPD 可信区间.

若 $P(\theta\in C(k)|x)>1-\alpha$，则增大 $k$，再转入(1)与(2)；

若 $P(\theta\in C(k)|x)<1-\alpha$，则减小 $k$，再转入(1)与(2).

**例 7.3.8** 设总体 $X\sim N(\theta,\sigma^2)$，$\sigma^2$ 已知，$(X_1,X_2,\cdots,X_n)$ 是来自总体的一组样本，样本观察值为 $x=(x_1,x_2,\cdots,x_n)$，若 $\theta$ 的先验分布为无信息先验，即 $\pi(\theta)=1$，求 $\theta$ 的 $1-\alpha$ HPD 可信区间.

**解** 给定参数 $\theta$，样本的似然函数为

$$L(x|\theta)\propto\exp\left(-\frac{1}{2\sigma^2}\sum_{i=1}^{n}(x_i-\theta)^2\right)\propto\exp\left(-\frac{n}{2\sigma^2}(\theta-\overline{x})^2\right)$$

式中，$\overline{x}=\frac{1}{n}\sum_{i=1}^{n}x_i$.

根据贝叶斯公式，可得参数的后验分布为

$$\pi(\theta \mid x) \propto L(x \mid \theta) \times \pi(\theta) \propto \exp\left(-\frac{n}{2\sigma^2}(\theta - \overline{x})^2\right) \qquad (7.3.3)$$

因此,$\theta$ 的后验分布为正态分布 $N(\overline{x}, \sigma^2/n)$,由于后验分布为单峰且关于 $\overline{x}$ 对称,故参数 $\theta$ 的 $1-\alpha$HPD 可信区间为

$$\left[\overline{x} - \frac{\sigma}{\sqrt{n}}u_{\alpha/2}, \overline{x} + \frac{\sigma}{\sqrt{n}}u_{\alpha/2}\right] \qquad (7.3.4)$$

其中,$u_{\alpha/2}$ 为 $N(0,1)$ 的上侧 $\alpha/2$ 分位数,这与用经典统计方法得到的置信区间相同.这再次说明经典方法获得的区间估计是特殊先验分布的贝叶斯区间估计.

**例 7.3.9** 设 $(X_1, X_2, \cdots, X_n)$ 是从柯西分布 $C(\theta, 1)$ $(\theta > 0)$ 中抽取的样本,样本观察值为 $x = (x_1, x_2, \cdots, x_n)$,取先验 $\pi(\theta) = 1$,求 $\theta$ 的 $1-\alpha$HPD 可信区间.

**解** 似然函数为

$$L(x \mid \theta) = \prod_{i=1}^{n} \frac{1}{\pi[1 + (x_i - \theta)^2]}$$

则 $\theta$ 的后验分布为

$$\pi(\theta \mid x) = \frac{\displaystyle\prod_{i=1}^{n}[1 + (x_i - \theta)^2]^{-1}}{\displaystyle\int_0^{\infty}\prod_{i=1}^{n}[1 + (x_i - \theta)^2]^{-1}\mathrm{d}\theta} \qquad (7.3.5)$$

这是一个很不容易计算的后验分布,用计算机找 $1-\alpha$HPD 可信区间则很容易,例如 $n=5$,$x = (4.0, 5.5, 7.5, 4.5, 3.0)$,则 $95\%$HPD 可信区间为 $(3.10, 6.06)$,相反,对此问题如何求得一个经典置信区间还不很清楚,因为求经典置信区间需要设法构造一个枢轴变量,找出枢轴变量的分布是一项技术性很强的工作,相当困难.而寻求可信区间只需要利用后验分布,不需要寻求另外的分布,相对来说要简单得多.

## 7.4 贝叶斯统计决策

贝叶斯统计决策是将参数的估计和检验等问题看成一个统计决策问题来处理,因此,在进行贝叶斯统计决策研究时,需要先引入统计决策的相关知识.

### 7.4.1 统计判决三要素

#### 1. 样本空间和样本分布族

设总体 $X$ 的分布函数为 $F(x; \theta)$,$\theta$ 是未知参数 $\theta \in \Theta$,$\Theta$ 称为参数空间.若 $(X_1, X_2, \cdots, X_n)$ 为取自总体 $X$ 的一个样本,则样本所有可能值组成的集合称为样本空间,记为 $\Omega$,由于 $X_i$ 的分布函数为 $F(x_i; \theta)$,$i = 1, 2, \cdots, n$,则样本 $(X_1, X_2, \cdots, X_n)$ 的联合分布函数为

$$F(x_1, x_2, \cdots, x_n; \theta) = \prod_{i=1}^{n} F(x_i; \theta), \theta \in \Theta$$

若记 $F^* = \{\prod_{i=1}^{n} F(x_i; \theta), \theta \in \Theta\}$,则称 $F^*$ 为样本 $(X_1, X_2, \cdots, X_n)$ 的概率分布族,简称样本分布族或者分布族.

**例 7.4.1** 设总体 $X$ 服从两点分布 $B(1, p)$,$p$ 为未知参数,$0 < p < 1$,$(X_1, X_2, \cdots, X_n)$ 为

取自总体 $X$ 的一个样本,则样本空间是集合

$$\Omega = \{(x_1, x_2, \cdots, x_n) : x_i = 0, 1, i = 1, 2, \cdots, n\}$$

它含有 $2^n$ 个元素,样本 $(X_1, X_2, \cdots, X_n)$ 的分布族为

$$F^* = \{p^{\sum_{i=1}^{n} x_i} (1-p)^{n-\sum_{i=1}^{n} x_i}, x_i = 0, 1, i = 1, 2, \cdots, n, 0 < p < 1\}$$

**2. 行动空间(或称决策空间)**

对于一个统计问题,如参数 $\theta$ 的点估计、区间估计、假设检验等统计问题,我们常常要给予适当的回答. 如对参数的点估计,一个具体的估计值就是一个回答. 在统计决策中,每一个具体的回答称为一个决策. 决策者对某个统计决策问题可能采取的所有行动所构成的非空集合,称为行动空间(Action Space)或决策空间(Decision Space),记为 $D$. 一个决策空间 $D$ 至少应含有两个决策,假如 $D$ 中只含有一个决策,那人们就无需选择,从而也形成不了一个统计决策问题.

例如,要估计正态分布 $N(\mu, \sigma^2)$ 中的参数 $\mu, \mu \in \Theta = (-\infty, +\infty)$,因为 $\mu$ 在 $(-\infty, +\infty)$ 中取值,所以每一个实数都可用来估计 $\mu$,故每一个实数都代表一个决策,决策空间为 $D = (-\infty, +\infty)$.

再如,在检验问题中,$D$ 只有两个行动,即 $D = \{d_0, d_1\}$,其中 $d_0$ 表示接受原假设 $H_0$,$d_1$ 表示拒绝 $H_0$.

值得注意的是,在 $D$ 中具体选取哪个决策与抽取的样本和所采用的统计方法有关.

**例 7.4.2**　某厂打算根据各年度市场的销售量来决定下年度应该扩大生产还是缩减生产,或者维持原状,这样决策空间 $D$ 为

$$D = \{\text{扩大生产, 缩减生产, 维持原状}\}$$

**3. 损失函数**

统计决策的一个基本观点和假定是,每采取一个决策,必然有一定的后果(经济的或其他的),决策不同,后果各异. 对于每个具体的统计决策问题,一般有多种优劣不同的决策可采用. 例如,要估计正态分布 $N(\mu, 0.2^2)$ 中的参数,假设的真值为 3,那么采用 3.5 这个决策显然比 10 这个决策好得多. 如果要作区间估计,则显然 $[2,4]$ 这个决策比 $[-5,10]$ 这个决策好. 统计决策理论的一个基本思想是把上面所谈的优劣性,以数量的形式表现出来,其方法是引入一个依赖于参数值 $\theta \in \Theta$ 和决策 $d \in D$ 的二元实值非负函数 $L(\theta, d) \geqslant 0$,称为损失函数,它表示当参数真值为 $\theta$ 而采取决策 $d$ 时所造成的损失. 显然,损失越小决策函数越好. 由于在统计问题中人们总是利用样本对总体进行推断,所以误差是不可避免的,因而总会带来损失,这就是损失函数定义为非负函数的原因.

**例 7.4.3**　设总体 $X$ 服从正态分布 $N(\theta, 1)$,$\theta$ 为未知参数,参数空间 $\Theta = (-\infty, +\infty)$,一个可供考虑的损失函数是

$$L(\theta, d) = (\theta - d)^2$$

当决策 $d = \theta$ 时,即估计正确时损失为 0,估计 $d$ 与实际值 $\theta$ 的距离 $|d - \theta|$ 越大,损失也越大.

对于不同的统计问题,可以选取不同的损失函数,常见的损失函数有以下几种:

(1)线性损失函数:

$$L(\theta, d) = \begin{cases} k_0(\theta - d), & d \leqslant \theta \\ k_1(d - \theta), & d > \theta \end{cases}$$

其中,$k_0,k_1$ 是两个常数,它们的选择常反映行动 $d$ 低于参数 $\theta$ 和高于参数 $\theta$ 的相对重要性,当 $k_0=k_1=1$ 时就得到:

绝对值损失函数为:

$$L(\theta,d) = |\theta - d|$$

(2)平方损失函数:

$$L(\theta,d) = (\theta - d)^2$$

(3)凸损失函数:

$$L(\theta,d) = \lambda(\theta)W(|\theta - d|)$$

其中,$\lambda(\theta)>0$ 是 $\theta$ 的已知函数,且有限,$W(t)$ 是 $t>0$ 上的单调非降函数且 $W(0)=0$.

将统计决策方法用于实际题时,如何选择损失函数是一个关键问题,也是一个难点. 一般来说,选取的损失函数应与实际问题相符合,同时也要在数学上便于处理. 上面提到的平方损失函数是参数点估计中常用的一种损失.

### 7.4.2 统计决策函数及其风险函数

1.统计决策函数

给定了样本空间 $\Omega$ 和概率分布族 $F^*$,决策空间 $D$ 及损失函数 $L(\theta,d)$ 这三个要素后,统计决策问题就确定了,此后,我们的任务就是在决策空间 $D$ 中选取一个好的决策 $d$,所谓好是指有较小的损失,即决策会使得损失函数比较小. 对样本空间 $\Omega$ 中每一点 $x=(x_1,x_2,\cdots,x_n)$,可在决策空间中寻找一点 $d(x)$ 与其对应,这样一个对应关系可看作定义在样本空间 $\Omega$ 上而取值于决策空间 $D$ 内的函数 $d(x)$.

**定义 7.4.1** 定义在样本空间 $\Omega$ 上,取值于决策空间 $D$ 内的函数 $d(x)$,称为统计决策函数,简称为决策函数.

形象地说,决策函数 $d(x)$ 就是一个"行动方案". 当有了样本 $x$ 后,按既定的方案采取行动(决策) $d(x)$. 决策函数 $d(x)$ 是样本的函数,其本质上是一个统计量.

例如,设总体 $X$ 服从正态分布 $N(\mu,\sigma^2)$,$\sigma^2$ 已知,$(X_1,X_2,\cdots,X_n)$ 为取自总体 $X$ 的一组样本,求均值参数 $\mu$ 的点估计. 此时常用样本均值 $d(x)=\bar{x}=\frac{1}{n}\sum_{i=1}^{n}x_i$ 来估计总体均值 $\mu$,$d(x)=\bar{x}$ 就是一个决策函数,也是一个统计量. 如果要求 $\mu$ 的区间估计,那么

$$d(x) = \left(\bar{x} - u_{\frac{\alpha}{2}}\frac{\sigma}{\sqrt{n}}, \bar{x} + u_{\frac{\alpha}{2}}\frac{\sigma}{\sqrt{n}}\right)$$

就是一个决策函数.

2.风险函数

给定一个决策函数 $d(X)$ 之后,所采取的决策完全取决于样本,从而损失必然与样本有关,也就是说,决策函数与损失函数 $L(\theta,d)$ 都是样本的函数,因此都是随机变量. 当样本取不同的观察值 $x$ 时,对应的决策 $d(x)$ 可能不同,由此带来的损失 $L(\theta,d(x))$ 也不相同,这样就不能运用基于样本所采取的决策而带来的损失 $L(\theta,d(x))$ 来衡量决策的好坏,而应该从总体上来评价. 为了比较决策函数的优劣,一个常用的数量指标是平均损失,即所谓的风险函数.

**定义 7.4.2** 设样本空间和分布族分别为 $\Omega$ 和 $F^*$,决策空间为 $D$,损失函数为 $L(\theta,d)$,

$d(\boldsymbol{X})$ 为决策函数,则由下式确定的 $\theta$ 的函数 $R(\theta,d)$ 称为决策函数 $d(\boldsymbol{X})$ 的风险函数:

$$R(\theta,d) = E_{\theta}[L(\theta,d(\boldsymbol{X}))] = E_{\theta}[L(\theta,d(X_1,X_2,\cdots,X_n))] \qquad (7.4.1)$$

$R(\theta,d)$ 表示当真参数为 $\theta$ 时,采用决策(行动)$d$ 所遭受的平均损失,其中 $E_{\theta}(\cdot)$ 表示当参数为 $\theta$ 时,对损失函数 $L(\theta,d(\boldsymbol{X}))$ 关于样本 $(X_1,X_2,\cdots,X_n)$ 求数学期望. 显然风险越小,即损失越小,决策函数就越好. 但是,对于给定的决策函数 $d(\boldsymbol{X})$,风险函数仍是 $\theta$ 的函数,所以,两个决策函数风险大小的比较涉及两个函数的比较,情况比较复杂,因此就产生了种种优良性准则,下面仅介绍两种.

**定义 7.4.3**　设 $d_1(\boldsymbol{X})$ 和 $d_2(\boldsymbol{X})$ 是统计决策问题中的两个决策函数,若其风险函数满足如下不等式:

$$R(\theta,d_1) \leqslant R(\theta,d_2), \forall \theta \in \Theta$$

且存在一些 $\theta$ 使上述严格不等式 $R(\theta,d_1) < R(\theta,d_2)$ 成立,则称决策函数 $d_1(\boldsymbol{X})$ 一致优于 $d_2(\boldsymbol{X})$. 假如下列关系式成立:

$$R(\theta,d_1) = R(\theta,d_2), \forall \theta \in \Theta$$

则称决策函数 $d_1(\boldsymbol{X})$ 与 $d_2(\boldsymbol{X})$ 等价.

**定义 7.4.4**　若存在一个决策函数 $d^*(\boldsymbol{X})(d^*(\boldsymbol{X}) \in D)$,使对任一个 $d(\boldsymbol{X}) \in D$,都有

$$R(\theta,d^*) \leqslant R(\theta,d), \forall \theta \in \Theta$$

则称 $d^*(\boldsymbol{X})$ 为(该决策空间 $D$ 的)一致最小风险决策函数(Uniformly Minimum Risk Decision),或称为一致最优决策函数.

对决策函数 $d(\boldsymbol{X})$,若不存在一致优于它的决策函数,则称 $d(\boldsymbol{X})$ 为可容许的决策函数(Admissible Decision Rule).

上述两个定义都是对某个给定的损失函数而言的,当损失函数改变了,相应的结论也可能随之改变. 定义 7.4.4 的结论还是对某个决策空间而言的. 当决策空间改变了,一致最优性可能就不具备了.

**例 7.4.4**　设总体 $X$ 服从正态分布 $N(\mu,1)$,$\mu \in (-\infty,+\infty)$,$\boldsymbol{X} = (X_1,X_2,\cdots,X_n)$ 为取自总体 $X$ 的样本,准备估计未知参数 $\mu$,选取损失函数为

$$L(\mu,d) = (d(\boldsymbol{X}) - \mu)^2$$

则对 $\mu$ 的任一估计 $d(\boldsymbol{X})$,风险函数为

$$R(\mu,d(\boldsymbol{X})) = E_{\mu}[L(\mu,d(\boldsymbol{X}))] = E_{\mu}(d(\boldsymbol{X}) - \mu)^2$$

若进一步要求 $d(\boldsymbol{X})$ 是无偏估计,即 $E_{\mu}[d(\boldsymbol{X})] = \mu$,则风险函数是

$$R(\mu,d(\boldsymbol{X})) = E_{\mu}[d - E(d(\boldsymbol{X}))]^2 = \mathrm{Var}_{\mu}(d(\boldsymbol{X}) - \mu)^2$$

即风险函数为估计量 $d(\boldsymbol{X})$ 的方差.

若取 $d(\boldsymbol{X}) = \overline{X}$,则 $R(\mu,d) = \mathrm{Var}(\overline{X}) = \dfrac{1}{n}$.

若取 $d(\boldsymbol{X}) = X_1$,则 $R(\mu,d) = \mathrm{Var}(X_1) = 1$.

显然,当 $n > 1$ 时,后者的风险比前者大,即 $\overline{X}$ 优于 $X_1$.

### 7.4.3　贝叶斯估计

1. 贝叶斯决策问题的几个要素

在 7.4.1 节中已介绍过统计决策的三要素,即样本空间和分布族、行动空间、损失函数. 在

贝叶斯决策中,除上述三要素外还要求有一个定义在参数空间 $\theta$ 上的先验分布函数 $F_\pi(\theta)$(其概率函数记为 $\pi(\theta)$).即贝叶斯决策问题有下列几个要素:

(1)样本空间 $\Omega$ 及其样本分布族 $F^* = \{\prod\limits_{i=1}^{n} F(x_i;\theta), \theta \in \Theta\}$ 是第一个要素,其中 $\Theta$ 为参数空间,随机变量 $X$ 在样本空间 $\Omega$ 上取值,$X$ 的分布函数为 $F(x;\theta)$;

(2)行动空间 $D$,它是由一切决策(判决)行动构成的集合;

(3)定义在 $\Theta \times D$ 上的损失函数 $L(\theta,d)$,它是一个非负可测函数.

(4)定义在参数空间 $\Theta$ 上的先验分布概率密度函数 $\pi(\theta)$;

2. 贝叶斯风险与贝叶斯估计

在贝叶斯统计决策问题中,参数 $\theta$ 是随机变量,具有先验分布 $\pi(\theta)$,式(7.4.1)给出的风险函数 $R(\theta,d)$ 是随机变量 $\theta$ 的函数,对风险函数(7.4.1)关于 $\theta$ 的先验分布求期望,即得贝叶斯风险,其定义如下.

**定义 7.4.5** 设 $R(\theta,d)$ 为风险函数,$\theta$ 的先验分布密度为 $\pi(\theta)$,则称

$$R_B(d) = E_\theta[R(\theta,d)] = \int_\Theta R(\theta,d)\pi(\theta)\mathrm{d}\theta$$

是决策 $d$ 的贝叶斯风险(Bayes Risk).它是将风险函数式(7.4.1)对 $\theta$ 的先验分布再求一次均值的结果.

从贝叶斯风险的角度,使得贝叶斯风险达到最小的决策即为参数 $\theta$ 的贝叶斯估计.

**定义 7.4.6** 设总体 $X$ 的分布函数 $F(x;\theta)$ 中参数 $\theta$ 为随机变量,$\theta$ 的先验分布密度为 $\pi(\theta)$.若存在一个决策函数 $d^*(\boldsymbol{X})$,使得对决策空间 $D$ 中任一决策函数 $d$,均有

$$R_B(d^*) = \inf R_B(d), \quad \forall d \in D$$

则称 $d^*(\boldsymbol{X})$ 为所考虑统计判决问题的贝叶斯解,对于参数估计问题,则称 $d^*(\boldsymbol{X})$ 为参数 $\theta$ 的贝叶斯估计量.

如果对损失函数 $L(\theta,d(\boldsymbol{X}))$ 关于后验分布 $\pi(\theta|x)$ 求期望,即得后验风险,其定义如下:

**定义 7.4.7** 设 $d$ 为决策空间 $D$ 中任一决策函数,损失函数为 $L(\theta,d)$,$\pi(\theta|\boldsymbol{x})$ 为 $\theta$ 的后验分布密度函数,则损失函数对后验分布的数学期望称为后验风险(Posterior Risk),计算公式为

$$R(d \mid \boldsymbol{x}) = E_{\theta|x}[L(\theta,d)]$$
$$= \begin{cases} \iint_\Theta L(\theta,d)\pi(\theta \mid \boldsymbol{x})\mathrm{d}\theta, & \theta \text{ 为连续型随机变量} \\ \sum_i L(\theta_i,d)\pi(\theta_i \mid \boldsymbol{x}), & \theta \text{ 为离散型随机变量} \end{cases} \quad (7.4.2)$$

当总体 $X$ 和参数 $\theta$ 都是连续型随机变量时,可得贝叶斯风险与后验风险存在如下关系:

$$R_B(d) = E_\theta[R(\theta,d)] = \int_\Theta R(\theta,d)\pi(\theta)\mathrm{d}\theta$$
$$= \int_\Theta \left[\int_\Omega L(\theta,d)f(\boldsymbol{x} \mid \theta)\mathrm{d}\boldsymbol{x}\right]\pi(\theta)\mathrm{d}\theta$$
$$= \int_\Omega \left[\int_\Theta L(\theta,d)\pi(\theta \mid \boldsymbol{x})\mathrm{d}\theta\right]m(\boldsymbol{x})\mathrm{d}\boldsymbol{x}$$
$$= \int_\Omega R(d \mid \boldsymbol{x})m(\boldsymbol{x})\mathrm{d}\boldsymbol{x}$$
$$= E_x[R(d \mid \boldsymbol{x})] \quad (7.4.3)$$

式中 $f(\boldsymbol{x}|\theta)$ 为样本联合密度函数。可见,贝叶斯风险是后验风险关于边缘分布 $m(\boldsymbol{x})$ 求期望.

另外,贝叶斯风险可看作是随机损失函数求两次期望而得到的,且有两种表达式:$R_B(d)=E_\theta[R(\theta,d)]=E_x[R(d|x)]$,即将风险函数 $R(\theta,d)$ 按 $\theta$ 的先验分布 $\pi(\theta)$ 求均值;或者将后验风险按 $X$ 的边缘分布 $m(\boldsymbol{x})$ 求均值.

从后验风险的角度,使得后验风险达到最小的决策也是参数 $\theta$ 的贝叶斯解.

**定义 7.4.8**　假如在决策空间 $D$ 中存在这样一个决策函数 $d^{**}$,使得

$$R_B(d^{**}) = \inf R(d \mid x), \quad \forall d \in D$$

则称 $d^{**}$ 为该统计决策问题在最小后验风险准则下的最优决策函数,或称为贝叶斯(后验型)决策函数. 在估计问题中,它又称为贝叶斯(后验型)估计.

下面定理给出了贝叶斯决策函数 $d^*$ 与贝叶斯后验型决策函数 $d^{**}$ 的等价性.

**定理 7.4.1**　对给定的统计决策问题(包括先验分布给定的情形)和决策空间 $D$,当贝叶斯风险满足如下条件

$$\inf_d R_B(d) < \infty, \quad \forall d \in D$$

则贝叶斯决策函数 $d^*(\boldsymbol{x})$ 与贝叶斯后验型决策函数 $d^{**}(\boldsymbol{x})$ 是等价的. 即使后验风险最小的决策函数 $d^{**}(\boldsymbol{x})$ 同时也使贝叶斯风险最小.反之,使贝叶斯风险最小的决策函数 $d^*(\boldsymbol{x})$ 同时也使后验风险最小.

### 7.4.4　不同损失函数下的贝叶斯估计

常见损失函数有平方损失、加权平方损失等.下面将分别讨论在这两种损失函数下的贝叶斯估计.

**1. 平方损失下的贝叶斯估计**

**定理 7.4.2**　设参数在平方损失函数(Square Error Loss Function) $L(\theta,d)=(\theta-d)^2$ 下,$\theta$ 的贝叶斯估计为后验期望值,即

$$\hat{\theta}_B = E(\theta \mid \boldsymbol{x}) = \int_\Theta \theta\pi(\theta|\boldsymbol{x})\mathrm{d}\theta \tag{7.4.4}$$

式中,$\pi(\theta|\boldsymbol{x})$ 为参数 $\theta$ 的后验分布密度函数.

**证**　设 $\pi(\theta|\boldsymbol{x})$ 为 $\theta$ 的后验密度,则决策函数 $d$ 的后验风险为

$$R(d \mid \boldsymbol{x}) = E[(\theta-d)^2 \mid \boldsymbol{x}] = \int_\Theta (\theta-d)^2\pi(\theta \mid \boldsymbol{x})\mathrm{d}\theta$$

$$= \int_\Theta (\theta^2 - 2d\theta + d^2)\pi(\theta \mid \boldsymbol{x})\mathrm{d}\theta$$

由于贝叶斯解是后验风险最小的决策函数,对后验风险 $R(d|\boldsymbol{x})$ 关于 $d$ 求导,得

$$\frac{\mathrm{d}R(d \mid \boldsymbol{x})}{\mathrm{d}d} = -2\int_\Theta \theta\pi(\theta \mid \boldsymbol{x})\mathrm{d}\theta + 2d = 0$$

由于

$$\frac{\mathrm{d}^2}{\mathrm{d}d^2}[R(d \mid \boldsymbol{x})] = 2 > 0$$

这表明当决策函数 $d$ 为 $\theta$ 的后验分布的均值 $E(\theta|\boldsymbol{x})$ 时,后验风险 $R(d|\boldsymbol{x})$ 达到最小,因此解方程得平方损失下 $\theta$ 的贝叶斯估计为

$$\hat{\theta}_B = \int_\Theta \theta\pi(\theta \mid \boldsymbol{x})\mathrm{d}\theta = E(\theta \mid \boldsymbol{x})$$

定理得证.

**例 7.4.5** 设总体 $X$ 服从正态分布 $N(\theta,\sigma^2)$，其中 $\sigma^2$ 已知，设 $\boldsymbol{X}=(X_1,X_2,\cdots,X_n)$ 是来自该分布的一组样本，样本观察值为 $\boldsymbol{x}=(x_1,x_2,\cdots,x_n)$，参数 $\theta$ 的先验分布为 $N(\mu,\tau^2)$，求平方损失下 $\theta$ 的贝叶斯估计.

**解** 由例 7.3.1，可知 $\theta$ 的后验分布 $\pi(\theta|\boldsymbol{x})$ 为 $N(\mu_n,\eta_n^2)$，其中

$$\mu_n = \frac{\sigma^2/n}{\sigma^2/n+\tau^2}\mu + \frac{\tau^2}{\sigma^2/n+\tau^2}\bar{x}, \quad \eta_n^2 = \frac{\tau^2 \cdot \sigma^2/n}{\sigma^2/n+\tau^2} = \frac{\sigma^2\tau^2}{n\tau^2+\sigma^2}$$

式中，$\bar{x}=\frac{1}{n}\sum\limits_{i=1}^{n}x_i$.

因此在平方损失下 $\theta$ 的贝叶斯估计为后验均值，即

$$\hat{\theta}_B = E(\theta \mid \boldsymbol{x}) = \mu_n = \frac{\sigma^2/n}{\sigma^2/n+\tau^2}\mu + \frac{\tau^2}{\sigma^2/n+\tau^2}\bar{x}$$

对于上式给出的贝叶斯估计，$\bar{x}$ 为样本均值，$\mu$ 为先验分布的均值，可见 $\theta$ 的贝叶斯估计为样本均值和先验均值的加权平均. 当 $n\gg\sigma^2$ 时，样本均值 $\bar{x}$ 在贝叶斯估计中起主导作用；当 $\sigma^2\gg n$ 时，先验均值在贝叶斯估计中起主导作用. 所以贝叶斯估计相对于经典统计方法中的估计量 $\bar{x}$ 是更合理的.

**定理 7.4.3** 设参数 $\theta$ 的先验分布密度函数为 $\pi(\theta)$，$g(\theta)$ 为 $\theta$ 的连续函数，则在平方损失函数下，$g(\theta)$ 的贝叶斯估计为 $\hat{g}_B(\theta)=E[g(\theta)|\boldsymbol{x}]$.

**证明** 在平方损失下，任一个决策函数 $d=d(\boldsymbol{x})$ 的后验风险为

$$E[(d-g(\theta))^2 \mid \boldsymbol{x}] = d^2 - 2dE[g(\theta) \mid \boldsymbol{x}] + E[g^2(\theta) \mid \boldsymbol{x}]$$

当 $d(\boldsymbol{x})=E[g(\theta)|\boldsymbol{x}]$ 时，上述后验风险达到最小. 即在平方损失函数下，$g(\theta)$ 的贝叶斯估计为 $d(\boldsymbol{x})=E[g(\theta)|\boldsymbol{x}]$.

**例 7.4.6** 设总体 $X$ 服从伽马分布 $Ga(r,\theta)$，其中 $r$ 已知，$(X_1,X_2,\cdots,X_n)$ 为取自该分布的一个样本，样本观察值为 $\boldsymbol{x}=(x_1,x_2,\cdots,x_n)$. 其期望 $E(X)=\frac{r}{\theta}$ 与 $\theta^{-1}$ 成正比. 通常人们对 $g(\theta)=\theta^{-1}$ 有兴趣，现求 $\theta^{-1}$ 的贝叶斯估计. 为此取伽马分布 $Ga(\alpha,\beta)$ 作为 $\theta$ 的先验分布. 容易获得 $\theta$ 的后验分布.

$$\pi(\theta|\boldsymbol{x}) \propto \theta^{\alpha+nr-1}\exp\left[-\theta\left(\sum_{i=1}^{n}x_i+\beta\right)\right] \sim Ga\left(\alpha+nr, \sum_{i=1}^{n}x_i+\beta\right), \quad \theta>0$$

若取如下平方损失函数

$$L(\theta,d) = (d-g(\theta))^2$$

这时 $g(\theta)=\theta^{-1}$ 的贝叶斯估计为

$$\hat{g}_B(\theta) = E(g(\theta) \mid \boldsymbol{x}) = E\left(\frac{1}{\theta} \mid \boldsymbol{x}\right)$$

$$= \frac{\left(\sum\limits_{i=1}^{n}x_i+\beta\right)^{\alpha+nr}}{\Gamma(\alpha+nr)} \int_0^{+\infty} \frac{1}{\theta}\theta^{\alpha+nr-1}\exp\left[-\theta\left(\sum_{i=1}^{n}x_i+\beta\right)\right]d\theta$$

$$= \frac{\left(\sum\limits_{i=1}^{n}x_i+\beta\right)}{\alpha+nr-1}$$

2.加权平方损失函数下的贝叶斯估计

**定理 7.4.4**　在加权平方损失函数(Weighted Square Error Loss Function)$L(\theta,d) = w(\theta)(\theta-d)^2$ 下,$\theta$ 的贝叶斯估计为

$$\hat{\theta}_B = \frac{E(\theta w(\theta) \mid \boldsymbol{x})}{E(w(\theta) \mid \boldsymbol{x})}$$

其中,$w(\theta)$ 为定义在参数空间 $\Theta$ 上的正值函数.

**证**　设 $\pi(\theta|\boldsymbol{x})$ 为 $\theta$ 的后验密度,则决策函数 $d$ 的后验风险为

$$R(d \mid \boldsymbol{x}) = E[w(\theta)(\theta-d)^2 \mid \boldsymbol{x}]$$
$$= \int_{\Theta} [\theta^2 w(\theta) - 2d\theta w(\theta) + d^2 w(\theta)]\pi(\theta \mid \boldsymbol{x})\mathrm{d}\theta$$

由于贝叶斯解是后验风险最小的决策函数,用微积分求极小值点的方法,对后验风险 $R(d|x)$ 关于 $d$ 求导,得

$$\frac{\mathrm{d}}{\mathrm{d}a}[R(d \mid \boldsymbol{x})] = -2\int_{\Theta} \theta w(\theta)\pi(\theta \mid \boldsymbol{x})\mathrm{d}\theta + 2d\int_{\Theta} w(\theta)\pi(\theta \mid \boldsymbol{x})\mathrm{d}\theta = 0 \quad (7.4.5)$$

解方程得

$$d = \frac{\int_{\Theta} \theta w(\theta)\pi(\theta \mid \boldsymbol{x})\mathrm{d}\theta}{\int_{\Theta} w(\theta)\pi(\theta \mid \boldsymbol{x})\mathrm{d}\theta} = \frac{E[\theta w(\theta) \mid \boldsymbol{x}]}{E[w(\theta) \mid \boldsymbol{x}]} = \hat{\theta}_B$$

由于

$$\frac{\mathrm{d}^2}{\mathrm{d}d^2}[R(d \mid \boldsymbol{x})] = 2\int_{\Theta} w(\theta)\pi(\theta \mid \boldsymbol{x})\mathrm{d}\theta > 0$$

这表明方程(7.4.5)的解使得后验风险 $R(d|x)$ 达到最小,因此它是 $\theta$ 的贝叶斯估计. 定理得证.

**例 7.4.7**　设随机变量 $X \sim \mathrm{Exp}(1/\theta)$,即

$$f(x \mid \theta) = \begin{cases} \theta^{-1}\mathrm{e}^{-x/\theta}, & x > 0 \\ 0, & \text{其他} \end{cases}$$

此处 $\theta > 0$. 令 $(X_1, X_2, \cdots, X_n)$ 为从总体 $X$ 中抽取的简单样本,样本观察值为 $\boldsymbol{x} = (x_1, x_2, \cdots, x_n)$. 设 $\theta$ 的先验分布 $\pi(\theta)$ 为逆伽马分布 $\mathrm{IGa}(\alpha, \lambda)$,即

$$\pi(\theta) = \begin{cases} \dfrac{\lambda^\alpha}{\Gamma(\alpha)}\theta^{-(\alpha+1)}\mathrm{e}^{-\lambda/\theta}, & \theta > 0 \\ 0, & \text{其他} \end{cases}$$

求在加权平方损失 $L(\theta,d) = (\theta-d)^2/\theta^2$ 下 $\theta$ 的贝叶斯估计.

**解**　根据后验分布的计算公式可知,$\theta$ 的后验分布为 $\mathrm{IGa}(n+\alpha, n\bar{x}+\lambda)$,其密度函数为

$$\pi(\theta \mid \boldsymbol{x}) = \frac{(n\bar{x}+\lambda)^{n+\alpha}}{\Gamma(n+\alpha)}\theta^{-(n+\alpha+1)}\mathrm{e}^{-(n\bar{x}+\lambda)/\theta} \cdot I_{(0,\infty)}(\theta)$$

在加权平方损失下,$\theta$ 的贝叶斯估计为

$$\hat{\theta}_B = \frac{E(\theta w(\theta) \mid \boldsymbol{x})}{E(w(\theta) \mid \boldsymbol{x})}$$

其中,$w(\theta) = \theta^{-2}$,而

$$E(\theta w(\theta) \mid \boldsymbol{x}) = E(\theta^{-1} \mid x) = \int_0^{+\infty} \theta^{-1}\pi(\theta \mid \boldsymbol{x})\mathrm{d}\theta = \frac{n+\alpha}{n\bar{x}+\lambda}$$

$$E(w(\theta)\mid \boldsymbol{x}) = E(\theta^{-2}\mid \boldsymbol{x}) = \int_0^{+\infty}\theta^{-2}\pi(\theta\mid \boldsymbol{x})\mathrm{d}\theta = \frac{(n+\alpha+1)(n+\alpha)}{(n\bar{x}+\lambda)^2}$$

故 $\theta$ 的贝叶斯估计为

$$\hat{\theta}_B = \frac{E(\theta w(\theta)\mid \boldsymbol{x})}{E(w(\theta)\mid \boldsymbol{x})} = \frac{(n+\alpha)/(n\bar{x}+\lambda)}{(n+\alpha+1)(n+\alpha)/(n\bar{x}+\lambda)^2} = \frac{n\bar{x}+\lambda}{n+\alpha+1}$$

# 7.5 成败型产品的贝叶斯分析

## 7.5.1 无信息先验下的贝叶斯分析

设产品的成功率为 $R$,对其进行 $n$ 次成败型试验,其中成功次数为 $s$,失败次数为 $f=n-s$,记为 $(n,s)$,则似然函数为

$$P(S=s) = C_n^s R^s (1-R)^{n-s} \tag{7.5.1}$$

如果对于产品的成功率并无任何历史信息,此时,成功率 $R$ 的先验分布为无信息先验分布. 如在产品研制初期,产品的先验信息是较少的,此时,成功率的先验分布常常取无信息先验分布,无信息先验分布的确定方法已在 7.2.1 节中讨论,对于成功率,常见的无信息先验分布有 3 种,这 3 种无信息先验分布都可看作是特殊的共轭先验分布. 即成功率的无信息先验分布可表示为

$$\pi_0(R) = \beta(R\mid s_0,f_0) = \frac{1}{B(s_0,f_0)}R^{s_0-1}(1-R)^{f_0-1} \tag{7.5.2}$$

式中,$s_0,f_0$ 为超参数. 对于成功率的常见无信息先验分布,如

(1)Novick - Hall 方法:无信息先验分布为 $\pi_0(R)\propto R^{-1}(1-R)^{-1}$,$0<R<1$,此时超参数分别取为 $s_0=0,f_0=0$;

(2)贝叶斯假设方法:无信息先验分布为 $\pi_0(R)=1$,$0<R<1$,此时超参数分别取为 $s_0=1$,$f_0=1$;

(3)Box - Tiao 方法:无信息先验分布为 $\pi_0(R)\propto R^{-1/2}(1-R)^{-1/2}$,$0<R<1$,此时超参数分别取为 $s_0=1/2,f_0=1/2$.

由贝叶斯公式可知,其后验分布为

$$\pi(R\mid s,f) = \frac{\pi_0(R)L(R\mid s,f)}{\int_0^1 \pi_0(R)L(R\mid s,f)\mathrm{d}R} = \beta(R\mid s+s_0,f+f_0) \tag{7.5.3}$$

如果取平方损失函数,则产品成功率 $R$ 的贝叶斯估计为

$$\hat{R}_B = \frac{s+s_0}{n+s_0+f_0} \tag{7.5.4}$$

在给定置信水平 $\alpha$ 下,成功率 $R$ 的置信下限满足:

$$\int_0^{R_{LB}}\beta(R\mid s+s_0,f+f_0)\mathrm{d}R = 1-\alpha \tag{7.5.5}$$

基于上述三种常见的无信息先验分布,可得到产品成功率的贝叶斯估计和置信下限,其结果分别为

(1)Novick - Hall 方法:

$$\hat{R}_{B1} = \frac{s}{n}, \quad \int_0^{R_{LB}^{(1)}} \beta(R \mid s, f) \mathrm{d}R = 1 - \gamma$$

（2）贝叶斯假设方法：取 $s_0 = 1, f_0 = 1$，此时无信息先验分布为

$$\hat{R}_{B2} = \frac{s+1}{n+2}, \quad \int_0^{R_{LB}^{(2)}} \beta(R \mid s+1, f+1) \mathrm{d}R = 1 - \gamma$$

（3）Box - Tiao 方法：取 $s_0 = 1/2, f_0 = 1/2$，此时无信息先验分布为

$$\hat{R}_{B3} = \frac{s+1/2}{n+1}, \quad \int_0^{R_{LB}^{(3)}} \beta(R \mid s+1/2, f+1/2) \mathrm{d}R = 1 - \gamma$$

由于 Novick - Hall 方法所得到成功率的贝叶斯点估计 $\hat{R}_{B1}$ 与极大似然估计一致，另外，该方法所得成功率的贝叶斯置信下限 $R_{LB}^{(1)}$ 在经典置信下限 $R_{Lc}(n, f-1)$ 和 $R_{Lc}(n, f)$ 之间，并且当 $s > f$ 时，有

$$R_{LB}^{(1)} \geqslant R_{LB}^{(3)} \geqslant R_{LB}^{(2)} \geqslant R_{Lc}(n, f)$$

正是上述原因，在实际应用中，许多统计学家建议用 Novick - Hall 方法确定成败型产品成功率的无信息先验分布，并将该方法列入许多标准之中.

**例 7.5.1**　某成败型产品进行了 40 次试验，有 38 次成功.利用该数据对其可靠性 $R$ 进行评估.

假设无该产品的任何先验信息，此时成功率的先验分布可取无信息先验分布，由于无信息先验分布有多个，可以选择较保守的贝叶斯假设作为其先验分布，此时，在平方损失函数下，成功率的贝叶斯估计为

$$\hat{R} = \frac{s+1}{n+2} = 0.928\,6$$

在给定置信度为 0.9 下，其成功率的置信下限为 0.876 6. 对于取其他无信息先验分布时的贝叶斯估计可见表 7.5.1.

**表 7.5.1　成功率的贝叶斯评估结果**

| 估计内容 | Novick - Hall 方法 | 贝叶斯假设 | Box - Tiao 方法 | 经典方法 |
|---|---|---|---|---|
| 点估计 | 0.95 | 0.928 6 | 0.939 | 0.95 |
| 置信度为 0.9 的置信下限 | 0.903 | 0.876 6 | 0.890 2 | 0.874 4 |

从上述估计中可以发现，在试验数据较多的情况下，其无信息先验分布的选择对估计的影响较小.

### 7.5.2　有先验信息情况下的贝叶斯分析

在产品研制开发过程中，人们为了验证产品设计的合理性，需要在研制开发的各个阶段进行多种试验，这些试验均能够收集到产品的可靠性信息，利用这些可靠性信息可以有效地提高产品可靠性评估精度.本节将通过实例说明各种研制先验信息在产品可靠性评估中的应用.

**例 7.5.2**　在产品的研制过程中，由于工程技术人员参与了产品的设计调试等各项工作，因此，工程技术人员对产品的质量状况有着深入的了解，具有丰富的经验.这些经验是产品可靠性评估中可以利用的先验信息.为了评估某产品的不合格率，对该批产品随机地抽取 30 个样品进行试验，试验无一失效，即得到试验数据为 (30, 30).生产方希望利用上述试验数据对

产品可靠性进行评估.

为了对产品进行可靠性评估,我们可以利用经典方法和贝叶斯方法分别对上述试验数据进行处理.

(1)经典方法.在上述数据中 $n=30,s=30,f=n-s=0$.利用经典统计方法,如极大似然估计方法,可得到产品不合格率 $\theta$ 的点估计为

$$\hat{\theta} = \frac{f}{n} = \frac{0}{30} = 0$$

由于当 $\alpha=0.90$ 时 $F_\alpha(2,60)=2.39$,则给定置信度为 $\alpha=0.90$,产品不合格率的置信上限为

$$\theta_U = 1 - \frac{s}{s+(f+1)F_\alpha[2(f+1),2s]} = 1 - \frac{30}{30+F_{0.9}(2,60)} = 0.073\ 8$$

(2)贝叶斯方法.为了利用贝叶斯方法对其进行评估,需要确定不合格率的先验分布.通过对产品研制人员的调查,可以得到工程技术人员的经验信息,不合格率 $\theta$ 的先验分布为

$$\pi(\theta) = \begin{cases} 4.023\ 6, & 0 < \theta < 0.1 \\ -1.729 - 2.5\ln\theta, & 0.1 < \theta < 0.5 \\ 0, & 0.5 < \theta < 1 \end{cases}$$

由于试验数据的似然函数为 $P(n,s|\theta)=(1-\theta)^{30},0<\theta<1$,结合先验分布及似然函数,可得

$$P(n,s) = \int_0^1 P(n,s\mid\theta)\pi(\theta)\mathrm{d}\theta = \int_0^1 (1-\theta)^{30}\pi(\theta)\mathrm{d}\theta$$
$$= 0.129\ 089$$

则产品不合格率 $\theta$ 的后验分布为

$$\pi(\theta\mid n,s) = \frac{P(n,s\mid\theta)\pi(\theta)}{P(n,s)}$$
$$= \begin{cases} 30.977\ 7(1-\theta)^{30}, & 0 < \theta < 0.1 \\ -(13.394 + 19.266\ 5\ln\theta)(1-\theta)^{30}, & 0.1 < \theta < 0.5 \\ 0, & 0.5 < \theta < 1 \end{cases}$$

利用上述后验分布,就可得到产品不合格率的贝叶斯估计为

$$\hat{\theta}_B = \int_0^1 \theta\pi(\theta\mid n,s)\mathrm{d}\theta = 0.030\ 6$$

在置信度为 $0.9$,产品不合格率的置信上限应满足:

$$\int_0^{\hat{\theta}_{BU}} \pi(\theta\mid n,s)\mathrm{d}\theta = 0.9$$

解上述方程,可得到 $\hat{\theta}_{BU}=0.071\ 7$.将所得到的贝叶斯估计与经典评估结果比较,其不合格率的点估计较为合理,而不合格率的置信上限比经典评估结果低.类似地,当不合格率的先验分布取其他先验分布时,我们同样可以得到相应的贝叶斯评估结果.表 7.5.2 列出了先验分布取常见的三种无信息先验分布时,不合格率的贝叶斯评估结果.

表 7.5.2　不合格率的贝叶斯评估结果

| 评估内容 | 有信息先验分布 | Novick - Hall 方法 | 贝叶斯假设 | Box - Tiao 方法 | 经典方法 |
|---|---|---|---|---|---|
| 点估计 | 0.030 6 | 0 | 0.031 25 | 0.016 1 | 0 |
| 置信度为 0.9 的置信上限 | 0.071 7 | | 0.073 8 | 0.044 4 | 0.073 8 |

从表 7.5.2 中的评估结果可以看出,由信息先验分布所得到的估计介于 Box‑Tiao 方法和贝叶斯假设之间,这说明在使用了工程技术人员经验信息的基础上所得到的不合格率估计有改进.

在实际产品设计开发过程中,为了验证产品设计的合理性,需要对产品进行各种各样的试验,特别是在产品定型时,需要对产品进行可靠性鉴定试验,通过鉴定定型的产品可以转入产品生产.为了控制生产阶段的产品可靠性,需要抽检生产阶段的产品可靠性.在一般情况下,如果产品生产是稳定的,通过少量抽检合格,则可判定产品的可靠性是否符合设计要求.

## 7.6　指数分布的贝叶斯估计

设产品的寿命 $X$ 服从指数分布 $\mathrm{Exp}(\lambda)$,其分布函数为
$$F(x \mid \lambda) = 1 - \mathrm{e}^{-\lambda x},\ x > 0$$
现对 $n$ 个产品进行了寿命试验,测得产品的失效时刻为 $x_1 \leqslant x_2 \leqslant \cdots \leqslant x_r \leqslant \tau (r \leqslant n)$. 对于定数截尾寿命试验,$r$ 为预先指定的失效数. 对于定时截尾寿命试验,$\tau$ 为预先指定的中止试验时间,这时失效数 $r$ 是随机的. 试验的似然函数为
$$L(\lambda \mid x_1, x_2, \cdots, x_r) = \frac{n!}{(n-r)!} \lambda^r \mathrm{e}^{-\lambda S(x_r)} \tag{7.6.1}$$
式中,$S(x_r)$ 为总试验时间,具体为

$$S(x_r) = \begin{cases} \sum_{i=1}^{r} x_i + (n-r)x_r, & \text{定数截尾场合} \\ \sum_{i=1}^{r} x_i + (n-r)\tau, & \text{定时截尾场合} \end{cases}$$

由于似然函数在两种截尾试验场合完全类似,因此在贝叶斯分析中二者也是完全类似的. 在此仅讨论定数截尾寿命试验. 另外,选用不同的先验分布,结论会有不同,就看哪一个先验更合理,更符合实际,就选哪一个. 下面分 Jeffery 先验和共轭先验分布法进行讨论.

### 7.6.1　Jeffery 无信息先验分布

由(7.6.1)得对数似然函数
$$\ln L(\lambda \mid x_1, x_2, \cdots, x_r) \propto r\ln\lambda - \lambda S(x_r)$$
只有一个未知参数 $\lambda$,关于其求一阶导数和二阶导数,可得
$$\frac{\mathrm{d}}{\mathrm{d}\lambda}\ln L(\lambda \mid x_1, x_2, \cdots, x_r) \propto \frac{r}{\lambda} - S(x_r)$$
$$\frac{\mathrm{d}^2}{\mathrm{d}\lambda^2}\ln L(\lambda \mid x_1, \cdots, x_r) \propto -\frac{r}{\lambda^2}$$
从而 Fisher 信息矩阵为
$$I(\lambda) = E\left(-\frac{\mathrm{d}^2}{\mathrm{d}\lambda^2}\ln L(\lambda \mid x_1, \cdots, x_r)\right) = \frac{r}{\lambda^2}$$
按 Jeffery 准则,得参数 $\lambda$ 的先验分布为
$$\pi(\lambda) = \sqrt{|I(\lambda)|} \propto 1/\lambda$$

根据贝叶斯公式,相应的后验分布密度为

$$\pi(\lambda \mid x_1,x_2,\cdots,x_r) \propto \lambda^{r-1} e^{-\lambda S(x_r)} \tag{7.6.2}$$

它正是伽马分布 $\mathrm{Ga}(r,S(x_r))$ 密度函数的核,即 $\lambda$ 的后验分布密度函数为

$$\pi(\lambda \mid x_1,x_2,\cdots,x_r) = \frac{[S(x_r)]^r}{\Gamma(r)} \lambda^{r-1} e^{-\lambda S(x_r)}$$

由此得到参数 $\lambda$ 的贝叶斯估计(后验期望)

$$\hat{\lambda} = \frac{r}{S(x_r)} \tag{7.6.3}$$

从而平均寿命 $\theta = 1/\lambda$ 的贝叶斯估计为

$$\hat{\theta} = E\left(\frac{1}{\lambda}\bigg| x_1,\cdots,x_r\right) = \frac{[S(x_r)]^r}{\Gamma(r)} \int_0^{+\infty} \lambda^{r-2} e^{-\lambda S(x_r)} d\lambda = \frac{S(x_r)}{r-1}$$

注:这与经典的极大似然估计 $\tilde{\theta} = S(x_r)/r$ 不一致.

可靠度函数 $R(t) = e^{-\lambda t}$ 的贝叶斯估计为

$$\hat{R}(t) = E(R(t) \mid x_1,\cdots,x_r) = \frac{[S(x_r)]^r}{\Gamma(r)} \int_0^{+\infty} e^{-\lambda t} \lambda^{r-1} e^{-\lambda S(x_r)} d\lambda$$

$$= \frac{[S(x_r)]^r}{\Gamma(r)} \int_0^{+\infty} \lambda^{r-1} e^{-\lambda(t+S(x_r))} d\lambda$$

$$= \frac{[S(x_r)]^r}{[t+S(x_r)]^r}$$

## 7.6.2　共轭先验分布

从似然函数(7.6.1)知道,$\lambda$ 的共轭先验分布为伽马分布 $\mathrm{Ga}(a,b)$,选定 $a,b$ 后,可得 $\lambda$ 的后验分布

$$\pi(\lambda \mid x_1,x_2,\cdots,x_r) \propto \lambda^{a+r-1} e^{-\lambda(b+S(x_r))}, \quad \lambda > 0 \tag{7.6.4}$$

因此 $\lambda$ 的贝叶斯估计为

$$\hat{\lambda} = \frac{a+r}{b+S(x_r)} \tag{7.6.5}$$

超参数 $a$ 与 $b$ 的统计意义是:在过去的试验中,总试验时间为 $b$,失效数为 $a$,将此结果与现在的结果合并,总的失效数为 $a+r$,总的试验时间为 $b+S(x_r)$,于是失效率的估计为 $\frac{a+r}{b+S(x_r)}$,将式(7.6.5)改写

$$\hat{\lambda} = \frac{a+r}{b+S(x_r)} = \frac{b}{b+S(x_r)} \frac{a}{b} + \frac{S(x_r)}{b+S(x_r)} \frac{r}{S(x_r)} \tag{7.6.6}$$

式中,$a/b$ 是由先验分布 $\mathrm{Ga}(a,b)$ 作出失效率 $\lambda$ 的估计,$r/S(x_r)$ 是由试验数据 $(x_1,x_2,\cdots,x_r)$ 给出的失效率 $\lambda$ 的极大似然估计,而 $\hat{\lambda}$ 的统计意义是两种试验的失效率估计值以各自试验时间所占总试验时间的比例为权重的加权平均.

根据后验分布(7.6.4),平均寿命 $\theta = 1/\lambda$ 的贝叶斯估计为

$$\hat{\theta} = E\left(\frac{1}{\lambda}\bigg| x_1,\cdots,x_r\right) = \frac{[S(x_r)]^r}{\Gamma(r)} \int_0^{+\infty} \lambda^{a+r-2} e^{-\lambda[b+S(x_r)]} d\lambda = \frac{b+S(x_r)}{a+r-1} \tag{7.6.7}$$

可靠度函数 $R(t) = e^{-\lambda t}$ 的贝叶斯估计为

$$\hat{R}(t) = E(R(t) \mid x_1,\cdots,x_r) = \frac{[S(x_r)]^r}{\Gamma(r)} \int_0^{+\infty} \lambda^{a+r-1} e^{-\lambda[t+b+S(x_r)]} d\lambda$$

$$= \frac{(b+S(x_r))^{a+r}}{[t+b+S(x_r)]^{a+r}}$$

**例 7.6.1**　为了分析我国彩色电视机的平均寿命,根据大量试验,我们获得其寿命分布为指数分布 Exp($\lambda$),其中参数 $\lambda$ 为失效率,其先验分布为伽马分布 Ga(1.956,2 868),现随机抽取 100 台彩电,在规定条件下连续进行 400 h 寿命试验,没有发生一台失效.试估计彩色电视机的平均寿命.

**解**　试验的总时间为

$$S(x_r) = 100 \times 400 = 40\ 000(\text{h}), \quad r = 0$$

由贝叶斯估计(7.6.7),可知彩电的平均寿命 $\theta$ 的贝叶斯估计为

$$\hat{\theta} = \frac{b+S(x_r)}{a+r-1} = \frac{2\ 868+40\ 000}{1.956-1} = 44\ 841(\text{h})$$

## 7.7　威布尔分布的贝叶斯估计

二参数威布尔分布的分布函数为

$$F(x,\eta,m) = 1 - \exp\left\{-\left(\frac{x}{\eta}\right)^m\right\}, \quad x > 0 \tag{7.7.1}$$

设 $n$ 个产品中前 $r$ 个失效时间为 $x_1 \leqslant x_2 \leqslant \cdots \leqslant x_r$. 若参数 $m$ 已知,这时由于 $x_1^m \leqslant x_2^m \leqslant \cdots \leqslant x_r^m$ 为来自指数分布 $\exp(1/\eta)$ 的前 $r$ 个次序统计量,因此参数 $\theta$ 的贝叶斯估计可按上节的讨论进行. 若 $m$ 未知(实际情况通常如此),比较麻烦,此时的似然函数为

$$L(\lambda,m \mid x_1,\cdots,x_r) \propto \lambda^r m^r W^{m-1} e^{\lambda T_r(m)} \tag{7.7.2}$$

式中,$\lambda = (1/\eta)^m$,$W = \prod\limits_{i=1}^{r} x_i$,$T_r(m) = \sum\limits_{i=1}^{r} x_i^m + (n-r)x_r^m$,对于参数 $\lambda$,可选择伽马分布作为共轭先验分布,对于参数 $m$ 则无法使用或找到共轭先验分布,从实际情况出发可考虑如下几种先验分布:

(1)如果知道 $m$ 的范围在区间 $[b_1,b_2]$ 内,则可使用 $[b_1,b_2]$ 上均匀分布;

(2)由于分布的失效率与 $m$ 相对应,若知道失效率是递减的,则 $0 < m < 1$,这时可选用贝塔分布作其先验;

(3)若知道失效率是递增的,则 $m > 1$,这时可选用如下先验分布:使 $m' = m-1$ 服从伽马分布;

(4)如果知道 $m$ 只能取有限个值,例如 $b_1,b_2,\cdots,b_k$,此时选择离散的先验分布

$$\pi(b_i) = P(m=b_i) = p_i, \quad i=1,2,\cdots,k$$

在此仅考虑(4)的离散情况.取 $\lambda$ 的先验为伽马分布 Ga($\alpha,\beta$),且 $\lambda$ 和 $m$ 是独立的(常是合理的),这时它们的先验分布为

$$\pi(\lambda,b_i) \propto \lambda^{\alpha-1} e^{-\beta\lambda} p_i, \lambda > 0, \quad i=1,2,\cdots,k \tag{7.7.3}$$

于是 $\lambda$ 和 $m$ 的联合后验分布为

$$\pi(\lambda,b_i \mid x_1,\cdots,x_r) = \frac{p_i b_j^r W^{b_i-1} \lambda^{\alpha+r-1} e^{-\lambda[T_r(b_i)+\beta]}}{\sum\limits_{i=1}^{k} p_i b_i^r W^{b_i-1} \int_0^{+\infty} \lambda^{\alpha+r-1} c^{-\lambda[T_r(b_i)+\beta]} d\lambda}$$

$$\propto \frac{p_i b_i^r W^{b_i-1} \lambda^{\alpha+r-1} e^{-\lambda[T_r(b_i)+\beta]}}{\sum\limits_{i=1}^{k} p_i b_i^r W^{b_i-1} / [T_r(b_i)+\beta]^{\alpha+r}}, \quad i=1,2,\cdots,k, \lambda>0$$

由此得到 $m$ 的后验分布为

$$\pi(b_i \mid x_1,\cdots,x_r) = \frac{p_i b_i^r W^{b_i-1} / [T_r(b_i)+\beta]^{\alpha+r}}{\sum\limits_{i=1}^{k} p_i b_i^r W^{b_i-1} / [T_r(b_i)+\beta]^{\alpha+r}}, \quad i=1,2,\cdots,k \qquad (7.7.4)$$

$\lambda$ 的后验分布为

$$\pi(\lambda \mid x_1,\cdots,x_r) = \frac{\sum\limits_{i=1}^{k} p_i b_i^r W^{b_i-1} \lambda^{\alpha+r-1} e^{-\lambda[T_r(b_i)+\beta]}}{\sum\limits_{i=1}^{k} p_i b_i^r W^{b_i-1} / [T_r(b_i)+\beta]^{\alpha+r}}, \quad \lambda>0 \qquad (7.7.5)$$

进而得到参数 $m$ 的贝叶斯估计为

$$\hat{m} = \frac{\sum\limits_{i=1}^{k} p_i b_i^{r+1} W^{b_i-1} / [T_r(b_i)+\beta]^{\alpha+r}}{\sum\limits_{i=1}^{k} p_i b_i^r W^{b_i-1} / [T_r(b_i)+\beta]^{\alpha+r}} \qquad (7.7.7)$$

参数 $\lambda$ 的贝叶斯估计为

$$\hat{\lambda} = \frac{\sum\limits_{i=1}^{k} p_i b_i^r W^{b_i-1} / [T_r(b_i)+\beta]^{\alpha+r+1}}{\sum\limits_{i=1}^{k} p_i b_i^r W^{b_i-1} / [T_r(b_i)+\beta]^{\alpha+r}} \qquad (7.7.8)$$

更为一般地可设 $\lambda$ 的先验分布 $Ga(\alpha,\beta)$ 中的超参数 $\alpha$ 和 $\beta$ 也随 $i$ 发生改变(即 $\lambda$ 和 $m$ 是不独立的).

对于前面提到 $m$ 的另外 3 种连续先验,甚至更为一般的对数上凸的先验分布,我们无法得到显式表示的后验分布,但我们可以采用马氏链蒙特卡罗(MCMC)抽样方法,例如介绍的 Gibbs 抽样方法实现贝叶斯估计的计算,这些将在下一章进行讲解.

# 习 题 7

7.1 请思考贝叶斯统计学和经典统计学之间的异同点.

7.2 设 $\theta$ 是一批产品的不合格率,已知它不是 0.05 就是 0.10,且其先验分布为

$$\pi(0.05)=0.7, \quad \pi(0.10)=0.3$$

假设从这批产品中随机抽取 8 个进行检查,发现 2 个是不合格品,求 $\theta$ 的后验分布.

7.3 设 $\theta$ 是一批产品的不合格率,从中随机抽取 8 个进行检查,发现 3 个是不合格品,假如 $\theta$ 的先验分布为

(1) $\theta \sim U(0,1)$;

(2) $\theta \sim \pi(\theta) = \begin{cases} 2(1-\theta), & 0<\theta<1 \\ 0, & 其他 \end{cases}$

分别求 $\theta$ 的后验分布.

7.4 从一批产品中抽检 100 个,发现有 5 个不合格品,假如该产品的不合格率 $\theta$ 服从贝

塔分布 Be(2,100),求 $\theta$ 的后验分布和贝叶斯估计.

7.5　说明贝叶斯假设的合理性与存在的矛盾,如何解决? 试通过下面的例子予以说明: 若 $\theta \sim U(0,1)$,但 $\theta^2$ 并不服从 $(0,1)$ 上的均匀分布.

7.6　验证泊松分布 $P(\lambda)$ 的均值 $\lambda$ 的共轭先验分布是伽马分布.

7.7　验证指数分布 $Exp(\lambda)$ 的参数 $\lambda$ 的共轭先验分布是伽马分布.

7.8　设某种产品的寿命服从指数分布 $Exp(\lambda)$,$\theta = 1/\lambda$,从中抽取 $n$ 个产品做截尾寿命试验（定时或定数）,$x_1 \leqslant x_2 \leqslant \cdots \leqslant x_r \leqslant \tau (r \leqslant n)$ 为失效数据.

(1)验证参数 $\theta$ 的共轭先验分布为逆伽马分布(倒数为伽马分布的分布称为逆伽马分布);

(2)分别从 $\lambda$ 和 $\theta$ 的共轭先验分布出发求平均寿命 $\theta$ 的贝叶斯估计,两者是否相同?

7.9　从寿命服从指数分布 $Exp(0.01)$ 的产品中抽取 30 个产品进行定时截尾寿命试验,截尾时间为 100 h,失效时间为(单位:h)

4.50　5.10　7.79　8.35　9.50　12.02　13.88　22.51　32.18　32.65

38.31　50.62　57.26　72.82　73.53　78.94　79.95　84.02　92.80　97.88

取 $\lambda$ 的先验分布为伽马分布 $Ga(8,0.01)$,求:

(1)$\lambda$ 和 $\theta$ 的贝叶斯估计;

(2)产品工作到 200 h 可靠度 $R(200)$ 的贝叶斯估计.

7.10　设 $x_1,x_2,\cdots,x_n$ 是来自如下指数分布的样本,密度函数为
$$f(x \mid \theta) = e^{-(x-\theta)}, \quad \theta < x_{(1)} = \min\{x_1,x_2,\cdots,x_n\}$$

7.11　取柯西分布作为 $\theta$ 的先验分布,即
$$\pi(\theta) = \frac{1}{\pi(1+\theta^2)}, \quad -\infty < \theta < +\infty$$

求 $\theta$ 的后验分布.

7.12　设某种产品的寿命服从威布尔分布
$$F(t \mid \lambda,m) = 1 - \exp\{-\lambda t^m\}, \quad t > 0$$

(1)设 $n$ 个产品中前 $r$ 个失效时间为 $t_1 \leqslant t_2 \leqslant \cdots \leqslant t_r$,$m$ 取为离散的先验分布
$$\pi(b_i) = P(m = b_i) = p_i, \quad i = 1,2,\cdots,k$$

而当 $m = b_i$ 时,$\lambda$ 的先验分布为伽马分布 $Ga(d_i,\tau_i)$(即 $\lambda$ 与 $m$ 不独立),求 $\lambda$ 与 $m$ 的联合后验分布;

(2)求 $\lambda$ 与 $\beta$ 的后验分布和贝叶斯估计.

7.13　对正态分布 $N(\theta,1)$ 作观察,获得 3 个观察值 2,4,3,若 $\theta$ 的先验分布为 $N(3,1)$,求 $\theta$ 的 0.95 等尾(贝叶斯)可信区间.

7.14　设 $x_1,x_2,\cdots,x_n$ 是来自均匀分布 $U(0,\theta)$ 的一个样本,又设 $\theta$ 的先验分布为帕雷托分布,其密度函数为
$$\pi(\theta) = \begin{cases} \alpha\theta_0^\alpha/\theta^{\alpha+1}, & \theta > \theta_0 \\ 0, & \theta < \theta_0 \end{cases}$$

其中,$\theta_0 > 0$,$\alpha > 0$,证明:$\theta$ 的后验分布仍为帕雷托分布,即帕雷托分布是均匀分布 $U(0,\theta)$ 的端点 $\theta$ 的共轭先验分布.

# 第8章 可靠性分析中的统计计算方法

在进行可靠性分析时,经常涉及一些复杂的计算.本章主要介绍在可靠性分析中的一些常用统计计算方法,如 MCMC 方法、Gibbs 抽样和 EM 算法等.

## 8.1 随机数的产生

在进行可靠性计算中常需要产生各种概率分布的随机数,而大多数概率分布的随机数的产生均基于均匀分布 $U(0,1)$ 的随机数.本节介绍三种产生随机数的方法:逆变换方法、舍选法和合成方法.此处,我们假定大家已掌握了 $U(0,1)$ 分布的随机数的产生方法.事实上,$U(0,1)$ 分布随机数的产生在大多数计算语言(软件)中都有现成的程序可调用.

本节主要介绍一个随机数的产生方法.一般情况下,$n$ 个独立随机变量可由 $n$ 次重复抽样获得.

### 8.1.1 逆变换法

设随机变量 $X$ 的分布函数为 $F(x)$,分布函数的广义逆定义如下:

$$F^{-1}(y) = \inf\{x: F(x) \geqslant y\}, \quad 0 \leqslant y \leqslant 1 \tag{8.1.1}$$

则有如下定理.

**定理 8.1.1** 设随机变量 $U$ 服从 $(0,1)$ 上的均匀分布,则 $X = F^{-1}(U)$ 的分布函数为 $F(x)$.

**证明** 由式(8.1.1)和均匀分布的分布函数可得

$$P(X \leqslant x) = P(F^{-1}(U) \leqslant x) = P(U \leqslant F(x)) = F(x)$$

证毕.

该定理是逆变换法的基础.由该定理,要产生分布函数为 $F(x)$ 的随机数,只要先产生来自 $U(0,1)$ 的随机数 $u$,然后计算 $F^{-1}(u)$ 即可.其具体步骤为

(1)由均匀分布 $U(0,1)$ 产生随机数 $u$;

(2)计算 $x = F^{-1}(u)$,其中 $F^{-1}(u)$ 如式(8.1.1)中定义,$x$ 即是来自分布函数为 $F(x)$ 的随机数.

**例 8.1.1** 设 $X \sim U(a,b)$,其分布函数为

$$F(x) = \begin{cases} 0, & x < a \\ \dfrac{x-a}{b-a}, & a \leqslant x < b \\ 1, & x \geqslant b \end{cases}$$

从而
$$F^{-1}(y) = a + (b-a)y, \quad 0 \leqslant y \leqslant 1$$
若由 $U(0,1)$ 抽得随机数 $u$，则 $a+(b-a)u$ 是来自 $U(a,b)$ 的一个随机数.

**例 8.1.2**　设 $X$ 服从指数分布，其分布函数为
$$F(x) = 1 - \mathrm{e}^{-\lambda x}$$
试用逆变换法产生 $X$ 的随机数.

**解**　由均匀分布 $U(0,1)$ 产生随机数 $u$，令 $F(x)=1-\mathrm{e}^{-\lambda x}$，化简得
$$x = -\frac{1}{\lambda}\ln(1-u)$$
则 $x$ 即是来自指数分布的随机数.

## 8.1.2　舍选抽样方法

舍选抽样方法（Acceptance - Rejection Technique）是由一种分布的随机数经过筛选而得到另一种分布随机数的方法，又称筛选法.假设要抽样的随机变量 $X$ 具有分布律或密度函数 $f(x)$，但该分布比较复杂.可以先从另一个相对简单的随机变量 $Y$ 进行抽样，其分布律或密度函数为 $g(y)$，得到随机数 $y$，然后通过一定的舍选条件对随机数 $y$ 进行取舍，得到所需的随机数.舍选法不是对所有的随机数 $y$ 都录用，而是有一定的筛选.下面分别给出其计算过程.

1.舍选法 1

假设随机变量 $X$ 的密度函数为 $f(x)$，要从 $f(x)$ 抽样，但是该分布比较复杂，很难从 $f(x)$ 获得其随机数.考虑一个与 $X$ 具有相同取值的随机变量 $Y$，其分布律或密度函数为 $g(y)$，随机变量 $Y$ 相对简单，易于抽样.假设存在一个常数 $C$，使得
$$\frac{f(x)}{g(x)} \leqslant C$$

舍选抽样方法 1 的算法步骤如下：

(1)从密度函数 $g(y)$ 中产生一个随机数 $y$；

(2)从均匀分布 $U(0,1)$ 上产生一个随机数 $u$；

(3)如果 $u \leqslant \dfrac{f(y)}{Cg(y)}$，则接受 $y$，并令 $x=y$，否则，拒绝 $y$，并返回步骤(1)；

(4)经过舍选之后，得到的样本 $x$ 是来自密度函数为 $f(x)$ 的随机数.

下面探讨该算法的原理.以离散情形为例进行阐述.

注意在步骤(3)，有
$$P(\text{accept } y \mid Y = y) = P\left(U \leqslant \frac{f(y)}{Cg(y)} \mid Y = y\right)$$
$$= P\left(U \leqslant \frac{f(y)}{Cg(y)}\right) = \frac{f(y)}{Cg(y)}$$
则每次产生的随机变量被接受的概率为
$$P(\text{accept } y) = \sum_y P(\text{accept } y \mid Y = y)P(Y = y) = \sum_y \frac{f(y)}{Cg(y)}g(y) = \frac{1}{C}$$

可见，被接受的迭代次数服从均值为 $C$ 的几何分布，因此（在离散分布情形下，对每个使得 $f(k)>0$ 的 $k$）由贝叶斯公式，可得

$$P(X = k \mid \text{accepted } k) = \frac{P(\text{accepted } k \mid Y = k)g(k)}{P(\text{accepted } k)}$$

$$= \frac{[f(k)/(Cg(k))]g(k)}{1/C}$$

$$= f(k)$$

注：连续情形下，证明方法类似. 要使抽样更有效，就要选择 $g(y)$ 便于抽样，且选择符合条件的尽可能小的 $C$. 下面介绍两种常见情形下，函数 $g(y)$ 的选取方法.

(1)如果存在一个函数 $M(y)$，满足：

$$f(y) \leqslant M(y) \quad (\text{对一切 } x)$$

且 $C = \displaystyle\int_{-\infty}^{+\infty} M(y)\mathrm{d}y < \infty$，则可构造

$$g(y) = \frac{M(y)}{C}$$

此时，由舍选抽样方法产生密度函数 $f(x)$ 的随机数的过程如下：

1)从密度函数 $g(y)$ 中产生一个随机数 $y$；

2)从均匀分布 $U(0,1)$ 上产生一个随机数 $u$；

3)如果 $u \leqslant \dfrac{f(y)}{M(y)}$，则接受 $y$，并令 $x = y$；否则，拒绝 $y$，并返回步骤(1)，从密度函数 $g(x)$ 中重新产生一个随机数；

4)经过舍选之后，得到的样本 $x$ 是来自密度函数为 $f(x)$ 的随机数.

(2)若 $X$ 的取值空间有限，例如 $X \sim f(x)$，$-\infty < a \leqslant x \leqslant b < \infty$，并设 $M = \sup\limits_{a \leqslant x \leqslant b} f(x)$ 存在，则可取 $C = M(b-a)$，可构造函数 $g(x) = \dfrac{1}{b-a}$. 此时的舍选抽样方法步骤如下：

1)从均匀分布 $U(0,1)$ 产生均匀随机数 $u_1, u_2$；

2)计算 $y = a + u_1(b-a)$；

3)若 $u_2 \leqslant \dfrac{f(a + u_1(b-a))}{M}$，则令 $x = y$，否则返回步骤(1)；

4)经过舍选之后，得到的样本 $x$ 是来自密度函数为 $f(x)$ 的随机数.

**例 8.1.3** 随机变量 $X$ 的密度函数如下：

$$f(x) = \frac{1}{2}x^2 \mathrm{e}^{-x}, \quad x > 0$$

试用舍选法获得其随机数.

**解** 因为没有 $X$ 的解析形式的分布函数，所以不适合用逆变换法. 下面运用舍选法进行抽样. $X$ 的取值空间为 $(0,\infty)$，我们考虑参数为 $\dfrac{1}{3}$ 的指数分布，即选取密度函数：

$$g(x) = \frac{1}{3}\mathrm{e}^{-\frac{1}{3}x}, \quad x > 0$$

要确定 $C$，使得 $\dfrac{f(x)}{g(x)} \leqslant C$，分析知

$$C = \max\left\{\frac{f(x)}{g(x)} : x > 0\right\} = \max\left\{\frac{3}{2}x^2 \mathrm{e}^{-\frac{2}{3}x} : x > 0\right\} = \frac{27}{2\mathrm{e}^2}$$

计算可得

$$\frac{f(x)}{Cg(x)} = \frac{2\mathrm{e}^2}{27}\frac{3}{2}x^2\mathrm{e}^{-\frac{2}{3}x} = \frac{1}{9}x^2\mathrm{e}^{2-\frac{2}{3}x}$$

所以,舍选法的算法如下:

(1)从均匀分布 $U(0,1)$ 产生均匀随机数 $u_1$,令 $y=-3\ln(u_1)$,则 $y$ 是来自指数分布 $g(x)$ 的随机数;

(2)产生均匀随机数 $u_2$;

(3)若 $u_2 \leqslant \dfrac{f(y)}{Cg(y)} = \dfrac{1}{9}y^2\mathrm{e}^{2-\frac{2}{3}y}$,则令 $x=y$,否则,返回步骤(1).

2.舍选法 2

假设 $f(x)$ 可以表示成 $f(x)=Cg(x)h(x)$,其中 $g(x)$ 是一个密度函数且易于抽样,而 $0<h(x)\leqslant1,C\geqslant1$ 是常数,则 $X$ 的抽样可如下步骤进行:

步骤 1:从密度函数 $g(y)$ 中产生一个随机数 $y$;

步骤 2:从均匀分布 $U(0,1)$ 上产生一个随机数 $u$;

步骤 3:如果 $u\leqslant h(y)=\dfrac{f(y)}{Cg(y)}$,则接受 $y$,并令 $x=y$;

否则,拒绝 $y$,并返回步骤(1),从密度函数 $g(x)$ 中重新产生一个随机数;

步骤 4:经过舍选之后,得到的样本 $x$ 是来自密度函数为 $f(x)$ 的随机数.

舍选法 2 的理论依据是下面的定理 8.1.2.

**定理 8.1.2**　设 $X$ 的密度函数为 $f(x)$,且 $f(x)=Cg(x)h(x)$,其中 $C\geqslant1,0<h(x)\leqslant1$, $g(\cdot)$ 是一个密度函数.令 $U$ 和 $Y$ 分别服从 $U(0,1)$ 和 $g(y)$,则在 $U\leqslant h(Y)$ 的条件下,$Y$ 的条件密度为

$$f_Y(x\mid U\leqslant h(Y)) = f(x)$$

**证明**　由于 $f(x)=Cg(x)h(x)$,两边积分,得

$$\int_\Theta f(x)\mathrm{d}x = C\int_\Theta g(x)h(x)\mathrm{d}x$$

式中,$\Theta$ 为 $X$ 的取值范围,化简上式,可得

$$\frac{1}{C} = \int_\Theta g(x)h(x)\mathrm{d}x$$

另外,有

$$f_Y(x\mid U\leqslant h(Y)) = \frac{P(U\leqslant h(Y)\mid Y=x)g(x)}{P(U\leqslant h(Y))} = \frac{P(U\leqslant h(x))g(x)}{\int_\Theta P(U\leqslant h(Y)\mid Y=x)g(x)\mathrm{d}x}$$

$$= \frac{h(x)g(x)}{\int_\Theta g(x)h(x)\mathrm{d}x} = Cg(x)h(x) = f(x)$$

证毕.

应该指出,当 $h(x)$ 是常数,如 $h(x)=1$ 时,舍选法 2 其实就简化成了舍选法 1。另外,舍选法进行抽样有两点很重要。一方面 $g(x)$ 应易于抽样,另一方面,不能保证抽几次可以得到一个 $f(x)$ 的随机数,这就涉及关于抽样方法的效的问题。所谓效,指的是平均抽几次可以得到一个来自密度函数 $f(x)$ 的随机数。

**例 8.1.4** 设 $f(x)=4x^3,0\leqslant x\leqslant 1$,试抽取 $f(x)$ 的随机数.

**解** 可选 $C=4,h(x)=1,g(x)$ 选取为均匀分布 $U(0,1)$,应用舍选法即可给出如下抽样方法:

步骤 1:由 $U(0,1)$ 独立地抽取 $u_1,u_2$;

步骤 2:若 $u_1\leqslant u_2^3$,则 $x=u_2$,停止;

步骤 3:若 $u_1>u_2^3$,转到步骤 1.

### 8.1.3 合成法

如果 $X$ 的密度函数 $f(x)$ 难于抽样,而 $X$ 关于 $Y$ 的条件密度函数 $f(x|y)$ 以及 $Y$ 的密度函数 $g(y)$ 均易于抽样,则 $X$ 的随机数可如下产生:

(1)由 $Y$ 的分布 $g(y)$ 抽取 $y$;

(2)将 $y$ 代入条件密度函数 $f(x|y)$,则从条件分布 $f(x|y)$ 抽取 $x$.

可以证明 $x$ 即是服从 $f(x)$ 的随机数.

**例 8.1.5** 设 $X$ 密度函数为 $f(x)=\sum_{i=1}^{n}\alpha_i f_i(x)$,其中诸 $\alpha_i>0,\sum_{i=1}^{n}\alpha_i=1,f_i(x)$ 是密度函数.试抽取 $X$ 的随机数.

**解** 令 $\alpha_0=0$,由合成法,$X$ 的随机数可如下抽取:

步骤 1:由 $U(0,1)$ 抽取 $u$;

步骤 2:确定 $i$,使 $\sum_{j=0}^{i-1}\alpha_j<u\leqslant\sum_{j=0}^{i}\alpha_j$;

步骤 3:由 $f_i(x)$ 抽取 $x$.

**例 8.1.6** 设 $X$ 密度函数为 $f(x)=(1+2x)/6,0<x<2$,分布函数为 $F(x)=(x+x^2)/6$,试抽取 $X$ 的随机数.

**解** 若用逆变换法抽样,则要解二次方程,较为麻烦,考虑用合成法,将 $f(x)$ 分解,$f_1(x)=1/2,0<x<2,f_2(x)=x/2,0<x<2,\alpha_1=1/3,\alpha_2=2/3$,由合成法,结合逆变换法,我们可给出具体抽样步骤为

(1)由 $U(0,1)$ 独立地抽取 $u_1,u_2$;

(2)计算 $x=\begin{cases}2u_2, & u_1<1/3\\ 2\sqrt{u_2}, & u_1\geqslant 1/3\end{cases}$

## 8.2 积分逼近方法

在进行可靠性研究中,经常涉及复杂积分的计算,如运用贝叶斯方法进行统计推断时,需要计算后验分布的一些数字特征,如后验期望后验方差、后验众数和后验分位数等,将这些数字特征统一在一个积分表达式中,得如下积分形式:

$$E[h(\theta)\mid \boldsymbol{x}]=\int h(\theta)\pi(\theta\mid \boldsymbol{x})\mathrm{d}\theta=\frac{\int h(\theta)f(\boldsymbol{x}\mid\theta)\pi(\theta)\mathrm{d}\theta}{\int f(\boldsymbol{x}\mid\theta)\pi(\theta)\mathrm{d}\theta} \tag{8.2.1}$$

式中,$f(\boldsymbol{x}|\theta)=f(x_1,x_2,\cdots,x_n|\theta)$ 为似然函数,$\pi(\theta)$ 为先验密度,$h(\theta)$ 为 $\theta$ 的函数.例如,当

$h(\theta)=1$ 时，我们得到积分(8.2.1)即为样本的边缘密度 $m(x)$；当 $h(\theta)=\theta$ 时，上式表示 $\theta$ 的后验期望；当 $h(\theta)=[\theta-E(\theta|x)]^2$ 时，上式表示 $\theta$ 的后验方差，等等.

本节讨论如何计算形如积分(8.2.1)的问题.

### 8.2.1　蒙特卡洛抽样方法

如果式(8.2.1)所求的期望没有显式表达，那么除了可以使用分析逼近方法或数值积分方法之外，蒙特卡洛抽样方法是一个可选用的有效计算方法. 这种概率化的技巧在统计推断中是常用的工具. 为了估计总体均值、总体方差和总体分位数等数字特征，可从总体中抽取足够多的样本，然后使用样本均值、样本方差和样本分位数等来估计相应的总体数字特征. 大数定律保证了所得估计量是相合估计.

若可从后验分布 $\pi(\theta|\boldsymbol{x})$ 中产生一组独立同分布样本，观测值为 $\theta_1,\theta_2,\cdots,\theta_m$，则由大数定律可知

$$\bar{h}_m = \frac{1}{m}\sum_{i=1}^{m} h(\theta_i) \tag{8.2.2}$$

几乎处处收敛到 $E[h(\theta)|\boldsymbol{x}]$. 这一结果保证了在样本量 $m$ 足够大时可以使用 $\bar{h}_m$ 作为 $E[h(\theta)|\boldsymbol{x}]$ 的估计. 而估计量(8.2.2)被称为积分(8.2.1)的蒙特卡洛逼近(Monte Carlo Approximation). 这种用估计量(8.2.2)去逼近蒙特卡洛积分(8.2.1)的方法被称为蒙特卡洛抽样(Monte Carlo Sampling)方法.

为提供逼近的精度或者误差的范围，可以使用类似的办法计算 $\bar{h}_m$ 的标准差. 如果 $h(\theta)$ 的方差 $\mathrm{Var}[h(\theta)|\boldsymbol{x}]$ 是有限的，则估计量 $\bar{h}_m$ 的方差应该满足 $\mathrm{Var}(\bar{h}_m)=\dfrac{1}{m}\mathrm{Var}[h(\theta)|\boldsymbol{x}]$，而样本标准差为

$$s_m = \left\{ \frac{1}{m-1}\sum_{i=1}^{m}(h(\theta_i)-\bar{h}_m)^2 \right\}^{\frac{1}{2}}$$

用样本标准差 $s_m$ 作为 $h(\theta)$ 的标准差 $\sqrt{\mathrm{Var}[h(\theta)|\boldsymbol{x}]}$ 的估计，则 $\bar{h}_m$ 的标准差 $\sqrt{\mathrm{Var}(\bar{h}_m)}=\dfrac{s_m}{\sqrt{m}}$.

用蒙特卡洛逼近方法求积分(8.2.1)的另一种方法如下：由于 $\pi(\theta)$ 是概率密度函数，从 $\pi(\theta)$ 生成独立同分布样本，观测值 $\theta_1,\theta_2,\cdots,\theta_m$，对式(8.2.1)最右边一项的分子和分母中的积分 $\int h(\theta)f(x|\theta)\pi(\theta)\mathrm{d}\theta$ 和 $\int f(x|\theta)\pi(\theta)\mathrm{d}\theta$，分别用它们的蒙特卡洛逼近代替，从而可得 $E[h(\theta)|\boldsymbol{x}]$ 的估计如下：

$$\tilde{h}_m = \frac{\displaystyle\sum_{i=1}^{m} h(\theta_i)f(\boldsymbol{x}\mid\theta_i)}{\displaystyle\sum_{i=1}^{m} f(\boldsymbol{x}\mid\theta_i)} \tag{8.2.3}$$

如果需要得到后验期望 $E[h(\theta)|\boldsymbol{x}]$ 的可信区间，则由渐近正态性，可得

$$\left.\frac{\sqrt{m}(\bar{h}_m - E[h(\theta)\mid\boldsymbol{x}])}{s_m}\right|_{\boldsymbol{x}} \xrightarrow{L} N(0,1), \quad 当 n\to\infty 时$$

从而容易得到后验期望 $E[h(\theta)|\boldsymbol{x}]$ 一个渐近水平为 $1-\alpha$ 的可信区间：

$$\left[ \bar{h}_m - \frac{s_m u_{\alpha/2}}{\sqrt{m}}, \bar{h}_m + \frac{s_m u_{\alpha/2}}{\sqrt{m}} \right]$$

这里 $u_{\alpha/2}$ 表示标准正态分布的上侧 $\alpha/2$ 分位数.

以上的讨论表明,如果我们需要计算后验均值,则可以通过从后验分布(或相关分布)中产生独立同分布样本,然后计算相应的样本均值作为估计.但这种方法很少能直接使用,因为大多数情况下后验分布都不是标准分布而难以从中抽样.

### 8.2.2 蒙特卡洛重要性抽样方法

下面首先通过例子引入蒙特卡洛重要性抽样方法.

**例 8.2.1** 假设随机变量 $X \sim N(\theta, \sigma^2)$,其中 $\sigma^2$ 已知,若出于稳健性考虑,选取 $\theta$ 的先验分布为柯西分布 $C(\mu, \tau)$,其中 $\mu, \tau$ 已知,则后验分布为

$$\pi(\theta \mid x) \propto \exp\left\{-\frac{(\theta-x)^2}{2\sigma^2}\right\} \cdot \left[\tau^2 + (\theta-\mu)^2\right]^{-1}$$

因此后验期望为

$$E(\theta \mid x) = \frac{\int_{-\infty}^{+\infty} \theta\,(\tau^2 + (\theta-\mu)^2)^{-1} \cdot \exp\{-(\theta-x)^2 (2\sigma^2)^{-1}\}\,\mathrm{d}\theta}{\int_{-\infty}^{+\infty} (\tau^2 + (\theta-\mu)^2)^{-1} \cdot \exp\{-(\theta-x)^2 (2\sigma^2)^{-1}\}\,\mathrm{d}\theta}$$

试求该期望的蒙特卡洛逼近,并对逼近的效果做出评价.

**解** 对 $E(\theta|x)$ 分析可知,其为在正态分布 $N(x, \sigma^2)$ 下,$h_1(\theta) = \theta\,(\tau^2 + (\theta-\mu)^2)^{-1}$ 和 $h_2(\theta) = (\tau^2 + (\theta-\mu)^2)^{-1}$ 两者的后验期望之比.于是,由前面的讨论知道,如果 $\theta_1, \theta_2, \cdots, \theta_m$ 为从正态分布 $N(x, \sigma^2)$ 中产生的独立同分布样本,则 $E(\theta|x)$ 的估计量为

$$\hat{E}(\theta \mid x) = \frac{\sum_{i=1}^{m} \theta_i \left[\tau^2 + (\theta_i - \mu)^2\right]^{-1}}{\sum_{i=1}^{m} \left[\tau^2 + (\theta_i - \mu)^2\right]^{-1}}$$

问题并没有被完美解决.由于从 $N(x, \sigma^2)$ 中抽取的 $\theta$ 集中在 $x$ 附近,并没有充分反映出柯西先验分布对后验分布的贡献,而应当有显著的样本比例来自于后验分布的尾部.因此如果把 $E(\theta|x)$ 视为 $\tilde{h}_1(\theta) = \theta\exp\{-(\theta-x)^2 (2\sigma^2)^{-1}\}$ 和 $\tilde{h}_2(\theta) = \exp\{-(\theta-x)^2 (2\sigma^2)^{-1}\}$ 在柯西分布下两者的期望之比,令 $\theta_1, \theta_2, \cdots, \theta_m$ 为从柯西分布 $C(\mu, \tau)$ 中抽取的独立同分布样本,则一个合适的估计量为

$$\hat{E}(\theta \mid x) = \frac{\sum_{i=1}^{m} \theta_i \exp\left\{-\frac{(\theta_i - x)^2}{2\sigma^2}\right\}}{\sum_{i=1}^{m} \exp\left\{-\frac{(\theta_i - x)^2}{2\sigma^2}\right\}}$$

这样也还是没有令人满意地解决问题.由于后验分布并没有像柯西分布那样程度的尾部,因此相对于后验分布的中心而言,这种做法从尾部抽取了过多的样本.这就导致收敛速度变慢且在固定 $m$ 时逼近误差增大.理想地,为了达到满意的逼近,应该直接从后验分布本身抽样.由于此处后验分布不是标准分布,故难以从中抽样.

为此,上述抽样方法的一个演变:蒙特卡洛重要性抽样方法被提出.若从后验分布直接抽样很困难,而从与后验分布非常接近的分布 $g(\cdot)$ 中抽样比较容易,从而在蒙特卡洛方法中引入"重要性函数"的概念,叙述如下:

设 $g(\theta)$ 是概率密度函数,它的支撑集包含 $h(\theta)f(\boldsymbol{x}|\theta)\pi(\theta)$ 的支撑集.将式(8.2.1)最右

边一项的分子和分母中的积分表示为

$$\int h(\theta) f(\boldsymbol{x} \mid \theta) \pi(\theta) \mathrm{d}\theta = \int \left\{ \frac{h(\theta) f(\boldsymbol{x} \mid \theta) \pi(\theta)}{g(\theta)} \right\} \cdot g(\theta) \mathrm{d}\theta = E_g \left\{ \frac{h(\theta) f(\boldsymbol{x} \mid \theta) \pi(\theta)}{g(\theta)} \right\}$$

$$(8.2.4)$$

和

$$\int f(\boldsymbol{x} \mid \theta) \pi(\theta) \mathrm{d}\theta = \int \left\{ \frac{f(\boldsymbol{x} \mid \theta) \pi(\theta)}{g(\theta)} \right\} \cdot g(\theta) \mathrm{d}\theta = E_g \left\{ \frac{f(\boldsymbol{x} \mid \theta) \pi(\theta)}{g(\theta)} \right\} \qquad (8.2.5)$$

由式(8.2.1)、式(8.2.4)和式(8.2.5)可知,$E[h(\theta) \mid \boldsymbol{x}]$ 可表示为

$$E[h(\theta) \mid \boldsymbol{x}] = \frac{E_g \left\{ \dfrac{h(\theta) f(\boldsymbol{x} \mid \theta) \pi(\theta)}{g(\theta)} \right\}}{E_g \left\{ \dfrac{f(\boldsymbol{x} \mid \theta) \pi(\theta)}{g(\theta)} \right\}} = \frac{E_g \{ h(\theta) \omega(\theta) \}}{E_g \{ \omega(\theta) \}}$$

式中,$\omega(\theta) = f(\boldsymbol{x} \mid \theta) \pi(\theta) / g(\theta)$.

设 $\theta_1, \theta_2, \cdots, \theta_m$ 为从分布 $g(\cdot)$ 中生成的样本观测值,则由大数定律可知

$$\frac{1}{m} \sum_{i=1}^{m} h(\theta_i) \omega(\theta_i) \ \text{和} \ \frac{1}{m} \sum_{i=1}^{m} \omega(\theta_i) \qquad (8.2.6)$$

分别几乎处处收敛到由式(8.2.4)和式(8.2.5)给出的 $E_g \{ h(\theta) \omega(\theta) \}$ 及 $E_g \{ \omega(\theta) \}$.

因此,$E[h(\theta) \mid \boldsymbol{x}]$ 另一个估计为

$$\hat{h}_m = \frac{\displaystyle\sum_{i=1}^{m} h(\theta_i) \omega(\theta_i)}{\displaystyle\sum_{i=1}^{m} \omega(\theta_i)} \qquad (8.2.7)$$

由大数定律可知,$\hat{h}_m$ 几乎处处收敛到 $E[h(\theta) \mid \boldsymbol{x}]$,故 $\hat{h}_m$ 是 $E[h(\theta) \mid \boldsymbol{x}]$ 的一个蒙特卡洛逼近.

式(8.2.4)和式(8.2.5)中函数 $g(\theta)$ 称为重要性函数(Importance Function).这种引入重要性函数 $g(\theta)$,用式(8.2.6)中的两个量分别去逼近 $E_g \{ h(\theta) \omega(\theta) \}$ 和 $E_g \{ \omega(\theta) \}$ 的方法称为蒙特卡洛重要性抽样(Monte Carlo Importance Sampling)方法.

重要性函数 $g(\theta)$ 应如何选取?一般说来,它的选择应当满足下列条件:首先从分布 $g(\theta)$ 抽样要容易、方便,使模拟容易实现;其次,以积分(8.2.1)为例,选择 $g(\theta)$ 尽可能接近后验分布,以便提高蒙特卡洛逼近的效果.下面将举例说明是如何实施的.

**例 8.2.2** 假设 $X = (X_1, X_2, \cdots, X_n)$ 为从 $N(\theta, \sigma^2)$ 中抽取的简单随机样本,其中 $\theta, \sigma^2$ 均未知.取 $\theta$ 和 $\sigma^2$ 的先验为独立先验,其中 $\theta$ 服从双指数先验分布,密度为 $\exp(-|\theta|)/2$,$\sigma^2$ 有先验密度 $(1+\sigma^2)^{-2}$,这两个先验分布都不是标准先验,但都是从稳健性考虑而选取的.如果 $\theta$ 的后验均值为感兴趣的量,则需要计算:

$$E(\theta \mid \boldsymbol{x}) = \int_{-\infty}^{+\infty} \int_{0}^{+\infty} \theta \pi(\theta, \sigma^2 \mid \boldsymbol{x}) \mathrm{d}\theta \mathrm{d}\sigma^2$$

试求蒙特卡洛抽样方法中的重要性函数.

**解** 由于 $\pi(\theta, \sigma^2 \mid \boldsymbol{x})$ 不是一个标准分布,我们先来寻求一个离它较近的分布,记 $\bar{x} = \sum_{i=1}^{n} x_i / n$,$s_n^2 = \sum_{i=1}^{n} (x_i - \bar{x})^2 / n$,则

$$\pi(\theta, \sigma^2 \mid \boldsymbol{x}) \propto (\sigma^2)^{-\frac{n}{2}} \exp\left\{ -\frac{n}{2\sigma^2} [(\theta - \bar{x})^2 + s_n^2] \right\} \cdot \frac{\exp\{-|\theta|\}}{(1+\sigma^2)^2}$$

$$
= \frac{\left[(\theta - \bar{x})^2 + s_n^2\right]^{\frac{n}{2}+1}}{(\sigma^2)^{(\frac{n}{2}+2)}} \exp\left\{-\frac{n}{2\sigma^2}\left[(\theta - \bar{x})^2 + s_n^2\right]\right\}
$$

$$
\times \left[(\theta - \bar{x})^2 + s_n^2\right] - \left(\frac{n}{2}+1\right)\exp\{-|\theta|\}\left(\frac{\sigma^2}{1+\sigma^2}\right)^2
$$

$$
\propto g_1(\sigma^2 \mid \theta, \boldsymbol{x}) g_2(\theta \mid \boldsymbol{x}) \cdot \exp\{-|\theta|\}\left(\frac{\sigma^2}{1+\sigma^2}\right)^2
$$

其中, $g_1$ 为形状参数是 $n/2+1$, 刻度参数为 $n\left[(\theta - \bar{x})^2 + s_n^2\right]/2$ 的逆伽马密度函数, $g_2$ 为自由度是 $n+1$, 位置参数为 $\bar{x}$, 刻度参数是 $s_n/\sqrt{n+1}$ 的 $t$ 分布. 注意到 $\exp(-|\theta|)$ $(\sigma^2/(1+\sigma^2))^2$ 的尾部对 $g_1(\sigma|\theta,\boldsymbol{x})g_2(\theta|\boldsymbol{x})$ 不具有太大的影响, 因此可以选择 $g(\theta,\sigma^2 \mid \boldsymbol{x}) = g_1(\sigma^2 \mid \theta, \boldsymbol{x})g_2(\theta|\boldsymbol{x})$ 作为重要性函数. 因此抽样时需要先从 $g_2$ 抽取一个 $\theta$, 然后在给定此 $\theta$ 的条件下, 再从 $g_1$ 抽取一个 $\sigma^2$, 合在一起组成一次抽样 $(\theta, \sigma^2)$. 在抽取了 $m$ 对 $(\theta_1, \sigma_1^2), (\theta_2, \sigma_2^2), \cdots$, 后得到 $E(\theta|\boldsymbol{x})$ 的一个估计:

$$
\hat{E}_\pi(\theta \mid \boldsymbol{x}) = \frac{\sum_{i=1}^{m} \theta_i w(\theta_i, \sigma_i^2 \mid \boldsymbol{x})}{\sum_{i=1}^{m} w(\theta_i, \sigma_i^2 \mid \boldsymbol{x})}
$$

其中, $w(\theta, \sigma^2|\boldsymbol{x}) = f(\boldsymbol{x}|\theta, \sigma^2)\pi(\theta, \sigma^2)/g(\theta, \sigma^2|\boldsymbol{x})$, 此处 $f(\boldsymbol{x}|\theta, \sigma^2)$ 为样本联合密度函数, 即似然函数, $\pi(\theta, \sigma^2)$ 为参数 $(\theta, \sigma^2)$ 联合先验密度.

### 8.2.3 拉普拉斯方法

拉普拉斯逼近 (Laplace Approximation) 是一种积分逼近技术, 适用于被积函数存在 (陡增的) 最大值的情形. 对于式 (8.2.1), 很多时候只需要计算分子部分, 所以在这里考虑如下形式的积分:

$$
\int g(\theta) f(\boldsymbol{x} \mid \theta)\pi(\theta)\mathrm{d}\theta \tag{8.2.8}
$$

对上式进行化简, 得如下形式的积分:

$$
I = \int_{-\infty}^{+\infty} g(\theta) \mathrm{e}^{nh(\theta)} \mathrm{d}\theta \tag{8.2.9}
$$

其中, $g(\theta)$ 和 $h(\theta)$ 都是 $\theta$ 的光滑函数, 且 $h(\theta)$ 存在唯一的最大值点 $\hat{\theta}$. 在具体场合下, $nh(\theta)$ 可以为对数似然函数或者没有正则化的后验密度 $f(\boldsymbol{x}|\theta)\pi(\theta)$ 的对数, $\hat{\theta}$ 可以为极大似然估计或者后验众数. 逼近积分的想法来自于这一事实: 如果 $h(\theta)$ 在 $\hat{\theta}$ 处有唯一的 (陡增的) 最大值, 则积分 $I$ 的绝大部分贡献来自于 $\hat{\theta}$ 的邻域 $(\hat{\theta}-\delta, \hat{\theta}+\delta)$ 上的积分. 当 $n\to\infty$ 时, 有

$$
I \sim I_1 = \int_{\hat{\theta}-\delta}^{\hat{\theta}+\delta} g(\theta) \mathrm{e}^{nh(\theta)} \mathrm{d}\theta
$$

这里 $I \sim I_1$ 表示当 $n\to\infty$ 时 $I/I_1 \to 1$. 拉普拉斯方法是利用 $g(\theta)$ 和 $h(\theta)$ 在 $\hat{\theta}$ 处的泰勒展开式, 即得到

$$
I \sim \int_{\hat{\theta}-\delta}^{\hat{\theta}+\delta} \left[g(\hat{\theta}) + (\theta - \hat{\theta})g'(\hat{\theta}) + \frac{1}{2}(\theta - \hat{\theta})^2 g''(\hat{\theta}) + 小项\right]
$$

$$
\times \exp\left\{nh(\hat{\theta}) + nh'(\hat{\theta})(\theta - \hat{\theta}) + \frac{n}{2}h''(\hat{\theta})(\theta - \hat{\theta})^2 + 小项\right\}\mathrm{d}\theta
$$

$$
\sim \mathrm{e}^{nh(\hat{\theta})} g(\hat{\theta}) \int_{\hat{\theta}-\delta}^{\hat{\theta}+\delta}\left[1 + (\theta - \hat{\theta})\frac{g'(\hat{\theta})}{g(\hat{\theta})} + \frac{1}{2}(\theta - \hat{\theta})^2 \frac{g''(\hat{\theta})}{g(\hat{\theta})}\right]\exp\left\{\frac{n}{2}h''(\hat{\theta})(\theta - \hat{\theta})^2\right\}\mathrm{d}\theta
$$

假设 $c = -h''(\hat{\theta})$ 为正数,使用 $t = \sqrt{nc}(\theta - \hat{\theta})$ 变量代换,有

$$I \sim \mathrm{e}^{nh(\hat{\theta})} g(\hat{\theta}) \int_{-\delta\sqrt{nc}}^{\delta\sqrt{nc}} \left[ 1 + \frac{t}{\sqrt{nc}} \frac{g'(\hat{\theta})}{g(\hat{\theta})} + \frac{t^2}{2nc} \frac{g''(\hat{\theta})}{g(\hat{\theta})} \right] \exp\{-t^2/2\} \mathrm{d}t$$

$$\sim \mathrm{e}^{nh(\hat{\theta})} \frac{\sqrt{2\pi}}{\sqrt{nc}} g(\hat{\theta}) \left[ 1 + \frac{g''(\hat{\theta})}{2ncg(\hat{\theta})} \right]$$

$$= \mathrm{e}^{nh(\hat{\theta})} \frac{\sqrt{2\pi}}{\sqrt{nc}} g(\hat{\theta}) \left[ 1 + O(n^{-1}) \right]$$

一般地,对 $p$ 维参数向量 $\boldsymbol{\theta}$,可以得到

$$I = \mathrm{e}^{nh(\hat{\theta})} (2\pi)^{p/2} n^{-p/2} \det(\boldsymbol{\Delta}_h(\hat{\boldsymbol{\theta}}))^{-1/2} g(\hat{\boldsymbol{\theta}}) [1 + O(n^{-1})] \tag{8.2.10}$$

其中,$\boldsymbol{\Delta}_h(\boldsymbol{\theta})$ 为函数 $-h$ 的黑塞矩阵:

$$\boldsymbol{\Delta}_h(\boldsymbol{\theta}) = \left( -\frac{\partial^2}{\partial\theta_i\partial\theta_j} h(\theta) \right)_{p\times p}$$

**例 8.2.3**　(Stirling 公式) 注意到 $n!$ 可以表示为伽马积分:

$$n! = \Gamma(n+1) = \int_0^{+\infty} \mathrm{e}^{-x} x^n \mathrm{d}x = \int_0^{+\infty} \mathrm{e}^{n(\ln x - x/n)} \mathrm{d}x$$

则可以使用上面介绍的拉普拉斯方法逼近 $n!$,得到

$$n! \sim n^{n+1/2} \mathrm{e}^{-n} \sqrt{2\pi}$$

# 8.3　MCMC 方 法

在运用贝叶斯方法进行可靠性分析时,经常涉及后验均值、后验方差、后验分布的分位数等的计算,这些计算都可归结为关于后验分布的积分计算.具体地,设后验分布的密度函数为 $\pi(\theta|\boldsymbol{x})$,$\theta\in\Theta$,$\Theta$ 为参数空间,要计算的后验量可写成某函数 $g(\theta)$ 关于 $\pi(\theta|x)$ 的期望,即

$$E(g(\theta)) = \int_\Theta g(\Theta)\pi(\theta|\boldsymbol{x})\mathrm{d}\theta \tag{8.3.1}$$

对于较简单的后验分布,我们可以直接积分计算,或者利用上一节介绍的方法等近似计算,但是,上一节介绍的蒙特卡洛抽样方法主要适用于后验分布是一维,且是标准分布的情形(此时从中抽样比较容易).但是,它存在如下缺点:

(1)如后验分布不是标准分布使用蒙特卡洛方法中的"重要性函数",需要选择一个合适的建议密度函数("重要性函数"),如果"重要性函数"选择不合适,则蒙特卡洛逼近的效果会很差.特别在后验分布是高维(维数大于2)的情形,很难找到合适的"重要性函数.

(2)标准的蒙特卡洛方法或者蒙特卡洛重要性抽样方法的一个严重缺点是在实施中后验分布的完全形式必须已知对那些后验分布不完全指定或者不直接指定的场合就不能处理了.一个例子就是参数向量的后验分布是通过几个条件分布和边缘分布指定,而不是直接给出.这实际上包含了贝叶斯分析的一个非常大的范围,因为在分层贝叶斯模型中,参数的联合后验分布很难计算,但是不同层上给定部分参数的条件后验分布是容易得到的.

在实际中,观测后验分布往往是复杂的、高维的、非标准形式的分布.例如,在计算后验分布的时候,我们经常只是获得后验分布的核,即

$$\pi(\theta \mid \boldsymbol{x}) \propto L(\boldsymbol{x} \mid \theta)\pi(\theta) \tag{8.3.2}$$

式中，$L(\boldsymbol{x}|\theta)$ 为给定参数 $\theta$ 的似然函数.式(8.3.2)给出了后验分布的核,有时候难以获得精确的后验分布,这是因为在多数统计模型或应用中,样本的边缘分布 $m(\boldsymbol{x})$ 不存在解析形式表达式,因此 $\pi(\theta|\boldsymbol{x})$ 也不存在解析表达式.此时,如何从后验分布 $\pi(\theta|\boldsymbol{x})$ 进行推断,是贝叶斯统计中面临的重要问题.

针对这些问题,MCMC(Markov Chain Monte Carlo)方法是一种简单且行之有效的贝叶斯计算方法.本节利用 MCMC 方法,以目标后验分布 $\pi(\theta|\boldsymbol{x})$ 作为马氏链的稳定分布,生成随机样本,获得积分较为满意的模拟结果.下面先对 MCMC 方法的基本思想进行介绍,然后介绍两种常见的 MCMC 方法:Gibbs 抽样及 Metropolis - Hasting (MH)方法.

### 8.3.1　MCMC 方法的一些基本概念

MCMC 方法的基本思想是:通过建立一个平稳分布为 $\pi(\theta|\boldsymbol{x})$ 的马尔可夫链来得到后验分布 $\pi(\theta|\boldsymbol{x})$ 的样本,基于这些后验分布的样本就可以作各种统计推断.

为进一步说明 MCMC 方法的做法,我们先引入几个概念:马尔可夫链、平稳性、不可约性、非周期性、正常返性及遍历性.

1.马尔可夫链的定义及性质

**定义 8.3.1(马尔可夫链)**　设 $\{X_n, n\geqslant 0\}$ 是只取有限个或可列个值的随机过程,若 $X_n = i$ 表示过程在时刻 $n$ 的状态处于 $i$,$S=\{0,1,2,\cdots\}$ 为状态集.若对一切 $n$,有

$$P(X_{n+1} = j \mid X_0 = i_0, \cdots, X_{n-1} = i_{n-1}, X_n = i) = P(X_{n+1} = j \mid X_n = i)$$

则称 $\{X_n, n\geqslant 0\}$ 是离散时间马尔可夫链,简称为马氏链.

由定义可知,随机过程 $\{X_n, n\geqslant 0\}$,将来状态 $\{X_{n+1}=j\}$ 只与现在的状态 $\{X_n=i\}$ 有关,而与过去的状态 $\{X_k=i_k, k\leqslant n-1\}$ 无关.

条件概率 $P(X_{n+1}=j|X_n=i)$ 称为马氏链的一步转移概率,若转移概率与 $n$ 无关,且为固定值,则称马氏链有平稳转移概率,记为 $p_{ij}$.具有平稳转移概率的马氏链也称为时间齐性马氏链.$\boldsymbol{P}=(p_{ij})$,$\forall i, j \in S$ 称为马氏链的转移概率矩阵,满足条件:

$$p_{ij} \geqslant 0, 且 \sum_{i=0}^{+\infty} p_{ij} = 1$$

(1)平稳性.

**定义 8.3.2**　设马尔可夫链有转移概率阵 $\boldsymbol{P}=(p_{ij})$,一个概率分布 $\pi=\{\pi_i, i\geqslant 0\}$ 如果满足 $\pi_j = \sum_{i=0}^{+\infty} \pi_i p_{ij}$,则称之为此马尔可夫链的平稳分布(Stationary Distribution).

容易看出,如果过程的初始值 $X_0$ 有平稳分布 $\pi=\{\pi_i, i\geqslant 0\}$,即 $P(X_0=j)=\pi_j$,则有

$$P(X_1 = j) = \sum_i P(X_1 = j \mid X_0 = i)P(X_0 = i) = \sum_i \pi_i p_{ij} = P(X_0 = j) = \pi_j$$

并由归纳法可得

$$P(X_n = j) = \sum_i P(X_n = j \mid X_{n-1} = i)P(X_{n-1} = i) = \sum_i \pi_i p_{ij} = \pi_j$$

于是,对任意时刻 $n$,状态 $X_n$ 有相同的分布 $\pi=\{\pi_i, i\geqslant 0\}$,即随机过程 $\{X_n, n\geqslant 0\}$ 是平稳的.

(2)不可约性.

**定义 8.3.3**　一个具有可数状态空间 $S$ 和转移概率矩阵 $\boldsymbol{P}=(p_{ij})$ 的马尔可夫链 $\{X_n\}$ 称

为不可约的(Irreducible),如果对任意两个状态 $i,j \in S$,此链从状态 $i$ 出发转移到状态 $j$ 的概率为正的. 即对某个 $n \geqslant 1$,有

$$p_{ij}^{(n)} = P(X_n = j \mid X_0 = i) > 0$$

由定义可知,具有"不可约性"的马氏链意味着从任一状态出发总可到达任一其他状态.

(3)非周期性.

**定义 8.3.4**　一个马氏链的一个状态 $i$ 有周期 $k$,如果经过 $k$ 的倍数步后一定可以返回到状态 $i$,即

$$k(i) = \gcd\{n : P(X_n = i \mid X_0 = i) > 0\}$$

式中,gcd 表示"最大公约数". 如果返回任一状态的次数的最大公约数是 1,则称此马氏链是非周期的(Aperiodic). 非周期的马氏链可以保证其不会陷入循环中.

(4)正常返性.

**定义 8.3.5**　对常返状态 $i$,定义 $T_i = \inf\{n \geqslant 1 : X_n = i \mid X_0 = i\}$ 为首次返回状态 $i$ 的时刻,如果

$$\mu_i = E(T_i) < \infty$$

则称状态是正常返的(Positive Recurrent). 当 $\mu_i = \infty$ 时,则称状态 $i$ 是零常返的.

若过程以概率 1 从状态 $i$ 出发,经过步转移后又回到 $i$,则称状态 $i$ 是常返的.

(5)遍历性.

**定义 8.3.6**　一个马氏链的状态称为遍历的(Ergodic),如果它是非周期且正常返的. 如果马氏链的所有状态都是遍历的,则称此马氏链是遍历的.

综上所述,由马氏链的基本理论可知,我们需要构造的马氏链必须是不可约、正常返和非周期的. 满足这些正则条件的马氏链存在唯一的平稳分布.

利用 MCMC 方法进行统计分析的理论依据是基于下列的一些极限定理.

2. 马尔可夫链的极限定理

**定理 8.3.1**　设 $\{X_n, n \geqslant 0\}$ 为一具有可数状态空间 $S$ 的马氏链,其转移概率矩阵为 $\boldsymbol{P}$,进一步假设它是不可约、非周期,有平稳分布 $\pi = \{\pi_i, i \in S\}$,则有

$$\sum_{j \in S} \mid P(X_n = j) - \pi_j \mid \to 0, \quad n \to \infty, \text{对 } X_0 \text{ 的任意初始分布 } \pi$$

换言之,对比较大的 $n$,$X_n$ 的分布将会接近 $\pi$. 对一般的状态空间,类似的结果也存在:在合适的条件下,当 $n \to \infty$ 时,$X_n$ 的分布将收敛到 $\pi$.

**定理 8.3.2(马尔可夫链的大数定律)**　假设 $\{X_n, n \geqslant 0\}$ 为一具有可数状态空间 $S$ 的马尔可夫链,其转移概率矩阵为 $\boldsymbol{P}$,进一步假设它是不可约的且有平稳分布 $\pi = \{\pi_i, i \in S\}$,则对任何有界函数 $h : S \to \mathbf{R}$ 以及初始值 $X_0$ 的任意初始分布,有

$$\frac{1}{n} \sum_{i=0}^{n-1} h(X_i) \to \sum_j h(j) \pi_j, \quad n \to \infty$$

依概率成立. 当状态空间为不可数时,马尔可夫链 $\{X_n, n \geqslant 0\}$ 为不可约且有平稳分布 $\pi$ 时,也有

$$\frac{1}{n} \sum_{i=0}^{n-1} h(X_i) \to \int_S h(x) \mathrm{d}\pi(x), \quad n \to \infty$$

该定理成立的充分条件是,马尔可夫链 $\{X_n, n \geqslant 0\}$ 为不可约的且有平稳分布 $\pi$. 这个定理

的结论是非常有用的. 例如, 给定集合 $S$ 上的概率分布 $\pi$, 以及 $S$ 上的实函数 $h(\theta)$, 我们要计算积分 $\mu = \int h(\theta) \mathrm{d}\pi(\theta \mid \boldsymbol{x})$, 当从后验分布 $\pi(\theta \mid \boldsymbol{x})$ 中难以直接抽样时, 则可以构造一个马尔可夫链, 使得其状态空间为 $S$ 且其平稳分布 $\pi$ 就是目标后验分布 $\pi(\theta \mid \boldsymbol{x})$, 从初始值 $\theta_0$ 出发, 将此链运行一段时间, 比如 $0, 1, 2, \cdots, n-1$, 生成随机数 (样本) $\theta_0, \theta_1, \cdots, \theta_{n-1}$, 则由定理 8.3.8 知

$$\bar{\mu}_n = \frac{1}{n} \sum_{j=0}^{n-1} h(\theta_j)$$

为所要计算的积分 $\mu$ 的一个相合估计. 这种求 $\mu$ 的方法称为 MCMC 方法.

因此, 当目标抽样分布难以直接进行抽样时, 可以构造合适的马尔可夫链, 使其平稳分布为目标抽样分布, 进而利用该马尔可夫链的样本路径来计算感兴趣的目标分布特征. 这就是马尔可夫链蒙特卡洛的初衷.

### 8.3.2　MCMC 的实施中的若干术语

在实施 MCMC 时, 常常使用下面一些术语.

1. 初始值

初始值 (Initial Value) 是马尔可夫链迭代的初始值. 如果初始值远离后验密度函数 $\pi(\theta \mid \boldsymbol{x})$ 的最大值区域, 且算法的迭代次数大小不足以消除初始值的影响, 则它对后验推断可能会造成影响. 我们可以通过一些方式降低或者避免初始值的影响. 例如去掉开始一段时间的迭代值, 或者从不同的初始值出发获得抽样等. 合理的初始值可以靠近后验分布的中心位置或者是似然函数的最大值点, 但是靠近似然函数的最大值点, 在一些场合下已经被证明不是一个很好的选择, 如果先验分布是有信息的, 则也可以选择先验分布期望或者众数作为初始值. 一般地, 选择多个从不同初始值开始的链仍然是最推荐的做法.

2. 预烧期

在 MCMC 方法中用以保证链达到平稳状态所运行的时间称为预烧期 (Burn-in Period). 假设预烧期的迭代数为 $B$, 为避免初始值的影响, 预烧期的 $B$ 次迭代值将被从样本中剔除. 只要链运行的时间足够长, 去除预烧期对后验推断几乎是没有影响的.

3. 筛选间隔或抽样步长

由马尔可夫链产生的样本并不是相互独立的, 如果需要独立样本, 我们可以通过监视产生样本的自相关图, 然后选择筛选间隔或抽样步长 (Thinning Interval or Sampling Lag) $L > 1$, 使得 $L$ 步长以后的自相关性很低. 这样我们可以通过每间隔 $L$ 个样本抽取一个来获得 (近似) 独立样本.

4. 迭代保持数 $T$

设迭代总次数为 $J$, 迭代保持数 (the Number of Iterations Retained) 为迭代总次数去掉预烧期迭代次数后, 提供给后验贝叶斯分析用的实际样本数, 故有 $T = J - B$. 如果考虑一个抽样步长 $L$, 则迭代保持数为去掉预烧期后, 最终的 (近似) 独立样本数, 此时 $T = (J - B)/L$.

5. 算法的收敛性

算法的收敛性 (Convergence of the Algorithm) 是指所得到的链是否达到了平稳状态. 如果达到了平稳分布, 则得到的样本可以认为是从目标分布中抽取的样本. 一般而言, 我们并不清楚必须运行算法多长时间才能认为所得到的链达到了平稳分布, 因此监视链的收敛性是 MCMC 方法中的本质问题.

6. 蒙特卡洛误差

在 MCMC 输出结果分析中,一个必须报告的量就是蒙特卡洛误差(Monte Carlo Error). 蒙特卡洛误差度量了每一个估计因为随机模拟而导致的波动性. 在计算感兴趣的参数时,其精度应该随着样本量增大而递增,因而蒙特卡洛误差和样本量的大小应成反比,即样本量越大,蒙特卡洛误差越小,并且我们可以自己控制. 因此增加迭代次数,感兴趣的量的估计精度也会增加.

### 8.3.3　利用 MCMC 的输出结果描述目标后验分布

假设 $\theta$ 是感兴趣的参数(或者参数向量),后验分布为 $\pi(\theta|\boldsymbol{x})$,通过 MCMC 方法,获得一列随机样本,剔除了预烧期的样本,得到的随机样本为

$$\theta_1, \theta_2, \cdots, \theta_t, \cdots, \theta_T \tag{8.3.3}$$

这组样本可以等价地看成从目标后验分布 $\pi(\theta|\boldsymbol{x})$ 中生成的样本,设 $g(\theta)$ 是参数 $\theta$ 的函数,从这组样本(8.3.3)可以进行下列工作:

(1)获得 $g(\theta)$ 的后验数字特征:后验均值、后验标准差、后验中位数、后验分位数等. 例如,利用传统的估计方法和上述样本可分别获得 $g(\theta)$ 的后验均值估计:

$$\hat{E}(g(\theta) \mid \boldsymbol{x}) = \overline{g(\theta)} = \frac{1}{T}\sum_{t=1}^{T} g(\theta_t)$$

和后验标准差的估计

$$\hat{SD}(g(\theta) \mid \boldsymbol{x}) = \left\{\frac{1}{T-1}\sum_{t=1}^{T}\left[g(\theta_t) - \hat{E}(g(\theta) \mid \boldsymbol{x})\right]\right\}^{1/2}$$

最后,还可以获得后验众数的估计,即在后验密度图中使后验密度达到最大的点.

(2)利用后验分位数,例如 2.5% 和 97.5% 分位数,构造 95% 的可信区间.

(3)计算和监测参数间的相关性.

(4)产生边缘后验分布图(直方图、密度函数图等).

### 8.3.4　MCMC 方法收敛性的诊断

无论使用哪一种抽样方法,都要确定所得到的马氏链的收敛性,即需要确定马氏链达到收敛状态时迭代的次数(达到收敛状态前的那一段链称为"预烧期"样本). 通常没有一个全能的方法确定马氏链的收敛性,监视链的收敛性有许多方法,但是每种方法都是针对收敛性问题的不同方面提出的. 因此,在绝大多数情况下,为了保证链的收敛性必须应用几种不同的方法去诊断. 下面将介绍几种常用的诊断方法.

1. 蒙特卡洛误差

诊断马氏链收敛性的最简单的方法就是监视蒙特卡洛误差. 因为较小的蒙特卡洛误差表明在计算某个量时精度较高,因此蒙特卡洛误差越小表明马氏链的收敛性越好. 常用的估计蒙特卡洛误差的方法有两种:组平均(Batch Mean)方法和窗口估计量(Window Estimator)方法. 第一种方法简单、容易操作,但是第二种方法更精确.

(1)组平均方法. 首先将生成的 $T$ 个样本分成 $K$ 个组,每组 $v=T/K$ 个样本,$K$ 常取为 30 或 50 . $v$ 和 $K$ 都要比较大,以使得方差的估计量是相合的以及减少自相关性. 经过分组之后的样本为

第 1 组样本:$\theta^{(1)},\theta^{(2)},\cdots,\theta^{(v)}$

第 2 组样本:$\theta^{(v+1)},\theta^{(v+2)},\cdots,\theta^{(2v)}$

$\vdots$ $\qquad\qquad$ $\vdots$

第 $K$ 组样本:$\theta^{((K-1)v+1)},\theta^{((K-1)v+2)},\cdots,\theta^{(Kv)}$

然后计算 $g(\theta)$ 的蒙特卡洛误差,先计算每组的组内均值:

$$\overline{g(\theta)}_j = \frac{1}{v}\sum_{i=(j-1)v+1}^{jv}g(\theta^{(i)}), \quad j=1,\cdots,K$$

以及总的样本均值:

$$\overline{g(\theta)} = \frac{1}{T}\sum_{b=1}^{T}g(\theta_b) = \frac{1}{K}\sum_{j=1}^{K}\overline{g(\theta)}_j$$

因此均值的蒙特卡洛误差估计为组均值的样本标准差:

$$\text{MCE}(g(\theta)) = SE(\overline{g(\theta)}) = \sqrt{\frac{1}{K(K-1)}\sum_{j=1}^{K}\left[\overline{g(\theta)}_j - \overline{g(\theta)}\right]^2}$$

(2)窗口估计方法. 窗口估计方法依赖于相关样本的样本方差,其计算的蒙特卡洛误差表达式为

$$\text{MCE}(g(\theta)) = \frac{\hat{SD}(g(\theta)\mid \boldsymbol{x})}{\sqrt{T}}\sqrt{1 + 2\sum_{k=1}^{+\infty}\hat{\rho}_k(g(\theta))}$$

式中,$\hat{SD}(g(\theta)\mid \boldsymbol{x}) = \left\{\frac{1}{T-1}\sum_{t=1}^{T}\left[g(\theta_t) - \hat{E}(g(\theta)\mid \boldsymbol{x})\right]\right\}^{1/2}$, $\hat{\rho}_k(g(\theta))$ 是估计 $g(\theta^{(t)})$ 与 $g(\theta^{(t+k)})$ 之间的 $k$ 阶自相关系数. 很显然,对很大的 $k$,自相关系数 $\hat{\rho}_k$ 由于样本量很少而不能得到很好的估计,而且对充分大的 $k$,自相关将接近 $0$. 因此,取一个窗口 $\omega$,使得其后的自相关系数都很小,在计算中就可以舍弃后面所有的值,这种基于窗口的 MC 误差为

$$\text{MCE}(g(\theta)) = \frac{\hat{SD}(g(\theta)\mid \boldsymbol{x})}{\sqrt{T}}\sqrt{1 + 2\sum_{k=1}^{\omega}\hat{\rho}_k(g(\theta))}$$

**2. 样本路径图**

另外一种监控方式是使用样本路径图(Trace Plot):马氏链迭代次数对生成的值作图. 如果所有的值都在一个区域里且没有明显的周期性和趋势性,那么为避免链陷入目标分布的某个局部区域,通常作几个平行的链,它们的初始值非常分散. 在经过一段时间后,如果它们的样本路径图都稳定下来,而且混合在一起无法区别,这时可以判定收敛性已经达到,这个想法可以通过将多个链的样本路径图画在同一个图上来检查.

**3. 遍历均值图**

还有一种很有用的方法是将马氏链的累积均值对迭代次数作图就得到此链的遍历均值图(Ergodic Mean Plot),这里累积均值是指此量直至当前迭代的平均值. 如果累积均值在经过一些迭代后基本稳定,则表明算法已经达到收敛.

**4. 自相关函数图**

诊断马氏链收敛性,监视自相关函数图(Autocorrelations Function Plot)也是很有用的. 链的迭代次数对自相关函数作图,因为较低或者较高的自相关性分别表明了马氏链快或慢的收敛性.

### 8.3.5　Metropolis‐Hasting 算法

从一般的后验分布中进行模拟抽样通常采用 MCMC 方法.MCMC 抽样策略是建立一个不可约的、正常返、非周期的马尔可夫链,并且其平稳分布即为感兴趣的目标后验分布.因此核心问题是确定从当前值转移到下一个值的规则.其主要任务是生成满足上述正则条件的一个马氏链 $\{x_i, i=1,2,\cdots,J\}$.Metropolis‐Hastings 算法是一类最常用的 MCMC 抽样方法,本节我们介绍 Metropolis‐Hastings(MH)抽样方法及其几种特殊情形,它们在贝叶斯推断中有着广泛的应用.

1. Metropolis‐Hasting 抽样方法

为简化记号,在本节用 $f(x)$ 表示目标分布,以 $g(x)$ 表示提议分布.Metropolis‐Hastings 抽样方法从初始值 $x_0$ 出发,指定一个从当前值 $x_t$ 转移到下一个值 $x_{t+1}$ 的规则,从而产生马尔可夫链 $\{x_0,x_1,\cdots,x_n,\cdots\}$.具体来说,在给定当前值 $x_t$,从一个分布 $g(\cdot|x_t)$(称为提议分布)产生一个候选随机数 $x^*$,若候选点 $x^*$ 被接受,则链从状态 $x^*$ 转移到链的下一时刻 $t+1$,令 $x_{t+1}=x^*$;否则链停留在状态 $x_t$,令 $x_{t+1}=x_t$.候选点 $x^*$ 是否被接受为链的下一个值,根据接受概率(Acceptance Probability) $\alpha(x^*,x_t)$ 来确定,其中

$$\alpha(x^*,x_t) = \min\left\{1,\frac{f(x^*)g(x_t\mid x^*)}{f(x_t)g(x^*\mid x_t)}\right\} \tag{8.3.4}$$

值得注意的是,在上式中,分子、分母中的密度函数可分别用"密度函数的核"代替,故密度函数中的正则化常数因子可省略掉,以便简化计算.

MH 算法生成满足正则条件的马氏链迭代过程如下:

(1)选择一个提议分布 $g(\cdot|x_t)$;

(2)任意选择一个初值 $x_0$;

(3)从提议分布 $g(\cdot|x_t)$ 中产生一个候选值 $x^*$;

(4)从均匀分布 $U(0,1)$ 中生成随机数 $u$;

(5)计算接受概率 $\alpha(x^*,x_t)$,如式(8.3.4)所示.

若 $u\leqslant\alpha(x^*,x_t)$,则接受候选值 $x^*$,令 $x_{t+1}=x^*$;

若 $u>\alpha(x^*,x_t)$,则拒绝候选值 $x^*$,令 $x_{t+1}=x_t$;

如此形成了一次迭代 $x_t\rightarrow x_{t+1}$.

(6)重复步骤(3)～步骤(5),得到样本 $\{x_0,x_1,\cdots,x_J\}$.

注意:接受概率并非越大越好,因为这可能导致较慢的收敛性.一般建议,当参数维数是 1 时,接受概率应略小于 0.5 是最优的;当维数大于 5 时,接受概率应降至 0.25 左右.

为说明 Metropolis‐Hastings 抽样方法产生的马氏链具有平稳分布 $f(x)$,可以通过说明此链的转移核(或转移概率)和 $f(x)$ 一起满足细致平衡方程(The Detailed Balance Equation).

提议分布(Proposal Distribution) $g(x)$ 的选择除了使得产生的马氏链满足不可约、正常返、非周期且具有平稳分布 $f(x)$ 等正则化条件外,还应满足条件:

(1)提议分布的支撑集包含目标分布的支撑集;

(2)容易从提议分布中抽样,通常取其为已知的分布,如正态分布或 $t$ 分布等;

(3)提议分布应使接受概率容易计算;

(4)提议分布的尾部要比目标分布的尾部厚;

(5)新的候选点被拒绝的频率不高.

前面所述的 MH 算法可直接在贝叶斯分析框架下实现,只要将 $x$ 用参数 $\theta$ 代替,将目标分布 $f(x)$ 用后验分布 $\pi(\theta|\boldsymbol{x})$ 代替.因此,在贝叶斯分析中,MH 算法产生马氏链 $\{0,1,2,\cdots\}$ 的方法概括如下:

(1)选择一个提议分布 $g(\bullet|\theta_t)$;

(2)任意选择一个初值 $\theta_0$;

(3)从提议分布 $g(\bullet|\theta_t)$ 中产生一个候选值 $\theta^*$;

(4)从均匀分布 $U(0,1)$ 中生成随机数 $u$;

(5)计算接受概率 $\alpha(\theta_t,\theta^*)$:

$$\alpha(\theta^*,\theta_t) = \min\left\{1,\frac{\pi(\theta^* \mid \boldsymbol{x})g(\theta_t \mid \theta^*)}{\pi(\theta_t \mid \boldsymbol{x})g(\theta^* \mid \theta_t)}\right\}$$

若 $u\leqslant\alpha(\theta^*,\theta_t)$,则接受候选值 $\theta^*$,令 $\theta_{t+1}=\theta^*$;

若 $u>\alpha(\theta^*,\theta_t)$,则拒绝候选值 $\theta^*$,令 $\theta_{t+1}=\theta_t$;

(6)重复步骤(3)~步骤(5),得到样本 $\{\theta_0,\theta_1,\cdots,\theta_J\}$.

**例 8.3.1** 使用 MH 抽样方法从瑞利分布中抽样,瑞利分布的密度函数为

$$f(x) = \frac{x}{\sigma^2}\exp\left\{-\frac{x^2}{2\sigma^2}\right\}, x \geqslant 0, \sigma > 0$$

瑞利分布适用于使用寿命受到快速老化的建模.

**解** 选取提议分布为卡方分布,假设迭代了 $t$ 步,当前的随机样本值为 $x_t$,由 $t$ 步到 $t+1$ 步的迭代过程如下:

(1)取自由度 $(df)$ 为 $x_t$ 的 $\chi^2$ 分布为提议分布,即令提议分布 $g(\bullet|x_t)$ 为 $\chi^2(df=x_t)$;

(2)从 $\chi^2(df=x_t)$ 中产生备选随机数 $x^*$;

(3)从均匀分布 $U(0,1)$ 中生成随机数 $u$;

(4)计算 $r(x^*,x_t)$,如下式所示:

$$r(x^*,x_t) = \frac{f(x^*)g(x_t \mid x^*)}{f(x_t)g(x^* \mid x_t)} = \frac{y\exp\{-y^2/(2\sigma^2)\}}{x_t\exp\{-x_t^2/(2\sigma^2)\}} \frac{\Gamma(x_t/2)2^{x_t/2}x_t^{x^*/2-1}e^{-x_t/2}}{\Gamma(x^*/2)2^{x^*/2}x_t^{x_t/2-1}e^{-x^*/2}}$$

式中,$f(\bullet)$ 为瑞利分布密度函数,$g(x_t|x^*)$ 为 $\chi^2(df=x^*)$ 的密度函数在 $x_t$ 处的值,$g(x^*|x_t)$ 为 $\chi^2(df=x_t)$ 的密度函数在 $x^*$ 处的值;

若 $u\leqslant\alpha(x^*,x_t)$,则接受候选值 $x^*$,令 $x_{t+1}=x^*$;

若 $u>\alpha(x^*,x_t)$,则拒绝候选值 $x^*$,令 $x_{t+1}=x_t$;

经过多次迭代,得到样本 $\{x_0,x_1,\cdots,x_J\}$.

2.几种常用的 MH 抽样方法

根据提议分布 $g(x)$ 的不同选择,MH 抽样方法衍生出了诸多不同的变种,下面介绍几种常见的 MH 抽样方法:Metropolis 抽样方法、随机游动 Metropolis 抽样方法和独立抽样方法.下面进行分别介绍.

1.Metropolis 抽样方法

MH 抽样方法是 Metropolis 抽样方法的推广,在 Metropolis 抽样方法中,提议分布是对称的,即

$$g(x_t \mid x^*) = g(x^* \mid x_t)$$

此时,接受概率为

$$\alpha(x^*,x_t) = \min\left\{1, \frac{f(x^*)}{f(x_t)}\right\}$$

对称的提议分布是很常用的,比如,当 $x$ 给定时,$g(x_t|x^*)$ 可取成正态分布,它以 $x^*$ 为均值,而方差(协方差阵)为常数(阵).

在贝叶斯分析框架下实现,只要将 $x$ 用参数 $\theta$ 代替,将目标分布 $f(x)$ 用后验分布 $\pi(\theta|x)$ 代替.此时,接受概率为

$$\alpha(\theta^*,\theta_t) = \min\left\{1, \frac{\pi(\theta^* \mid \boldsymbol{x})}{\pi(\theta_t \mid \boldsymbol{x})}\right\}$$

**例 8.3.2**　某成败型产品进行了 10 次试验,有 4 次成功,成功率 $\theta$ 的先验分布选取为 $Be(1,1)$ 分布,试用 MH 抽样方法获得 $\theta$ 的后验样本.

**解**　似然函数为

$$L(x \mid \theta) = C_{10}^4 \theta^4 (1-\theta)^6 \sim \text{Bino}(10,4 \mid \theta)$$

参数 $\theta$ 的先验分布为 $Be(1,1)$,密度函数为

$$\pi(\theta) = \frac{\Gamma(2)}{\Gamma(1)\Gamma(1)}$$

所以参数 $\theta$ 的后验分布为

$$\pi(\theta) \propto L(x \mid \theta)\pi(\theta) \propto \theta^4 (1-\theta)^6$$

即参数 $\theta$ 的后验分布为 $Be(5,7)$.

为了验证 MH 抽样算法的有效性.我们通过 MH 抽样方法给出参数 $\theta$ 的后验样本,并与真实的后验密度函数 $Be(5,7)$ 进行对比.

根据前述步骤,使用 MH 抽样方法步骤如下:

(1)选取迭代初始值 $\theta_0$,如选取 $\theta_0 = 0.5$;

(2)选取提议分布为正态分布 $N(\theta_t,\sigma^2)$,这里 $\sigma^2$ 任意给定;

(3)从提议分布 $N(\theta_t,\sigma^2)$ 中产生备选随机数 $\theta^*$;

(4)从均匀分布 $U(0,1)$ 中生成随机数 $u$;

(5)计算接受概率 $r(\theta^*,\theta_t)$,计算式如下所示:

$$r(\theta^*,\theta_t) = \frac{\pi(\theta^* \mid x)}{\pi(\theta_t \mid x)} = \frac{\text{Be}(1,1 \mid \theta^*) \times \text{Binomial}(10,4 \mid \theta^*)}{\text{Be}(1,1 \mid \theta_t) \times \text{Binomial}(10,4 \mid \theta_t)} = \frac{(\theta^*)^4 (1-\theta^*)^{10-4}}{(\theta_t)^4 (1-\theta_t)^{10-4}}$$

式中,$\text{Be}(1,1|\theta^*)$ 表示贝塔分布密度函数在 $\theta^*$ 的值,其两个参数都是 1;$\text{Be}(1,1|\theta_t)$ 表示贝塔分布密度函数在 $\theta_t$ 的值,其两个参数都是 1.

若 $u \leqslant r(\theta^*,\theta_t)$,则接受候选值 $\theta^*$,令 $\theta_{t+1} = \theta^*$;

若 $u > r(\theta^*,\theta_t)$,则拒绝候选值 $\theta^*$,令 $\theta_{t+1} = \theta_t$;

(6)重复步骤(3)~步骤(5),得到样本 $\{\theta_0,\theta_1,\cdots,\theta_J\}$.

为了进一步阐述迭代过程,我们写出几步迭代详情.

第 $t-1$ 步:假设当前迭代值 $\theta_{t-1} = 0.517$,由提议分布 $N(\theta_{t-1},\sigma^2)$,即 $N(0.517,\sigma^2)$ 产生备选随机数 $\theta^*$,得到 $\theta^* = 0.380$.对于备选随机数 $\theta^*$,我们要判断是接受还是拒绝它.因此计算 $r(\theta^*,\theta_{t-1})$,得

$$r(\theta^*,\theta_{t-1}) = \frac{\pi(\theta^* \mid \boldsymbol{x})}{\pi(\theta_{t-1} \mid \boldsymbol{x})} = \frac{\text{Be}(1,1,0.380) \times \text{Binomial}(10,4,0.380)}{\text{Be}(1,1,0.517) \times \text{Binomial}(10,4,0.517)} = 1.307 > 1$$

由于由均匀分布 $U(0,1)$ 生成的随机数肯定小于 1,所以接受 $\theta^*$,即 $\theta_t=0.380$.

第 $t$ 步:当前迭代值 $\theta_t=0.380$,由提议分布 $N(\theta_t,\sigma^2)$,即 $N(0.380,\sigma^2)$ 产生备选随机数 $\theta^*$,得到 $\theta^*=0.286$. 对于 $\theta^*$,我们要判断是接受还是拒绝它. 因此计算 $r(\theta^*,\theta_t)$,得

$$r(\theta^*,\theta_t)=\frac{\pi(\theta^*\mid \boldsymbol{x})}{\pi(\theta_t\mid \boldsymbol{x})}=\frac{\mathrm{Be}(1,1,0.286)\times \mathrm{Binomial}(10,4,0.286)}{\mathrm{Be}(1,1,0.380)\times \mathrm{Binomial}(10,4,0.380)}=0.747$$

由均匀分布 $U(0,1)$ 中生成随机数 $u=0.094$,由于 $u=0.094<0.747=r(\theta^*,\theta_t)$,因此接受备选随机数 $\theta^*$,即 $\theta_{t+1}=0.286$.

第 $t+1$ 步:当前迭代值 $\theta_{t+1}=0.286$,由提议分布 $N(\theta_{t+1},\sigma^2)$,即 $N(0.286,\sigma^2)$ 产生备选随机数 $\theta^*$,得到 $\theta^*=0.088$. 对于 $\theta^*$,我们要判断是接受还是拒绝它. 因此计算 $r(\theta^*,\theta_{t+1})$,得

$$r(\theta^*,\theta_{t+1})=\frac{\pi(\theta^*\mid \boldsymbol{x})}{\pi(\theta_{t+1}\mid \boldsymbol{x})}=\frac{\mathrm{Be}(1,1,0.088)\times \mathrm{Binomial}(10,4,0.088)}{\mathrm{Be}(1,1,0.286)\times \mathrm{Binomial}(10,4,0.286)}=0.039$$

由均匀分布 $U(0,1)$ 中生成随机数 $u=0.247$,由于 $u=0.247>0.039=r(\theta^*,\theta_{t+1})$,因此拒绝备选随机数 $\theta^*$,即 $\theta_{t+1}=\theta_t=0.286$.

继续进行 MH 迭代抽样,得到图 8.3.1,图 8.3.1(a)是 MH 抽样的样本构成的直方图,图 8.3.1(b)是样本的轨迹图.

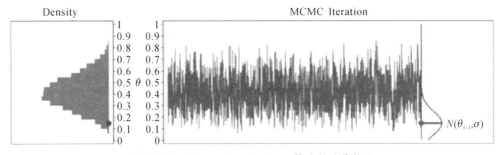

图 8.3.1　Metropolis-Hastings 算法的迭代轨迹

为了进一步比较 MH 样本与真实样本之间的差异,我们绘制相应的密度函数曲线,如图 8.3.2 所示,一条是真实后验密度函数曲线,另一条是由 MH 样本绘制的密度函数曲线,直方图是根据 MH 样本所绘制. 由图可知,由 MH 方法获得的后验密度曲线非常接近真实的后验密度曲线.

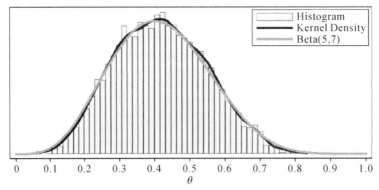

图 8.3.2　MH 方法得到的样本与真实后验分布 $Be(5,7)$

总共进行 MH 抽样 12 500 次,其中前面 2500 次是预烧期,所以剔除前面 2500 个迭代数

据,从而 MH 抽样的样本容量为 10 000,经计算,接受率为 0.445 4.计算这 10 000 个样本的均值,得到

$$\hat{\theta} = \frac{1}{10\ 000} \sum_{t=1}^{10\ 000} \theta_t = 0.413\ 229\ 9$$

所以参数 $\theta$ 的贝叶斯估计为 0.413 229 9.蒙特卡洛误差为 0.002 802,由于蒙特卡洛误差是后验均值估计误差的近似,其值非常小,进一步说明贝叶斯估计收敛.

2.独立抽样方法

MH 抽样方法的另一个特殊情形是独立抽样.独立抽样的提议分布 $g(x|x_t)$ 抽样的过程与当前状态 $x_t$ 无关,即 $g(x|x_t)=g(x)$.此时,接受概率 $\alpha(x^*, x_t)$ 变为

$$\alpha(x^*, x_t) = \min\left\{1, \frac{f(x^*)g(x_t)}{f(x_t)g(x^*)}\right\}$$

独立抽样方法容易实施,而且在提议分布和目标分布很接近时也往往表现很好,但是当提议分布和目标分布差别很大时,其表现就较差.

3.随机游动的 Metropolis 方法

随机游动的 Metropolis 方法(Random Walk Metropolis Sampler)是 Metropolis 方法的一个特例.假设候选点 $x^*$ 从一个对称的提议分布 $g(x^*|x_t)=g(|x_t-x^*|)$ 中产生,则在每一次迭代时,从提议分布中产生一个随机增量 $Z$,然后有 $x^*=x_t+Z$.例如,增量 $Z$ 可以从均值为 0 的正态分布中产生,此时候选点 $x^*|x_t \sim N(x_t, \sigma^2)$, $\sigma^2 > 0$.

注意,这里提议分布是 $g(|x_t-x^*|)$,具有对称性,因此,接受概率为

$$\alpha(x^*, x_t) = \min\left\{1, \frac{f(x^*)}{f(x_t)}\right\}$$

随机游动的 Metropolis 方法下得到的链,其收敛性常常对刻度参赛的选择比较敏感.当增量的方差太大时,大部分的候选点会被拒绝,此时算法的效率很低.如果增量的方差太小,则候选点就几乎都被接受,因此,此时随机游动 Metropolis 方法下得到的链就几乎是随机游动了,效率也较低.一般而言,一种选择刻度参数的方法是监视接受概率,拒绝概率应该在区间 $[0.15, 0.5]$ 之内才可以保证得到的链有较好的性质.

## 8.3.6　Gibbs 抽样

在实际计算中,有时候需要解决高维问题.而 Gibbs 抽样方法尤其适合这种场合,最令人感兴趣的方面是,为了产生以目标高维多元联合分布为平稳分布的、不可约的、非周期的马尔可夫链,只需要从一些一元分布中进行抽样就可以了.

令 $\boldsymbol{X}=(X_1, X_2, \cdots, X_k)$ 为 $\mathbf{R}^k$ 中的随机变量,其联合分布 $f(\boldsymbol{x})=f(x_1, x_2, \cdots, x_k)$ 为目标抽样分布.定义 $k-1$ 维的随机变量:

$$\boldsymbol{X}_{-j} = (X_1, X_2, \cdots, X_{j-1}, X_{j+1}, \cdots, X_k)$$

并记 $X_j|\boldsymbol{X}_{-j}$ 的满(全)条件分布(Full Conditional Distribution)的密度函数为 $f(x_j|\boldsymbol{x}_{-j})$($j=1, 2, \cdots, k$),即密度函数分别为

$$f(x_1 \mid \boldsymbol{x}_{-1}), f(x_2 \mid \boldsymbol{x}_{-2}), \cdots, f(x_j \mid \boldsymbol{x}_{-j}), \cdots, f(x_k \mid \boldsymbol{x}_{-k})$$

Gibbs 抽样方法是从这 $k$ 个条件分布中产生候选点,以解决直接从 $f(x_1, x_2, \cdots, x_k)$ 中进行抽样的困难.其算法如下:

（1）给定初值 $\boldsymbol{x}^{(0)} = (\boldsymbol{x}_1^{(0)}, \boldsymbol{x}_2^{(0)}, \cdots, \boldsymbol{x}_k^{(0)})$.

（2）对各个分量依次更新,具体过程如下：

$x_1^{(t)} \sim f(x_1 \mid x_2^{(t-1)}, x_3^{(t-1)}, \cdots, x_k^{(t-1)})$,即由 $f(x_1 \mid x_2^{(t-1)}, x_3^{(t-1)}, \cdots, x_k^{(t-1)})$产生候选点 $x_1^{(t)}$;

$x_2^{(t)} \sim f(x_2 \mid x_1^{(t)}, x_3^{(t-1)}, \cdots, x_k^{(t-1)})$,即由 $f(x_2 \mid x_1^{(t)}, x_3^{(t-1)}, \cdots, x_k^{(t-1)})$产生候选点 $x_2^{(t)}$;

$x_3^{(t)} \sim f(x_3 \mid x_1^{(t)}, x_2^{(t)}, x_4^{(t-1)}, \cdots, x_k^{(t-1)})$,即由 $f(x_3 \mid x_1^{(t)}, x_2^{(t)}, x_4^{(t-1)}, \cdots, x_k^{(t-1)})$产生候选点 $x_3^{(t)}$;

$\vdots$

$x_k^{(t)} \sim f(x_k \mid x_1^{(t)}, x_2^{(t)}, x_3^{(t)}, \cdots, x_{k-1}^{(t)})$,即由 $f(x_k \mid x_1^{(t)}, x_2^{(t)}, x_3^{(t)}, \cdots, x_{k-1}^{(t)})$产生候选点 $x_k^{(t)}$;

令 $x^{(t)} = (x_1^{(t)}, x_2^{(t)}, \cdots, x_k^{(t)})$（每个候选点都被接受）

（3）对步骤（2）重复 $J$ 次,得到 Gibbs 抽样的样本 $\boldsymbol{x}^{(1)}, \boldsymbol{x}^{(2)}, \cdots, \boldsymbol{x}^{(t)}, \cdots, \boldsymbol{x}^{(J)}$.

从一元分布 $f(x_j \mid x_1^{(t)}, x_2^{(t)}, \cdots, x_{j-1}^{(t)}, x_{j+1}^{(t-1)}, \cdots, x_k^{(t-1)})$中抽样是比较容易的,因为

$$f(x_j \mid \boldsymbol{x}_{-j}) \propto f(x_j)$$

此时除了变量 $x_j$ 外,其他变量都是常数.

Gibbs 抽样方法的合理性并不需要通过验证其是 Metropolis - Hastings 抽样方法的一种特例来证明. Gibbs 抽样方法的一个特别之处就是满条件分布可以唯一地确定联合分布. 这就是著名的 Hammersley - Clifford 定理.

如果在贝叶斯分析框架下,前面所述的 Gibbs 抽样方法也可方便实现. 只需令 $\boldsymbol{\theta} = (\theta_1, \cdots, \theta_k)$,$\boldsymbol{\theta}_{-j} = (\theta_1, \cdots, \theta_{j-1}, \theta_{j+1}, \cdots, \theta_k)$,将 $x$ 用参数 $\boldsymbol{\theta}$ 代替,将目标分布 $f(\boldsymbol{x})$ 用后验分布 $\pi(\boldsymbol{\theta}|\boldsymbol{x})$ 代替,将满条件分布 $f(x_j \mid \boldsymbol{x}_{-j})$,$j = 1, \cdots, k$ 用 $\pi(\theta_j \mid \boldsymbol{\theta}_{-j}, \boldsymbol{x})$ 代替. 因此,在贝叶斯分析中,Gibbs 抽样方法产生马氏链的步骤如下：

（1）给定初值 $\theta^{(0)} = (\theta_1^{(0)}, \theta_2^{(0)}, \cdots, \theta_k^{(0)})$.

（2）对各个分量依次更新,具体过程如下：

$\theta_1^{(t)} \sim f(\theta_1 \mid \theta_2^{(t-1)}, \theta_3^{(t-1)}, \cdots, \theta_k^{(t-1)})$,即由 $f(\theta_1 \mid \theta_2^{(t-1)}, \theta_3^{(t-1)}, \cdots, \theta_k^{(t-1)})$产生候选点 $\theta_1^{(t)}$;

$\theta_2^{(t)} \sim f(\theta_2 \mid \theta_1^{(t)}, \theta_3^{(t-1)}, \cdots, \theta_k^{(t-1)})$,即由 $f(\theta_2 \mid \theta_1^{(t)}, \theta_3^{(t-1)}, \cdots, \theta_k^{(t-1)})$产生候选点 $\theta_2^{(t)}$;

$\theta_3^{(t)} \sim f(\theta_3 \mid \theta_1^{(t)}, \theta_2^{(t)}, \theta_4^{(t-1)}, \cdots, \theta_k^{(t-1)})$,即由 $f(\theta_3 \mid \theta_1^{(t)}, \theta_2^{(t)}, \theta_4^{(t-1)}, \cdots, \theta_k^{(t-1)})$产生候选点 $\theta_3^{(t)}$;

$\vdots$

$\theta_k^{(t)} \sim f(\theta_k \mid \theta_1^{(t)}, \theta_2^{(t)}, \theta_3^{(t)}, \cdots, \theta_{k-1}^{(t)})$,即由 $f(\theta_k \mid \theta_1^{(t)}, \theta_2^{(t)}, \theta_3^{(t)}, \cdots, \theta_{k-1}^{(t)})$产生候选点 $\theta_k^{(t)}$;

令 $\boldsymbol{\theta}^{(t)} = (\theta_1^{(t)}, \theta_2^{(t)}, \cdots, \theta_k^{(t)})$（每个候选点都被接受）

（3）对步骤（2）重复 $J$ 次,得到 Gibbs 抽样的样本 $\boldsymbol{\theta}^{(1)}, \boldsymbol{\theta}^{(2)}, \cdots, \boldsymbol{\theta}^{(t)}, \cdots, \boldsymbol{\theta}^{(J)}$.

**例 8.3.3** 使用 Gibbs 抽样产生二元正态分布 $N(\mu_1, \mu_2, \sigma_1^2, \sigma_2^2, \rho)$ 的随机数.

**解** 在二元正态场合,$X_1 \mid X_2$ 以及 $X_2 \mid X_1$ 仍然是服从正态分布,且易知

$$E[X_1 \mid X_2 = x_2] = \mu_1 + \rho \frac{\sigma_1}{\sigma_2}(x_2 - \mu_2)$$

$$\mathrm{Var}[X_1 \mid X_2 = x_2] = (1 - \rho^2)\sigma_1^2$$

类似可得 $X_2 \mid X_1$ 的分布. 因此,

$$f(x_1 \mid x_2) \sim N\left(\mu_1 + \rho \frac{\sigma_1}{\sigma_2}(x_2 - \mu_2), (1 - \rho^2)\sigma_1^2\right)$$

$$f(x_2 \mid x_1) \sim N\left(\mu_2 + \rho \frac{\sigma_2}{\sigma_1}(x_1 - \mu_1), (1 - \rho^2)\sigma_2^2\right)$$

从而使用 Gibbs 算法如下：

(1)给定初值 $\boldsymbol{x}^{(0)} = (x_1^{(0)}, x_2^{(0)})$.

(2)对各个分量依次更新，具体过程如下：

$x_1^{(t)} \sim f(x_1 \mid x_2^{(t-1)})$，由 $f(x_1 \mid x_2^{(t-1)})$ 产生候选点 $x_1^{(t)}$；

$x_2^{(t)} \sim f(x_2 \mid x_1^{(t)})$，即由 $f(x_2 \mid x_1^{(t)})$ 产生候选点 $x_2^{(t)}$；

令 $\boldsymbol{x}^{(t)} = (x_1^{(t)}, x_2^{(t)})$；

(3)对步骤(2)重复 $J$ 次，得到 Gibbs 抽样的样本 $\boldsymbol{x}^{(1)}, \boldsymbol{x}^{(2)}, \cdots, \boldsymbol{x}^{(t)}, \cdots, \boldsymbol{x}^{(J)}$

## 8.4　EM 算法及相关算法

### 8.4.1　EM 算法

EM(Expectation Maximization)算法是一种迭代方法，主要用来求后验分布的众数（或极大似然估计），它的每一次迭代由两步组成：E 步（求期望）和 M 步（极大化）.

假设观察数据 $\boldsymbol{y}$ 有密度函数 $f(\boldsymbol{y} \mid \theta)$，且 $\theta$ 的先验分布为 $\pi(\theta)$，后验分布密度函数为 $\pi(\theta \mid \boldsymbol{y})$. 贝叶斯估计是基于 $\pi(\theta \mid \boldsymbol{y})$ 进行统计推断的，但是很多时候，$\pi(\theta \mid \boldsymbol{y})$ 的计算非常困难，此时，EM 算法通过"数据扩张"的方法，在很多时候往往可以解决此类计算困难. 其想法是将观测数据 $\boldsymbol{y} = (y_1, y_2, \cdots, y_n)$ 与缺失数据或者隐变量数据 $\boldsymbol{z}$ 扩张为"完全数据" $\boldsymbol{x} = (\boldsymbol{y}, \boldsymbol{z})$，使得扩张后的后验分布密度函数为 $\pi(\theta \mid \boldsymbol{x}) = \pi(\theta \mid \boldsymbol{y}, \boldsymbol{z})$，基于 $\pi(\theta \mid \boldsymbol{x})$ 进行统计推断，这在计算上往往更容易处理. EM 算法的迭代过程如下：

(1)选定迭代初始值 $\theta^{(0)}$；

(2)(E 步)：将 $\pi(\theta \mid \boldsymbol{y}, \boldsymbol{z})$ 或 $\ln \pi(\theta \mid \boldsymbol{y}, \boldsymbol{z})$ 关于缺失数据或者隐变量数据 $\boldsymbol{z}$ 的条件分布求期望，从而把 $\boldsymbol{z}$ 积掉，即

$$
\begin{aligned}
Q(\theta \mid \theta^{(i)}, \boldsymbol{y}) &= E_z \left[ \ln f(\theta \mid \boldsymbol{y}, \boldsymbol{z}) \mid \theta^{(i)}, \boldsymbol{y} \right] \\
&= \int \ln \left[ f(\theta \mid \boldsymbol{y}, \boldsymbol{z}) \right] f(\boldsymbol{z} \mid \theta^{(i)}, \boldsymbol{y}) \mathrm{d}\boldsymbol{z}
\end{aligned}
\tag{8.4.1}
$$

(3)(M 步)：将 $Q(\theta \mid \theta^{(i)}, \boldsymbol{y})$ 极大化，即找一个点 $\theta^{(i+1)}$，使

$$
Q(\theta^{(i+1)} \mid \theta^{(i)}, \boldsymbol{y}) = \max_{\theta} Q(\theta \mid \theta^{(i)}, \boldsymbol{y})
\tag{8.4.2}
$$

如此形成了一次迭代 $\theta^{(i)} \to \theta^{(i+1)}$.

(4)重复步骤(2)和步骤(3)多次，直至 $\| \theta^{(i+1)} - \theta^{(i)} \|$ 或 $\| Q(\theta^{(i+1)} \mid \theta^{(i)}, y) - Q(\theta^{(i)} \mid \theta^{(i)}, \boldsymbol{y}) \|$ 充分小时停止，假设迭代了 $J$ 次，最终得到迭代值为 $\{\theta^{(0)}, \theta^{(1)}, \cdots, \theta^{(J)}\}$，可选取后面几次迭代值的平均值为 $\theta$ 的估计值.

**例 8.4.1**　假设一次试验可能有 4 个结果，其发生的概率分别为 $\dfrac{1}{2} + \dfrac{\theta}{4}, \dfrac{1-\theta}{4}, \dfrac{1-\theta}{4}, \dfrac{\theta}{4}$，其中 $\theta \in (0, 1)$，现进行了 197 次实验，4 种结果的发生次数分别为 125, 18, 20, 34. 参数 $\theta$ 的先验分布 $\pi(\theta)$ 为 $(0, 1)$ 上均匀分布 $U(0, 1)$. 试用 EM 算法求解估计参数 $\theta$.

**解**　观测数据 $y$ 为

$$
\boldsymbol{y} = (y_1, y_2, y_3, y_4) = (125, 18, 20, 34)
$$

$\theta$ 的先验分布 $\pi(\theta)$ 为均匀分布 $U(0, 1)$，则 $\theta$ 的后验密度函数为

$$\pi(\theta \mid \boldsymbol{y}) \propto \pi(\theta)f(\boldsymbol{y} \mid \theta) = \left(\frac{1}{2}+\frac{\theta}{4}\right)^{y_1}\left(\frac{1-\theta}{4}\right)^{y_2}\left(\frac{1-\theta}{4}\right)^{y_3}\left(\frac{\theta}{4}\right)^{y_4}$$

$$\propto (2+\theta)^{y_1}(1-\theta)^{y_2+y_3}\theta^{y_4} \tag{8.4.3}$$

式中，$f(y \mid \theta)$为观测数据的似然函数.

用式(8.4.3)对$\theta$进行统计推断(如计算后验众数)比较麻烦，现在考虑引入 EM 算法给出参数$\theta$的估计. 先分析其潜在数据，由于第一种结果发生的概率是$\frac{1}{2}+\frac{\theta}{4}$，将其分解成两部分，这两部分的发生概率分别为 1/2 和 $\theta/4$，令$z$和$y_1-z$分别表示试验中结果落入这两部分的次数，这里$z$是不能被观测到的潜在数据. 此时，完全信息$\boldsymbol{x}$由观测数据$\boldsymbol{y}$和潜在数据$z$构成，基于完全数据，$\theta$的后验密度函数为

$$\pi(\theta \mid \boldsymbol{y},z) \propto \pi(\theta)f(\boldsymbol{y},z \mid \theta) = \left(\frac{1}{2}\right)^{z}\left(\frac{\theta}{4}\right)^{y_1-z}\left(\frac{1-\theta}{4}\right)^{y_2}\left(\frac{1-\theta}{4}\right)^{y_3}\left(\frac{\theta}{4}\right)^{y_4}$$

$$\propto \theta^{y_1-z+y_4}(1-\theta)^{y_2+y_3} \tag{8.4.4}$$

易见，式(8.4.4)即为贝塔分布的核，基于其求后验众数等比式(8.4.3)简单，在式(8.4.3)和式(8.4.4)中均采用了符号$\propto$，它表示该符号两端可能存在一个与$\theta$无关的比例因子. 这个比例因子在 EM 算法中是不起作用的，因为它在极大化时可约去.

运用 EM 算法对式(8.4.4)进行迭代运算，记$\theta^{(i)}$为第$i+1$次迭代开始时$\theta$的估计值，则第$i+1$次迭代的两步为

E 步：将$\ln\pi(\theta \mid \boldsymbol{y},z)$关于缺失数据或者隐变量数据$z$的条件分布求期望，从而把$z$积掉，即

$$Q(\theta \mid \theta^{(i)},y) = E_z\big[(y_1-z+y_4)\ln\theta + (y_2+y_3)\ln(1-\theta) \mid \theta^{(i)},\boldsymbol{y}\big]$$

$$= [y_1 - E_z(z \mid \theta^{(i)},\boldsymbol{y}) + y_4]\ln\theta + (y_2+y_3)\ln(1-\theta) \tag{8.4.5}$$

式(8.4.5)需要计算$E_z(z \mid \theta^{(i)},\boldsymbol{y})$，由于$z$表示第一种结果第一部分发生的次数，服从二项分布，第一种结果发生次数为$y_1$，且第一部分和第二部分发生概率分别为 1/2 和 $\theta/4$，即第一部分相对于第二部分发生的概率为$\frac{2}{\theta+2}$，因此$z \sim B(y_1, 2/(\theta^{(i)}+2))$，从而有

$$E_z(z \mid \theta^{(i)},\boldsymbol{y}) = \frac{2y_1}{\theta^{(i)}+2} \tag{8.4.6}$$

将式(8.4.6)代入式(8.4.5)中，得

$$Q(\theta \mid \theta^{(i)},\boldsymbol{y}) = \left[y_1 - \frac{2y_1}{\theta^{(i)}+2} + y_4\right]\ln\theta + (y_2+y_3)\ln(1-\theta)$$

$$= \left(\frac{\theta^{(i)}y_1}{\theta^{(i)}+2} + y_4\right)\ln\theta + (y_2+y_3)\ln(1-\theta) \tag{8.4.7}$$

M 步：将$Q(\theta \mid \theta^{(i)},y)$极大化，选择极大值点$\theta^{(i+1)}$. 将$Q(\theta \mid \theta^{(i)},y)$对$\theta$求导并令其为 0，从而可得

$$\theta^{(i+1)} = \frac{y_1+y_4-E_z(z \mid \theta^{(i)},\boldsymbol{y})}{y_1+y_2+y_3+y_4-E_z(z \mid \theta^{(i)},\boldsymbol{y})} = \frac{\theta^{(i)}y_1+(\theta^{(i)}+2)y_4}{\theta^{(i)}y_1+(\theta^{(i)}+2)(y_2+y_3+y_4)}$$

$$= \frac{159\theta^{(i)}+68}{197\theta^{(i)}+144} \tag{8.4.8}$$

如此形成了一次迭代$\theta^{(i)} \to \theta^{(i+1)}$.

式(8.4.8)给出了由 EM 算法得到的迭代公式，假设选取的迭代初值$\theta^{(0)}=0.5$，经过 4 次迭代，EM 算法收敛到$\theta$的估计为 0.626 8.

另外,由式(8.4.8)不用迭代也可求出 $\theta$ 的估计.事实上,式(8.4.8)是一个迭代公式,若它收敛到 $\hat{\theta}$,则应有 $\hat{\theta}=(159\hat{\theta}+68)/(197\hat{\theta}+144)$,解之有 $\hat{\theta}=0.626\,821\,497$.

EM 算法的最大优点是简单和稳定.EM 算法的主要目的是提供一个简单的迭代算法来计算参数的估计,人们自然会问,如此建立的 EM 算法能否达到预期要求,就是说,由 EM 算法得到的估计序列是否收敛,如果收敛其结果是否是 $\pi(\theta|y)$ 的最大值或局部最大值.为此,我们给出下述两个定理.

**定理 8.4.1**　EM 算法在每一次迭代后均提高(观测)后验密度函数值,即
$$\pi(\theta^{(i+1)} \mid \boldsymbol{y}) \geqslant \pi(\theta^{(i)} \mid \boldsymbol{y}) \tag{8.4.9}$$

**证明**　注意到,由全概率公式,有
$$\pi(\theta,z \mid \boldsymbol{y}) = f(z \mid \theta,\boldsymbol{y})\pi(\theta \mid \boldsymbol{y}) = \pi(\theta \mid \boldsymbol{y},z)f(z \mid \boldsymbol{y})$$
将上式后面两项取对数,化简可得
$$\ln\pi(\theta \mid \boldsymbol{y}) = \ln\pi(\theta \mid \boldsymbol{y},z) - \ln f(z \mid \theta,\boldsymbol{y}) + \ln f(z \mid \boldsymbol{y}) \tag{8.4.10}$$
将上式两边对 $z|\theta^{(i)}$, $\boldsymbol{y}$ 求期望,则有
$$\ln\pi(\theta \mid \boldsymbol{y}) = \int[\ln\pi(\theta \mid \boldsymbol{y},z)]f(z \mid \theta^{(i)},\boldsymbol{y})\mathrm{d}z - \int[\ln f(z \mid \theta,\boldsymbol{y})]f(z \mid \theta^{(i)},\boldsymbol{y})\mathrm{d}z$$
$$+ \int[\ln f(z \mid \boldsymbol{y})]f(z \mid \theta^{(i)},\boldsymbol{y})\mathrm{d}z$$
$$\triangleq Q(\theta,\theta^{(i)}) - H(\theta,\theta^{(i)}) + K(\theta,\theta^{(i)}) \tag{8.4.11}$$
这里 $\ln\pi(\theta|y)$ 不含有 $z$,所以对 $z|\theta^{(i)}$, $\boldsymbol{y}$ 求期望,还是 $\ln\pi(\theta|y)$, $Q(\theta,\theta^{(i)})$ 已在式(8.4.1)中定义.分别在式(8.4.11)中取 $\theta$ 为 $\theta^{(i)}$ 和 $\theta^{(i+1)}$ 并相减,有
$$\ln\pi(\theta^{(i+1)} \mid \boldsymbol{y}) - \ln\pi(\theta^{(i)} \mid \boldsymbol{y}) = [Q(\theta^{(i+1)},\theta^{(i)}) - Q(\theta^{(i)},\theta^{(i)})] - [H(\theta^{(i+1)},\theta^{(i)}) - H(\theta^{(i)},\theta^{(i)})]$$
$$\tag{8.4.12}$$
由 M 步,可知 $Q(\theta^{(i+1)},\theta^{(i)})\geqslant Q(\theta^{(i)},\theta^{(i)})$,进一步,对任何 $\theta$,有
$$H(\theta,\theta^{(i)}) - H(\theta^{(i)},\theta^{(i)}) = \int[\ln f(z \mid \theta,\boldsymbol{y})]f(z \mid \theta^{(i)},\boldsymbol{y})\mathrm{d}z - \int[\ln f(z \mid \theta^{(i)},\boldsymbol{y})]f(z \mid \theta^{(i)},\boldsymbol{y})\mathrm{d}z$$
$$= \int\ln\left[\frac{f(z \mid \theta,\boldsymbol{y})}{f(z \mid \theta^{(i)},\boldsymbol{y})}\right]f(z \mid \theta^{(i)},\boldsymbol{y})\mathrm{d}z \leqslant 0$$
由于 $\ln x\leqslant x-1$,因此
$$H(\theta^{(i+1)},\theta^{(i)}) \leqslant H(\theta^{(i)},\theta^{(i)})$$
综上,有
$$\ln\pi(\theta^{(i+1)} \mid \boldsymbol{y}) \geqslant \ln\pi(\theta^{(i)} \mid \boldsymbol{y})$$

**定理 8.4.2**　(1) 如果 $\pi(\theta|y)$ 有上界,则 $\ln\pi(\theta^{(i)}|y)$ 收敛到某个 $\pi^*$;

(2)如果 $Q(\theta|\varphi)$ 关于 $\theta$ 和 $\varphi$ 都连续,则在关于 $\ln\pi(\theta^{(i)}|y)$ 的很一般的条件下,由 EM 算法得到的估计序列 $\theta^{(i)}$ 的收敛值 $\theta^*$ 是 $\ln\pi(\theta^{(i)}|y)$ 的稳定点.

关于定理 8.4.2 指出,定理的条件在大多数场合是满足的,定理的收敛性结论是针对(对数)后验密度函数值给出的.另外,在定理 8.4.2 条件下,EM 算法的结果只能保证收敛到后验密度函数的稳定点,并不能保证收敛到极大值点.事实上,任何一种算法都很难保证其结果为极大值点.较为可行的办法是选取几个不同的初值进行迭代,然后在诸估计间加以选择,这可减轻初值选取对结果的影响.

## 8.4.2　标准差

由前面介绍,EM 算法在一般条件下收敛到后验分布的众数,下面讨论 EM 估计的精度.

假设 EM 算法最后的结果是 $\hat{\theta}$,则 $\hat{\theta}$ 的渐近方差可用 Fisher 观测信息的倒数近似,即

$$V_0 = I_0^{-1} = \left( -\frac{\partial^2 \ln f(\theta \mid y)}{\partial \theta^2} \Big|_{\hat{\theta}} \right)^{-1} \tag{8.4.13}$$

因此,问题的关键是式(8.4.13)的计算或近似计算,下面讨论两种算法.

1. Louis 算法

由式(8.4.10) $\ln \pi(\theta \mid y) = \ln \pi(\theta \mid y, z) - \ln f(z \mid \theta, y) + \ln f(z \mid y)$,可得

$$-\frac{\partial^2 \ln \pi(\theta \mid y)}{\partial \theta^2} = -\frac{\partial^2 \ln \pi(\theta \mid y, z)}{\partial \theta^2} + \frac{\partial^2 \ln f(z \mid \theta, y)}{\partial \theta^2}$$

将上式对 $f(z \mid \theta, y)$ 求期望,得到

$$-\frac{\partial^2 \ln \pi(\theta \mid y)}{\partial \theta^2} = -\int \frac{\partial^2 \ln \pi(\theta \mid y, z)}{\partial \theta^2} f(z \mid \theta, y) \mathrm{d}z + \int \frac{\partial^2 \ln f(z \mid \theta, y)}{\partial \theta^2} f(z \mid \theta, y) \mathrm{d}z$$

$$= \frac{-\partial^2 Q(\theta \mid \varphi, y)}{\partial \theta^2} \Big|_{\varphi = \theta} - \frac{-\partial^2 H(\theta \mid \varphi, y)}{\partial \theta^2} \Big|_{\varphi = \theta}$$

其中,$Q(\cdot)$ 和 $H(\cdot)$ 如式(8.4.11)中定义,$-\frac{\partial^2 Q}{\partial \theta^2}$ 和 $-\frac{\partial^2 H}{\partial \theta^2}$ 分别称为完全信息和缺损信息,于是得到所谓的"缺损信息原则",即

$$观测信息 = 完全信息 - 缺损信息$$

下面引入一个结论:

$$-\int \frac{\partial^2 \ln f(z \mid \theta, y)}{\partial \theta^2} f(z \mid \theta, y) \mathrm{d}z = \mathrm{Var}\left( \frac{\partial \log \pi(\theta \mid y, z)}{\partial \theta} \right)$$

故

$$-\frac{\partial^2 \ln \pi(\theta \mid y)}{\partial \theta^2} = -\int \frac{\partial^2 \ln \pi(\theta \mid y, z)}{\partial \theta^2} f(z \mid \theta, y) \mathrm{d}z + \mathrm{Var}\left( \frac{\partial \log \pi(\theta \mid y, z)}{\partial \theta} \right) \tag{8.4.14}$$

其中涉及的方差表达式应对 $z$ 关于 $(\theta, y)$ 的条件分布 $p(z \mid \theta, y)$ 进行,将式(8.4.14)中的 $\theta$ 换为 $\hat{\theta}$,可得观察信息的 Fisher 信息矩阵,再对该矩阵求逆即为 $\hat{\theta}$ 的渐近方差.

**例 8.4.2** 在例 8.4.1 中,因为 $\pi(\theta \mid y, z) \propto \theta^{y_1 - z + y_4} (1-\theta)^{y_2 + y_3}$,所以有

$$\frac{\partial \ln \pi(\theta \mid y, z)}{\partial \theta} \propto \frac{y_1 - z + y_4}{\theta} - \frac{y_2 + y_3}{1-\theta}$$

记最后得到的估计为 $\hat{\theta} = 0.626\,8$,则

$$-\int \frac{\partial^2 \ln \pi(\hat{\theta} \mid y, z)}{\partial \theta^2} f(z \mid \hat{\theta}, y) \mathrm{d}z = \int \left[ \frac{y_1 - z + y_4}{\hat{\theta}^2} + \frac{y_2 + y_3}{(1-\hat{\theta})^2} \right] f(z \mid \hat{\theta}, y) \mathrm{d}z$$

$$= \frac{y_1 + y_4 - E(z \mid \hat{\theta}, y)}{\hat{\theta}^2} + \frac{y_2 + y_3}{(1-\hat{\theta})^2}$$

$$= \frac{159 - 125.2/(2 + 0.626\,8)}{0.626\,8^2} + \frac{38}{(1-0.626\,8)^2} = 435.3$$

而

$$\mathrm{Var}\left( \frac{\partial \ln f(\theta \mid y, z)}{\partial \theta} \Big|_{\hat{\theta}} \right) = \frac{\mathrm{Var}(z \mid \hat{\theta}, y)}{\hat{\theta}^2} = 125 \left( \frac{2}{2+\hat{\theta}} \right) \left( \frac{\hat{\theta}}{2+\hat{\theta}} \right) \frac{1}{\hat{\theta}^2} = 57.8$$

于是

$$-\frac{\partial^2 \log \pi(\theta \mid y)}{\partial \theta^2} \Big|_{\hat{\theta}} = 435.3 - 57.8 = 377.5$$

故 $\hat{\theta}$ 的渐近标准差为 $\mathrm{Var}(\hat{\theta})=\left(-\dfrac{\partial^2\ln f(\theta\mid \boldsymbol{y})}{\partial\theta^2}\Big|_{\hat{\theta}}\right)^{-1}=377.5^{-1/2}=0.05.$

**2. 模拟计算**

例 8.4.2 给出了一个能够显式计算的例,在许多场合,给出式(8.4.14)的显式表达式是很困难的,甚至是不可能的. 此时可考虑采用模拟的办法给出式(8.4.14)右端的近似.

设从分布 $f(z\mid\hat{\theta},\boldsymbol{y})$ 中抽取 $m$ 个样本,记为 $z_1\cdots z_m$,如果 $m$ 充分大,则式(8.4.14)可近似如下:

$$-\int\frac{\partial^2\ln\pi(\theta\mid \boldsymbol{y},z)}{\partial\theta^2}\Big|_{\hat{\theta}}f(z\mid\hat{\theta},\boldsymbol{y})\mathrm{d}z\approx-\frac{1}{m}\sum_{j=1}^{m}\frac{\partial^2\ln\pi(\theta\mid \boldsymbol{y},z_j)}{\partial\theta^2}\Big|_{\hat{\theta}} \tag{8.4.15}$$

因此

$$\mathrm{Var}\left(\frac{\partial\ln\pi(\theta\mid \boldsymbol{y},z)}{\partial\theta}\Big|_{\hat{\theta}}\right)\approx\frac{1}{m}\sum_{j=1}^{m}\left(\frac{\partial\ln\pi(\theta\mid \boldsymbol{y},z_j)}{\partial\theta}\Big|_{\hat{\theta}}\right)^2-\left[\frac{1}{m}\sum_{j=1}^{m}\frac{\partial\ln\pi(\theta\mid \boldsymbol{y},z_j)}{\partial\theta}\Big|_{\hat{\theta}}\right]^2 \tag{8.4.16}$$

**例 8.4.3**　在例 8.4.1 中,$z\sim f(z\mid \boldsymbol{y},\theta)$ 为二项分布,通过 EM 算法迭代,参数 $\theta$ 收敛到 $\hat{\theta}=0.6268$,则 $f(z\mid\boldsymbol{y},\hat{\theta})$ 为 $\mathrm{Bino}\left(y_1,\dfrac{2}{2+\hat{\theta}}\right)=\mathrm{Bino}(125,0.7614)$,可由二项分布 $B(125,0.7614)$ 抽取 $m$ 个独立观测值,然后近似计算式(8.4.14).

在例 8.4.1 中,由于 $\pi(\theta\mid \boldsymbol{y},z)\propto\theta^{y_1-z+y_4}(1-\theta)^{y_2+y_3}$,有

$$\frac{\partial\ln\pi(\theta\mid \boldsymbol{y},z)}{\partial\theta}\Big|_{\hat{\theta}}\propto\frac{y_1-z+y_4}{\hat{\theta}}-\frac{y_2+y_3}{1-\hat{\theta}}=\frac{125+34-z}{0.6268}-\frac{18+25}{0.3732}=154.8474-1.5954z$$

$$-\frac{\partial^2\ln\pi(\theta\mid \boldsymbol{y},z)}{\partial\theta^2}\Big|_{\hat{\theta}}\propto\frac{y_1-z+y_4}{\hat{\theta}^2}-\frac{y_2+y_3}{(1-\hat{\theta})^2}=\frac{125+34-z}{0.6268^2}-\frac{18+20}{0.3732^2}=677.5407-2.5453z$$

在得到随机数 $z_1,z_2,\cdots,z_m$ 后,记 $\bar{z}=\dfrac{1}{m}\sum\limits_{j=1}^{m}z_j,\overline{z^2}=\dfrac{1}{m}\sum\limits_{j=1}^{m}z_j^2$,有

$$-\int\frac{\partial^2\ln\pi(\theta\mid \boldsymbol{y},z)}{\partial\theta^2}\Big|_{\hat{\theta}}p(z\mid\hat{\theta},\boldsymbol{y})\mathrm{d}z\approx-\frac{1}{m}\sum_{j=1}^{m}(677.5407-2.5453z_j)=677.5407-2.5453\bar{z}$$

$$\mathrm{Var}\left(\frac{\partial\pi(\theta\mid \boldsymbol{y},z)}{\partial\theta}\Big|_{\hat{\theta}}\right)\approx\frac{1}{m}\sum_{j=1}^{m}(154.8474-1.5954z_j)^2-(154.8474-1.5954\bar{z})^2=2.5453[\overline{z^2}-(\bar{z})^2]$$

至此,可给出式(8.4.14)的近似值为 $677.5407-2.5453(\bar{z}+\overline{z^2}-(\bar{z})^2)$,在计算机上抽取 10 000 个 $B(125,0.7614)$ 的随机数,近似计算的结果为 57.4563,而精确值为 57.8.

如果 $f(z\mid\theta,\boldsymbol{y})$ 不能直接抽样,可以考虑采用前面几节的抽样方法.

## 8.4.3　GEM 算法

EM 算法得到广泛应用的一个重要原因是在 M 步中,求极大化的方法与完全数据下求极大化的方法完全一样. 在许多场合,这样的极大化有显式表示,然而并不总是这样,有时要找使式(8.4.2)右端达到最大的 $\theta$ 是困难的,一个较简单的方法是找一个 $\theta^{(i+1)}$,使得

$$Q(\theta^{(i+1)}\mid\theta^{(i)},\boldsymbol{y})>Q(\theta^{(i)}\mid\theta^{(i)},\boldsymbol{y}) \tag{8.4.17}$$

由式(8.4.1)和式(8.4.17)组成的 EM 算法称为广义 EM 算法(GEM 算法).

从定理 8.4.1 的证明可以看出,GEM 算法也保证有 $\pi(\theta^{(i+1)}\mid\boldsymbol{y})\geqslant\pi(\theta^{(i)}\mid\boldsymbol{y})$,进一步,略微改变一下条件,定理 8.4.2 对 GEM 算法也是成立的.

当 $\theta$ 是一维参数时,现已有许多极大化方法可以使用,因而没有必要考虑 GEM 算法. 对

多维参数 $\boldsymbol{\theta}=(\theta_1,\theta_2,\cdots,\theta_k)$，可以考虑一种特殊的 GEM 算法，称之为 ECM（Expectation/Conditional maximization）算法，该算法保留了 EM 算法的简单性和稳定性，它将原先 EM 算法中的 M 步（极大化步）分解为如下 $k$ 次条件极大化：

在第 $i+1$ 次迭代中，记 $\boldsymbol{\theta}^{(i)}=(\theta_1^{(i)},\theta_2^{(i)},\cdots,\theta_k^{(i)})$，在得到 $Q(\boldsymbol{\theta}|\boldsymbol{\theta}^{(i)},\boldsymbol{y})$ 后，由 $\boldsymbol{\theta}^{(i)}\to\boldsymbol{\theta}^{(i+1)}$ 的迭代过程如下：

(1) 在 $\theta_2^{(i)},\theta_3^{(i)},\cdots,\theta_k^{(i)}$ 保持不变的条件下求使 $Q(\theta_1|(\theta_2^{(i)},\cdots,\theta_k^{(i)}),\boldsymbol{y})$ 达到最大的 $\theta_1^{(i+1)}$，然后将 $\theta_1^{(i+1)}$ 代替 $\theta_1^{(i)}$，得到 $(\theta_1^{(i+1)},\theta_2^{(i)},\cdots,\theta_k^{(i)})$；

(2) 在 $\theta_1^{(i+1)},\theta_3^{(i)},\cdots,\theta_k^{(i)}$ 保持不变的条件下求使 $Q(\theta_2|(\theta_1^{(i+1)},\theta_3^{(i)}\cdots,\theta_k^{(i)}),\boldsymbol{y})$ 达到最大的 $\theta_2^{(i+1)}$，然后将 $\theta_2^{(i+1)}$ 代替 $\theta_2^{(i)}$，得到 $(\theta_1^{(i+1)},\theta_2^{(i+1)},\theta_3^{(i)},\cdots,\theta_k^{(i)})$；

如此继续，第 $k$ 次条件极大化为

在 $\theta_1^{(i+1)},\theta_2^{(i+1)},\cdots,\theta_{k-1}^{(i+1)}$ 保持不变的条件下求使 $Q(\theta_k|(\theta_1^{(i+1)},\theta_2^{(i+1)}\cdots,\theta_{k-1}^{(i+1)}),\boldsymbol{y})$ 达到最大的 $\theta_k^{(i+1)}$，然后将 $\theta_k^{(i+1)}$ 代替 $\theta_k^{(i)}$，得到 $(\theta_1^{(i+1)},\theta_2^{(i+1)},\theta_3^{(i+1)},\cdots,\theta_k^{(i+1)})\triangleq\boldsymbol{\theta}^{(i+1)}$；

经过对参数的每个分量 $\theta_i,i=1,2,\cdots,k$ 进行条件极大化，我们得到了一个 $\boldsymbol{\theta}^{(i+1)}$，完成了一次迭代.

该 ECM 算法很简单，它是一种 GEM 算法，满足 GEM 算法的所有性质，譬如收敛性.

### 8.4.4 Monte Carlo EM 算法

EM 算法由求期望（E 步）和求极值（M 步）两部分组成的，M 步由于等同于完全数据的处理，通常比较简便，而在 E 步中，有时要获得期望的显式表示是不可能的，即使近似计算也很困难，这时可用 Monte Carlo 方法来完成，这就是所谓的 Monte Carlo EM（MCEM）方法，它将 E 步改为

E1：由 $f(z|\theta^{(i)},\boldsymbol{y})$ 随机地抽取 $m$ 个随机数 $z_1,z_2,\cdots,z_m$；

E2：计算 $\hat{Q}(\theta|\theta^{(i)},\boldsymbol{y})=\dfrac{1}{m}\sum\limits_{j=1}^{m}\ln\pi(\theta|z_j,\boldsymbol{y})$.

由大数定律，只要 $m$ 足够大，$\hat{Q}(\theta|\theta^{(i)},\boldsymbol{y})$ 与 $Q(\theta|\theta^{(i)},\boldsymbol{y})$ 很接近，从而可以在 M 步中对 $\hat{Q}(\theta|\theta^{(i)},\boldsymbol{y})$ 求极大化.

在 MCEM 算法中有两点需要考虑：一是 $m$ 大小的确定，从精度角度来讲，$m$ 自然越大越好，但过大的 $m$ 使得计算的效率太低，一般在开始时 $m$ 不需很大；另一点是收敛性的判断，因在 E 步中是采用的 Monte Carlo 方法，若要求这样得到的 $\theta^{(i)}$ 收敛到一点显然是不现实的. 在 MCEM 中，收敛性的判别往往可借助图形来进行. 若经过若干次迭代后，迭代值围绕直线 $\theta=\theta^*$ 小幅波动，则可以认为算法收敛. 此时，为增加估计精度，可增加 $m$ 的值再运行一段时间，就可停止.

MCEM 得到的估计的标准差同样可由 8.4.2 节中的方法加以估计，只需将 $Q$ 改为 $\hat{Q}$ 即可，此处不再讨论.

**例 8.4.4** 再考虑例 8.4.1. 假设在第 $i$ 次迭代开始时已有 $\theta$ 的估计 $\theta^{(i)}$，因 $(z|\theta^{(i)},\boldsymbol{y})\sim$ Bino$(y_1,p_i)$，$p_i=\dfrac{2}{2+\theta^{(i)}}$，因此，可从二项分布 Bino$(y_1,p_i)$ 抽 $m$ 个随机数 $z_1,z_2,\cdots,z_m$，并计算 $Q$ 函数：

$$\hat{Q}(\theta\mid\theta^{(i)},\boldsymbol{y})=\frac{1}{m}\sum_{j=1}^{m}\ln\pi(\theta\mid z_j,\boldsymbol{y})=(y_1-\bar{z}+y_4)\ln\theta+(y_2+y_3)\ln(1-\theta)$$

在 M 步中，将上式对 $\theta$ 求导并令其为 0，可得

$$\theta^{(i+1)} = \frac{y_1 - \bar{z} + y_4}{y_1 - \bar{z} + y_4 + y_2 + y_3}$$

将之在计算机上进行运算,取 $\theta$ 的初值为 0.4,开始时取 $m = 20$,在经过 10 次迭代后,迭代得到的 $\theta^{(i)}$ 值呈小幅波动情形. 将 $m$ 增加到 200,再运行 10 次,结果基本平稳,可用后 10 次的均值 0.627 1 作为 $\theta$ 的估计.

# 习　题　8

8.1　设 $X \sim f(x) = 3x^2, 0 \leqslant x \leqslant 1$,试用逆变换法给出抽样步骤.

8.2　考虑一个分段表示的密度函数:

$$f(x) = \sum_{i=1}^{n} f_i(x) I_{(x_{i-1} < x \leqslant x_i)}$$

其中 $a = x_0 < x_1 < \cdots < x_n = b$, $a$, $b$ 可为无穷,试用逆变换法给出它的抽样方法.

8.3　设 $X_1, X_2, \cdots, X_n$ 独立同分布于 $F(x)$, $Y = \max\{X_1, X_2, \cdots, X_n\}$,试给出 $Y$ 的抽样方法. 可考虑一个具体的分布,比如 $F(x) = 1 - e^{-x}$.

8.4　设 $X_i \sim N(\mu, \sigma^2/c_i)$, $i = 1, 2, \cdots, n$,诸 $X_i$ 独立,其中 $c_1, c_2, \cdots, c_n$ 为独立同分布变量,其密度函数为 $f(c)$. 将 $c_1, c_2, \cdots, c_n$ 看作缺损数据,可用 EM 算法求 $\mu$, $\sigma^2$ 的估计.

(1)导出该问题的 $Q$ 函数;

(2)记 $\mu$, $\sigma^2$ 的当前估计值为 $\mu^{(t)}$, $\sigma^2_{(t)}$,证明 E 步简化为计算:

$$\omega_i^{(t)} = E(c_i \mid X_i, \mu^{(t)}, \sigma^2_{(t)})$$

(3)证明 M 步简化为计算:

$$\mu^{(t+1)} = \frac{\sum_{i=1}^{n} w_i^{(t)} X_i}{\sum_{i=1}^{n} w_i^{(t)}}$$

$$\sigma^2_{(t+1)} = \frac{1}{n} \sum_{i=1}^{n} w_i^{(t)} (X_i - \mu^{(i+1)})^2$$

(4)对一个具体的 $c_i$ 的分布,譬如 $\chi^2$ 分布,给出 $w_i^{(t)}$.

8.5　令 $X_1, X_2, \cdots, X_n$ 为独立同分布变量,其密度函数为 $\lambda e^{-\lambda x}$. 设能够观测到的是 $(Y_i, \delta_i)$, $Y_i = \min(X_i, c_i)$, $\delta_i = I_{(X_i < c_i)}$, $i = 1, 2, \cdots, n$. 先验分布为贝叶斯假设(即 $\pi(\lambda) \propto 1$).

(1)证明:若 $\lambda$ 的当前估计值为 $\lambda^{(t)}$,则 $Q$ 函数为

$$n\ln\lambda - \lambda \sum_{i=1}^{n} E(X_i \mid Y_i, \delta_i, \lambda^{(t)})$$

(2)计算 $E(X_i \mid Y_i, \delta_i, \lambda^{(t)})$;

(3)给出 M 步.

8.6　设 $y_i \sim \text{Bino}(m_i, \theta_i)$, $i = 1, 2, \cdots, n$,诸 $y_i$ 独立. 假设:

$$\theta_i = \frac{1}{1 + \exp\{-(\alpha + \beta x_i)\}}$$

取先验分布为贝叶斯假设 $\pi(\alpha, \beta) \propto 1$.

(1)导出 $\alpha, \beta$ 的后验分布;

(2)设计一个单元素 Metropolis - Hastings 算法,导出其接受概率;

(3)考虑能否对之加以改进.

8.7 考虑例 8.4.1 中的模型和数据,取先验分布为均匀分布 $U(0,1)$.

(1)采用 Gibbs 抽样对它进行分析,给出 $\theta$ 的后验均值估计,并将迭代过程中的 $\theta^{(i)}$ 关于 $i$ 作图;

(2)同时从几个(譬如 10 个)不同的初始点出发进行 Gibbs 抽样,计算各自给出的 $\theta$ 的估计并作图.它们在经过一段迭代后是否趋于等同?这是一种常用的判断 Gibbs 抽样收敛性的方法;

(3)将例 8.4.1 中的数据(125,18,20,34)改为(14,0,1,5),重复(1),(2).

8.8 考虑 $k$ 个分布的混合.设 $X_i$ 的分布密度函数为

$$f(x_i) = \sum_{j=1}^{k} p_j \varphi(x_i, \mu_j, \sigma), \quad i = 1, 2, \cdots, n$$

其中,$\varphi(x, \mu_j, \sigma) = (\sqrt{2\pi}\sigma)^{-1} \exp\{-(x-\mu_j)^2/2\sigma^2\}$,$p_j, \mu_j, \sigma$ 都是未知的,$\sum_{j=1}^{k} p_j = 1, 0 < p_j < 1$. 令 $z_i$ 是一个 $k$ 维示性向量,表示 $X_i$ 来自 $k$ 个分量中的哪一个,即 $z_i = (z_{i1}, z_{i2}, \cdots, z_{ik})$,诸 $z_{ij}$ 非 0 即 1,且 $\sum_{j=1}^{k} z_{ij} = 1$. 于是可给出似然函数为

$$\prod_{j=1}^{k} p_j^{x_{ij}} (\varphi(x_i, \mu_j, \sigma))^{x_{ij}}$$

(1)导出 Q 函数,给出 E 步和 M 步;

(2)将表 1 中数据用上述模型拟合,并用 EM 算法估计诸参数(取 $k=3$);

(3)计算估计的标准差.

题表 1

| | | | | | |
|---|---|---|---|---|---|
| 9 172 | 9 350 | 9 483 | 9 558 | 9 775 | 10 227 |
| 10 406 | 16 084 | 16 170 | 18 419 | 18 552 | 18 600 |
| 18 927 | 19 052 | 19 070 | 19 330 | 19 343 | 19 349 |
| 19 440 | 19 473 | 19 529 | 19 541 | 19 547 | 19 663 |
| 19 846 | 19 856 | 19 863 | 19 914 | 19 918 | 19 973 |
| 19 989 | 20 166 | 20 175 | 20 179 | 20 196 | 20 215 |
| 20 221 | 20 415 | 20 629 | 20 795 | 20 821 | 20 846 |
| 20875 | 20 986 | 21 137 | 21 492 | 21 701 | 21 814 |
| 21 921 | 21960 | 22 185 | 22 209 | 22 242 | 22 249 |
| 22 314 | 22374 | 22 495 | 22 746 | 22 747 | 22 888 |
| 22 914 | 23 206 | 23 241 | 23 263 | 23 484 | 23 538 |
| 23 542 | 23 666 | 23 706 | 23 711 | 24 129 | 24 285 |
| 24 289 | 24 366 | 24 717 | 24 990 | 25 633 | 26 960 |
| 26 995 | 32 065 | 32 789 | 34 279 | | |

# 附录 1  常用统计分布表

| 分布类型 | 概率函数和特征函数 | 数字特征 | 备注 |
|---|---|---|---|
| 两点分布 B(1,θ) | $f(x;\theta)=P_\theta(X=x)=\theta^x(1-\theta)^{1-x}, x=0,1;$ $\varphi(t)=\theta e^{it}+q, q=1-\theta, 0<\theta<1$ | $E(X)=\theta;$ $D(X)=\theta(1-\theta)$ | 设 $X_1,X_2,\cdots,X_n$ i.i.d.$\sim$B(1,θ)， 则 $\sum\limits_{j=1}^{n}X_j\sim$B$(n,\theta)$ |
| 二项分布 Bino(n,θ) | $f(x;\theta)=P_\theta(X=x)=\binom{n}{x}\theta^x(1-\theta)^{n-x}, x=0,1,\cdots,n, 0<\theta<1;$ $\varphi(t)=(\theta e^{it}+q)^n (q=1-\theta)$ | $E(X)=n\theta;$ $D(X)=n\theta(1-\theta);$ $\text{Mode}(X)=(n+1)\theta$ | 关于 $n$ 有再生性 |
| 泊松分布 P(λ) | $f(x;\lambda)=P_\lambda(X=x)=\dfrac{e^{-\lambda}\lambda^x}{x!}, x=0,1,2,\cdots;$ $\varphi(t)=e^{\lambda(e^{it}-1)}, \lambda>0$ | $E(X)=\lambda; D(X)=\lambda;$ $\text{Mode}(X)=\lambda$ | 设 $X_1,\cdots,X_n$ i.i.d.$\sim P(\lambda)$， 则 $\sum\limits_{j=1}^{n}X_j\sim P(n\lambda)$ |
| 几何分布 Ge(θ) | $f(x;\theta)=P_\theta(X=x)=\theta(1-\theta)^{x-1}, x=1,2,\cdots;$ $\varphi(t)=\dfrac{\theta e^{it}}{1-q e^{it}}, q=1-\theta, 0<\theta<1$ | $E(X)=1/\theta;$ $D(X)=(1-\theta)/\theta^2$ | 设 $X_1,\cdots,X_n$ i.i.d.$\sim$Nb(1,θ)， 则 $\sum\limits_{j=1}^{n}X_j\sim Nb(n,\theta)$(无记忆性) |
| 负二项分布 Nb(r,θ) | $f(x;\theta)=P_\theta(X=x)=\binom{x-1}{r-1}\theta^r(1-\theta)^{x-r}, x=r,r+1,\cdots;$ $\varphi(t)=\left(\dfrac{\theta e^{it}}{1-q e^{it}}\right)^r, q=1-\theta, 0<\theta<1$ | $E(X)=r/\theta;$ $D(X)=r(1-\theta)/\theta^2$ | 关于 $r$ 有再生性 |

**续表**

| 分布类型 | 概率函数和特征函数 | 数字特征 | 备注 |
|---|---|---|---|
| 多项分布 $M(n,\theta)$ | $f(x;\theta)=\dfrac{n!}{x_1!x_2!\cdots x_k!}\theta_1^{x_1}\theta_2^{x_2}\cdots\theta_k^{x_k}, x=(x_1,x_2,\cdots,x_k), x_i\geqslant 0, i=1,2,\cdots,k, \sum_{i=1}^k x_i=n;$ $\theta=(\theta_1,\cdots,\theta_k), \theta_i>0, \sum_{i=1}^k\theta_i=1$ | $E(X_i)=n\theta_i;$ $D(X_i)=n\theta_i(1-\theta_i);$ $Cov(X_i,X_j)=-n\theta_i\theta_j$ | 当 $k=2$ 时，多项式为二项分布 $B(n,\theta)$ |
| 正态分布 $N(\mu,\sigma^2)$ | $f(x;\theta)=\dfrac{1}{\sqrt{2\pi}\sigma}\exp\left\{-\dfrac{(x-\mu)^2}{2\sigma^2}\right\}, x\in\mathbf{R}, \theta=(\mu,\sigma^2), \mu\in\mathbf{R}$ 为位置参数，$\sigma>0$ 为刻度参数；$\varphi(t)=\exp\{it\mu-t^2\sigma^2/2\}$ | $E(X)=\mu;$ $D(X)=\sigma^2;$ $Mode(X)=\mu$ | 设 $\bar{X}, S^2$ 分别为样本均值和样本方差，则 $\bar{X}\sim N(\mu,\sigma^2/n), \dfrac{(n-1)S^2}{\sigma^2}\sim\chi^2_{n-1}, S^2$ 与 $\bar{X}$ 独立 |
| 多元正态分布 $N_p(\mu,\Sigma)$ | $f(x;\theta)=(2\pi)^{-\frac{p}{2}}|\Sigma|^{-\frac{1}{2}}\exp\left\{-\dfrac{1}{2}(x-\mu)^T\Sigma^{-1}(x-\mu)\right\}, \theta=(\mu,\Sigma), \mu\in\mathbf{R}^p$ 为均值向量，$\Sigma$ 为正定协方差阵；$\varphi(t)=\exp\{it^T\mu-t^T\Sigma/2\}$ | $E(X)=\mu;$ $Cov(X)=\Sigma;$ $Mode(X)=\mu$ | $\bar{X}=\dfrac{1}{n}\sum_{i=1}^n X_i\sim N_p(\mu,\dfrac{1}{n}\Sigma)$，样本协方差阵 $S\sim W_p(n-1,\Sigma)$，$S$ 与 $\bar{X}$ 独立 |
| 均匀分布 $U(\theta_1,\theta_2)$ | $f(x;\theta)=\dfrac{1}{\theta_2-\theta_1}I_{(\theta_1,\theta_2)}(x), -\infty<\theta_1<\theta_2<+\infty;$ $\varphi(t)=\dfrac{e^{it\theta_2}-e^{it\theta_1}}{it(\theta_2-\theta_1)}, \theta=(\theta_1,\theta_2)$ | $E(X)=(\theta_2+\theta_1)/2;$ $D(X)=(\theta_2-\theta_1)^2/12$ | |
| 指数分布 $Exp(\lambda)$ | $f(x;\lambda)=\lambda e^{-\lambda x}I_{(0,\infty)}(x), \lambda>0$ $\varphi(t)=(1-it/\lambda)^{-1}$ | $E(X)=\dfrac{1}{\lambda}; D(X)=\dfrac{1}{\lambda^2};$ $Mode(X)=0$ | 指数分布具有"无记忆性"；若 $\bar{X}$ 为样本均值，则 $2\lambda n\bar{X}\sim\chi^2_{2n}$ |
| 伽马分布 $Ga(\alpha,\beta)$ | $f(x;\alpha,\beta)=\dfrac{\beta^\alpha}{\Gamma(\alpha)}x^{\alpha-1}e^{-\beta x}, x>0, \beta>0, \alpha>0$ 为形状参数，$\beta>0$ 为刻度参数；$\varphi(t)=(1-it/\beta)^{-\alpha}$ | $E(X)=\alpha/\beta; D(X)=\alpha/\beta^2;$ $Mode(X)=\dfrac{\alpha-1}{\beta}, \alpha>1$ | 若 $\alpha=1$，就是指数分布 $Exp(\beta)$；若 $X\sim\Gamma(\alpha,\beta)$，则 $Y=2\beta X\sim\chi^2_{2\alpha}$ |

**续表**

| 分布类型 | 概率函数和特征函数 | 数字特征 | 备注 |
|---|---|---|---|
| 逆伽马分布 $\mathrm{IGa}(\alpha,\beta)$ | $f(x;\alpha,\beta)=\dfrac{\beta^{\alpha}}{\Gamma(\alpha)}x^{-(\alpha+1)}\mathrm{e}^{-\beta/x},x>0$ <br> $\alpha>0$ 为形状参数，$\beta>0$ 为刻度参数 | $E(X)=\beta/(\alpha-1),\alpha>1;D(X)=$ <br> $\beta^{2}/(\alpha-1)^{2}(\alpha-2),\alpha>2;$ <br> $\mathrm{Mode}(X)=\beta/(\alpha+1)$ | 若 $X\sim\Gamma(\alpha,\beta)$，则 $Z=1/X\sim$ <br> $\Gamma^{-1}(\alpha,\beta)$，且 $2\beta/Z\sim\chi^{2}_{2\alpha}$ |
| 卡方分布 $\chi^{2}(n)$ | $f(x;n)=\dfrac{1}{2^{n/2}\Gamma(n/2)}x^{\frac{n}{2}-1}\mathrm{e}^{-\frac{x}{2}},x>0;$ <br> $\varphi(t)=(1-2it)^{-n/2}$ | $E(X)=n;D(X)=2n;$ <br> $\mathrm{Mode}(X)=n-2,n\geqslant2$ | 若 $X\sim\chi^{2}_{n}$，则 $X\sim\Gamma(n/2,1/2)$ |
| 贝塔分布 $\mathrm{Be}(\alpha,\beta)$ | $f(x;\alpha,\beta)=\dfrac{\Gamma(\alpha+\beta)}{\Gamma(\alpha)\Gamma(\beta)}x^{\alpha-1}(1-x)^{\beta-1},0<x<1,$ <br> $\alpha>0,\beta>0$ | $E(X)=\alpha/(\alpha+\beta);$ <br> $D(X)=\dfrac{\alpha\beta}{(\alpha+\beta)^{2}(\alpha+\beta+1)};$ <br> $\mathrm{Mode}(X)=\dfrac{\alpha-1}{\alpha+\beta-2}$ | $X\sim\chi^{2}_{2\alpha}$ 与 $Y\sim\chi^{2}_{2\beta}$ 独立，则 $U=$ <br> $X/(X+Y)\sim\mathrm{Be}(\alpha,\beta)$ |
| $t$ 分布 $T_{1}(\nu,\mu,\sigma^{2})$ | $f(x;\nu,\mu,\sigma^{2})=\dfrac{\Gamma((\nu+1)/2)}{\Gamma(\nu/2)\sqrt{\nu\pi}\sigma}\left[1+\dfrac{1}{\nu}\left(\dfrac{x-\mu}{\sigma}\right)^{2}\right]^{-\frac{\nu+1}{2}}$ <br> $x\in\mathbf{R},\nu>0$ 为自由度，$\mu\in\mathbf{R}$ 为位置参数，$\sigma>0$ 为刻度参数 | $E(X)=\mu\,(\nu>1);D(X)=\dfrac{\nu\sigma^{2}}{\nu-2},$ <br> $\nu>2;$ <br> $\mathrm{Mode}(X)=\mu$ | $\mu=0,\sigma^{2}=1$ 时为 $t$ 变量标准形式， <br> 记为 $t_{\nu}$。设 $X_{1},\cdots,X_{n}$ i.i.d. $\sim N$ <br> $(\mu,\sigma^{2})$，则 $\dfrac{\sqrt{n}(\overline{X}-\mu)}{S}\sim t_{n-1}$ |
| 狄利克雷分布 $\mathrm{D}(\alpha_{1},\cdots,\alpha_{k})$ | $f(x;\alpha_{1},\cdots,\alpha_{k})=\dfrac{\Gamma(\alpha)}{\Gamma(\alpha_{1})\cdots\Gamma(\alpha_{k})}\displaystyle\prod_{i=1}^{k}x_{i}^{\alpha_{i}-1},$ <br> $x=(x_{1},x_{2},\cdots,x_{k}),x_{i}\geqslant0,i=1,2,\cdots,k,\displaystyle\sum_{i=1}^{k}x_{i}=1;$ <br> $\alpha=\displaystyle\sum_{i=1}^{k}\alpha_{i},\alpha_{i}>0$ | $E(X)=\dfrac{\alpha_{i}}{\alpha};$ <br> $D(X)=\dfrac{\alpha_{i}(\alpha-\alpha_{i})}{\alpha^{2}(\alpha+1)};$ <br> $\mathrm{Cov}(X_{i},X_{j})=-\dfrac{\alpha_{i}\alpha_{j}}{\alpha^{2}(\alpha+1)};$ | 当 $k=2$ 时，狄利克雷分布为贝塔 <br> 分布 $\mathrm{Be}(\alpha_{1},\alpha_{2})$ |
| $F$ 分布 $F(m,n)$ | $f(x;m,n)=\dfrac{\Gamma((m+n)/2)}{\Gamma(m/2)\Gamma(n/2)}m^{\frac{m}{2}}n^{\frac{n}{2}}x^{\frac{m}{2}-1}(n+mx)^{-\frac{m+n}{2}},x>0;$ <br> $m\geqslant1,n\geqslant1$ 分别为 $F$ 分布的自由度 | $E(X)=\dfrac{n}{n-2}\,(n>2);D(X)=$ <br> $\dfrac{2n^{2}(n+m-2)}{m(n-2)^{2}(n-4)},n>4;$ <br> $\mathrm{Mode}(X)=\dfrac{n(m-2)}{m(n+2)},m>2$ | $X_{1},X_{2},\cdots,X_{m}$ i.i.d. $\sim N(\mu_{1},\sigma^{2}_{1})$ <br> $Y_{1},Y_{2},\cdots,Y_{n}$ i.i.d. $\sim N(\mu_{2},\sigma^{2}_{2})$， <br> $S^{2}_{1}$ 和 $S^{2}_{2}$ 分别为两组样本的样本方 <br> 差，则 $F=\dfrac{S^{2}_{1}}{S^{2}_{2}}\cdot\dfrac{\sigma^{2}_{2}}{\sigma^{2}_{1}}\sim F_{m-1,n-1}$ |

# 可靠性统计

续表

| 分布类型 | 概率函数和特征函数 | 数字特征 | 备注 |
|---|---|---|---|
| $p$ 元 $t$ 分布 $T_p(\nu,\mu,\Sigma)$ | $$f(x;\theta)=\frac{\Gamma\left(\frac{\nu+p}{2}\right)|\Sigma|^{\frac{1}{2}}}{\Gamma\left(\frac{\nu}{2}\right)(\nu\pi)^{\frac{p}{2}}}\left[1+\frac{1}{\nu}(x-\mu)^T\Sigma^{-1}(x-\mu)\right]^{-\frac{\nu+p}{2}},$$ $\theta=(\nu,\mu,\Sigma),\nu>0$ 为自由度，$\mu$ 为位置参数，$\Sigma>0$ 为 $p\times p$ 正定阵，是刻度参数矩阵 | $E(X)=\mu;$ $Cov(X)=\dfrac{\nu}{\nu-2}\Sigma,\nu>2;$ $Mode(X)=\mu$ | 当 $p=1$ 时，$\Sigma=\sigma^2$，就变为一元 $t$ 分布 $T_1(\nu,\mu,\sigma^2)$；$\dfrac{1}{p}(x-\mu)^T\Sigma^{-1}(x-\mu)\sim F_{p,\nu}$ |
| 对数正态分布 $LN(\mu,\sigma^2)$ | $$f(x;\mu,\sigma^2)=\frac{1}{\sqrt{2\pi}\sigma x}\exp\left\{-\frac{(\ln x-\mu)^2}{2\sigma^2}\right\},x>0,$$ $\mu\in R$ 为位置参数，$\sigma>0$ 为刻度参数 | $E(X)=e^{\mu+\sigma^2/2};$ $D(X)=e^{2\mu+\sigma^2}(e^{\sigma^2}-1);$ $Mode(X)=e^{\mu-\sigma^2}$ | 若 $X\sim LN(\mu,\sigma^2)$，令 $Z=\ln X$，则 $Z\sim N(\mu,\sigma^2)$ |
| 柯西分布 $C(\mu,\lambda)$ | $$f(x;\mu,\lambda)=\frac{\lambda}{\pi[\lambda^2+(x-\mu)^2]},x\in R;\varphi(t)=e^{i\mu t-\lambda|t|},$$ $\mu\in R$ 为位置参数，$\lambda>0$ 为刻度参数 | 均值和方差不存在；$Mode(X)=\mu$ | 当 $\lambda=1,\mu=0$ 时，柯西分布为其标准形式，记为 $C(0,1)$ |
| 威布尔分布 $W(\mu,\alpha,\lambda)$ | $$f(x;\mu,\alpha,\lambda)=\lambda\alpha(x-\mu)^{\alpha-1}\exp\{-\lambda(x-\mu)^\alpha\},$$ $x>\mu$ 为位置参数，$\alpha>0$ 为形状参数，$\lambda>0$ 为刻度参数 | $E(X)=\lambda^{-1/\alpha}\Gamma\left(1+\dfrac{1}{\alpha}\right)+\mu;$ $D(X)=\dfrac{1}{\lambda^{2/\alpha}}\left[\Gamma\left(1+\dfrac{2}{\alpha}\right)-\Gamma^2\left(1+\dfrac{1}{\alpha}\right)\right]$ $Mode(X)=\mu+\left[\dfrac{1}{\lambda}\left(1-\dfrac{1}{\alpha}\right)\right]^{1/\alpha}$ | 当 $\mu=0,\alpha=1$ 时，为指数分布 $Exp(\lambda)$ |
| 帕雷托分布 $Pa(x_0,\alpha)$ | $$f(x;\alpha,x_0)=\frac{\alpha}{x_0}\left(\frac{x_0}{x}\right)^{\alpha+1},x>x_0,$$ $\alpha>0$ 为门限参数，$x_0>0$ 为刻度参数 | $E(X)=\dfrac{\alpha x_0}{\alpha-1},\alpha>1;$ $D(X)=\dfrac{\alpha x_0^2}{(\alpha-1)^2(\alpha-2)},\alpha>2;$ $Mode(X)=x_0$ | $F(x)=1-(x_0/x)^\alpha$ 为其分布函数 |

**续表**

| 分布类型 | 概率函数和特征函数 | 数字特征 | 备注 |
|---|---|---|---|
| 拉普拉斯分布 La$(\mu,\lambda)$ | $f(x,\theta)=\dfrac{1}{2\lambda}\exp\{-\dfrac{\|x-\mu\|}{\lambda}\}, -\infty<x<+\infty$<br>$\mu\in \mathbf{R}$ 为位置参数，$\lambda>0$ 为刻度参数，<br>$\varphi(t)=e^{j\mu t}/(1+t^2\mu^2)$ | $E(\boldsymbol{X})=\mu$;<br>$D(\boldsymbol{X})=2\lambda^2$;<br>Mode$(\boldsymbol{X})=\mu$ | |
| 超几何分布 H$(M,N,n)$ | $P(X=k)=\dbinom{M}{k}\dbinom{N-M}{n-k}/\dbinom{N}{n}, k=0,1,2,\cdots,n$ | $E(X)=\dfrac{nM}{N}$;<br>$D(X)=\dfrac{nM(N-n)(N-M)}{N^2(N-1)}$ | $N$ 件产品中有 $M$ 件废品，从中抽 $n$ 件，发现有 $k$ 件废品的概率模型为此分布 |

# 附录 2　重要积分公式

1. $\int u \mathrm{d}v = u \int \mathrm{d}v - \int v \mathrm{d}u = uv - \int v \mathrm{d}u$，分部积分时有用；

2. $\int x^n \mathrm{d}x = \dfrac{x^{n+1}}{n+1}$，除了 $n = -1$ 时；

3. $\int \dfrac{f'(x)\mathrm{d}x}{f(x)} = \log f(x), \mathrm{d}f(x) = f'(x)\mathrm{d}x$；

4. $\int \dfrac{\mathrm{d}x}{x} = \log x$；

5. $\int \dfrac{f'(x)\mathrm{d}x}{2\sqrt{f(x)}} = \sqrt{f(x)}$；

6. $\int \mathrm{e}^x \mathrm{d}x = \mathrm{e}^x$

7. $\int \mathrm{e}^{ax} \mathrm{d}x = \dfrac{\mathrm{e}^{ax}}{a}$；

8. $\int \log x \mathrm{d}x = x \log x - x$；

9. $\mathrm{Be}(m,n) = \displaystyle\int_0^1 x^{m-1}(1-x)^{n-1}\mathrm{d}x$，贝塔函数；

10. $\int \sin x \mathrm{d}x = -\cos x$；

11. $\int \cos x \mathrm{d}x = \sin x$；

12. $\displaystyle\int_0^{+\infty} \sqrt{x}\,\mathrm{e}^{-x}\mathrm{d}x = \dfrac{1}{2}\sqrt{\pi}\left[\Gamma\left(\dfrac{1}{2}\right) = \sqrt{\pi}\right]$；

13. $\displaystyle\int_0^{+\infty} \mathrm{e}^{-ax^2}\mathrm{d}x = \dfrac{1}{2}\sqrt{\dfrac{\pi}{a}}$，高斯积分.

# 附录3 伽马函数及有关的一些函数

1. 伽马函数

（1）伽马函数定义为

$$\Gamma(z) = \int_0^{+\infty} u^{z-1} e^{-u} du, \quad z > 0 \tag{F2.1}$$

（2）伽马函数的一些性质

$$\Gamma(z+1) = z\Gamma(z), \quad z > 0 \tag{F2.2}$$

$$\Gamma\left(\frac{1}{2}\right) = \sqrt{\pi} \approx 1.772\ 45 \tag{F2.3}$$

$$\Gamma(1) = 1$$

$$\log\Gamma(z) = \left(z - \frac{1}{2}\right)\log z - z + \frac{1}{2}\log(2\pi) + \frac{1}{2z} - \frac{1}{360z^3} + \frac{1}{1\ 260z^5} - \cdots \tag{F2.4}$$

当 $z$ 足够大时，根据 Stirling 公式，伽马函数值可近似计算为

$$\Gamma(z) \approx \sqrt{2\pi} e^{-x} x^{x-\frac{1}{2}}$$

当 $z \in (0,1)$，有 $\Gamma(1-z)\Gamma(z) = \dfrac{\pi}{\sin\pi z}$，这个公式称为余元公式.

2. 双重伽马函数和三重伽马函数

（1）双重伽马(Digamma)函数定义为

$$\psi(z) = \frac{d\log\Gamma(z)}{d(z)} = \frac{\Gamma'(z)}{\Gamma(z)}, \quad z > 0 \tag{F2.5}$$

（2）多重伽马函数定义为

$$\psi^{(n)}(z) = \frac{d^n\psi(z)}{dz^n}, \quad n = 1,2,\cdots$$

（3）一些性质

$$\psi(z+1) = \psi(z) + \frac{1}{z}, \quad z > 0 \tag{F2.6}$$

$$\psi(1) = -\gamma = -0.577\ 215 \tag{F2.7}$$

式中，$\gamma = \lim\limits_{n \to +\infty}\left(1 + \frac{1}{2} + \cdots + \frac{1}{n} - \ln n\right)$ 称为欧拉(Euler)常数.

$$\psi(z) = \log z - \frac{1}{2z} - \frac{1}{12z^2} + \frac{1}{120z^4} - \frac{1}{252z^6} + \cdots \tag{F2.8}$$

$$\psi(z+1) = \psi'(z) - \frac{1}{z^2}, \quad z > 0 \tag{F2.9}$$

$$\psi'(1) = \frac{\pi^2}{6} \tag{F2.10}$$

$$\psi'(z) = \frac{1}{z} + \frac{1}{2z^2} + \frac{1}{6z^3} - \frac{1}{30z^5} + \frac{1}{42z^7} + \cdots \tag{F2.11}$$

**3. 不完全伽马函数**

(1)不完全伽马函数分为下不完全伽马函数和上不完全伽马函数,分别定义为

$$\gamma_x(a) = \int_0^x u^{a-1} e^{-u} du, a > 0, \quad x > 0 \tag{F2.12}$$

$$\Gamma_x(a) = \int_x^{+\infty} u^{a-1} e^{-u} du, a > 0, \quad x > 0 \tag{F2.13}$$

(2)一些性质

$$\Gamma_x(a) + \gamma_x(a) = \Gamma(a)$$

$$\Gamma_x(a) = (s-1)\Gamma_x(a-1) + x^{a-1} e^{-x}$$

$$\gamma_x(a) = (s-1)\gamma_x(a-1) - x^{a-1} e^{-x}$$

$$\Gamma_x(1) = e^{-x}$$

$$\gamma_x(1) = 1 - e^{-x}$$

$$\frac{\partial \gamma_x(a)}{\partial x} = -\frac{\partial \Gamma_x(a)}{\partial x} = x^{a-1} e^{-x}$$

$\gamma_x(a)$ 与自由度为 $v$ 的 $\chi^2$ 分布(记为 $\chi^2(v)$)的分布函数有如下关系:

$$F_v(x) = P(\chi^2_{(v)} \leqslant x) = \int_0^x \frac{z^{v/2-1} e^{-z}}{2^{v/2} \Gamma(v/2)} dz = \frac{\gamma_{x/2}(v/2)}{\Gamma(v/2)}, x > 0 \tag{F2.14}$$

**4. 贝塔函数和不完全贝塔函数**

(1)贝塔函数定义为

$$B(a,b) = \int_0^1 t^{a-1} (1-t)^{b-1} dt, \quad a > 0, b > 0 \tag{F2.15}$$

(2)贝塔函数的一些性质

$B(a,b) = B(b,a)$

$B(a,b) = \dfrac{\Gamma(a)\Gamma(b)}{\Gamma(a+b)}$

$B(a,b) = \dfrac{a-1}{a+b-1} B(a-1,b), \quad a > 1, b > 0$

$B(a,b) = \dfrac{(a-1)(b-1)}{(a+b-1)(a+b-2)} B(a-1,b-1), \quad a > 1, b > 1$

$B(a,1-a) = \Gamma(a)\Gamma(1-a)$

当 $a, b$ 都是正整数时,$B(a,b) = \dfrac{a+b}{ab C_{a+b}^a} = \dfrac{1}{b C_{a+b-1}^{a-1}}$,$C_m^n$ 是二项式系数.

根据 Stirling 公式,当 $a, b$ 比较大时,有近似公式

$$B(a,b) \approx \frac{\sqrt{2\pi} a^{a-\frac{1}{2}} b^{b-\frac{1}{2}}}{(a+b)^{a+b-\frac{1}{2}}}$$

(3)不完全贝塔函数定义为

$$B_x(a,b) = \int_0^x u^{a-1} (1-u)^{b-1} du, \quad 0 \leqslant x \leqslant 1 \tag{F2.16}$$

显然,当 $x=1$ 时,不完全贝塔函数就是贝塔函数.

(4)一些性质:

正则化的不完全贝塔函数：$I_x(a,b) = \dfrac{\mathrm{B}_x(a,b)}{\mathrm{B}(a,b)}$.

不完全贝塔函数与二项分布的关系：

$$\frac{\mathrm{B}_p(a, n-a+1)}{\mathrm{B}(a, n-a+1)} = \sum_{j=a}^{n} \mathrm{C}_n^j p^j (1-p)^{n-j} \tag{F2.17}$$

其中，$n$ 为正整数，$1 \leqslant a \leqslant n$.

# 附录 4    Newton - Raphson 法

Newton - Raphson 法用于迭代解非线性方程组. 首先考虑单变量方程, 设 $x_0$ 为一个非 $f(x)$ 的根, 但为其根的近似值. 利用泰勒公式对其在 $x_0$ 点进行展开

$$f(x) = f(x_0) + (x - x_0)f'(x_0) + \frac{(x - x_0)^2}{2!}f''(x_0) + \cdots$$

若 $f(x) = 0$, 则 $x$ 为它的一个根, 且等式右边构成这个根 $x$. 等式为一个无穷阶多项式且其近似值 $x$ 可以通过使 $f(x)$ 等于 0 且取等式右边前两项得到

$$0 = f(x_0) + (x + x_0)f'(x_0)$$

解得

$$x = x_0 - \frac{f(x_0)}{f'(x_0)}$$

现在 $x$ 表示一个对根的更优估计, 且能用于获取 $x_0$ 的更优解. 如此迭代, 以至达到对根连续两次估计值之差小到可以接受.

具体步骤如下:

(1) 对 $x$ 初值进行估计 $\hat{x}_0$, 使 $f(\hat{x}_0) = 0$;

(2) $\hat{x}_1 = \hat{x}_0 - (f(\hat{x}_0)/f'(\hat{x}_0))$, $f'(\hat{x}_0)$ 为 $f(x)$ 在 $x = \hat{x}_0$ 点的一阶导数;

(3) $\hat{x}_{k-1} = \hat{x} - (f(\hat{x}_k)/f'(\hat{x}_k))$;

(4) 当差值小于等于 $\varepsilon$ 时停止.

**例 F4.1**    找到 $x$ 的值使方程 $f(x) = 0$:

$$f(x) = x^3 - 2x^2 + 5$$
$$f'(x) = 3x^2 - 4x$$

令

$$\hat{x}_0 = -1$$
$$f(\hat{x}_0) = 2, f'(\hat{x}_0) = 7$$
$$\hat{x}_1 = -1 - \frac{2}{7} = -1.285\ 714$$
$$f(\hat{x}_1) = 0.431\ 484$$
$$f_1{}' = (\hat{x}_1) = 10.102\ 037$$
$$\hat{x}_2 = -1.285714 - \frac{0.431\ 484}{10.102\ 037} = -1.243\ 001$$
$$f(\hat{x}_2) = -0.010\ 607\quad f'(\hat{x}_2) = 9.607\ 163$$
$$\hat{x}_3 = -1.243\ 001 + \frac{0.010\ 607}{9.607\ 163} = -1.241\ 897$$

$$f(\hat{x}_3) = -4.067\ 3 \times 10^{-6}\quad f'(\hat{x}_3) = 9.594\ 511$$

$$\hat{x}_4 = -1.241\ 897 + \frac{4.067\ 3 \times 10^{-6}}{9.594\ 511} = -1.241\ 896$$

使方程 $f(x)$ 取小的 $x$ 值为 $-1.241\ 896$. 该方法可运用于求多于一个未知参数的方程组. 例如, 求 $x_1, x_2, \cdots, x_p$, 从而使

$$f_1(x_1, x_2, \cdots, x_p) = 0$$
$$f_2(x_1, x_2, \cdots, x_p) = 0$$
$$f_p(x_1, x_2, \cdots, x_p) = 0$$

使 $a_{ij}$ 为 $f_i$ 对 $x$ 的偏导数 $a_{ij} = \partial f_1 / \partial x_j$, 则构造 Jacobian 矩阵为

$$\boldsymbol{J} = \begin{bmatrix} a_{11} & \cdots & a_{1p} \\ a_{21} & \cdots & a_{2p} \\ \vdots & & \vdots \\ a_{p1} & \cdots & a_{pp} \end{bmatrix}$$

$x_1^k, x_2^k, \cdots x_p^k$ 为 $k$ 阶近似解, 令 $f_1^k, f_2^k, \cdots, f_p^k$ 为方程 $f_1, f_2, \cdots, f_p$ 的对立方程值, 则有

$$f_1^k = f_1(x_1^k, x_2^k, \cdots, x_p^k)$$
$$f_2^k = f_2(x_1^k, x_2^k, \cdots, x_p^k)$$
$$f_3^k = f_3(x_1^k, x_2^k, \cdots, x_p^k).$$

令 $b_{ij}^k$ 为 $J^{-1}$ 的第 $i\ j$ 个元素在 $x_1^k, x_2^k, \cdots, x_p^k$ 点的估计值, 则下一个估计值由以下式子给出:

$$x_1^{k+1} = x_1^k - (b_{11}^k f_1^k + b_{12}^k f_2^k + \cdots + f_{1p}^k f_p^k)$$
$$x_2^{k+1} = x_2^k - (b_{21}^k f_1^k + b_{22}^k f_2^k + \cdots + f_{2p}^k f_p^k)$$
$$x_p^{k+1} = x_p^k - (b_{p1}^k f_1^k + b_{p2}^k f_2^k + \cdots + f_{pp}^k f_p^k)$$

令 $x_1^0, x_2^0, \cdots, x_p^0$ 为 $x_i$ 的初值, 上述步骤一直迭代至 $f_1, f_2, \cdots, f_p$ 足够接近 0 或 $x$ 的两次连续迭代差值小于一个特定 $\varepsilon$ 值.

**例 F4.2**　找到 $x_1$ 及 $x_2$ 的值使

$$x_1^2 - x_1 x_2 + 2x_2 - 4 = 0$$
$$x_2^2 + x_1 x_2 - 4x_1 = 0$$
$$p = 2$$
$$f_1 = x_1^2 - x_1 x_2 + 2x_2 - 4$$
$$f_2 = x_2^2 + x_1 x_2 - 4x_1$$

则对应的偏导数为

$$\frac{\partial f_1}{\partial x_1} = 2x_1 - x_2$$

$$\frac{\partial f_1}{\partial x_2} = -x_1 + 2$$

$$\frac{\partial f_2}{\partial x_1} = x_2 - 4$$

$$\frac{\partial f_2}{\partial x_2} = 2x_2 + x_1$$

则 Jacobian 矩阵为

$$J = \begin{bmatrix} 2x_1 - x_2 & -x_1 + 2 \\ x_2 - 4 & 2x_2 + x_1 \end{bmatrix}$$

设初值为 $x_1^0 = 1, x_2^0 = 2, f_1^0 = -1, f_2^0 = -2$，则

$$J = \begin{bmatrix} 0 & 1 \\ -2 & 5 \end{bmatrix}$$

$$J^{-1} = \begin{bmatrix} 2.5 & -0.5 \\ 1 & 0 \end{bmatrix}$$

第一步

$$x_1^1 = 1 - [(-1)(2.5) + (-2)(-0.5)] = 2.5$$
$$x_2^1 = 2 - [(-1)(1) + (0)(2)] = 3$$
$$f_1^1 = 0.75, \quad f_2^1 = 6.5$$
$$J = \begin{bmatrix} 2 & -0.5 \\ -1 & 8.5 \end{bmatrix}$$
$$J^{-1} = \begin{bmatrix} 0.515\ 2 & 0.030\ 3 \\ 0.060\ 6 & 0.121\ 2 \end{bmatrix}$$

第二步

$$x_1^2 = 2.5 - [(0.515\ 2)(0.75) + (0.030\ 3)(6.5)] = 1.916\ 65$$
$$x_2^2 = 3 - [(0.060\ 6)(0.75) + (0.121\ 2)(6.5)] = 2.166\ 75$$

代入 $f_1$ 和 $f_2$ 从而可以得到

$$f_1^2 = -0.145\ 85, f_2^2 = 1.181\ 1$$
$$J = \begin{bmatrix} 1.666 & 0.083\ 3 \\ -1.833\ 3 & 6.250 \end{bmatrix}$$
$$J^{-1} = \begin{bmatrix} 0.591\ 6 & 0.173\ 5 \\ -0.007\ 9 & 0.157\ 7 \end{bmatrix}$$

第三步

$$x_1^3 = 1.916\ 6 - [(1.591\ 6)(-0.145\ 8) + (-0.007\ 9)(1.181\ 1)] = 2.001\ 7$$
$$x_2^3 = 2.166\ 75 - [(0.173\ 5)(-0.145\ 8) + (0.157\ 7)(1.181\ 1)] = 2.005\ 79$$

代入 $f_1$ 和 $f_2$ 从而可以得到

$$f_1^3 = 0.003\ 558, \quad f_2^3 = 0.031\ 25$$
$$J = \begin{bmatrix} 1.997\ 7 & -0.001\ 7 \\ -1.994\ 2 & 0.0133 \end{bmatrix}$$
$$J^{-1} = \begin{bmatrix} 0.500\ 7 & 0.000\ 1 \\ 0.166\ 1 & 0.166\ 3 \end{bmatrix}$$

第四步

$$x_1^4 = 2.001\ 7 - [(0.500\ 7)(0.003\ 558) + (0.000\ 1)(0.031\ 25)] = 1.999\ 9$$
$$x_2^4 = 2.005\ 7 - [(0.166\ 1)(0.003\ 558) + (0.166\ 3)(0.031\ 25)] = 2.000\ 007$$

代入 $f_1$ 和 $f_2$ 从而可以得到

$$f_1^4 = -0.000\ 02, \quad f_2^4 = 0.000\ 06$$

由于所得值已经非常接近 0，停止迭代，解为

$$x_1 = 2, \quad x_2 = 2$$

# 附录 5　Newton – Raphson 程序

```
implicit real * 8(a−h,o−z)
dimension t(100),s(100)
common teta
print * ,'what is the number of observation?'
read * ,n
print * ,'please enter failure time associated'
% with each observation, pressing CR after each one'
do 10 i=1,n
read * ,t(i)
print * ,i,';',t(i)
10      continue
gam=3.0
print * ,gam
11      gkap=gam
print * ,'gamma:',gkap
gam=gkap−dif(gkap,n,t)/dp(gkap,n,t)
ep=gkap−gam
epp=abs(ep)
print * ,'ep',ep
if(epp.le.0.000001) goto 20
goto 11
20      print * ,'estimated gamma',gam
fundif=dif(gam,n,t)
print * ,'value of difference func',fundif
print * ,'theta;',teta
print * ,'reliabilities at given times'
do 22 i=1,n
s(i)=exp(−t(i) * * gam/teta)
print * ,'s',I,';'s(i)
22      continue
stop
```

```
      end
c
      function dif(gg,m,tt)
      implicit real * 8(a−h,o−z)
      dimension tt(m)
      common teta
c     print * ,'n is',m
      s1=0.0
      s2=0.0
      s3=0.0
      do 123 i=1,m
      s1=s1+tt(i) * * gg * dlog(tt(i))
      s2=s2+tt(i) * * gg
123   s3=s3+dlog(tt(i))
      print * ,'sums',s1,s2,s3
      teta=s2/m
      dffif=s1/s2−s3/m−1/gg
      print * ,'d func. 'dffif
      dif=dffif
      return
      end
c
c
      function dp(ggg,mm,tt)
      implicit rael * 8(a−h,o−z)
      dimsension tt(mm)
      sum1=0.0
      sum2=0.0
      sum3=0.0
      do 125 i=1,mm
      sum1=sum1+tt(i) * * ggg * dlog(tt(i)) * * 2
      sum2=sum2+tt(i) * * ggg
125   sum3=sum3+ tt(i) * * ggg * dlog(tt(i))
      dpp=(sum * 1sum2−sum3 * * 2)/sum2 * * 2+1/ggg * * 2
      dp=dpp
      return
      end
```

# 附　表

附表1　标准正态分布函数表

$$\Phi(u) = \frac{1}{\sqrt{2\pi}} \int_{-\infty}^{u} e^{-\frac{x^2}{2}} \, dx$$

| u | 0.00 | 0.01 | 0.02 | 0.03 | 0.04 | 0.05 | 0.06 | 0.07 | 0.08 | 0.09 | u |
|---|------|------|------|------|------|------|------|------|------|------|---|
| 0.0 | 0.500 0 | 0.500 | 0.508 0 | 0.512 0 | 0.516 0 | 0.519 9 | 0.523 9 | 0.527 9 | 0.531 9 | 0.535 9 | 0.0 |
| 0.1 | 0.539 3 | 0.543 8 | 0.547 8 | 0.551 7 | 0.555 7 | 0.559 6 | 0.563 6 | 0.567 5 | 0.571 4 | 0.575 3 | 0.1 |
| 0.2 | 0.579 3 | 0.583 2 | 0.587 1 | 0.591 0 | 0.594 8 | 0.598 7 | 0.602 6 | 0.606 4 | 0.610 3 | 0.614 1 | 0.2 |
| 0.3 | 0.617 9 | 0.621 7 | 0.625 5 | 0.629 3 | 0.633 1 | 0.636 8 | 0.640 4 | 0.644 3 | 0.648 0 | 0.651 7 | 0.3 |
| 0.4 | 0.655 4 | 0.659 1 | 0.662 8 | 0.666 4 | 0.670 0 | 0.673 6 | 0.677 2 | 0.680 8 | 0.684 4 | 0.687 9 | 0.4 |
| 0.5 | 0.691 5 | 0.695 0 | 0.698 5 | 0.701 9 | 0.705 4 | 0.708 8 | 0.712 3 | 0.715 7 | 0.719 0 | 0.722 4 | 0.5 |
| 0.6 | 0.725 7 | 0.729 1 | 0.732 4 | 0.735 7 | 0.738 9 | 0.742 2 | 0.745 4 | 0.748 6 | 0.751 7 | 0.754 9 | 0.6 |
| 0.7 | 0.758 0 | 0.761 1 | 0.764 2 | 0.767 3 | 0.770 3 | 0.773 4 | 0.776 4 | 0.779 4 | 0.782 3 | 0.785 2 | 0.7 |
| 0.8 | 0.788 1 | 0.791 0 | 0.793 9 | 0.796 7 | 0.799 5 | 0.802 3 | 0.805 1 | 0.807 8 | 0.810 6 | 0.813 3 | 0.8 |
| 0.9 | 0.815 9 | 0.818 6 | 0.821 2 | 0.823 8 | 0.826 4 | 0.828 9 | 0.835 5 | 0.834 0 | 0.836 5 | 0.838 9 | 0.9 |
| 1.0 | 0.841 3 | 0.843 8 | 0.846 1 | 0.848 5 | 0.850 8 | 0.853 1 | 0.855 4 | 0.857 7 | 0.859 9 | 0.862 1 | 1.0 |
| 1.1 | 0.864 3 | 0.866 5 | 0.868 6 | 0.870 8 | 0.872 9 | 0.874 9 | 0.877 0 | 0.879 0 | 0.881 0 | 0.883 0 | 1.1 |
| 1.2 | 0.884 9 | 0.886 9 | 0.888 8 | 0.890 7 | 0.892 5 | 0.894 4 | 0.896 2 | 0.898 0 | 0.899 7 | 0.901 5 | 1.2 |
| 1.3 | 0.903 2 | 0.904 9 | 0.906 6 | 0.908 2 | 0.909 9 | 0.911 5 | 0.913 1 | 0.914 7 | 0.916 2 | 0.917 7 | 1.3 |
| 1.4 | 0.919 2 | 0.920 7 | 0.922 2 | 0.923 6 | 0.925 1 | 0.926 5 | 0.927 9 | 0.929 2 | 0.930 6 | 0.931 9 | 1.4 |
| 1.5 | 0.933 2 | 0.934 5 | 0.935 7 | 0.937 0 | 0.938 2 | 0.939 4 | 0.940 6 | 0.941 8 | 0.943 0 | 0.944 1 | 1.5 |
| 1.6 | 0.945 2 | 0.946 3 | 0.947 4 | 0.948 4 | 0.949 5 | 0.950 5 | 0.951 5 | 0.952 5 | 0.953 5 | 0.953 5 | 1.6 |
| 1.7 | 0.955 4 | 0.956 4 | 0.957 3 | 0.958 2 | 0.959 1 | 0.959 9 | 0.960 8 | 0.961 6 | 0.962 5 | 0.963 3 | 1.7 |
| 1.8 | 0.964 1 | 0.964 8 | 0.965 6 | 0.966 4 | 0.967 2 | 0.967 8 | 0.968 6 | 0.969 3 | 0.970 0 | 0.970 6 | 1.8 |
| 1.9 | 0.971 3 | 0.971 9 | 0.972 6 | 0.973 2 | 0.973 8 | 0.974 4 | 0.975 0 | 0.975 6 | 0.976 2 | 0.976 7 | 1.9 |

续　表

| 2.0 | 0.977 2 | 0.977 8 | 0.978 3 | 0.978 8 | 0.979 3 | 0.979 8 | 0.980 3 | 0.980 8 | 0.981 2 | 0.981 7 | 2.0 |
|-----|---------|---------|---------|---------|---------|---------|---------|---------|---------|---------|-----|
| 2.1 | 0.982 1 | 0.982 6 | 0.983 0 | 0.983 4 | 0.983 8 | 0.984 2 | 0.984 6 | 0.985 0 | 0.985 4 | 0.985 7 | 2.1 |
| 2.2 | 0.986 1 | 0.986 4 | 0.986 8 | 0.987 1 | 0.987 4 | 0.987 8 | 0.988 1 | 0.988 4 | 0.988 7 | 0.989 0 | 2.2 |
| 2.3 | 0.969 3 | 0.989 6 | 0.989 8 | 0.990 1 | 0.990 4 | 0.990 6 | 0.990 9 | 0.991 1 | 0.991 3 | 0.991 6 | 2.3 |
| 2.4 | 0.991 8 | 0.992 0 | 0.99 22 | 0.992 5 | 0.992 7 | 0.992 9 | 0.993 1 | 0.993 2 | 0.993 4 | 0.993 6 | 2.4 |
| 2.5 | 0.993 8 | 0.994 0 | 0.994 1 | 0.994 3 | 0.994 5 | 0.994 6 | 0.994 8 | 0.994 9 | 0.995 1 | 0.995 2 | 2.5 |
| 2.6 | 0.995 3 | 0.995 5 | 0.995 6 | 0.995 7 | 0.995 9 | 0.996 0 | 0.996 1 | 0.996 2 | 0.996 3 | 0.996 4 | 2.6 |
| 2.7 | 0.996 5 | 0.996 6 | 0.996 7 | 0.996 8 | 0.996 9 | 0.997 0 | 0.997 1 | 0.997 2 | 0.997 3 | 0.997 4 | 2.7 |
| 2.8 | 0.997 4 | 0.997 5 | 0.997 6 | 0.997 7 | 0.997 7 | 0.997 8 | 0.997 9 | 0.997 9 | 0.998 0 | 0.998 1 | 2.8 |
| 2.9 | 0.998 1 | 0.998 2 | 0.998 2 | 0.998 3 | 0.998 4 | 0.998 4 | 0.998 5 | 0.998 5 | 0.998 6 | 0.998 6 | 2.9 |
| 3.0 | 0.998 7 | 0.999 0 | 0.999 3 | 0.999 5 | 0.999 7 | 0.999 8 | 0.999 8 | 0.999 9 | 0.999 9 | 1.000 0 | 3.0 |

## 附表 2  $\chi^2$ 分布上侧分位数 $\chi_\alpha^2$ 表

$$P(\chi^2 \geqslant \chi_\alpha^2) = \frac{1}{2^{\frac{n}{2}} \Gamma\left(\frac{n}{2}\right)} \int_{\chi_\alpha^2}^{+\infty} x^{\frac{n}{2}-1} \mathrm{e}^{-\frac{x}{2}} \mathrm{d}x = \alpha, \quad n \text{ 是自由度}$$

| $n$ | $\alpha$ | | | | | | |
|---|---|---|---|---|---|---|---|
| | 0.995 | 0.99 | 0.975 | 0.95 | 0.90 | 0.75 | 0.50 |
| 1 | | | | | 0.02 | 0.10 | 0.45 |
| 2 | 0.01 | 0.02 | 0.05 | 0.1 | 0.21 | 0.58 | 1.39 |
| 3 | 0.07 | 0.11 | 0.22 | 0.35 | 0.58 | 1.21 | 2.37 |
| 4 | 0.21 | 0.3 | 0.48 | 0.71 | 1.06 | 1.92 | 3.36 |
| 5 | 0.41 | 0.55 | 0.83 | 1.15 | 1.61 | 2.67 | 4.35 |
| 6 | 0.68 | 0.87 | 1.24 | 1.64 | 2.20 | 3.45 | 5.35 |
| 7 | 0.99 | 1.24 | 1.69 | 2.17 | 2.83 | 4.25 | 6.35 |
| 8 | 1.34 | 1.65 | 2.18 | 2.73 | 3.49 | 5.07 | 7.34 |
| 9 | 1.73 | 2.09 | 2.70 | 3.33 | 4.17 | 5.90 | 8.34 |
| 10 | 2.16 | 2.56 | 3.25 | 3.94 | 4.87 | 6.74 | 9.34 |
| 11 | 2.6 | 3.05 | 3.82 | 4.57 | 5.58 | 7.58 | 10.34 |
| 12 | 3.07 | 3.57 | 4.4 | 5.23 | 6.3 | 8.44 | 11.34 |
| 13 | 3.57 | 4.11 | 5.01 | 5.89 | 7.04 | 9.3 | 12.34 |
| 14 | 4.07 | 4.66 | 5.63 | 6.57 | 7.79 | 10.17 | 13.34 |
| 15 | 4.6 | 5.23 | 6.27 | 7.26 | 8.55 | 11.04 | 14.34 |
| 16 | 5.14 | 5.81 | 6.91 | 7.96 | 9.31 | 11.91 | 15.34 |
| 17 | 5.7 | 6.41 | 7.56 | 8.67 | 10.09 | 12.79 | 16.34 |
| 18 | 6.26 | 7.01 | 8.23 | 9.39 | 10.86 | 13.68 | 17.34 |
| 19 | 6.84 | 7.63 | 8.91 | 10.12 | 11.65 | 14.56 | 18.34 |
| 20 | 7.43 | 8.26 | 9.59 | 10.85 | 12.44 | 15.45 | 19.34 |
| 21 | 8.03 | 8.9 | 10.28 | 11.59 | 13.24 | 16.34 | 20.34 |
| 22 | 8.64 | 9.54 | 10.98 | 12.34 | 14.04 | 17.24 | 21.34 |
| 23 | 9.26 | 10.2 | 11.69 | 13.09 | 14.85 | 18.14 | 22.34 |
| 24 | 9.89 | 10.86 | 12.4 | 13.85 | 15.66 | 19.04 | 23.34 |
| 25 | 10.52 | 11.52 | 13.12 | 14.61 | 16.47 | 19.94 | 24.34 |

续 表

| $n$ | $\alpha$ | | | | | | |
|---|---|---|---|---|---|---|---|
| | 0.995 | 0.99 | 0.975 | 0.95 | 0.90 | 0.75 | 0.50 |
| 26 | 11.16 | 12.2 | 13.84 | 15.38 | 17.29 | 20.84 | 25.34 |
| 27 | 11.81 | 12.88 | 14.57 | 16.15 | 18.11 | 21.75 | 26.34 |
| 28 | 12.46 | 13.56 | 15.31 | 16.93 | 18.94 | 22.66 | 27.34 |
| 29 | 13.12 | 14.26 | 16.05 | 17.71 | 19.77 | 23.57 | 28.34 |
| 30 | 13.79 | 14.95 | 16.79 | 18.49 | 20.6 | 24.48 | 29.34 |
| 40 | 20.71 | 22.16 | 24.43 | 26.51 | 29.05 | 33.66 | 39.34 |
| 50 | 27.99 | 29.71 | 32.36 | 34.76 | 37.69 | 42.94 | 49.33 |
| 60 | 35.53 | 37.48 | 40.48 | 43.19 | 46.46 | 52.29 | 59.33 |

续　表

| $n$ \ $\alpha$ | 0.25 | 0.10 | 0.05 | 0.025 | 0.01 | 0.005 |
|---|---|---|---|---|---|---|
| 1 | 1.32 | 2.71 | 3.84 | 5.02 | 6.63 | 7.88 |
| 2 | 2.77 | 4.61 | 5.99 | 7.38 | 9.21 | 10.6 |
| 3 | 4.11 | 6.25 | 7.81 | 9.35 | 11.34 | 12.84 |
| 4 | 5.39 | 7.78 | 9.49 | 11.14 | 13.28 | 14.86 |
| 5 | 6.63 | 9.24 | 11.07 | 12.83 | 15.09 | 16.75 |
| 6 | 7.84 | 10.64 | 12.59 | 14.45 | 16.81 | 18.55 |
| 7 | 9.04 | 12.02 | 14.07 | 16.01 | 18.48 | 20.28 |
| 8 | 10.22 | 13.36 | 15.51 | 17.53 | 20.09 | 21.96 |
| 9 | 11.39 | 14.68 | 16.92 | 19.02 | 21.67 | 23.59 |
| 10 | 12.55 | 15.99 | 18.31 | 20.48 | 23.21 | 25.19 |
| 11 | 13.7 | 17.28 | 19.68 | 21.92 | 24.72 | 26.76 |
| 12 | 14.85 | 18.55 | 21.03 | 23.34 | 26.22 | 28.3 |
| 13 | 15.98 | 19.81 | 22.36 | 24.74 | 27.69 | 29.82 |
| 14 | 17.12 | 21.06 | 23.68 | 26.12 | 29.14 | 31.32 |
| 15 | 18.25 | 22.31 | 25 | 27.49 | 30.58 | 32.8 |
| 16 | 19.37 | 23.54 | 26.3 | 28.85 | 32 | 34.27 |
| 17 | 20.49 | 24.77 | 27.59 | 30.19 | 33.41 | 35.72 |
| 18 | 21.6 | 25.99 | 28.87 | 31.53 | 34.81 | 37.16 |
| 19 | 22.72 | 27.2 | 30.14 | 32.85 | 36.19 | 38.58 |
| 20 | 23.83 | 28.41 | 31.41 | 34.17 | 37.57 | 40 |
| 21 | 24.93 | 29.62 | 32.67 | 35.48 | 38.93 | 41.4 |
| 22 | 26.04 | 30.81 | 33.92 | 36.78 | 40.29 | 42.8 |
| 23 | 27.14 | 32.01 | 35.17 | 38.08 | 41.64 | 44.18 |
| 24 | 28.24 | 33.2 | 36.42 | 39.36 | 42.98 | 45.56 |
| 25 | 29.34 | 34.38 | 37.65 | 40.65 | 44.31 | 46.93 |
| 26 | 30.43 | 35.56 | 38.89 | 41.92 | 45.64 | 48.29 |
| 27 | 31.53 | 36.74 | 40.11 | 43.19 | 46.96 | 49.64 |
| 28 | 32.62 | 37.92 | 41.34 | 44.46 | 48.28 | 50.99 |
| 29 | 33.71 | 39.09 | 42.56 | 45.72 | 49.59 | 52.34 |
| 30 | 34.8 | 40.26 | 43.77 | 46.98 | 50.89 | 53.67 |
| 40 | 45.62 | 51.8 | 55.76 | 59.34 | 63.69 | 66.77 |
| 50 | 56.33 | 63.17 | 67.5 | 71.42 | 76.15 | 79.49 |
| 60 | 66.98 | 74.4 | 79.08 | 83.3 | 88.38 | 91.95 |

# 附表 3  t 分布的上分位数 $t_\alpha(n)$ 表

$$P\{t(n) > t_\alpha(n)\} = \alpha$$

| n | $\alpha$=0.25 | 0.10 | 0.05 | 0.025 | 0.01 | 0.005 |
|---|---|---|---|---|---|---|
| 1 | 1.000 | 3.078 | 6.314 | 12.706 | 31.821 | 63.656 |
| 2 | 0.817 | 1.886 | 2.92 | 4.303 | 6.965 | 9.925 |
| 3 | 0.764 | 1.638 | 2.353 | 3.182 | 4.541 | 5.841 |
| 4 | 0.741 | 1.533 | 2.132 | 2.776 | 3.747 | 4.604 |
| 5 | 0.727 | 1.476 | 2.015 | 2.571 | 3.365 | 4.032 |
| 6 | 0.718 | 1.44 | 1.943 | 2.447 | 3.143 | 3.707 |
| 7 | 0.711 | 1.415 | 1.895 | 2.365 | 2.998 | 3.499 |
| 8 | 0.706 | 1.397 | 1.86 | 2.306 | 2.896 | 3.355 |
| 9 | 0.703 | 1.383 | 1.833 | 2.262 | 2.821 | 3.25 |
| 10 | 0.700 | 1.372 | 1.812 | 2.228 | 2.764 | 3.169 |
| 11 | 0.697 | 1.363 | 1.796 | 2.201 | 2.718 | 3.106 |
| 12 | 0.696 | 1.356 | 1.782 | 2.179 | 2.681 | 3.055 |
| 13 | 0.694 | 1.35 | 1.771 | 2.16 | 2.65 | 3.012 |
| 14 | 0.692 | 1.345 | 1.761 | 2.145 | 2.624 | 2.977 |
| 15 | 0.691 | 1.341 | 1.753 | 2.131 | 2.602 | 2.947 |
| 16 | 0.690 | 1.337 | 1.746 | 2.12 | 2.583 | 2.921 |
| 17 | 0.689 | 1.333 | 1.74 | 2.11 | 2.567 | 2.898 |
| 18 | 0.688 | 1.33 | 1.734 | 2.101 | 2.552 | 2.878 |
| 19 | 0.688 | 1.328 | 1.729 | 2.093 | 2.539 | 2.861 |
| 20 | 0.687 | 1.325 | 1.725 | 2.086 | 2.528 | 2.845 |
| 21 | 0.686 | 1.323 | 1.721 | 2.08 | 2.518 | 2.831 |
| 22 | 0.686 | 1.321 | 1.717 | 2.074 | 2.508 | 2.819 |
| 23 | 0.685 | 1.319 | 1.714 | 2.069 | 2.5 | 2.807 |
| 24 | 0.685 | 1.318 | 1.711 | 2.064 | 2.492 | 2.797 |
| 25 | 0.684 | 1.316 | 1.708 | 2.06 | 2.485 | 2.787 |
| 26 | 0.684 | 1.315 | 1.706 | 2.056 | 2.479 | 2.779 |
| 27 | 0.684 | 1.314 | 1.703 | 2.052 | 2.473 | 2.771 |
| 28 | 0.683 | 1.313 | 1.701 | 2.048 | 2.467 | 2.763 |

续 表

| $n$ | $\alpha=0.25$ | 0.10 | 0.05 | 0.025 | 0.01 | 0.005 |
|---|---|---|---|---|---|---|
| 29 | 0.683 | 1.311 | 1.699 | 2.045 | 2.462 | 2.756 |
| 30 | 0.683 | 1.31 | 1.697 | 2.042 | 2.457 | 2.75 |
| 31 | 0.683 | 1.3095 | 1.6955 | 2.0395 | 2.453 | 2.7441 |
| 32 | 0.682 | 1.3086 | 1.6939 | 2.037 | 2.449 | 2.7385 |
| 33 | 0.682 | 1.3078 | 1.6924 | 2.0345 | 2.445 | 2.7333 |
| 34 | 0.682 | 1.307 | 1.6909 | 2.0323 | 2.441 | 2.7284 |
| 35 | 0.682 | 1.3062 | 1.6896 | 2.0301 | 2.438 | 2.7239 |
| 36 | 0.681 | 1.3055 | 1.6883 | 2.0281 | 2.434 | 2.7195 |
| 37 | 0.681 | 1.3049 | 1.6871 | 2.0262 | 2.431 | 2.7155 |
| 38 | 0.681 | 1.3042 | 1.686 | 2.0244 | 2.428 | 2.7116 |
| 39 | 0.681 | 1.3037 | 1.6849 | 2.0227 | 2.426 | 2.7079 |
| 40 | 0.681 | 1.303 | 1.684 | 2.021 | 2.423 | 2.704 |
| 41 | 0.681 | 1.363 | 1.683 | 2.020 | 2.421 | 2.701 |
| 42 | 0.680 | 1.302 | 1.682 | 2.018 | 2.419 | 2.698 |
| 43 | 0.680 | 1.302 | 1.681 | 2.017 | 2.416 | 2.695 |
| 44 | 0.680 | 1.301 | 1.680 | 2.015 | 2.414 | 2.692 |
| 45 | 0.680 | 1.301 | 1.679 | 2.014 | 2.412 | 2.690 |

## 附表 4.1　F 分布上侧分位数 $F_{\alpha}(n_1,n_2)$ 表（$\alpha=0.1$）

$$(P\{F(n_1,n_2)>F_{\alpha}(n_1,n_2)\}=\alpha)$$

| $n_2$ \ $n_1$ | 1 | 2 | 3 | 4 | 5 | 6 | 7 | 8 | 9 | 10 | 12 | 15 | 20 | 24 | 30 | 40 | 60 | 120 | $\infty$ |
|---|---|---|---|---|---|---|---|---|---|---|---|---|---|---|---|---|---|---|---|
| 1 | 39.86 | 49.50 | 53.59 | 55.83 | 57.24 | 58.20 | 58.91 | 59.44 | 59.86 | 60.19 | 60.71 | 61.22 | 61.74 | 62.00 | 62.26 | 62.53 | 62.79 | 63.06 | 63.33 |
| 2 | 8.53 | 9.00 | 9.16 | 9.24 | 9.29 | 9.33 | 9.35 | 9.37 | 9.38 | 9.39 | 9.41 | 9.42 | 9.44 | 9.45 | 9.46 | 9.47 | 9.47 | 9.48 | 9.49 |
| 3 | 5.54 | 5.46 | 5.39 | 5.34 | 5.31 | 5.28 | 5.27 | 5.25 | 5.24 | 5.23 | 5.22 | 5.20 | 5.18 | 5.18 | 5.17 | 5.16 | 5.15 | 5.14 | 5.13 |
| 4 | 4.54 | 4.32 | 4.19 | 4.11 | 4.05 | 4.01 | 3.98 | 3.95 | 3.94 | 3.92 | 3.90 | 3.87 | 3.84 | 3.83 | 3.82 | 3.80 | 3.79 | 3.78 | 4.76 |
| 5 | 4.06 | 3.78 | 3.62 | 3.52 | 3.45 | 3.40 | 3.37 | 3.34 | 3.32 | 3.30 | 3.27 | 3.24 | 3.21 | 3.19 | 3.17 | 3.16 | 3.14 | 3.12 | 3.10 |
| 6 | 3.78 | 3.46 | 3.29 | 3.18 | 3.11 | 3.05 | 3.01 | 2.98 | 2.96 | 2.94 | 2.90 | 2.87 | 2.84 | 2.82 | 2.80 | 2.78 | 2.76 | 2.74 | 2.72 |
| 7 | 3.59 | 3.26 | 3.07 | 2.96 | 2.88 | 2.83 | 2.78 | 2.75 | 2.72 | 2.70 | 2.67 | 2.63 | 2.59 | 2.58 | 2.56 | 2.54 | 2.51 | 2.49 | 2.47 |
| 8 | 3.46 | 3.11 | 2.92 | 2.81 | 2.73 | 2.67 | 2.62 | 2.59 | 2.56 | 2.54 | 2.50 | 2.46 | 2.42 | 2.40 | 2.38 | 2.36 | 2.34 | 2.32 | 2.29 |
| 9 | 3.36 | 3.01 | 2.81 | 2.69 | 2.61 | 2.55 | 2.51 | 2.47 | 2.44 | 2.42 | 2.38 | 2.34 | 2.30 | 2.28 | 2.25 | 2.23 | 2.21 | 2.18 | 2.16 |
| 10 | 3.29 | 2.92 | 2.73 | 2.61 | 2.52 | 2.46 | 2.41 | 2.38 | 2.35 | 2.32 | 2.28 | 2.24 | 2.20 | 2.18 | 2.16 | 2.13 | 2.11 | 2.08 | 2.06 |
| 11 | 3.23 | 2.86 | 2.66 | 2.54 | 2.45 | 2.39 | 2.34 | 2.30 | 2.27 | 2.25 | 2.21 | 2.17 | 2.12 | 2.10 | 2.08 | 2.05 | 2.03 | 2.00 | 1.97 |
| 12 | 3.18 | 2.81 | 2.61 | 2.48 | 2.39 | 2.33 | 2.28 | 2.24 | 2.21 | 2.19 | 2.15 | 2.10 | 2.06 | 2.04 | 2.01 | 1.99 | 1.96 | 1.93 | 1.90 |
| 13 | 3.14 | 2.76 | 2.56 | 2.43 | 2.35 | 2.28 | 2.23 | 2.20 | 2.16 | 2.14 | 2.10 | 2.05 | 2.01 | 1.98 | 1.96 | 1.93 | 1.90 | 1.88 | 1.85 |
| 14 | 3.10 | 2.73 | 2.52 | 2.39 | 2.31 | 2.24 | 2.19 | 2.15 | 2.12 | 2.10 | 2.05 | 2.01 | 1.96 | 1.94 | 1.91 | 1.89 | 1.86 | 1.83 | 1.80 |
| 15 | 3.07 | 2.70 | 2.49 | 2.36 | 2.27 | 2.21 | 2.16 | 2.12 | 2.09 | 2.06 | 2.02 | 1.97 | 1.92 | 1.90 | 1.87 | 1.85 | 1.82 | 1.79 | 1.76 |
| 16 | 3.05 | 2.67 | 2.46 | 2.33 | 2.24 | 2.18 | 2.13 | 2.09 | 2.06 | 2.03 | 1.99 | 1.94 | 1.89 | 1.87 | 1.84 | 1.81 | 1.78 | 1.75 | 1.72 |
| 17 | 3.03 | 2.64 | 2.44 | 2.31 | 2.22 | 2.15 | 2.10 | 2.06 | 2.03 | 2.00 | 1.96 | 1.91 | 1.86 | 1.84 | 1.81 | 1.78 | 1.75 | 1.72 | 1.69 |
| 18 | 3.01 | 2.62 | 2.42 | 2.29 | 2.20 | 2.13 | 2.08 | 2.04 | 2.00 | 1.98 | 1.93 | 1.89 | 1.84 | 1.81 | 1.78 | 1.75 | 1.72 | 1.69 | 1.66 |
| 19 | 2.99 | 2.61 | 2.40 | 2.27 | 2.18 | 2.11 | 2.06 | 2.02 | 1.98 | 1.96 | 1.91 | 1.86 | 1.81 | 1.79 | 1.76 | 1.73 | 1.70 | 1.67 | 1.63 |
| 20 | 2.97 | 2.59 | 2.38 | 2.25 | 2.16 | 2.09 | 2.04 | 2.00 | 1.96 | 1.94 | 1.89 | 1.84 | 1.79 | 1.77 | 1.74 | 1.71 | 1.68 | 1.64 | 1.61 |
| 21 | 2.96 | 2.57 | 2.36 | 2.23 | 2.14 | 2.08 | 2.02 | 1.98 | 1.95 | 1.92 | 1.87 | 1.83 | 1.78 | 1.75 | 1.72 | 1.69 | 1.66 | 1.62 | 1.59 |
| 22 | 2.95 | 2.56 | 2.35 | 2.22 | 2.13 | 2.06 | 2.01 | 1.97 | 1.93 | 1.90 | 1.86 | 1.81 | 1.76 | 1.73 | 1.70 | 1.67 | 1.64 | 1.60 | 1.57 |
| 23 | 2.94 | 2.55 | 2.34 | 2.21 | 2.11 | 2.05 | 1.99 | 1.95 | 1.92 | 1.89 | 1.84 | 1.80 | 1.74 | 1.72 | 1.69 | 1.66 | 1.62 | 1.59 | 1.55 |
| 24 | 2.93 | 2.54 | 2.33 | 2.19 | 2.10 | 2.04 | 1.98 | 1.94 | 1.91 | 1.88 | 1.83 | 1.78 | 1.73 | 1.70 | 1.67 | 1.64 | 1.61 | 1.57 | 1.53 |
| 25 | 2.92 | 2.53 | 2.32 | 2.18 | 2.09 | 2.02 | 1.97 | 1.93 | 1.89 | 1.87 | 1.82 | 1.77 | 1.72 | 1.69 | 1.66 | 1.63 | 1.59 | 1.56 | 1.52 |
| 26 | 2.91 | 2.52 | 2.31 | 2.17 | 2.08 | 2.01 | 1.96 | 1.92 | 1.88 | 1.86 | 1.81 | 1.76 | 1.71 | 1.68 | 1.65 | 1.61 | 1.58 | 1.54 | 1.50 |

续 表

| $n_1$ $n_2$ | 1 | 2 | 3 | 4 | 5 | 6 | 7 | 8 | 9 | 10 | 12 | 15 | 20 | 24 | 30 | 40 | 60 | 120 | $\infty$ |
|---|---|---|---|---|---|---|---|---|---|---|---|---|---|---|---|---|---|---|---|
| 27 | 2.90 | 2.51 | 2.30 | 2.17 | 2.07 | 2.00 | 1.95 | 1.91 | 1.87 | 1.85 | 1.80 | 1.75 | 1.70 | 1.67 | 1.64 | 1.60 | 1.57 | 1.53 | 1.49 |
| 28 | 2.89 | 2.50 | 2.29 | 2.16 | 2.06 | 2.00 | 1.94 | 1.90 | 1.87 | 1.84 | 1.79 | 1.74 | 1.69 | 1.66 | 1.63 | 1.59 | 1.56 | 1.52 | 1.48 |
| 29 | 2.89 | 2.50 | 2.28 | 2.15 | 2.06 | 1.99 | 1.93 | 1.89 | 1.86 | 1.83 | 1.78 | 1.73 | 1.68 | 1.65 | 1.62 | 1.58 | 1.55 | 1.51 | 1.47 |
| 30 | 2.88 | 2.49 | 2.28 | 2.14 | 2.05 | 1.98 | 1.93 | 1.88 | 1.85 | 1.82 | 1.77 | 1.72 | 1.67 | 1.64 | 1.61 | 1.57 | 1.54 | 1.50 | 1.46 |
| 40 | 2.84 | 2.44 | 2.23 | 2.09 | 2.00 | 1.93 | 1.87 | 1.83 | 1.79 | 1.76 | 1.71 | 1.66 | 1.61 | 1.57 | 1.54 | 1.51 | 1.47 | 1.42 | 1.38 |
| 60 | 2.79 | 2.39 | 2.18 | 2.04 | 1.95 | 1.87 | 1.82 | 1.77 | 1.74 | 1.71 | 1.66 | 1.60 | 1.54 | 1.51 | 1.48 | 1.44 | 1.40 | 1.35 | 1.29 |
| 120 | 2.75 | 2.35 | 2.13 | 1.99 | 1.90 | 1.82 | 1.77 | 1.72 | 1.68 | 1.65 | 1.60 | 1.55 | 1.48 | 1.45 | 1.41 | 1.37 | 1.32 | 1.26 | 1.19 |
| $\infty$ | 2.71 | 2.30 | 2.08 | 1.94 | 1.85 | 1.77 | 1.72 | 1.67 | 1.63 | 1.60 | 1.55 | 1.49 | 1.42 | 1.38 | 1.34 | 1.30 | 1.24 | 1.17 | 1.00 |

## 附表 4.2  F 分布上侧分位数 $F_\alpha(n_1,n_2)$ 表（$\alpha=0.05$）

$$(P\{F(n_1,n_2)>F_\alpha(n_1,n_2)\}=\alpha)$$

| $n_2$ \ $n_1$ | 1 | 2 | 3 | 4 | 5 | 6 | 7 | 8 | 9 | 10 | 12 | 15 | 20 | 24 | 30 | 40 | 60 | 120 | ∞ |
|---|---|---|---|---|---|---|---|---|---|---|---|---|---|---|---|---|---|---|---|
| 1 | 161.4 | 199.5 | 215.7 | 224.6 | 230.2 | 234.0 | 236.8 | 238.9 | 240.5 | 241.9 | 243.9 | 245.9 | 248.0 | 249.1 | 250.1 | 251.1 | 252.2 | 253.3 | 254.3 |
| 2 | 18.51 | 19.00 | 19.16 | 19.25 | 19.30 | 19.33 | 19.35 | 19.37 | 19.38 | 19.40 | 19.41 | 19.43 | 19.45 | 19.45 | 19.46 | 19.47 | 19.48 | 19.49 | 19.50 |
| 3 | 10.13 | 9.55 | 9.28 | 9.12 | 9.01 | 8.94 | 8.89 | 8.85 | 8.81 | 8.79 | 8.74 | 8.70 | 8.66 | 8.64 | 8.62 | 8.59 | 8.57 | 8.55 | 8.53 |
| 4 | 7.71 | 6.94 | 6.59 | 6.39 | 6.26 | 6.16 | 6.09 | 6.04 | 6.00 | 5.96 | 5.91 | 5.86 | 5.80 | 5.77 | 5.75 | 5.72 | 5.69 | 5.66 | 5.63 |
| 5 | 6.61 | 5.79 | 5.41 | 5.19 | 5.05 | 4.95 | 4.88 | 4.82 | 4.77 | 4.74 | 4.68 | 4.62 | 4.56 | 4.53 | 4.50 | 4.46 | 4.43 | 4.40 | 4.36 |
| 6 | 5.99 | 5.14 | 4.76 | 4.53 | 4.39 | 4.28 | 4.21 | 4.15 | 4.10 | 4.06 | 4.00 | 3.94 | 3.87 | 3.84 | 3.81 | 3.77 | 3.74 | 3.70 | 3.67 |
| 7 | 5.59 | 4.74 | 4.35 | 4.12 | 3.97 | 3.87 | 3.79 | 3.73 | 3.68 | 3.64 | 3.57 | 3.51 | 3.44 | 3.41 | 3.38 | 3.34 | 3.30 | 3.27 | 3.23 |
| 8 | 5.32 | 4.46 | 4.07 | 3.84 | 3.69 | 3.58 | 3.50 | 3.44 | 3.39 | 3.35 | 3.28 | 3.22 | 3.15 | 3.12 | 3.08 | 3.04 | 3.01 | 2.97 | 2.93 |
| 9 | 5.12 | 4.26 | 3.86 | 3.63 | 3.48 | 3.37 | 3.29 | 3.23 | 3.18 | 3.14 | 3.07 | 3.01 | 2.94 | 2.90 | 2.86 | 2.83 | 2.79 | 2.75 | 2.71 |
| 10 | 4.96 | 4.10 | 3.71 | 3.48 | 3.33 | 3.22 | 3.14 | 3.07 | 3.02 | 2.98 | 2.91 | 2.85 | 2.77 | 2.74 | 2.70 | 2.66 | 2.62 | 2.58 | 2.54 |
| 11 | 4.84 | 3.98 | 3.59 | 3.36 | 3.20 | 3.09 | 3.01 | 2.95 | 2.90 | 2.85 | 2.79 | 2.72 | 2.65 | 2.61 | 2.57 | 2.53 | 2.49 | 2.45 | 2.40 |
| 12 | 4.75 | 3.89 | 3.49 | 3.26 | 3.11 | 3.00 | 2.91 | 2.85 | 2.80 | 2.75 | 2.69 | 2.62 | 2.54 | 2.51 | 2.47 | 2.43 | 2.38 | 2.34 | 2.30 |
| 13 | 4.67 | 3.81 | 3.41 | 3.18 | 3.03 | 2.92 | 2.83 | 2.77 | 2.71 | 2.67 | 2.60 | 2.53 | 2.46 | 2.42 | 2.38 | 2.34 | 2.30 | 2.25 | 2.21 |
| 14 | 4.60 | 3.74 | 3.34 | 3.11 | 2.96 | 2.85 | 2.76 | 2.70 | 2.65 | 2.60 | 2.53 | 2.46 | 2.39 | 2.35 | 2.31 | 2.27 | 2.22 | 2.18 | 2.13 |
| 15 | 4.54 | 3.68 | 3.29 | 3.06 | 2.90 | 2.79 | 2.71 | 2.64 | 2.59 | 2.54 | 2.48 | 2.40 | 2.33 | 2.29 | 2.25 | 2.20 | 2.16 | 2.11 | 2.07 |
| 16 | 4.49 | 3.63 | 3.24 | 3.01 | 2.85 | 2.74 | 2.66 | 2.59 | 2.54 | 2.49 | 2.42 | 2.35 | 2.28 | 2.24 | 2.19 | 2.15 | 2.11 | 2.06 | 2.01 |
| 17 | 4.45 | 3.59 | 3.20 | 2.96 | 2.81 | 2.70 | 2.61 | 2.55 | 2.49 | 2.45 | 2.38 | 2.31 | 2.23 | 2.19 | 2.15 | 2.10 | 2.06 | 2.01 | 1.96 |
| 18 | 4.41 | 3.55 | 3.16 | 2.93 | 2.77 | 2.66 | 2.58 | 2.51 | 2.46 | 2.41 | 2.34 | 2.27 | 2.19 | 2.15 | 2.11 | 2.06 | 2.02 | 1.97 | 1.92 |
| 19 | 4.38 | 3.52 | 3.13 | 2.90 | 2.74 | 2.63 | 2.54 | 2.48 | 2.42 | 2.38 | 2.31 | 2.23 | 2.16 | 2.11 | 2.07 | 2.03 | 1.98 | 1.93 | 1.88 |
| 20 | 4.35 | 3.49 | 3.10 | 2.87 | 2.71 | 2.60 | 2.51 | 2.45 | 2.39 | 2.35 | 2.28 | 2.20 | 2.12 | 2.08 | 2.04 | 1.99 | 1.95 | 1.90 | 1.84 |
| 21 | 4.32 | 3.47 | 3.07 | 2.84 | 2.68 | 2.57 | 2.49 | 2.42 | 2.37 | 2.32 | 2.25 | 2.18 | 2.10 | 2.05 | 2.01 | 1.96 | 1.92 | 1.87 | 1.81 |
| 22 | 4.30 | 3.44 | 3.05 | 2.82 | 2.66 | 2.55 | 2.46 | 2.40 | 2.34 | 2.30 | 2.23 | 2.15 | 2.07 | 2.03 | 1.98 | 1.94 | 1.89 | 1.84 | 1.78 |
| 23 | 4.28 | 3.42 | 3.03 | 2.80 | 2.64 | 2.53 | 2.44 | 2.37 | 2.32 | 2.27 | 2.20 | 2.13 | 2.05 | 2.01 | 1.96 | 1.91 | 1.86 | 1.81 | 1.76 |
| 24 | 4.26 | 3.40 | 3.01 | 2.78 | 2.62 | 2.51 | 2.42 | 2.36 | 2.30 | 2.25 | 2.18 | 2.11 | 2.03 | 1.98 | 1.94 | 1.89 | 1.84 | 1.79 | 1.73 |
| 25 | 4.24 | 3.39 | 2.99 | 2.76 | 2.60 | 2.49 | 2.40 | 2.34 | 2.28 | 2.24 | 2.16 | 2.09 | 2.01 | 1.96 | 1.92 | 1.87 | 1.82 | 1.77 | 1.71 |
| 26 | 4.23 | 3.37 | 2.98 | 2.74 | 2.59 | 2.47 | 2.39 | 2.32 | 2.27 | 2.22 | 2.15 | 2.07 | 1.99 | 1.95 | 1.90 | 1.85 | 1.80 | 1.75 | 1.69 |
| 27 | 4.21 | 3.35 | 2.96 | 2.73 | 2.57 | 2.46 | 2.37 | 2.31 | 2.25 | 2.20 | 2.13 | 2.06 | 1.97 | 1.93 | 1.88 | 1.84 | 1.79 | 1.73 | 1.67 |

续　表

| $n_2$＼$n_1$ | 1 | 2 | 3 | 4 | 5 | 6 | 7 | 8 | 9 | 10 | 12 | 15 | 20 | 24 | 30 | 40 | 60 | 120 | ∞ |
|---|---|---|---|---|---|---|---|---|---|---|---|---|---|---|---|---|---|---|---|
| 28 | 4.20 | 3.34 | 2.95 | 2.71 | 2.56 | 2.45 | 2.36 | 2.29 | 2.24 | 2.19 | 2.12 | 2.04 | 1.96 | 1.91 | 1.87 | 1.82 | 1.77 | 1.71 | 1.65 |
| 29 | 4.18 | 3.33 | 2.93 | 2.70 | 2.55 | 2.43 | 2.35 | 2.28 | 2.22 | 2.18 | 2.10 | 2.03 | 1.94 | 1.90 | 1.85 | 1.81 | 1.75 | 1.70 | 1.64 |
| 30 | 4.17 | 3.32 | 2.92 | 2.69 | 2.53 | 2.42 | 2.33 | 2.27 | 2.21 | 2.16 | 2.09 | 2.01 | 1.93 | 1.89 | 1.84 | 1.79 | 1.74 | 1.68 | 1.62 |
| 40 | 4.08 | 3.23 | 2.84 | 2.61 | 2.45 | 2.34 | 2.25 | 2.18 | 2.12 | 2.08 | 2.00 | 1.92 | 1.84 | 1.79 | 1.74 | 1.69 | 1.64 | 1.58 | 1.51 |
| 60 | 4.00 | 3.15 | 2.76 | 2.53 | 2.37 | 2.25 | 2.17 | 2.10 | 2.04 | 1.99 | 1.92 | 1.84 | 1.75 | 1.70 | 1.65 | 1.59 | 1.53 | 1.47 | 1.39 |
| 120 | 3.92 | 3.07 | 2.68 | 2.45 | 2.29 | 2.18 | 2.09 | 2.02 | 1.96 | 1.91 | 1.83 | 1.75 | 1.66 | 1.61 | 1.55 | 1.50 | 1.43 | 1.35 | 1.25 |
| ∞ | 3.84 | 3.00 | 2.60 | 2.37 | 2.21 | 2.10 | 2.01 | 1.94 | 1.88 | 1.83 | 1.75 | 1.67 | 1.57 | 1.52 | 1.46 | 1.39 | 1.32 | 1.22 | 1.00 |

## 附表 5　伽马函数表

$$\Gamma(n) = \int_0^{+\infty} e^{-x} x^{n-1} dx, 1 \leqslant n \leqslant 2$$

| $n$ | $\Gamma(n)$ | $n$ | $\Gamma(n)$ | $n$ | $\Gamma(n)$ | $n$ | $\Gamma(n)$ |
|---|---|---|---|---|---|---|---|
| 1.00 | 1.000 0 | 1.25 | 0.906 4 | 1.50 | 0.886 2 | 1.75 | 0.919 1 |
| 1.01 | 0.994 3 | 1.26 | 0.904 4 | 1.51 | 0.886 6 | 1.76 | 0.921 4 |
| 1.02 | 0.988 8 | 1.27 | 0.902 5 | 1.52 | 0.887 0 | 1.77 | 0.923 8 |
| 1.03 | 0.983 5 | 1.28 | 0.900 7 | 1.53 | 0.887 6 | 1.78 | 0.926 2 |
| 1.04 | 0.978 4 | 1.29 | 0.899 0 | 1.54 | 0.888 2 | 1.79 | 0.928 8 |
| 1.05 | 0.973 5 | 1.30 | 0.897 5 | 1.55 | 0.888 9 | 1.80 | 0.931 4 |
| 1.06 | 0.968 7 | 1.31 | 0.896 0 | 1.56 | 0.889 6 | 1.81 | 0.934 1 |
| 1.07 | 0.964 2 | 1.32 | 0.894 6 | 1.57 | 0.890 5 | 1.82 | 0.936 8 |
| 1.08 | 0.959 7 | 1.33 | 0.893 4 | 1.58 | 0.891 4 | 1.83 | 0.939 7 |
| 1.09 | 0.955 5 | 1.34 | 0.892 2 | 1.59 | 0.892 4 | 1.84 | 0.942 6 |
| 1.10 | 0.951 4 | 1.35 | 0.891 2 | 1.60 | 0.893 5 | 1.85 | 0.945 6 |
| 1.11 | 0.947 4 | 1.36 | 0.890 2 | 1.61 | 0.894 7 | 1.86 | 0.948 7 |
| 1.12 | 0.943 6 | 1.37 | 0.889 3 | 1.62 | 0.895 9 | 1.87 | 0.951 8 |
| 1.13 | 0.939 9 | 1.38 | 0.888 5 | 1.63 | 0.897 2 | 1.88 | 0.955 1 |
| 1.14 | 0.936 4 | 1.39 | 0.887 9 | 1.64 | 0.898 6 | 1.89 | 0.958 4 |
| 1.15 | 0.933 0 | 1.40 | 0.887 3 | 1.65 | 0.900 1 | 1.90 | 0.961 8 |
| 1.16 | 0.929 8 | 1.41 | 0.886 8 | 1.66 | 0.901 7 | 1.91 | 0.965 2 |
| 1.17 | 0.926 7 | 1.42 | 0.886 4 | 1.67 | 0.903 3 | 1.92 | 0.968 8 |
| 1.18 | 0.923 7 | 1.43 | 0.886 0 | 1.68 | 0.905 0 | 1.93 | 0.972 4 |
| 1.19 | 0.920 9 | 1.44 | 0.885 8 | 1.69 | 0.906 8 | 1.94 | 0.976 1 |
| 1.20 | 0.918 2 | 1.45 | 0.885 7 | 1.70 | 0.908 6 | 1.95 | 0.979 9 |
| 1.21 | 0.915 6 | 1.46 | 0.885 6 | 1.71 | 0.910 6 | 1.96 | 0.983 7 |
| 1.22 | 0.913 1 | 1.47 | 0.885 6 | 1.72 | 0.912 6 | 1.97 | 0.987 7 |
| 1.23 | 0.910 8 | 1.48 | 0.885 7 | 1.73 | 0.914 7 | 1.98 | 0.991 7 |
| 1.24 | 0.908 5 | 1.49 | 0.885 9 | 1.74 | 0.916 8 | 1.99 | 0.995 8 |
|  |  |  |  |  |  | 2.00 | 1.000 0 |

## 附表6　科尔莫戈洛夫检验的临界值$(D_{n,\alpha})$表

| $n$＼$\alpha$ | 0.2 | 0.1 | 0.05 | 0.02 | 0.01 | $n$＼$\alpha$ | 0.2 | 0.1 | 0.05 | 0.02 | 0.01 |
|---|---|---|---|---|---|---|---|---|---|---|---|
| 1 | 0.900 00 | 0.950 00 | 0.975 00 | 0.990 00 | 0.995 00 | 31 | 0.187 32 | 0.214 12 | 0.237 88 | 0.265 96 | 0.285 30 |
| 2 | 0.683 77 | 0.776 39 | 0.841 89 | 0.900 00 | 0.929 29 | 32 | 0.184 45 | 0.210 85 | 0.234 24 | 0.261 89 | 0.280 94 |
| 3 | 0.564 81 | 0.636 04 | 0.707 60 | 0.784 56 | 0.829 00 | 33 | 0.181 71 | 0.207 71 | 0.230 76 | 0.258 01 | 0.276 77 |
| 4 | 0.492 65 | 0.565 22 | 0.623 94 | 0.688 87 | 0.734 24 | 34 | 0.179 09 | 0.204 72 | 0.227 43 | 0.254 29 | 0.272 79 |
| 5 | 0.446 98 | 0.509 45 | 0.563 28 | 0.627 18 | 0.668 53 | 35 | 0.176 59 | 0.201 85 | 0.224 25 | 0.250 73 | 0.268 97 |
| 6 | 0.410 37 | 0.467 99 | 0.519 26 | 0.577 41 | 0.616 61 | 36 | 0.174 18 | 0.199 10 | 0.221 19 | 0.247 32 | 0.265 32 |
| 7 | 0.381 48 | 0.436 07 | 0.483 42 | 0.538 44 | 0.575 81 | 37 | 0.171 88 | 0.196 46 | 0.218 26 | 0.244 04 | 0.261 80 |
| 8 | 0.358 31 | 0.409 62 | 0.454 27 | 0.506 54 | 0.541 79 | 38 | 0.169 66 | 0.193 92 | 0.215 44 | 0.240 89 | 0.258 43 |
| 9 | 0.339 10 | 0.387 46 | 0.430 01 | 0.479 60 | 0.513 32 | 39 | 0.167 53 | 0.191 48 | 0.212 73 | 0.237 86 | 0.255 18 |
| 10 | 0.322 60 | 0.368 66 | 0.409 25 | 0.456 62 | 0.488 93 | 40 | 0.165 47 | 0.189 13 | 0.210 12 | 0.234 94 | 0.252 05 |
| 11 | 0.308 29 | 0.352 42 | 0.391 22 | 0.436 70 | 0.467 70 | 41 | 0.163 49 | 0.186 87 | 0.207 60 | 0.232 13 | 0.249 04 |
| 12 | 0.295 77 | 0.338 15 | 0.375 43 | 0.419 18 | 0.449 05 | 42 | 0.161 58 | 0.184 68 | 0.205 17 | 0.229 41 | 0.246 13 |
| 13 | 0.284 70 | 0.325 49 | 0.361 43 | 0.403 62 | 0.432 47 | 43 | 0.159 74 | 0.182 57 | 0.202 83 | 0.226 79 | 0.243 32 |
| 14 | 0.274 81 | 0.314 17 | 0.348 90 | 0.389 70 | 0.417 62 | 44 | 0.157 96 | 0.180 53 | 0.200 56 | 0.224 26 | 0.240 60 |
| 15 | 0.265 88 | 0.303 97 | 0.337 60 | 0.377 13 | 0.404 20 | 45 | 0.156 23 | 0.178 56 | 0.198 37 | 0.221 81 | 0.237 98 |
| 16 | 0.257 78 | 0.294 72 | 0.327 33 | 0.365 71 | 0.392 01 | 46 | 0.154 57 | 0.176 65 | 0.196 25 | 0.219 44 | 0.235 44 |
| 17 | 0.250 39 | 0.286 27 | 0.317 96 | 0.355 28 | 0.380 86 | 47 | 0.152 95 | 0.174 81 | 0.194 20 | 0.217 15 | 0.232 98 |
| 18 | 0.243 60 | 0.278 51 | 0.309 36 | 0.345 69 | 0.370 62 | 48 | 0.151 39 | 0.173 02 | 0.192 21 | 0.214 93 | 0.230 59 |
| 19 | 0.237 35 | 0.271 36 | 0.301 43 | 0.336 85 | 0.361 17 | 49 | 0.149 87 | 0.171 28 | 0.190 28 | 0.212 77 | 0.228 28 |
| 20 | 0.231 56 | 0.264 73 | 0.294 08 | 0.328 66 | 0.352 41 | 50 | 0.148 40 | 0.169 59 | 0.188 41 | 0.210 68 | 0.226 04 |
| 21 | 0.226 17 | 0.258 58 | 0.287 24 | 0.321 04 | 0.344 27 | 55 | 0.141 64 | 0.161 86 | 0.179 81 | 0.201 07 | 0.215 74 |
| 22 | 0.221 15 | 0.252 83 | 0.280 87 | 0.313 94 | 0.336 66 | 60 | 0.135 73 | 0.155 11 | 0.172 31 | 0.192 67 | 0.206 73 |
| 23 | 0.216 45 | 0.247 46 | 0.274 90 | 0.307 28 | 0.329 54 | 65 | 0.130 52 | 0.149 13 | 0.165 67 | 0.185 25 | 0.198 77 |
| 24 | 0.212 05 | 0.242 42 | 0.269 31 | 0.301 04 | 0.322 86 | 70 | 0.125 86 | 0.143 81 | 0.159 75 | 0.178 63 | 0.191 67 |
| 25 | 0.207 90 | 0.237 68 | 0.264 04 | 0.295 16 | 0.316 57 | 75 | 0.121 67 | 0.139 01 | 0.154 42 | 0.172 68 | 0.185 28 |
| 26 | 0.203 99 | 0.233 20 | 0.259 07 | 0.289 62 | 0.310 64 | 80 | 0.117 87 | 0.134 67 | 0.149 60 | 0.167 28 | 0.179 49 |
| 27 | 0.200 30 | 0.228 98 | 0.254 38 | 0.284 38 | 0.305 02 | 85 | 0.114 42 | 0.130 72 | 0.145 20 | 0.162 36 | 0.174 21 |
| 28 | 0.196 80 | 0.224 97 | 0.249 93 | 0.279 42 | 0.299 71 | 90 | 0.111 25 | 0.127 09 | 0.141 17 | 0.157 86 | 0.169 38 |
| 29 | 0.193 48 | 0.221 17 | 0.245 71 | 0.274 71 | 0.294 66 | 95 | 0.108 33 | 0.123 75 | 0.137 46 | 0.153 71 | 0.164 93 |
| 30 | 0.190 32 | 0.217 56 | 0.241 70 | 0.270 23 | 0.289 87 | 100 | 0.105 63 | 0.120 67 | 0.134 03 | 0.149 87 | 0.160 81 |

### 附表 7 $D_n$ 的极限分布函数数值表

$$K(\lambda) = \lim_{n \to \infty} P(D_n < \lambda/\sqrt{n}) = \sum_{k=-\infty}^{+\infty} (-1)^k e^{-2k^2\lambda^2}$$

| $\lambda$ | 0.00 | 0.01 | 0.02 | 0.03 | 0.04 | 0.05 | 0.06 | 0.07 | 0.08 | 0.09 |
|---|---|---|---|---|---|---|---|---|---|---|
| 0.2 | 0.000 000 | 0.000 000 | 0.000 000 | 0.000 000 | 0.000 000 | 0.000 000 | 0.000 000 | 0.000 000 | 0.000 001 | 0.000 004 |
| 0.3 | 0.000 009 | 0.000 021 | 0.000 046 | 0.000 091 | 0.000 171 | 0.000 303 | 0.000 511 | 0.000 826 | 0.001 285 | 0.001 929 |
| 0.4 | 0.002 808 | 0.003 972 | 0.005 476 | 0.007 377 | 0.009 730 | 0.012 590 | 0.016 005 | 0.020 022 | 0.024 682 | 0.030 017 |
| 0.5 | 0.036 066 | 0.042 814 | 0.050 306 | 0.058 534 | 0.067 497 | 0.077 183 | 0.087 577 | 0.098 656 | 0.110 396 | 0.122 760 |
| 0.6 | 0.136 718 | 0.149 229 | 0.163 225 | 0.117 153 | 0.192 677 | 0.207 987 | 0.223 637 | 0.239 532 | 0.255 780 | 0.272 189 |
| 0.7 | 0.288 765 | 0.305 471 | 0.322 265 | 0.339 113 | 0.355 981 | 0.372 833 | 0.389 640 | 0.406 372 | 0.423 002 | 0.439 505 |
| 0.8 | 0.455 857 | 0.472 041 | 0.488 030 | 0.503 808 | 0.519 366 | 0.534 682 | 0.549 744 | 0.564 546 | 0.579 070 | 0.593 316 |
| 0.9 | 0.607 270 | 0.620 928 | 0.634 286 | 0.647 338 | 0.660 082 | 0.672 516 | 0.684 630 | 0.696 444 | 0.707 940 | 0.719 126 |
| 1.0 | 0.730 000 | 0.740 566 | 0.750 826 | 0.769 780 | 0.779 434 | 0.779 794 | 0.788 860 | 0.797 636 | 0.806 128 | 0.814 342 |
| 1.1 | 0.822 282 | 0.829 950 | 0.837 356 | 0.844 502 | 0.851 394 | 0.858 038 | 0.864 442 | 0.870 612 | 0.876 548 | 0.882 258 |
| 1.2 | 0.887 750 | 0.893 030 | 0.898 104 | 0.902 972 | 0.907 648 | 0.912 132 | 0.916 432 | 0.920 556 | 0.924 505 | 0.928 288 |
| 1.3 | 0.931 908 | 0.935 370 | 0.938 682 | 0.941 848 | 0.944 872 | 20.94 7756 | 0.950 512 | 0.953 142 | 0.955 650 | 0.958 040 |
| 1.4 | 0.960 318 | 0.962 486 | 0.964 552 | 0.966 516 | 0.968 382 | 0.970 158 | 0.971 846 | 0.973 448 | 0.974 970 | 0.976 412 |
| 1.5 | 0.977 782 | 0.979 080 | 0.980 310 | 0.981 476 | 0.982 578 | 0.983 622 | 0.984 610 | 0.985 444 | 0.986 426 | 0.987 260 |
| 1.6 | 0.988 043 | 0.988 791 | 0.989 492 | 0.990 154 | 0.990 777 | 0.991 364 | 0.991 917 | 0.992 438 | 0.992 928 | 0.993 389 |
| 1.7 | 0.993 823 | 0.994 230 | 0.994 612 | 0.994 972 | 0.995 309 | 0.995 625 | 0.995 922 | 0.996 200 | 0.996 460 | 0.996 704 |
| 1.8 | 0.996 932 | 0.997 146 | 0.997 346 | 0.997 553 | 0.997 707 | 0.997 870 | 0.998 023 | 0.998 145 | 0.998 297 | 0.998 421 |
| 1.9 | 0.998 586 | 0.998 644 | 0.998 744 | 0.998 837 | 0.998 924 | 0.999 004 | 0.999 079 | 0.999 149 | 0.999 213 | 0.999 273 |
| 2.0 | 0.999 329 | 0.999 380 | 0.999 428 | 0.999 474 | 0.998 516 | 0.999 552 | 0.999 588 | 0.999 620 | 0.999 650 | 0.999 680 |
| 2.1 | 0.999 705 | 0.999 728 | 0.999 750 | 0.999 770 | 0.999 790 | 0.999 806 | 0.999 822 | 0.999 838 | 0.999 852 | 0.999 864 |
| 2.2 | 0.999 874 | 0.999 886 | 0.999 896 | 0.999 904 | 0.999 912 | 0.999 920 | 0.999 926 | 0.999 934 | 0.999 940 | 0.999 944 |
| 2.3 | 0.999 949 | 0.999 954 | 0.999 958 | 0.999 962 | 0.999 965 | 0.999 968 | 0.999 970 | 0.999 973 | 0.999 976 | 0.999 978 |
| 2.4 | 0.999 980 | 0.999 982 | 0.999 984 | 0.999 986 | 0.999 987 | 0.999 988 | 0.999 988 | 0.999 990 | 0.999991 | 0.999992 |

# 参 考 文 献

[1]师义民,徐伟,秦超英,等. 数理统计[M]. 4 版. 北京:科学出版社,2015.

[2]茆诗松.可靠性统计分析[M]. 北京:高等教育出版社,2008.

[3]韦来生,张伟平.贝叶斯分析[M]. 北京:中国科学技术大学出版社,2017.

[4]韦来生. 贝叶斯统计[M]. 北京:高等教育出版社,2020.

[5]贾俊平,何晓群. 统计学[M]. 7 版. 北京:中国人民大学出版社,2018.

[6]刘金山,夏强. 基于 MCMC 算法的贝叶斯统计方法[M]. 北京:科学出版社,2020.

[7]刘岚岚,刘品.可靠性工程基础[M]. 北京:中国质检出版社/中国标准出版社,2014.

[8]马小兵,杨军.可靠性统计分析[M]. 北京:北京航空航天大学出版社,2020.

[9]宋保维.系统可靠性设计与分析[M]. 西安:西北工业大学出版社,2008.

[10]潘勇,黄进永,胡宁. 可靠性概论[M]. 北京:电子工业出版社,2015.

[11]张志华.加速寿命试验及其统计分析[M]. 北京:北京工业大学出版社,2002.

[12]姜同敏.可靠性与寿命试验[M]. 北京:国防工业出版社,2012.

[13]赵宇.可靠性数据分析[M]. 北京:国防工业出版社,2011.

[14]茆诗松.数理统计学 [M]. 2 版. 北京:中国人民大学出版社,2016.

[15]茆诗松,王静龙,璞晓龙. 高等数理统计学[M]. 2 版. 北京:高等教育出版社,2009.

[16]张志华. 可靠性理论及工程应用[M]. 北京:科学出版社,2012.

[17]WARNE B N. 加速试验:统计模型、试验设计与数据分析[M]. 张正平,李海波,译. 北京:中国宇航出版社, 2019.

[18]ELSAYED A. 可靠性工程 [M]. 2 版. 杨舟,译. 北京:电子工业出版社,2013.

[19]高惠璇. 统计计算[M]. 北京:北京大学出版社,1995.

[20]金春华,蓝晓理.实用可靠性工程[M]. 北京:机械工业出版社,2020.

[21]胡湘洪,高军,李劲.可靠性试验[M]. 北京:电子工业出版社,2016.

[22]许卫宝,钟涛.机械产品可靠性设计与试验[M]. 北京:国防工业出版社,2015

[23]LAWLESS J F. 寿命数据中的统计模型与方法[M]. 茆诗松,璞晓龙,刘忠,译. 北京:中国统计出版社,1998.

[24]孙权,冯静,潘正强.基于性能退化的长寿命产品寿命预测技术[M]. 北京:科学出版社, 2015.

[25]金光. 基于退化的可靠性技术:模型、方法及应用[M]. 北京:国防工业出版社,2014.

[26]王红军,杨有龙. 统计计算与 R 实现[M]. 西安:西安电子科技大学出版社,2019.

[27]MICHAEL S H, ALYSON G W. 贝叶斯可靠性[M]. 曾志国,陈云霞,译. 北京:国防工业出版社,2014.

[28] 高军，唐翔. 装备加速试验与快速评价[M]. 北京：电子工业出版社，2019.

[29] 盛骤，谢式千，潘承毅. 概率论与数理统计[M]. 4 版. 北京：高等教育出版社，2009.

[30] 孙有朝，张永进，李龙彪. 可靠性原理与方法[M]. 北京：科学出版社，2016.

[31] KAILASH C D. 可靠性工程[M]. 苏艳，戴顺安，译. 北京：国防工业出版社，2018.

[32] 鄢伟安，杨海军. 基于自适应逐步Ⅱ型混合截尾试验 Burr-XⅡ分布的统计分析[J]. 系统工程理论与实践，2020，40(5)：1339 – 1349.

[33] KANG R, GONG W J, CHEN Y X. Model – driven Degradation Modeling Approaches – Investigation and Review [J]. Chinese Journal of Aeronautics, 2020, 33(4)：1137 – 1153.

[34] ZHANG Z X, SI X S, HU C H, et al. Degradation Data Analysis and Remaining Useful Life Estimation：A Review on Wiener-Process-Based Methods[J]. European Journal of Operational Research, 2018, 271(3)：775 – 796.

[35] ZIO E. Reliability Engineering：Old Problems and New Challenges[J]. Reliability Engineering and System Safety, 2009, 94(2)：125 – 141.

[36] YAN W A, LI P, YU Y X. Statistical Inference for the Reliability of Burr – XⅡ Distribution under Improved Adaptive Type – Ⅱ Progressive Censoring [J]. Applied Mathematical Modelling. 2021(95)：38 – 52.

[37] YAN W A, LIU W D, KONG W Q. Reliability Evaluation of PV Modules based on Exponential Dispersion Process [J]. Energy Reports, 2021, 7：3023 – 3032.

[38] YAN W A, SONG B W, et al. Real – time Reliability Evaluation Framework of Two – phase Wiener Degradation Process. Communications in Statistics – Theory and Methods, 2017, 46(1)：176 – 188.

[39] YAN W A, KARIM B, CHLELA R et al. Durability and Reliability Estimation of Flax Fiber Reinforced Composites Using Tweedie Exponential Dispersion Degradation process [J]. Mathematical Problems in Engineering, 2021, 6629637.

[40] YE Z S, XIE M. Stochastic Modeling And analysis of Degradation for Highly Reliable Products[J]. Applied Stochastic Models in Business and Industry[J]. 2015, 31(1)：16 – 32.

[41] ZHOU S R, XU A C. Exponential Dispersion Process for Degradation Analysis [J]. IEEE Transactions on Reliability, 2019, 68(2)：398 – 409.

[42] XU A C, SHEN L J. Improved on-line Estimation for Gamma Process[J]. Statistics & Probability letters, 2018, 143, 67 – 73.

[43] JIANG P H, WANG B X, WU F T. Inference for Constant-stress Accelerated Degradation Test based on Gamma Process [J]. Applied Mathematical Modelling, 2019, 67：123 – 134.

[44] YAN W A, ZHANG S J, LIU W D, et al. Objective Bayesian Estimation for Tweedie Exponential Dispersion Process [J]. Mathematics 2021, 9(21)：2740.